Raring Ringtail / Saucy Salamander

이귀봉 저

우분투리눅스

- 다양한 우분투 설치 환경에 대한 설명
- 우분투 리눅스의 자세한 운용 방법 설명
- 리눅스 기초 명령어 사용 방법에 대한 충실한 설명
- 그래픽 환경의 화려한 우분투 꾸미는 방법 설명
- 비밀번호 분실에 대한 복구 방법 설명
- 모바일 우분투 환경 설명

www.
ubuntu.
com

- 좋은 책 · 알찬 내용 -
GM 가메출판사

저자가 드리는 글

국내에서 리눅스 배포한 가운데 최고의 인기를 누리고 있는 우분투 리눅스는 리눅서와 마니아층뿐만 아니라 입문자의 필수 선택으로 자리 잡고 있다. 그러나 아직도 그 사용법은 인터넷을 통하여 아름아름으로 알려지고 있는 실정이다. 우분투 리눅스가 필요한 애용자가 있다면 인터넷 검색을 하여 정보를 습득한 후 시행착오를 통하여 고수가 되는 길을 걸어간다. 고수는 그만두더라도 어느 정도 편하게 사용할 수 있는 수준까지 도달하는 것도 어려운 것은 잘못된 정보가 넘쳐나는 인터넷 정보의 홍수에 기인한다. 이러한 잘못된 정보는 활용하는 사람에 따라 더러는 약이 될 수도 있지만 많은 사람들의 리눅스 활용을 어렵게 만든다.

필자 역시 같은 길을 걸었고, 82년 유닉스라는 운영체제를 시작으로 지금까지 전산(요즘은 IT라고 한다) 밥을 먹고 있다. 92년 봄으로 기억되는 시기에 처음 접한 리눅스는 신선한 충격이었지만, 설치하고 사용하기 위한 방법은 매우 까다로웠다. X-Windows를 설치하기 위해 수많는 시행착오를 격은 다음에 남은 것은 못쓰게 된 모니터였다. 그동안 리눅스라는 이름으로 알려진 다양한 리눅스 배포판을 접하면서 늘 아쉬웠던 것은 입문자를 배려한 정보의 부족과 편리성 그리고 부담 없는 사용이다. 이러한 요건을 충족하는 리눅스 배포판으로 데비안(debian)을 꼽을 수 있다.

이러한 데비안에 화려함과 편리성을 더하고 부담이라는 기름기를 쏙 뺀 우분투는 그야말로 리눅스 세계의 오아시스라고 강력하게 추천하는 운영체제이다. 우분투 13.04는 2013년 4월에 발표된 '근질거리는 링테일(Raring Ringtail)'이라는 코드명이다. 우분투 13.10은 최근 발표된 '건방진 도롱뇽(Saucy Salamander, 불의 요정)'이라는 코드명이다.

우분투는 매년 4월과 10월에 발표되고, 발표될 때마다 그 평가가 상당히 차이가 많이 난다. 이번 13.04 버전은 특별한 의미가 있다. 우분투 모바일로 알려진 우분투 포폰(Ubuntu for Phone)이 더 이상 서비스되지 않고 13.04에 포함된 것이다. 아직은 맛보기 형태이지만 모든 디바이스에서 동일한 운영 환경을 제시하겠다는 시험 무대로 시작점이라는 의미이다. 10월에 발표될 우분투 13.10은 '건방진 도롱뇽(Saucy Salamander)'에서도 정식으로 포함되지는 않았지만, 설치 방법과 간단한 소개를 추가하여 두었다.

우분투 13.04와 13.10의 큰 차이점은 리눅스 커널 버전의 차이이다. 기본으로 제공되는 일부 소프트웨어의 버전 차이도 있지만 기능상의 큰 차이는 없기에, 두 가지 버전을 모두 아우를 수 있도록 구성하였다.

우분투 리눅스를 주제로 세 번째 개정판을 출간하면서 입문자, 특히 리눅스를 처음 사용하는 독자가 우분투를 사용하여 리눅스의 세계로 쉽게 접근할 수 있도록 강화하였다. 즉, 이 책에서 제시하는 안내만으로도 우분투 설치를 쉽게 따라 할 수 있게 구성하였으며, 조금 더 리눅스를 알고자 하는 독자에게 리눅스 명령어의 실전적 예시를 제공하였다. 또한 리눅스 시스템의 root 비밀번호를 분실하였을 경우 복구할 수 있는 방법을 수록하여 놓았으므로 마음껏 테스트하고 꾸미기를 반복할 수 있을 것이다.

한 가지 당부할 것은 우분투의 UI 설정은 독자의 몫이다. 약간의 꾸미기 방법을 제시하고 유용한 프로그램들을 소개하였지만 소개되지 않은 프로그램을 설치하거나 화려함을 추구하는 꾸미기나 간편함을 추구하는 것은 독자의 성향에 따라 조금 더 가지고 노는 시간을 투자한다면 우분투는 반드시 그 보답을 할 것이다.

이 귀 봉

우분투 13.10 버전의 설치 과정에서 '자동 로그인'을 사용하지 않는다고 설정하고 설치를 마친 뒤에 root 사용자 계정을 활성화하고 root 사용자 계정으로 직접 로그인하도록 설정하면 시스템이 '로우 그래픽 모드(low graphic mode)'를 지원할 수 없다는 메시지와 함께 환경 설정을 다시 하라고 요구하는 창이 나온다. 이 창에서는 마우스도 보이지 않고 감각으로 컨트롤해야 하며, 창에서 제시된 모든 방법을 사용해 봐도 시스템은 정상적으로 시작되지 않는다.

필자는 결국 우분투 13.10 버전을 다시 설치해야만 했다.

즉 자동 로그인을 사용하지 않는 상태에서는 "/etc/lightdm/lightdm.conf" 파일이 생성되지 않는다. 이 파일을 생성하지 않으면 root 사용자 계정을 활성화하여 'su' 명령 또는 'sudo' 명령을 이용하여 root 사용자 계정으로의 사용자 전환은 가능하지만, root 사용자 계정으로 직접 로그인할 수는 없다.

해결 방법은 해당 파일의 내용에 다음과 같이 섹션을 만들어주고 설정해야 한다. 반드시 섹션 이름 항목('[SeatDefaults]')이 추가되어야 한다. 우분투 13.04 버전에서는 섹션 이름이 없이 'greeter-show-manual-login=true' 내용만 파일에 추가되면 되었으나, 우분투 13.10에서는 변경되었다.

위의 내용을 입력하기 위하여 다음과 같은 단계로 명령을 입력하여 실행한다.

```
$ sudo passwd root
$ sudo sh -c 'echo "[SeatDefaults]" >>/etc/lightdm/lightdm.conf'
$ sudo sh -c 'echo "greeter-show-manual-login=true" >>/etc/lightdm/lightdm.conf'
```

"/etc/lightdm/lightdm.conf" 파일이 이미 존재하고 다음과 같이 섹션 이름 항목이 존재하고 있다면,

[SeatDefaults]
autologin-guest=false

"greeter-show-manual-login=true" 내용만 추가하면 된다. 우분투 설치시 '자동 로그인'을 선택했다면 위의 내용은 이미 추가되어 있다.

차례

Part III 리눅스 탐험

Part IV 리눅스 명령어

Part V 파일 시스템

Part VI 리눅스 부팅 순서

Part VII 서버 시스템

Part VIII 리눅스 보안

Part IX 우분투 포폰(Ubuntu for Phone)

part I

리눅스 개론

01 들어가면서

이론이 따분하다면 실전으로 바로 돌입할 수 있는 다음 장으로 이동하기 바란다. 그러나 나중에라도 궁금하다면 이 장으로 다시 와서 궁금증을 하나씩 해결하여 상식을 쌓아 두는 것도 좋다. 가능하면 쉽게 풀어서 누구나 리눅스를 다루기 쉽다는 생각이 들 수 있도록 모든 장을 안배하였다. 따라 하기만 하면 리눅스가 매우 쉽고 즐거운 운영체제라는 것을 인식할 것이다.

02 리눅스(Linux) 시스템과 Ubuntu(우분투)

2.1 리눅스의 탄생

리눅스(Linux)는 핀란드 헬싱키대학 학생이었던 "리누즈 토발즈(Linus E Torvalds)"의 시작으로 만들어진 운영체제에 대한 이름이다. 다중 사용자, 다중 작업처리를 지원하는 운영체제로 유닉스를 벤치마킹한 것이다. 즉, 유닉스 아류작이라는 것이다. 아류작이란 말에 시비 걸지 말기를 바란다. 이는 필자의 소신이다. 하지만, 리눅스는 유닉스와는 독립적으로 개발되었으므로 유닉스 계열로 분류하지 않는다.

탄생에 있어서 시대적 배경을 먼저 생각해 본다면 1990년 당시 개인용 PC의 운영체제인 MS-DOS는 유닉스에 비해 상대적으로 많은 한계를 갖고 있었기 때문에 유닉스를 PC에 적용하기 위한 노력이 많았던 시기이다.

마이크로소프트(Microsoft)사의 제닉스(Zenix), 썬 마이크로 시스템즈(Sun Microsystems)사의 시스템 V(System V) 계열, "앤드류 스튜어트 '앤디' 타넨바움(Andrew Stuart 'Andy' Tanenbaum)"이 만들어 낸 미닉스(MINIX) 등이 유닉스를 PC에 적용하기 위한 노력으로 볼 수 있다. 설계 초기에 유닉스를 모형으로 한 미닉스는 PC에서 다중 작업을 구현하기에 적절한 운영체제였고 학생들에게 소스 코드와 함께 무료로 배포되었다.

그 결과 많은 사람들로부터 보다 나은 운영체제로 발전시키기 위한 제안을 받았지만 타넨바움은 제안을 받아들이지 않았다. 그리고 이 역할을 대신한 사람이 바로 리누즈 토발즈(Linus Torvalds)이다.

당시 대학생이었던 토발즈는 유닉스의 커널[1]을 바탕으로 PC에서 사용 가능한 커널(Kernel)을 만들어 인터넷에 게시하였다. 토발즈에 의해 개발된 커널은 인터럽트 처리, 프로세스 관리, 메모리 관리, 파일 시스템 관리, 프로그래밍 인터페이스 제공 등 운영체제의 기본적인 기능들을 제공하였다.

커널은 운영체제에서 가장 중요한 요소이다. 여기서 한 가지 짚고 넘어가야 할 것은 리눅스의 커널과 배포판의 개념 차이이다.

배포판은 리눅스의 보급을 더욱 손쉽고 효과적으로 처리하기 위해 커널과 함께 여러 가지 유용한 프로그램들을 함께 모아서 제공하는 형태이다.

커널 개발은 토발즈를 비롯한 수많은 개발자에 의해 이루어지고 있으며, 배포판은 또 다른 개발자들에 의해 만들어지고 있다. 우리가 사용하려고 하는 Ubuntu 역시 리눅스 커널을 포함하는 배포판의 한 종류이다.

1991년 토발즈에 의해 최초 리눅스 0.01 버전이 제작되었을 때 리눅스의 모습은 하드디스크 드라이버와 파일 시스템뿐이었으며 그 기능 또한 아주 미약했다. 이 때문에 0.01 버전은 발표되지도 않았으며, 최초로 공개된 0.02 버전은 bash, GNU-make, gcc, compress 등을 실행할 수 있을 정도로 발전하였지만, 이때까지도 리눅스는 교육용 이상의 가치를 갖지 못하는 단순한 형태였다. 그러나 인터넷에 공개되자 수많은 개발자가 호기심을 보였고 이때부터 리눅스는 무서운 속도로 발전하기 시작했다.

2.2 리눅스의 발전

리눅스 발전의 중요한 사항 중 하나는 토발즈가 컴퓨터를 다양하게 활용할 수 있도록 지원할 수 있는 시스템 차원의 통합적인 운영 환경을 개발했다는 것이 아니라 리눅스 커널 개발을 주도하였다는 점이다.

즉, 리눅스 운영체제는 또 다른 프로그래머들이 개발했다는 것이다. 리눅스가 다른 운영체제와 달리 엄청난 도약을 하게 된 계기는 "자유 소프트웨어 재단(Free Software Foundation)"의 회장인 "리처드 매튜 스톨만(Richard Matthew Stallman)"의 역할이다.

---

[1] 커널(Kernel)은 리눅스 운영체제의 핵심 프로그램이다.

그는 소프트웨어는 사용하는 모든 이들이 자유롭게 사용할 수 있도록 해주어야 한다는 철학을 가지고 있다. 처음 그가 소프트웨어의 자유로운 공유와 배포를 주장했을 때 주위에서는 그를 멸시하고 공격했었지만 지금 상황은 완전히 바뀌어 있다. 토발즈가 커널 개발로 리눅스라는 씨를 뿌렸다면 스톨만은 그 씨가 성장하기 위한 환경을 만든 사람이다.

실제로 전 세계 리눅서들이 토발즈를 리눅스의 아버지, 스톨만을 리눅스의 성자라고 부르는 이유가 여기에 있다. 그의 얘기를 할 때 빼놓을 수 없는 얘기는 GNU 선언문에 관한 것이다. "What's GNU? GNU's Not Unix!"라는 전 세계적인 프로젝트 그룹은 소프트웨어의 자유 정신과 상징을 나타내고 있다.

2.3 리눅스의 특징

2.3.1 리눅스의 장점

(1) 호환성

리눅스의 보급이 다른 OS보다 빨랐던 이유 중 하나가 "호환성이 높다"라는 점이다. 당시 유닉스는 중대형 컴퓨터용 OS로 대학이나 기업, 연구기관에서 주로 사용되고 있었다. 이는 유닉스의 뛰어난 성능에 비해 가격 측면에서 개인이 이용하기엔 무리가 있었다. 하지만, 리눅스는 개인적인 용도로 거의 무료로 PC에서 이용할 수 있다는 것이 리눅스의 인기 비결 중 하나이다.

실제로 프로그램을 개발하는 경우가 아니면 리눅스는 유닉스라고 할 수 있다. 유닉스용 프로그램은 별도의 수정 없이 리눅스에서 동작할 수 있으며, 이것은 유닉스의 성능과 역사가 리눅스에서 활용될 수 있다는 것을 의미한다.

(2) 공개성

리눅스의 공개성 또한 큰 장점이다. 많은 우수 인력이 확보되어 있기 때문에 우수한 소프트웨어 개발이 가능하고 여러 배포판 개발 단체들이 있기 때문에 사용자에게 선택권이 주어진다. 이 점이 초보자에게는 어렵다는 것이 부담이지만 골라 먹는 재미가 있다.

윈도우즈[2]의 경우 개발사가 Microsoft 뿐이기 때문에 Microsoft가 운영체제의 문제를 해결해 주지 않으면 다음 단계로 진행 할 수가 없다.

그러나 리눅스는 지금까지의 배포판 제공업체가 문제에 대응하지 않으면 다른 배포판으로 바꿀 수 있고 소스 코드가 공개되기 때문에 우수한 코드만이 살아 남을 수 있다. 완전 무료라는 장점과 유닉스 호환 및 높은 품질과 기술 지원, 다양한 배포판 등의 이유로 많은 사용자들이 리눅스를 사용해 왔다. 또한 리눅스는 다중 사용자, 다중 작업 등으로 보

---

2) 마이크로소프트(Microsoft) 사에서 만든 GUI(Graphic User Interface) 환경의 운영체제를 지칭한다.

안성이 높은 파일을 관리하고 풍부한 네트워크를 지원한다.

(3) 안정성

일반 PC는 업무가 끝나면 전원을 끄지만, 리눅스는 네트워크 사용을 전제로 설계되었기에 불가피한 경우를 제외하고는 서버가 항상 실행되어 있을 수 있도록 안정적으로 설계되어 있다.

(4) 무료

초기 도입 비용이 들지 않는다는 장점이 있다. 어둠의 경로를 사용하지 않는다면 분명히 윈도우즈는 돈을 주고 사야 한다. 그러나 리눅스는 하드웨어만 구입하면 그다음부터는 불법 사용자의 그늘에서 벗어날 수 있다. 물론 유료 프로그램도 있지만, 무료로 자유롭게 배포되는 프로그램이 매우 많다는 점이다.

(5) 효율성

리눅스는 하드웨어의 기능을 알뜰하게 사용한다. 이는 다른 운영체제보다 비교적 적은 양의 메모리를 사용하여도 된다는 의미이다. 리눅스는 2메가 램만 있으면 시스템을 운영할 수가 있고, 만약 4메가 램이 있으면 여유롭게 "X Windows"와 "Emacs" 등을 실행할 수 있다.

그래서 8메가 램이 있으면 개인이 사용하기에 충분하고, 16메가 이상이 되면 여러 사람이 함께 사용할 수 있다. 리눅스는 하드 디스크의 일정 부분을 스왑(swap)이라는 방식으로 램처럼 사용하는 기법을 도입하고 있기 때문에 램이 부족한 경우라도 스왑 영역을 늘리는 것으로 메모리의 부족함을 채울 수 있다.

(6) 다중성

이미 하나의 프로세스가 실행되고 있는 가운데 또 다른 프로세스가 진행될 수 있다. 리눅스의 기본 설계 목적이 다중 사용자와 다중 작업이 가능한 유닉스를 기반으로 하였기 때문에 이는 당연한 결과이다.

(7) 다양성

다양한 응용 프로그램을 제공한다. 일반적으로 알려진 바와 달리 사실 리눅스용 프로그램은 생각보다 많이 존재한다.

(8) 지원성

리눅스를 이야기할 때면 인터넷을 빼놓을 수 없다. 리눅스는 탄생 단계부터 인터넷을 이용하였으며 모든 개발이 인터넷으로 연결되어 이루어진다. 인터넷이 없었다면 리눅스의 탄생 역시 없었을지도 모른다.

리눅스 개발자들이 모두 인터넷 사용자이므로 리눅스가 인터넷의 모든 기능을 지원하는 것은 당연한 일일 것이다. 인터넷용 프로그램인 웹 브라우저, 메일, 뉴스, 웹 서버, 메일 서버, 뉴스 서버, DNS 서버, IRC 서버 등 거의 모든 인터넷 서버의 기능을 갖추고 있고, 방화벽으로도 사용할 수 있다.

인터넷용 시리얼 프로토콜인 PPP, SLIP, CSLIP 등도 지원한다. 전 세계 상당수의 "인터넷 서비스 제공자(ISP: Internet Service Provider)"가 인터넷 서비스에 리눅스를 사용하고 있으며 이들을 위한 뉴스그룹(linux.admin.isp - http://www.archivum.info)도 존재한다.

2.3.2 리눅스의 단점

리눅스에 대한 일반적인 오해 두 가지를 살펴보면 다음과 같다.

- ○ 공개 운영체제이기 때문에 문제점 발생 시 보상받을 수 없다.
- ○ 소스 코드까지 공개된 운영체제이기 때문에 보안에 취약할 것이다.

리눅스는 그 출발에서부터 프로그램 자체에 대한 정보의 완전 공개에 바탕을 두었고, 유연하고 강력한 현재의 운영체제로 탈바꿈할 수 있었던 이유도 바로 GNU 프로젝트에 의한 것이었다. 그 이면에는 공개이기 때문에 보안이 취약하다는 의미보다는 공개이기 때문에 신속한 보완이 가능하다는 뜻을 내포하고 있다고 보아야 한다. 즉, 수많은 프로그래머들이 리눅스를 연구하고 있기 때문에, 어떠한 문제가 발생하였을 때 신속하게 해결될 수 있다.

또한 공개 운영체제이기 때문에 문제점 발생 시 보상받기 어렵다는 것은 더 이상 큰 문제가 아닌 듯싶다. 리눅스의 급부상으로 많은 리눅스 관련 업체들이 생겨나고 서비스를 제공하고 있기 때문에 이 문제는 점차 해결되고 있다.

2.4 타 운영체제와의 비교

이 부분은 개인용 PC의 운용체제의 대표적인 윈도우즈와 리눅스를 비교해 봄으로써 독자들이 리눅스에 대한 개념을 보다 쉽고 명확하게 이해하도록 하겠다.

2.4.1 윈도우즈 vs 리눅스

지금까지 리눅스 공동체는 윈도우즈 시스템보다 리눅스가 우세하다는 확신이 있었지만 그것을 증명할 만한 자료를 확보하는 일은 어려웠다. 운영체제 선택에는 성능뿐만 아니라 비용, 신뢰성, 가용성, 확장성 등을 고려해야 하기 때문인데 리눅스를 사용할 때 윈도우즈를 알고 있다면 리눅스를 더 빨리 배울 수 있다.

리눅스에도 윈도우즈처럼 윈도우 중심의 GUI[3] 환경이 제공된다. 사용자의 편의를 위해 생긴 것인 만큼 화면 구성이나 기능은 유사하다. 컴퓨터를 처음 시작하는 초보자에게는 아무래도 글자 중심의 CUI[4] 방식이 어렵게 느껴지기 때문에 윈도우즈가 더 쉽다고 생각할 수 있다.

사실 초기 리눅스의 "X Windows"는 지금보다 설치하기도, 사용하기도 어려웠다. 하지만 지금은 강력하고도 사용하기 쉬운 "X Windows"를 갖추고 있다. 리눅스나 윈도우즈나 구성은 비슷하지만 하나는 무료이고 다른 하나는 유료라는 점이 큰 차이라고 할 수 있다.

리눅스의 "X Windows"와 윈도우즈를 비교하면, 리눅스의 "X Windows"는 독립적인 시스템이다. 윈도우즈가 처음부터 GUI 환경으로 설정되어 있고 사용자는 배경 화면이나 글꼴 등을 바꾸는 것이 전부이지만 리눅스는 Afterstep, Enlightenment, KDE[5], GNOME[6], Windowmaker 등 여러 가지 윈도우 관리자를 설정할 수 있으며 사용자의 임의대로 조작할 수도 있다.

리눅스를 이용하면 윈도우즈가 할 수 있는 일들 뿐만 아니라 그 외의 여러 가지 일들도 할 수 있다. 물론 공개용 윈도우즈 프로그램인 "X Manager[7]" 같은 프로그램을 사용하여 원격지에서도 "X Windows" 화면을 볼 수 있다.

2.4.2 한국의 리눅스

90년대 초반 한국에 처음 소개된 이래로 리눅스는 눈부신 성장 및 발전을 가져왔다. 이제는 국내의 리눅스 관련 기업들이 공동의 목표를 가지고 움직이고 있으며 데스크톱 시장의 움직임을 보면 참으로 반가운 일이 아닐 수 없다. 토발즈의 "앞으로 Linux 커널에 큰 변화는 없다"는 말처럼 리눅스는 이미 성숙 단계에 접어들고 있다. Linux만의 새로운 패러다임을 열어 나갈 시대가 온 것이다.

2.5 리눅스 배포판들

리눅스는 공개 소프트웨어로 제공되므로 어떤 한 기관이 판 올림(Version Up)이나

---

3) GUI(Graphic User Interface)는 아이콘이나 연상 이미지와 마우스 등으로 컴퓨터와 의사소통을 하는 것이다.
4) CUI(Character User Interface) 또는 TUI(Text User Interface)라고 불리는 이 방식은 글자만으로 컴퓨터와 의사소통을 하는 것이다.
5) KDE(the K Desktop Environment) 리눅스 윈도우 인터페이스를 지원하는 방식의 하나로 기어를 연상케 한다.
6) GNOME(GNU Network Object Model Environment) "그놈"이라는 애칭을 불리는 리눅스 윈도우 인터페이스 방법의 하나로 발바닥을 연상케 한다.
7) 상용 프로그램으로 평가판을 한시적으로 사용할 수 있다. "넷사랑 컴퓨터"사에서 개발 보급하고 있다.

Linux Software의 배포를 책임지지 않는다. 그러므로 "GPL"[8]에 있는 제한들이 준수되는 한 거의 모든 사람들이 리눅스를 사용하거나 배포하는 것에 제재를 받지 않는다. 이러한 결과로 많은 리눅스 배포판이 있으며, anonymous 계정을 사용한 FTP 등을 통해 리눅스를 구할 수 있다. 입문자는 먼저 어떤 리눅스 배포판이 필요한지를 결정해야 한다. 그 이유는 모든 배포판들이 비슷한 것은 아니기 때문이다.

대다수 배포판이 완전한 시스템을 갖추는데 있어서 필요한 모든 소프트웨어가 제공되지만, 어떤 리눅스 배포판들은 많은 디스크 용량을 요구하지 않은 "작은 배포판"으로 제공되고 있다. 대다수의 배포판들은 리눅스의 커널을 가지고 있으나 "X Windows"와 같이 크기가 큰 소프트웨어는 스스로 설치해야 한다.

국내에 리눅서(linuxer)들이 사용하는 대부분의 배포판은 "커널"과 "큰 소프트웨어"를 동시에 제공한다. Ubuntu는 "X Windows"를 기본으로 포함하여 제공된다.

리눅스 배포판을 구분할 때 국내, 국외 배포판으로 구분하는 것은 의미가 없다고 생각된다. 바야흐로 글로 벌 시대이니까. 그러나 태생은 좀 따져도 될 듯하다. 태생이 해외인 배포판의 종류를 보 면 Ubuntu(우분투), Fedora(페도라), Red Hat(레드햇), CentOS(센토스), Debian(데비 안) 등을 비롯하여 등록된 배포판만 160여 가지에 이른다.

이 중에는 한때 유명했던 Slackware(슬랙웨어), Open Linux(오픈 리눅스), Mandrake(맨드레이크), SuSE-Linux(수세) 등도 언급할 수 있겠으나 이들은 인터넷 검색을 하면 장단점 및 특징을 설명하는 무수히 많은 문서들을 만날 수 있다. 태생이 우리나라인 배포판으로는 Booyo(부요), Asianux(아시아눅스), Hancom Linux(한컴 리눅스) 등을 꼽을 수 있다.

(1) Ubuntu(우분투)

GUI 엔진에 따라 Ubuntu(우분투), Kubuntu(쿠분투), Xubuntu(수분투), Edubuntu(에듀분투), Pubuntu(푸분투), cobuntu(코분투, 한글 우분투)로 나누어지는 리눅스 배포판은 10.10까지는 그놈(GNOME) GUI 엔진을 사용하였으나 11.04부터는 X를 버리고 Wayland로 간다는 말을 실감하는 Unity 버전이 되었다.

이러한 "우분투"는 아프리카 줄루족의 반투어로, "네가 있으니 내가 있다.", "타인을 향한 인간애", "사람은 다른 사람들을 통해 사람이 된다.", "공동체 의식에 바탕을 둔 인간애" 등의 의미라고 알려져 있다. Ubuntu 개발자들이 내거는 슬로건은 "인류를 위한 리눅스"이다. 인간은 혼자서는 살 수 없으며, 타인과 교류하고 소통하고 협조하고 나누면서 살아가는 존재라는 정신 아래 다음과 같은 철학을 기반으로 개발되고 있다.

---

8) GPL(General Public License)은 공유, 수정, 배포의 자유를 가지는 GNU의 저작권이다.

○ 소프트웨어는 자유롭게 사용되어야 한다.

○ 소프트웨어 도구는 사람들의 모국어로 사용되고 어떠한 장애도 극복되어야 한다.

○ 사람들은 소프트웨어를 고치고 그들에게 맞는 어떠한 방법으로 변경하는 자유를 가져야 한다.

"자유"라는 가치는 무엇과도 바꿀 수 없다고 생각하며, 공짜를 매우 좋아하는 사람들에게는 반가운 소리일 것이다.

Ubuntu는 수많은 리눅스의 배포판 중에서 가장 쓰기 쉽다. 국내 리눅서들이 가장 선호하기도 하는 Ubuntu는 남아프리카의 "캐노니컬(Canonical)"이라는 기업이 개발, 유지 및 배포를 공식 지원하고 있다. 이 회사는 "마크 셔틀워스(Mark Shuttleworth)"라는 남아프리카 공화국의 백만장자가 설립자이자 CEO이다. 또한, Ubuntu를 만든 장본인이기도 하다.

Ubuntu의 버전 번호를 보면 특유의 자유로움을 느낄 수 있다. 매년 4월과 10월 두 번 배포판을 공급하는데 2013년 04월 버전은 현재 13.04이다. 2013년 10월의 발표 버전은 13.10으로 배포된다고 해석하면 된다. 다음은 우분투 버전과 코드명, 발표 날짜를 정리한 것이다.

버전 번호	코드명	커널 버전	배포 날짜	지원 기간	
				데스크톱	서버
10.04 (LTS)	Lucid Lynx (빛나는 스라소니)	2.6.32	2010/04/29	~2013/04	~2015/04
10.10	Maverick Meerkat (사나운 미어캣)	2.6.35	2010/10/10	~2012/04	
11.04	Natty Narwhal (산뜻한 외뿔 고래)	2.6.38	2011/04/28	~2012/10	
11.10	Oneiric Ocelot (꿈꾸는 오셀롯)	3.0	2011/10/13	~2013/04	
12.04(LTS)	Precise Pangolin (꼼꼼한 천산갑)	3.2	2012/04/26	~2017/04	
12.10	Quantal Quetzal (양질의 케트살)	3.5	2012/10/18	~2014/04	
13.04	Raring Ringtail (근질근질한 링테일)	3.8	2013/04/25	~2014/01	
13.10	Saucy Salamander (건방진 도롱뇽)	3.11.0	2013/10/17	~2014/07	
14.04	Trusty Tahr (신뢰할만한 산양)	3.13.0	2014/04/18	~2019/09	

참고: http://ko.wikipedia.org/wiki/우분투_운영_체제)

(2) Red Hat(레드햇)과 Fedora(페도라)

레드햇 리눅스는 배포판 중에서 가장 널리 알려진 것으로 현재는 상용 시장인 서버용으로만 배포되고 있다. 데스크톱용으로는 "Fedora(페도라)"라는 이름으로 무료로 제공되고 있다. 이들은 레드햇 소프트웨어 사에 의해 공급되고 있는데, 가장 큰 특징은 알기 쉬운 인스톨러와 관리 툴이라고 할 수 있다. 레드햇의 인스톨러는 화려하고, 알기 쉽고, 조작이 간단하여 인스톨러(installr)의 지시에 따라서 작업을 진행하면 쉽게 설치할 수 있다.

(3) CentOS(센토스)

레드햇 계열 오픈 소스 프로젝트 중 하나인 CentOS는 RedHat Enterprise Linux AS 기반의 리눅스 배포판이다. CentOS는 RedHat 또는 RedHat Enterprise Linux와 설치 및 운영 방법 등이 거의 비슷하다. 페도라와 마찬가지로 업데이트 프로그램인 yum이 포함되어 있다. 페도라에 비해서 설치되는 프로그램들의 간결함이 특징이다.

RedHat을 사용해 보았다면 CentOS를 설치하거나 운영하는데 어려움이 없을 것이다. RedHat 기반의 리눅스 운영자라면 업데이트 측면과 안정성 측면에서 권장할 만하다.

(4) 데비안(Debian)

데비안은 비영리조직에 의해 전 세계의 다양한 개발자들이 참여할 수 있도록 만든 데비안 프로젝트에 의해 발전되어 왔는데, 버그를 보고하거나 패키지를 개발하는 형태로 참가할 수 있다. 따라서 데비안은 Linux가 개발된 과정을 거쳐 왔다고 할 수 있다.

이러한 배경에서 데비안의 가장 큰 특징은 패키지에 보안 취약점이 발견되면, 대부분 며칠 안에 수정된 내용을 Anonymous FTP에서 발견할 수 있다. 즉, 패키지의 업데이트가 신속하게 이루어지는 장점이 있다.

또 다른 특징으로는 보통 패키지들과는 달리 업데이트했을 경우 각 패키지의 설정 파일을 패키지를 업그레이드할 당시의 파일을 그대로 사용할 것인지, 아니면 새로운 설정 파일을 설치할 것인지의 선택을 요구한다.

(5) 슬랙웨어(Slackware)

지금은 존재감을 인식하기 어렵지만 리눅스 초창기에 나온 배포판으로 1993년 "패트릭 볼커딩"이 개발하여 보급하였다. 그러나 현재 슬랙웨어는 다른 배포판에 비해 그 사용이 다소 제한되어 있는데 그 가장 큰 이유는 패키지 관리가 어렵다는 것이다. 슬랙웨어는 구조가 간결하여 내용을 파악하기 쉬우며 관리 도구도 간소하다.

그러나 대부분의 설정이 편집기에서 텍스트 파일을 다시 작성해야 하기 때문에 이에 익숙하지 않은 사람에게는 어렵게 느껴질 수 있다. 따라서 리눅스를 처음 접하는 초보자라면 선택하지 않는 것이 좋다. 스스로 전문가라고 자부심을 표현하고 싶어서 사용하는 사람도 있지만 말이다.

(6) 오픈 리눅스(Open Linux)

미국에서 인기가 높은 오픈 리눅스의 가장 큰 특징은 Netware와의 접속성이 뛰어나다는 것이다. 구체적으로 Netware에 탑재되어 있는 디렉터리 서비스인 NDS(Novell Directory Service)의 클라이언트 기능을 갖추고 있다. 그렇기 때문에, 네트워크 내의 서버나 프린터 등 NDS가 지닌 정보를 이용할 수 있다.

(7) 맨드레이크(Mandrake)

단순함을 추구하는 맨드레이크는 윈도우 사용자들에게도 친숙한 윈도우 환경을 제공하는 것이 특징이다. 맨드레이크는 그래픽 환경을 사용하기 위해 KDE 뿐만 아니라, GNOME, Afterstep, Windowmaker, IceWM 등 사용자의 기호에 맞게 선택할 수 있는 다양한 윈도우 관리자를 제공한다.

리눅스를 설치하고 사용 환경설정을 위해 많은 시간과 비용을 소비하지 않아도 맨드레이크를 쉽게 설치하고 사용할 수 있다. 또한 설치 중에 X 윈도우를 테스트할 수 있으며, 설치 후 곧바로 X 윈도우로 부팅할 수 있다.

그래픽 환경에서 자동으로 업데이트도 가능하다. 우분투에서 강화된 클라우드 관련 기능에 적응이 쉽지 않은 사용자들이 많이 찾는 배포판이기도 하다.

(8) 수세(SuSE-Linux)

수세(SuSE) 리눅스는 독일 SuSE Inc.에서 개발되어 영어, 불어, 독일어, 이태리어 4개 국어로 배포되며 유럽에서 가장 많은 사용자를 확보하고 있다. 장점으로는 "YaST2"로 중앙 집중 관리가 되어 윈도우의 제어판과 같은 기능과 패키지 추가/삭제도 가능하다. 수세는 보안(security)과 관련하여 신뢰도가 매우 높다는 평이 있다.

단점은 컴파일 시스템이 아니란 것과 문서화가 덜 되어 있으며 국내 사용자가 적다는 점이다. 이는 한글을 지원하지 않는 부분 때문이 아닐까 싶다. 현재는 노벨에서 수세를 배포하고 있어 발전에 대한 기대감으로 사용하거나, 스스로 전문가라고 생각하거나 또는 영문 문서에 자신 있는 사용자들은 지금도 수세를 사용하고 있다.

(9) 부요(Booyo)

공개 소프트웨어 가운데 운영체제(OS) 부분의 한국 표준 구실을 할 소프트웨어로 평가되는 배포판으로 한국전자통신연구원과 국내 공개 소프트웨어 개발업체들로 구성된 '부요 컨소시엄'에서 개발된 리눅스 배포판이다. 한글과컴퓨터, 와우리눅스, 아이갯리눅스, 씨네티와정보통신 같은 국내 주요 소프트웨어 업체들은 물론이고, 삼성전자와 포스데이타 등의 대기업들도 참여하고 있다. 그러나 현재는 프로젝트가 활성화되어 있지 않다.

(10) 아시아눅스(Asianux)

미국은 레드햇, 유럽은 수세가 장악하고 있는 점을 염두에 두고 아시아 지역의 표준 리눅스를 개발하기 위하여 한국(한글과컴퓨터), 중국(홍기), 일본(미러클), 베트남(비에트소프트)이 합작하여 개발한 리눅스 배포판이다.

아시아눅스의 특징은 다음과 같다.

- ○ 각 국가의 소프트웨어 환경에 최적화
- ○ 서로의 우수 분야 기술을 집약
- ○ 기술지원, 보안 및 패치 파일 업데이트 부분 협력으로 안정적인 서비스 제공
- ○ 각국에서 공통의 인프라 구축
- ○ AXCC(Asianux Compatible and Certified) 프로그램으로 다양한 ISV, IHV에 대한 인증
- ○ 각 국가 환경에서 다양한 품질 테스트를 실시하여 안정성 검증

(11) 한컴 리눅스

한글과컴퓨터에서 리눅스 개발팀을 운영하여 배포한 리눅스 배포판이다. 한컴 리눅스 4.0을 마지막으로 더 이상 흔적을 찾기 어려운 것으로 보아, 한글과컴퓨터의 리눅스 개발팀이 아시아눅스 개발을 위하여 북경에 자리 잡고 아시아눅스에 전념하는 듯하다.

(12) 민트리눅스

우분투 리눅스의 변화를 받아들이지 않는 전통적인 리눅스 GUI를 고수하는 매니아를 중심으로 꾸준하게 성장하는 리눅스 배포판이다. 기반 엔진은 데비안을 사용한 것으로 보인다. 2013년 8월 현재 리눅스 배포판 중 최고의 인기를 차지하고 있다. 다운로드 및 기술지원은 "http://www.linuxmint.com"를 참조하기 바란다.

(13) 우분투 기반의 배포판들

다음에 열거하는 배포판들은 우분투를 기반으로 하는 배포판들이다.

- ○ 에듀분투(Edubuntu)
- ○ 쿠분투(Kubuntu)
- ○ 루분투(Lubuntu)
- ○ 수분투(Xubuntu)
- ○ 푸분투(Pubuntu)

03 리눅스의 미래

리눅스는 윈도우즈에 뒤지지 않는 운영체제일 뿐만 아니라 윈도우즈가 갖지 못한 기능들도 보유하고 있어 앞으로 운영체제 시장을 선도해 나갈 것이다. 아이폰의 성공으로 세간에 많이 알려지기 시작한 iOS, 스마트폰의 운영체제로 자리 잡은 Android 역시 리눅스 운영체제를 모태로 하고 있음은 리눅스의 미래를 보여주고 있다.

이는 어쩌면 당연한 결과일지도 모른다. 왜냐하면 리눅스는 다양한 사용자 환경을 지원하는 운영체제를 만들고자 하는 시도에서 출발하였기 때문에 개인용 운영체제인 윈도우즈와 UNIX의 특징을 모두 가지고 있기 때문이다.

물론 컴퓨터를 일반적인 문서 작성과 게임을 위한 용도로 이용한다면 리눅스가 특별히 우월하게 느껴질 이유는 없다. 그러나 예전과는 다르게 요즘에는 컴퓨터의 중요도가 더 이상 단순한 문서 작성이 아닌 인터넷 사용과 멀티미디어 활용으로 소셜 네트워크의 기반을 이루고 있기 때문에 리눅스의 중요성이 더욱 부각되고 있다.

또한 리눅스는 소스 코드를 무료로 제공하기 때문에 전 세계에 있는 수많은 프로그래머들에 의해 엄청난 속도로 다양한 형태로 개발되고 있다. 따라서 앞으로의 발전 가능성이 무한하다고 여겨지기 때문에 21세기에 가장 주목받고 있는 운영체제라고 할 수 있다.

part II

리눅스 설치

04 우분투 설치하기

04 우분투 설치하기

우분투 리눅스 13.04 버전이 2013년 4월 25일 발표되었다. 이 때 발표된 우분투는 유니티(Unity 3D)를 지원하며, "그놈 3(GNOME 3)" 관련 패키지들과 "파이어폭스(Firefox)", "리브레오피스(LibreOffice)", "샤트웰 사진 관리자(Shotwell Photo Manager)", "귀버(Gwibber)", 새로운 모습의 "우분투 소프트웨어 센터(Ubuntu Software Centre)", "대시 홈(Dash Home)"이 런처(Launcher)에 아이콘으로 들어가는 등의 획기적인 변화가 적용되어 왔다. 13.10 버전까지 이 기조를 유지하고 있다.

언뜻 보면 스마트 운영체제를 선도하는데 부족함이 없다는 것을 웅변하는 모습이다. 이러한 우분투를 설치하여 사용하기 위해서는 먼저 결정해야 할 것이 있다. 즉, 어디에 설치 할 것이며 어떻게 사용할 것인가를 결정해야 한다. 필자가 정리한 몇 가지 방법을 제시하고 그에 따른 설치법을 설명하도록 하겠다.

4.1 개인용 PC를 리눅스 전용으로 설치하기

이 방법은 매우 쉽다. 리눅스 배포판 CD만 구한다면 윈도우즈 설치보다도 간단하게 끝난다. 예전에는 설치 후 "X Windows"를 설정하다가 CRT 주파수 계산 잘못으로 모니터를 태워먹는 일도 있었지만 지금은 그럴 염려가 전혀 없다.

이 방법은 가장 쉽고 빠른 방법이다. 단점으로는 윈도우즈 환경에 맞추어진 ActiveX를 사용하는 웹사이트에 접근할 때 어려운 상황을 마주하는 것이다. 이러한 어려움을 해결하기 위해 Wine[9]을 활용하는 방법이 있지만 중급자도 어려워하는 부분이다.

4.2 개인용 PC의 윈도우즈에 리눅스 추가하기

개인용 PC의 윈도우에 리눅스를 추가하는 방법으로는 세 가지 정도의 방법이 있다. 첫 번째로 "파티션 나누기"가 있다. 이 방법은 윈도우 7까지는 설치에 어려움을 겪지 않는다. 그러나 윈도우 8을 먼저 설치하였다면 우분투와 공존하는 설치는 가능하지만, 자연스러운 부팅을 기대하기는 어렵다. 윈도우 8은 두 개의 운영체제를 설치하는 것을 좋아하지 않기 때문이다. 두 번째로 "가상머신(Virtual Machine)을 사용하는 방법"이 있으며,

---

9) 리눅스의 와인(Wine)은 리눅스에서 윈도우 프로그램이 실행될 수 있는 환경을 제공하는 유틸리티를 말한다. 이는 WINdows Emulator의 합성어이다. 윈도우 프로그램을 실행한다고 하지만 모든 프로그램이 실행 가능하다고는 생각하지 말기 바란다.

세 번째로는 근래에 도입되었다가 없어진 "윈도우즈에 합체" 방법이 있다.

4.2.1 파티션 나누기

윈도우즈를 설치하면서 리눅스 설치를 염두에 두는 방법이다. 즉, 하드디스크가 하나라면 리눅스를 설치할 분량만큼 남겨두고 윈도우즈를 먼저 설치하는 방법이다. 남겨진 파티션에 리눅스를 설치하여 부팅할 때 사용할 운영체제로 윈도우즈나 리눅스를 선택할 수 있다.

장점은 속도 저하가 없다는 것이며, 단점은 한 번에 하나의 운영체제만 사용해야 한다는 점이다. 이러한 단점은 윈도우즈를 사용하다 보면 리눅스를 사용하는 비율이 줄어들게 한다. 디스크 사용량이 낭비되는 셈이다. 또한, 윈도우 8은 더 이상 이 방법을 지원하지 않는다.

4.2.2 가상머신을 사용하는 방법

VMware, VirtualBox, Anyware 등의 가상머신 지원 프로그램을 윈도우즈에 설치하고 가상머신을 생성한 다음 가상머신에 리눅스를 비롯한 여러 운영체제를 설치하는 방법이 있다. 본 교재에서 중점적으로 다루는 내용은 VMware를 이용하여 가상머신에 리눅스를 탑재하는 방법을 사용한다.

장점으로 윈도우즈와 리눅스를 동시에 작업할 수 있다. 개인용 PC의 성능이 낮다면 전체적으로 속도가 느려지는 단점이 있지만, 요즈음 출시되는 개인용 PC에 메모리가 4GB 이상이라면 그다지 성능 저하 없이 사용할 수 있다.

4.2.3 윈도우즈에 합체

우분투 12.04까지 지원하던 방식으로 지금은 우분투에서 지원을 중단하였다. 그러나 과거 버전을 사용하고자 하는 독자를 위하여 남겨두었다. "Pubuntu"의 경우 자체 가상머신을 지원하는 툴을 포함하여 윈도우즈에 유틸리티처럼 설치하는 것을 지원하는 방법이 있다. 이를 필자는 "윈도우즈에 합체"라고 명명하였다. "리눅스의 와인(Wine) 한 잔"이 리눅스에서 윈도우즈 환경을 사용 가능하게 하는 것처럼 윈도우즈에서 리눅스 "X Windows"를 사용하게 하는 것이다.

속도 저하가 적다는 장점과 윈도우즈와 리눅스의 공존이라는 장점이 있지만, 이 역시 내부적으로 파티션과 같은 별도의 공간을 확보한다. 리눅스를 제대로 맛보기가 쉽지 않다는 것이 단점이다.

4.3 소프트웨어 구하기

우분투 리눅스를 설치하는 방법은 골라잡아서 선호하는 방법으로 설치하면 된다. 그렇지만 공통적으로 준비할 준비물이 필요하다. 다음에 제시하는 다운로드 사이트는 주기적으로 살펴보아야 한다. 웹페이지란 살아 숨 쉬는 생명체와 같아서 변신을 잘한다. 현재 다운로드 정보는 다음과 같다.

4.3.1 Ubuntu 다운로드

"http://www.ubuntu.com/download/desktop"으로 연결한다.

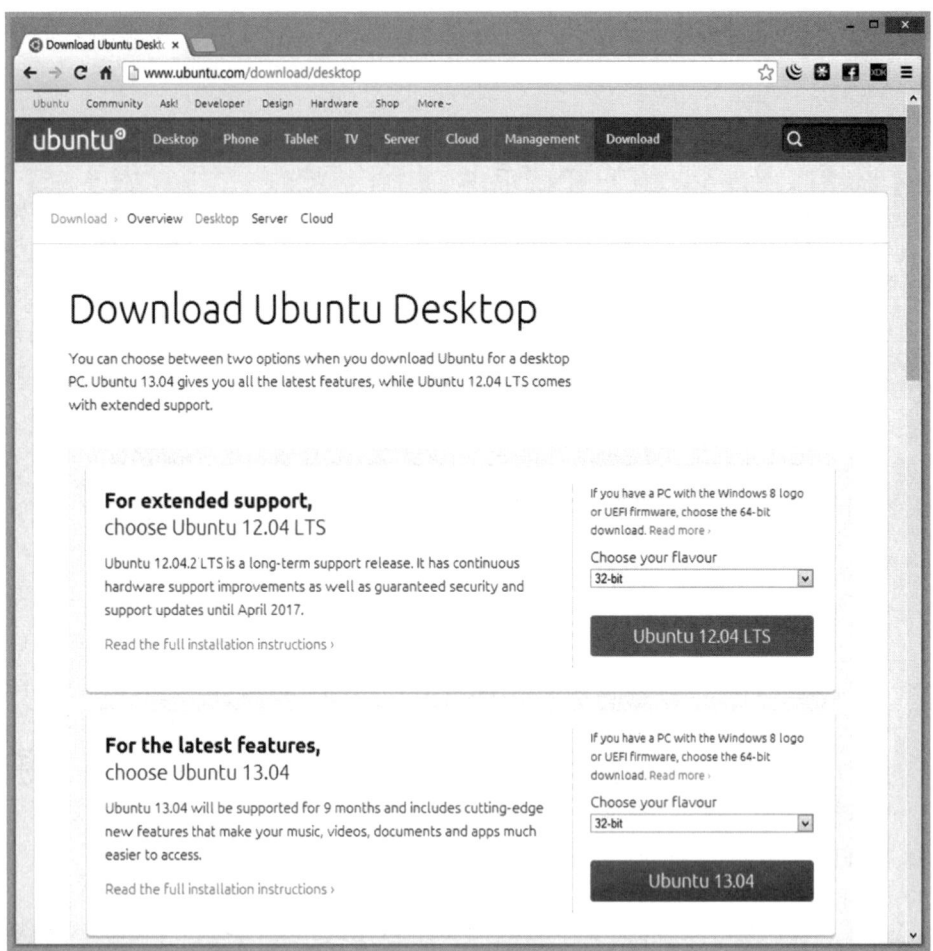

데스크톱용의 우분투를 다운로드할 수 있도록 [Ubuntu 12.04 LTS]와 [Ubuntu 13.04] 또는 [Ubuntu 13.10]의 버튼을 제공한다. 32bit 운영체제를 기본으로 제공하지만, 64bit 운영체제를 선택할 수도 있다. 우분투도 상업성에 물들어가는 것인지 재정적인 어려움이 있는지는 알 수 없지만 다음 페이지에서는 재정적인 지원을 요청하고 있다.

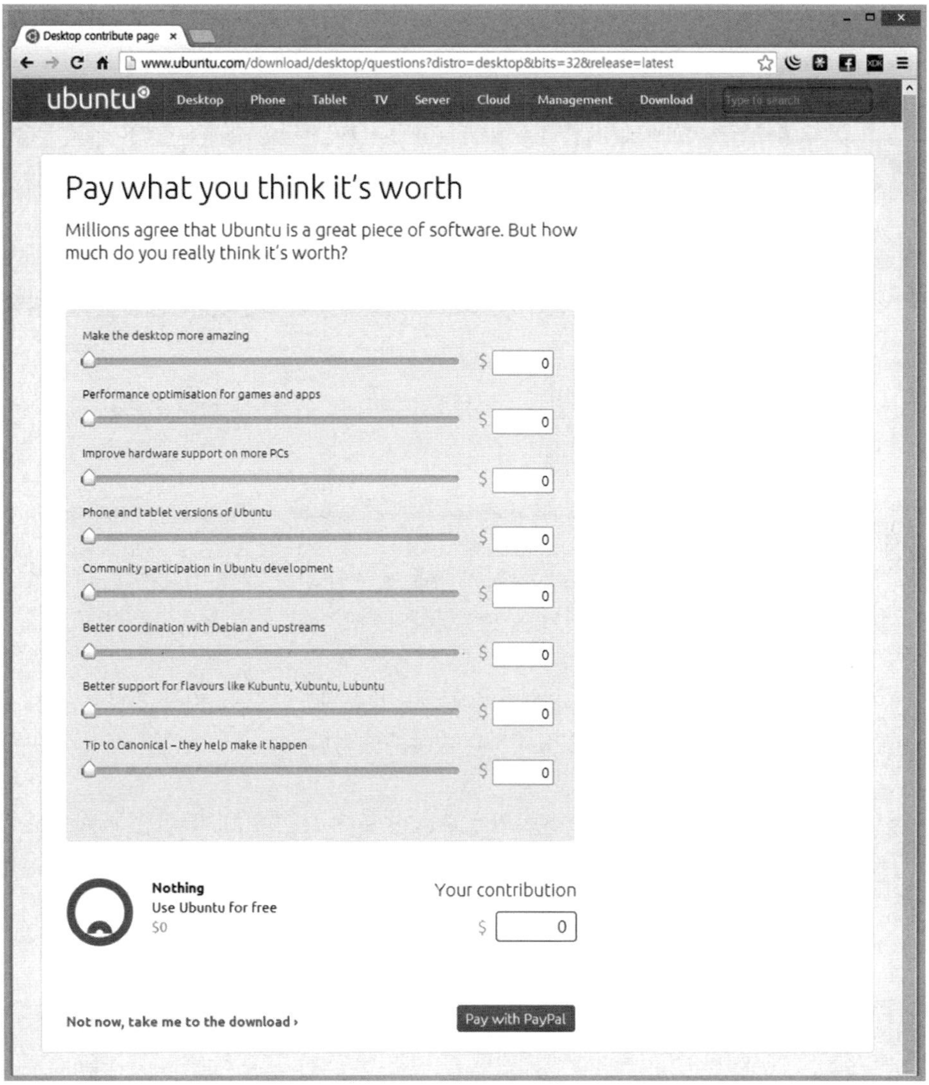

Desktop contribute page ×

← → C ⌂ | www.ubuntu.com/download/desktop/questions?distro=desktop&bits=32&release=latest

ubuntu®   Desktop   Phone   Tablet   TV   Server   Cloud   Management   Download   Type to search

Pay what you think it's worth

Millions agree that Ubuntu is a great piece of software. But how much do you really think it's worth?

Make the desktop more amazing

$ 0

Performance optimisation for games and apps

$ 0

Improve hardware support on more PCs

$ 0

Phone and tablet versions of Ubuntu

$ 0

Community participation in Ubuntu development

$ 0

Better coordination with Debian and upstreams

$ 0

Better support for flavours like Kubuntu, Xubuntu, Lubuntu

$ 0

Tip to Canonical – they help make it happen

$ 0

Nothing
Use Ubuntu for free
$0

Your contribution

$ 0

Not now, take me to the download ›   Pay with PayPal

필자와 마찬가지로 독자들도 돈을 지불할 생각이 없을 것이다. 모든 항목을 '0'으로 설정하면 기부 금액이 '$ 0'으로 표시되며, [Pay with PayPal] 버튼이 [Download] 버튼으로 바뀐다. [Download] 버튼을 클릭하면 다운로드가 시작된다.

다운로드에 있는 옵션은 '12.04 LTS'와 '13.10'를 선택할 수 있게 하여 '12.04'에서 약속한 LTS(Long Time Support)의 약속을 지켜가고 있는 것은 신뢰가 가는 대목이다. 다운로드 안내 윈도우에서 파일을 저장할 위치를 선택하여 다운로드를 진행한다.

다운로드가 완료되면 해당 [폴더 열기]를 해본다.

다운로드되는 위치는 사용자마다 다르다. 이는 윈도우즈에서 다운로드 위치를 어떻게 설정했는가에 따라 다르다.

필자는 크롬을 기본 브라우저로 사용하기 때문에 위와 같은 화면이 나온다. 다운로드 된 파일은 CD 이미지 파일 형식을 가진 ISO 형식의 파일이다.

이 부분에서 저장 경로는 확실하게 기억해두자. 다운로드한 뒤에 저장 경로를 찾지 못하여 다시 다운로드하거나 도움을 요청하는 사용자도 있다.

우분투 공식 사이트에서는 CD 제공 외에도 USB Stick으로 설치 할 수 있는 방법도 안내하고 있다.

4.3.2 VMware 다운로드

VMware는 상용 프로그램이다. 그러나 다행히도 평가판이 제공되고 있으므로 이 평가판을 다운로드해서 설치하여 테스트할 수 있다. 물론 일정 기간이 지나면 구매를 해야 한다. 필자의 경우는 정식으로 라이선스를 구매하였지만 평가판으로도 이 교재의 실습을 충분히 수행할 수 있다. 여유가 조금 있는 독자라면 이 정도는 투자하는 것이 좋다. 여유가 없다면 오라클에서 무료로 제공하는 "Virtual Box"를 사용할 수 있다.

VMware를 다음 URL에서 다운로드 받는다.

http://downloads.vmware.com/d/details/wkst_701_win/ZGolYmRqQHdiZGR0Kg==

현재 제공되고 있는 VMware의 버전은 10.0이다. 그러나 일반적으로 많이 사용되는 VMware 7 버전을 기반으로 설치 방법을 설명한다. 10.0 버전을 사용해도 설치에는 어려움이 없을 것이다.

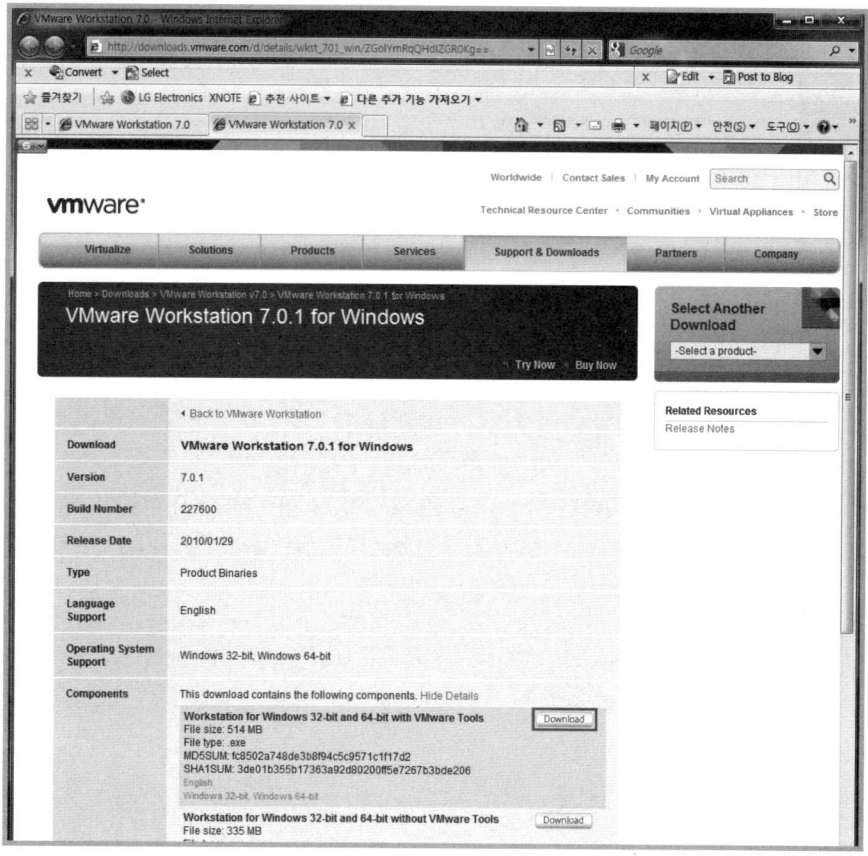

웹사이트에 접속하면 "VMware Tools"를 포함하는 버전과 포함하지 않는 버전을 다운로드 할 수 있는 버튼이 나타난다. 가능하면 "VMware Tools"를 포함하는 버전이 좋다. 무언가 빠져서 제약이 된다는 것은 엄청난 불편함이 따른다.

"VMware Tools"를 포함하는 버전인 위쪽의 [Download] 버튼을 클릭하면 사용자 로그인 안내 페이지가 나오는데 여기에 사용자 등록한 내용이 없다면 [Register] 버튼을 이용하여 회원가입을 하여야 한다. 물론 가입비는 무료이지만 영문으로 기입해야 한다. 일반 웹사이트에서 회원가입 하듯이 적어주면 회원가입이 완료된다.

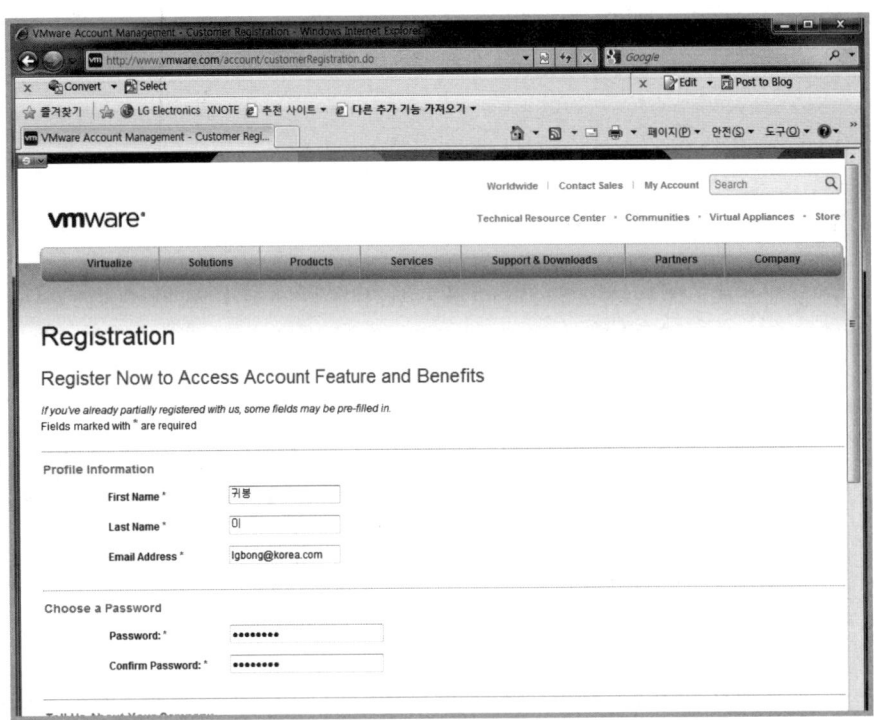

양식의 모든 항목을 입력하였으면 아래로 스크롤하여 하단의 [Confirm] 버튼을 클릭한다. 영문이 아닌 한글을 입력하면 알 수 없는 글자라며 새로 입력하라고 한다. 위의 그림처럼 한글로 입력하지 말고 영문으로 입력한다.

[Confirm] 버튼을 클릭하면 다음과 같은 화면이 나온다. 독자 여러분이 선택할 수 있는 것은 "Yes", "No" 둘 중 하나이다. 직관적으로 "Yes"를 눌러야 함을 알 수 있다면 컴퓨터를 사용할 자격이 있다. [Yes] 버튼을 눌러 진행한다.

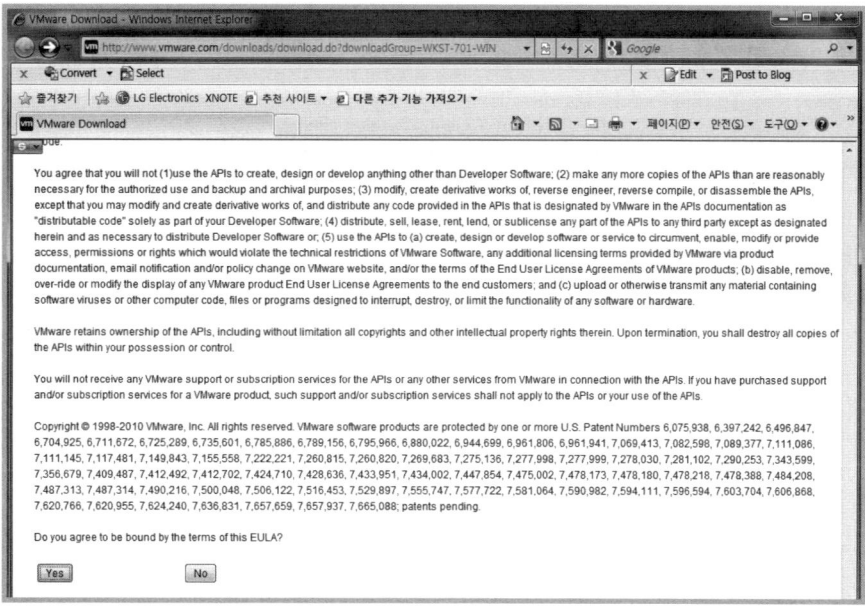

다음에 보이는 다운로드할 파일 두 가지는 툴을 포함 할 것인가 뺄 것인가이다. 이왕에 테스트 할 것이니까 툴까지 포함하는 위쪽의 파일을 다운로드 받기로 하였으니 514MB 인 위쪽의 청색 글자를 선택하여 마우스를 클릭하자.

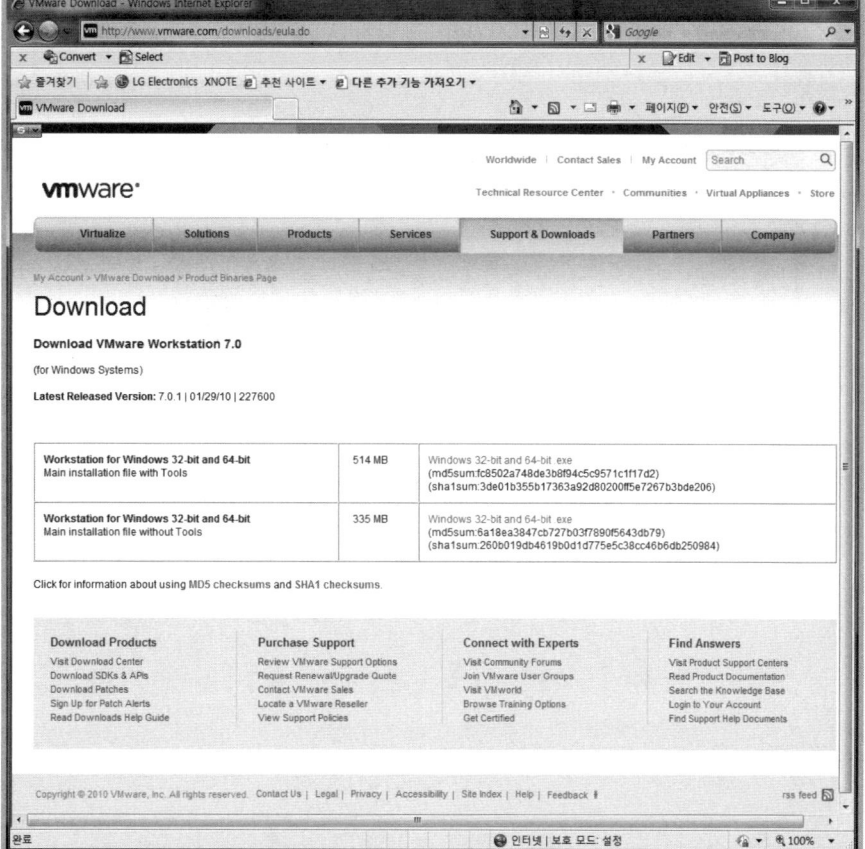

저장할 폴더 위치를 묻는 윈도우가 나타나면 반드시 "저장 경로"를 확인하고 [저장] 버튼을 클릭한다.

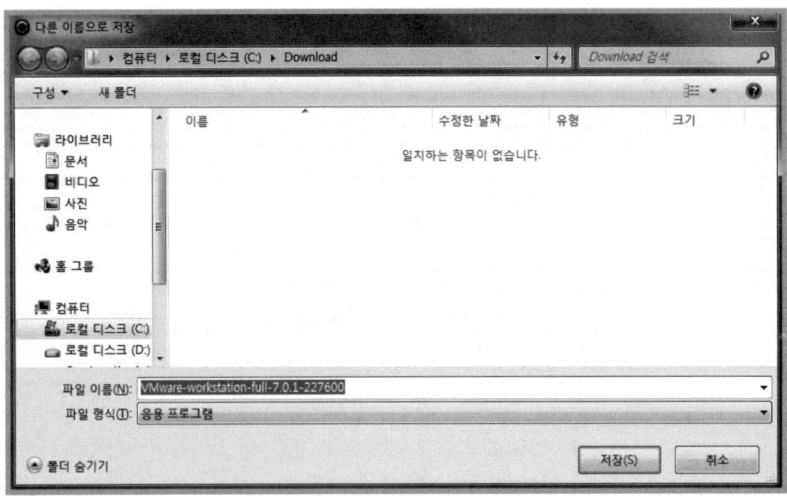

4.4 VMware 설치하기

VMware를 설치하기 전에 자바 가상머신과 이클립스, 비주얼 스튜디오 개발 툴을 미리 설치하였다면 디버깅 모드까지 지원할 수 있다. 다운로드한 폴더를 열어 VMware를 설치하자.

다운로드한 "VMware-workstation-full-7.0.1-227600.exe" 파일을 더블클릭한다.

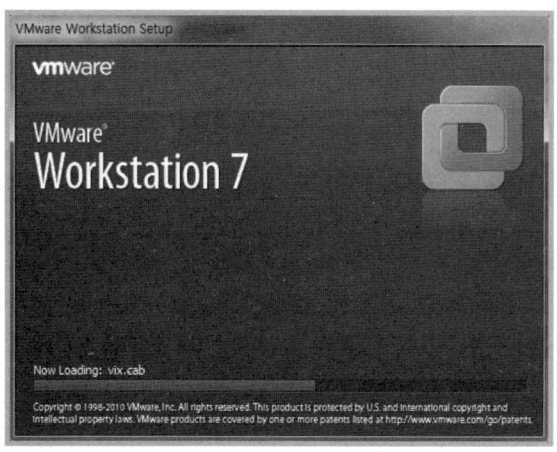

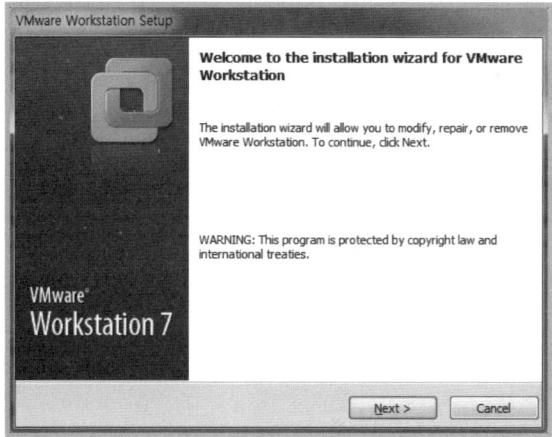

당연히 [Next]가 아니겠는가? [Cancel] 버튼을 선택하면 설치가 취소된다.

여기서는 선택의 기로에 서게 된다. "Typical"은 표준으로 제시되는 설치 방법으로 설치와 구성이 복잡하거나 어렵게 느끼는 초보자가 선택하는 방법이고, "Custom"은 소위 전문가, 즉 사용자 지정 형태로 설치되는 내용이다. "Typical"은 "Custom"을 따라 해보고 나면 스스로 진행할 수 있으므로 "Custom"으로 진행을 하겠다.

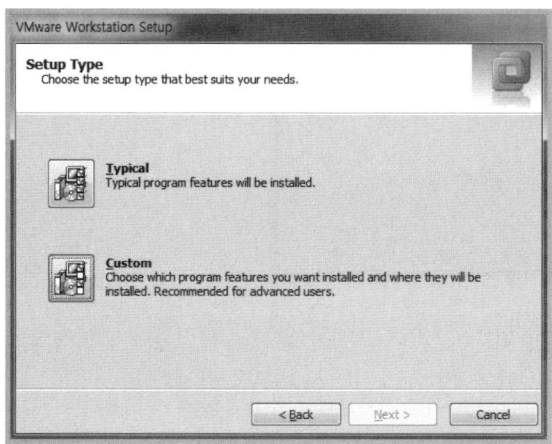

아래 그림의 "Integrated Virtual Debuggers" 항목은 Eclipse를 설치하였고 Java SDK 및 Visual Studio가 설치되어 있는 시스템일 경우에 VMware의 디버깅 옵션을 사용하여 VMware 오류를 분석할 수 있게 제공하는 옵션이다.

Java SDK 및 Eclipse, Visual Studio가 설치되어 있다면 체크 박스에 ☑가 표시되도록 한다. 자바 가상머신과 이클립스(Eclipse) 그리고 비주얼 스튜디오(MS Visual Studio)가 설치되어 있지 않다면 체크하지 말기 바란다. 어차피 디버깅 능력이 있는 독자라면 이 과정이 필요 없을 것이다.

설치 경로를 바꾸는 [Change...] 버튼은 특별한 경우가 아니면 제시된 경로로 설치하는 것이 나중에 업그레이드를 하거나 수정 또는 기능을 추가할 때 불편함을 적게 할 수 있다. 설정이 완료되었다면 [Next] 버튼을 클릭하자.

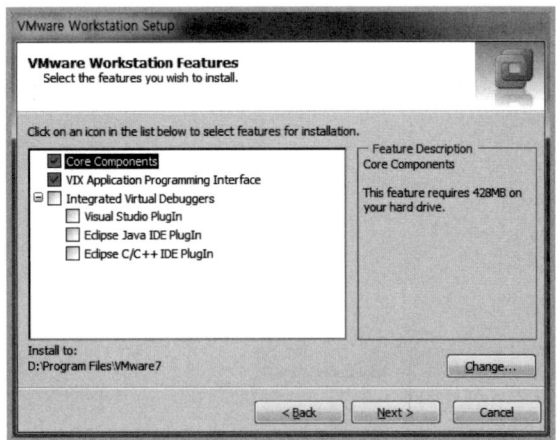

바로가기 아이콘에 대한 설치 위치를 선택하는 옵션이다. 역시 그대로 두고 [Next] 버튼을 선택하자. 바탕화면의 깔끔함을 원한다면 "Desktop" 정도는 해제하여도 된다.

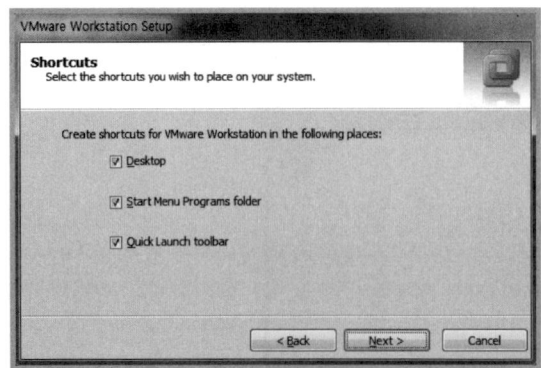

선택한 내용이 맞는지 다시 한 번 더 생각해 보기를 원하는 사람들에게 마지막으로 제공하는 기회이다. 이상이 없다고 판단되면 [Continue] 버튼을 클릭한다.

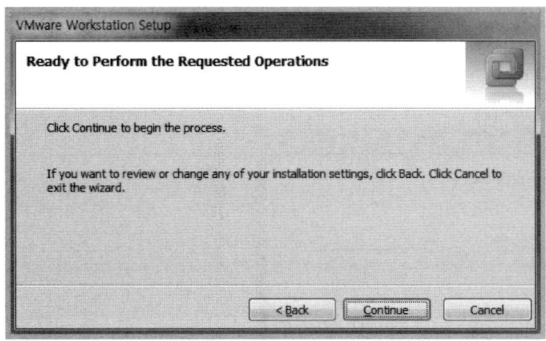

설치가 진행된다. 설치되는 컴퓨터의 성능에 따라 약간의 차이는 나겠지만 약 10여분 기다려야 한다.

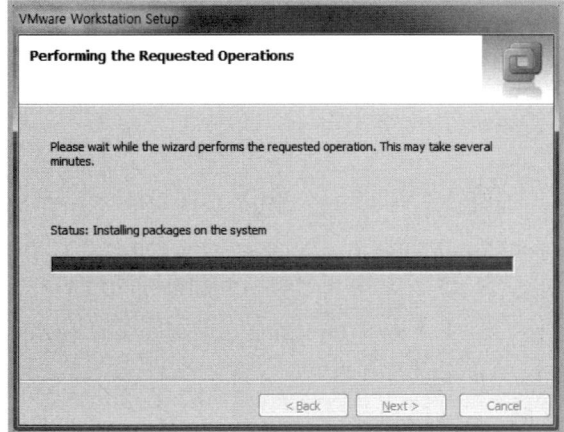

사용자 이름과 회사명, 제품번호를 입력한다. 평가판은 뒤에 언급하는 내용처럼 이메일로 평가판 키를 확인하였다면 평가판 키를 여기서 입력하면 된다. 그러나 아직 평가판 키를 받지 않은 경우라고 가정을 하고 제품번호 입력 없이 진행하기 위하여 [Skip] 버튼을 누른다.

설치가 완료되었다면 최종적으로 사용하기 위하여 컴퓨터를 재시작하여야 한다.
[Restart Now] 버튼을 클릭하면 윈도우즈가 재시작 된다.

윈도우즈가 재시작 되었다면 VMware를 실행한다.

다음은 VMware를 처음으로 시작하였을 때 나오는 라이선스 동의 여부를 묻는 화면이
다. 여기서 "No, I do not accept the terms in the license agreement"를 선택한다면
더 이상 이 프로그램은 실행되지 않는다. 거의 협박 수준인 이러한 방식이 필자는 마음에
들지 않지만 따를 수밖에 없다. "Yes, I accept the terms in the license agreement"를
선택하고 [OK] 버튼을 눌러 다음으로 진행을 한다.

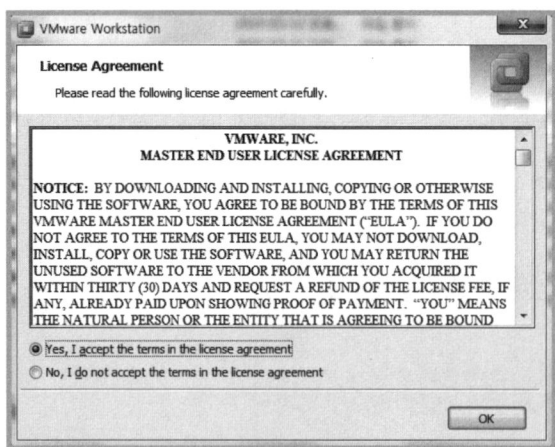

라이선스 동의를 한 후에 나오는 화면이다. 여기까지 설치하였다면 이제 가상머신을 사
용할 준비가 되었다.

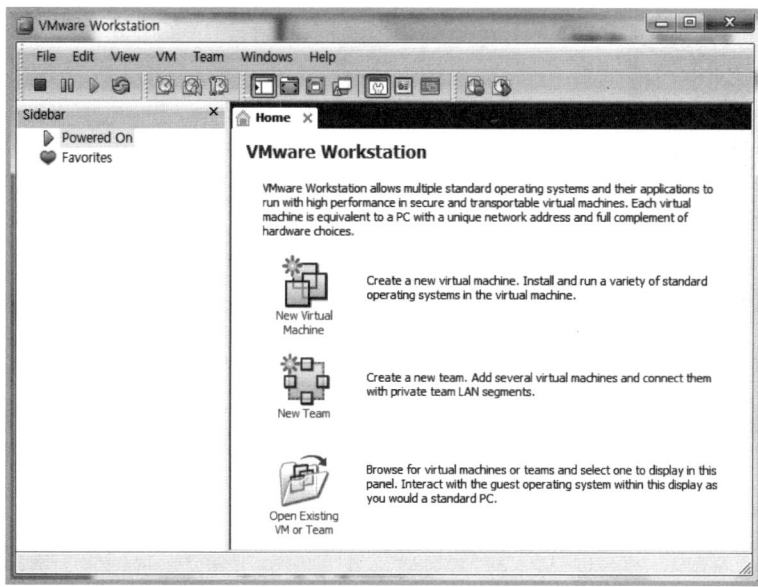

4.4.1 가상머신 만들기

메뉴에서 [File]→[New]→[Virtual Machine… Ctrl+N]을 선택하는 것은 새로운 가상
머신을 만들겠다는 것이다.

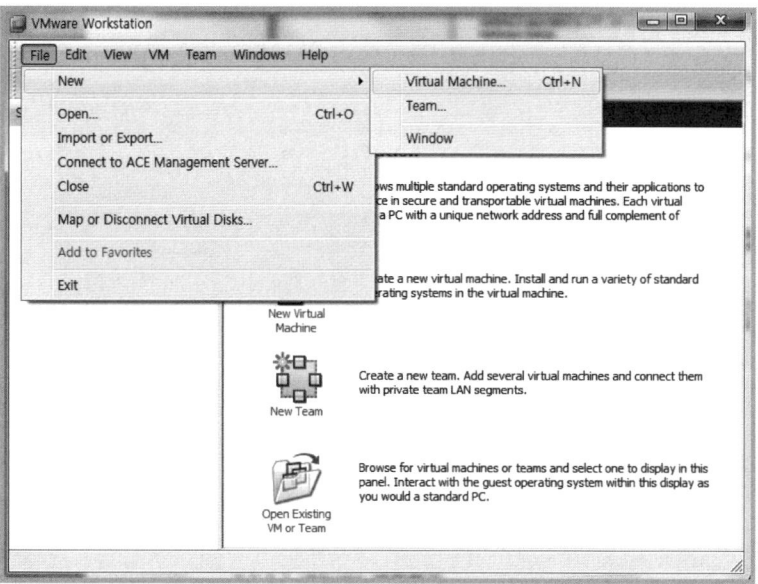

처음이니 쉽게 진행을 해보자. 이 화면에서는 "Typical (recommended)"를 선택하고
[Next] 버튼을 누른다.

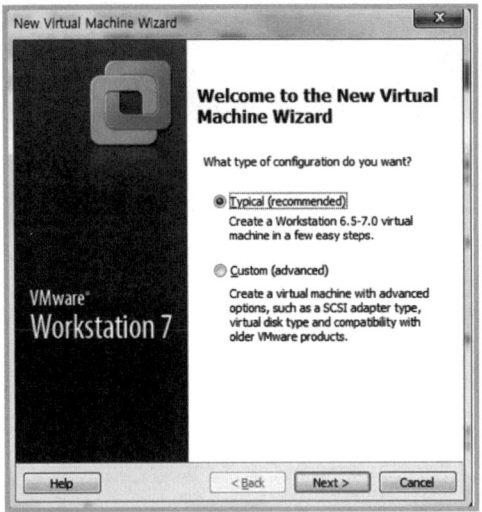

다음은 가상머신 생성과 동시에 운영체제를 설치할 방법을 선택하는 화면이다.
"Installer disc: "를 선택하면 앞에서 다운로드한 "Ubuntu" 이미지 파일(.iso)을 DVD 레
코더를 이용하여 Disc(DVD)에 굽기를 해 두어야 한다.

"Installer disc image file (iso): "를 선택하면 [Browse…] 버튼을 사용하여 Ubuntu를
다운로드한 폴더를 찾아 다운로드한 "Ubuntu ISO 이미지 파일"을 선택하여야 한다.

필자가 진행하는 방법은 세 번째인 "I will install the operating system later." 즉, "운
영체제는 나중에 설치하겠다."이다.

세 번째를 선택하였다면 [Next] 버튼을 클릭하자.

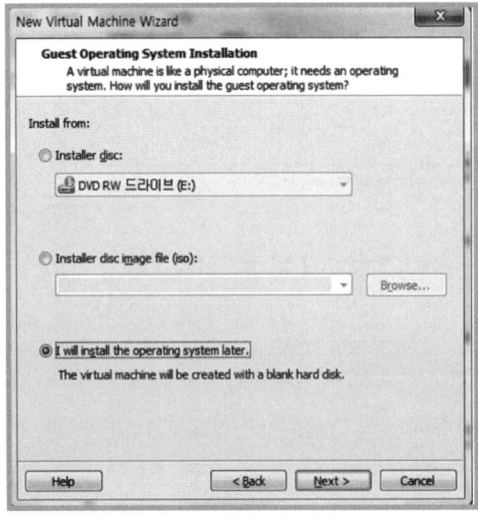

가상머신에 설치할 운영체제의 종류를 결정하기 위한 화면이다. Ubuntu 역시 리눅

스 계열이므로 여기서 "Linux"를 선택하면 "Version" 항목에서 "Ubuntu"가 선택된다.
Ubuntu 64-bit 버전을 설치할 예정이면 Version 목록을 클릭하여 "Ubuntu 64-bit"를
선택한다. 그 다음에 선택할 것은 [Next] 버튼을 누르는 것이다.

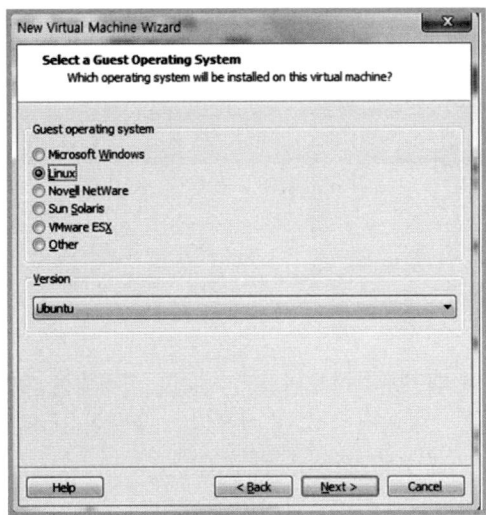

가상머신의 이름을 부여하는 화면이다. 기본적으로 제시되는 이름이 마음에 들지 않는다
면 수정해도 무방하다.

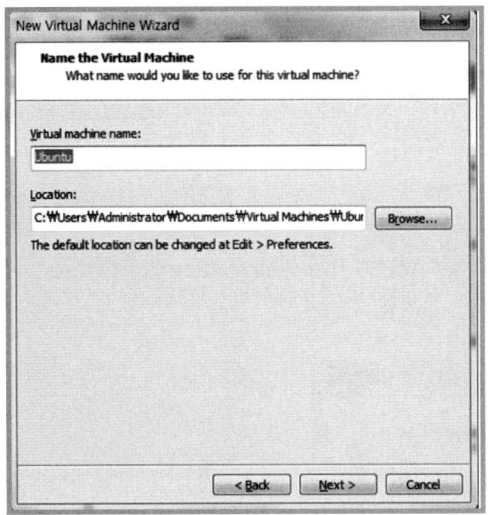

가상으로 만들어지는 시스템의 하드디스크 용량을 선택하는 화면이다. 이 용량은 독자의
컴퓨터 실제 하드디스크 용량과는 무관하다.

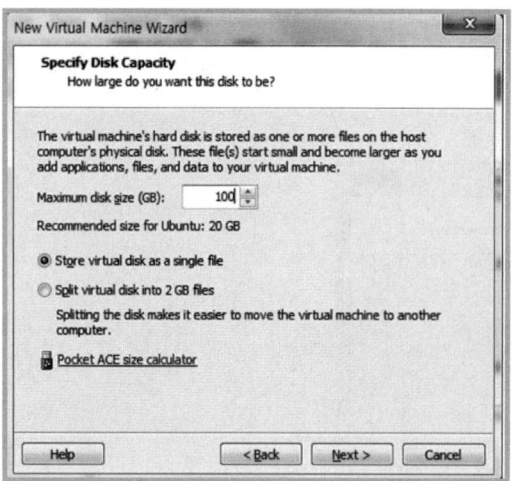

임의로 설정하는 것이다. 실제 독자의 개인 PC 하드디스크 사용은 설치되는 파일의 합계 크기 이상을 사용하지 않는다. 즉, Ubuntu 설치에 사용되는 용량이 10GB이라면 100GB 디스크를 설정하여도 실제 크기인 10GB만 소모될 뿐이다.

나머지 공간은 미사용 공간으로 보여주고 실제 디스크는 사용하지 않는다. 그러나 만약 설치할 파일들이 많아서 100GB를 넘어간다면 곤란한 상황에 직면한다. 가상머신이지만 여러분이 하나의 컴퓨터를 실제로 만든다고 상상하여 보자. 실제 하드디스크가 100GB일 때 이를 넘어가는 용량의 자료를 저장할 수 있을까? 답은 "아니다"이다.

해결 방법은 디스크를 하나 더 추가하는 것이다. 이런 상황을 VMware 역시 염두에 두고 디스크를 추가할 수 있도록 지원하고 있다. 여기서는 제시되는 용량보다 크게 100GB로 설정을 한다. 참고로 VMware 10 버전에서는 디스크 크기를 확장하는 기능이 제공되고 있다.

지금까지 설정한 내용을 확인하는 화면이다. 여기서 [Customize Hardware...]를 선택하여 가상머신의 하드웨어 구성 내용을 수정할 수 있다.

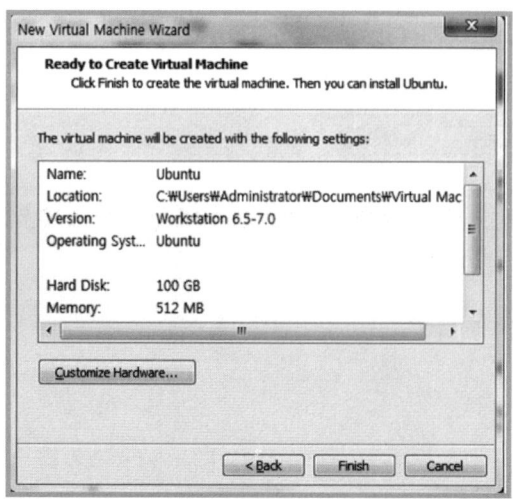

사용자가 가상머신의 하드웨어 사양을 수정할 수 있는 화면이다. 여기서 필자는 Memory를 512MB로 수정하였다. 순전히 개인적인 취향이다. 제시된 메모리를 그대로 사용하기보다는 좀 더 늘려서 사용하려는 자기 만족 정도가 되겠다.

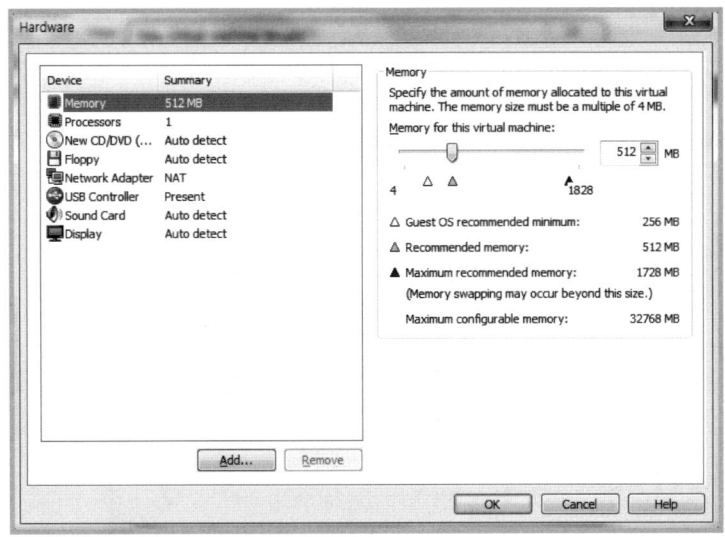

Floppy를 사용하는 컴퓨터는 찾아보기 힘들다. 괜히 장치를 찾는 시간만 허비할 뿐이다. 이러한 이유로 Floppy는 삭제를 하자. 먼저 "Floppy"를 선택하고 [Remove] 버튼을 클릭하면 삭제된다. VMware 10에는 "Floppy" 항목이 없다.

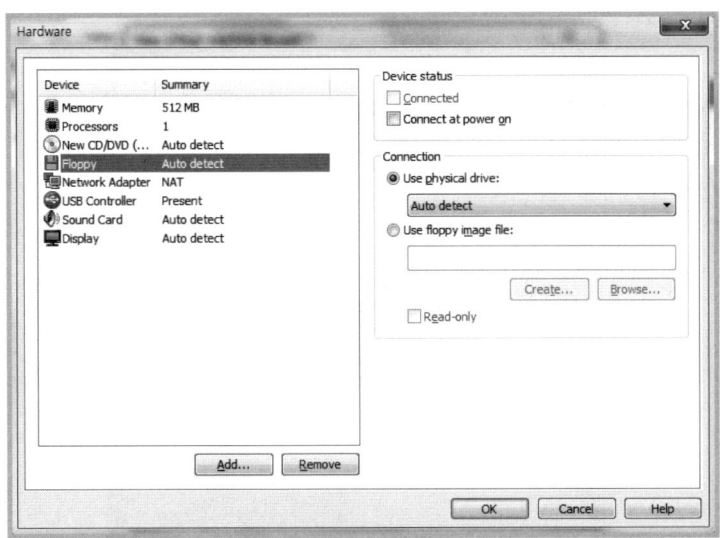

다음은 설치할 운영체제를 제공하는 방법 선택이다. "Connection"에 있는 선택 가능한 두 가지 방법에서 위의 것은 실제 CD-ROM 드라이브에 CD를 넣을 경우 이를 인식하여 가상머신에 운영체제를 설치하는 방법이다. 그 다음 내용은 ISO 이미지 파일을 선택하여 이미지 파일로부터 설치하는 방법이다.

Ubuntu를 Disc에 굽지 않고 다운로드만 하였으므로 아래의 항목을 선택하고 [Browse...] 버튼을 클릭하여 ISO 이미지 파일을 선택하는 것이다. 이는 실제 Disc를 CD-ROM에 넣는 것과 같다.

다음 그림은 설정을 마친 화면이다. [OK] 버튼을 클릭하면 원래 가상머신을 생성하던 화면으로 되돌아간다.

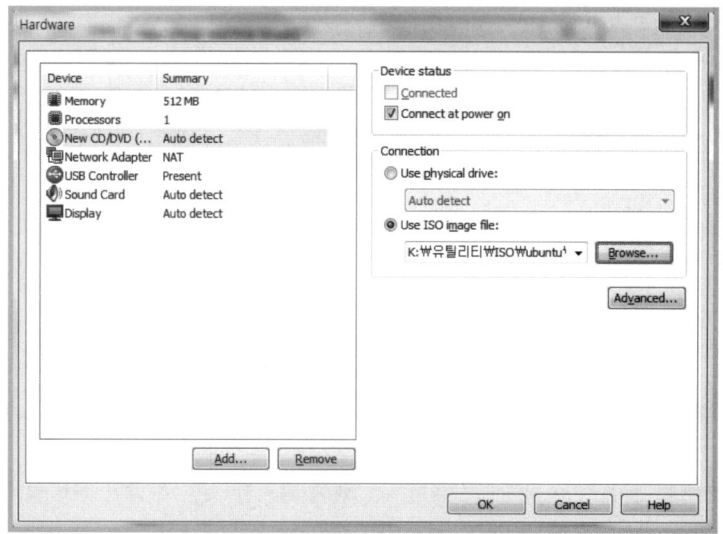

전체적인 설정을 마쳤으면 [OK] 버튼을 선택하여 가상머신의 생성을 마친다.

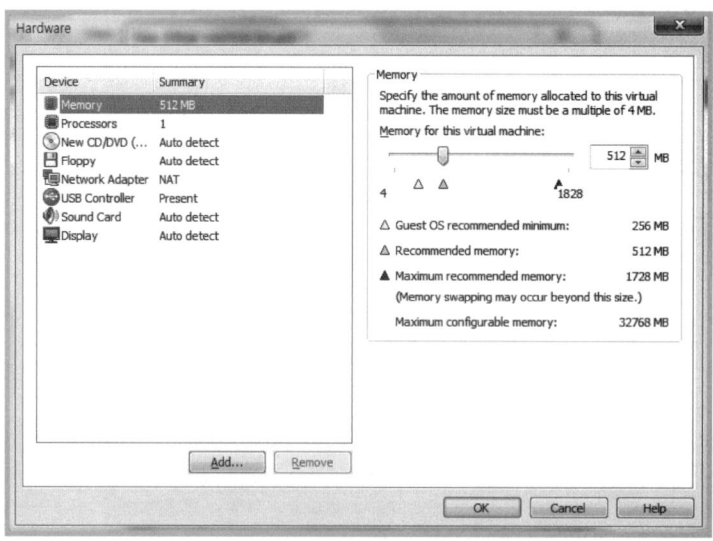

설정이 완료되어 가상머신이 생성된 화면이다.

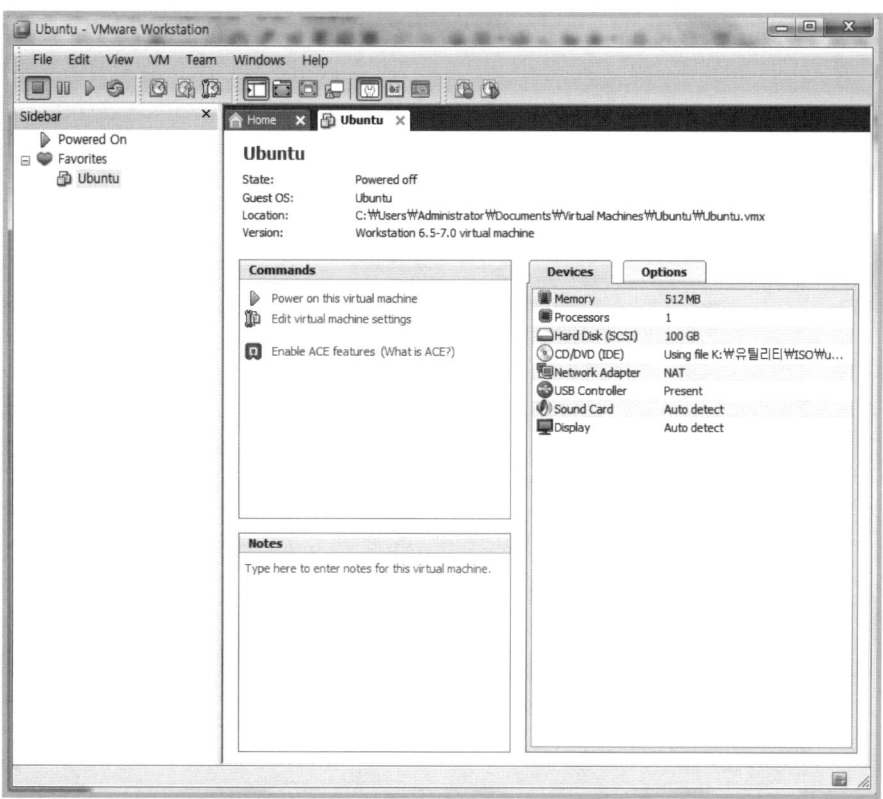

이제 가상머신에 전원을 인가해보자. 그러면 가상머신이 커지는데 처음 실행하는 경우에는 다음 화면과 같이 시리얼 번호를 입력하라고 나온다. 지금까지 평가판 시리얼 키 또는 정식 제품 시리얼 키를 입력한 적이 없으므로 이러한 화면이 나온다. 앞서 평가판의 시리얼 키를 입력하였다면 이 화면은 나오지 않는다.

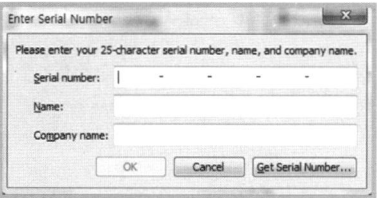

평가판의 경우에는 이메일 주소와 함께 평가판을 신청한 내용이 자신의 메일에 도착해 있다. 수신된 메일을 보면 시리얼 번호를 확인할 수 있다. 확인된 시리얼 번호를 입력하거나 구매한 시리얼 번호를 입력하고 [OK] 버튼을 클릭한다.

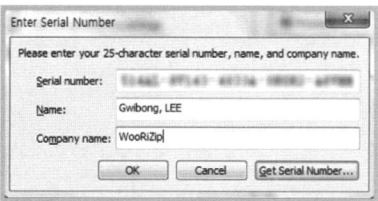

평가판의 시리얼 번호를 입력하고 난 이후에 등록 화면이 나온다. 여기서 [Register] 버튼을 클릭하면 온라인으로 시리얼 번호를 확인하고 잘못되었을 경우 시리얼을 재발급 받을 것을 안내한다.

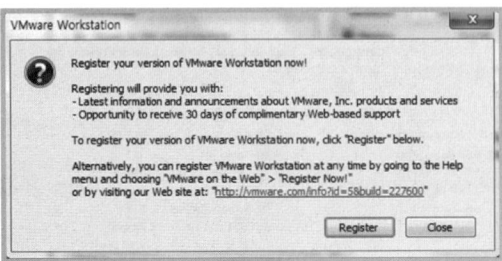

4.4.2 VMware 평가판 키 얻기

http://www.vmware.com/tryvmware/index.php?p=workstation&lp=default에서 영문으로 자신의 이름과 이메일 주소를 입력하고 [Continue] 버튼을 클릭한다.

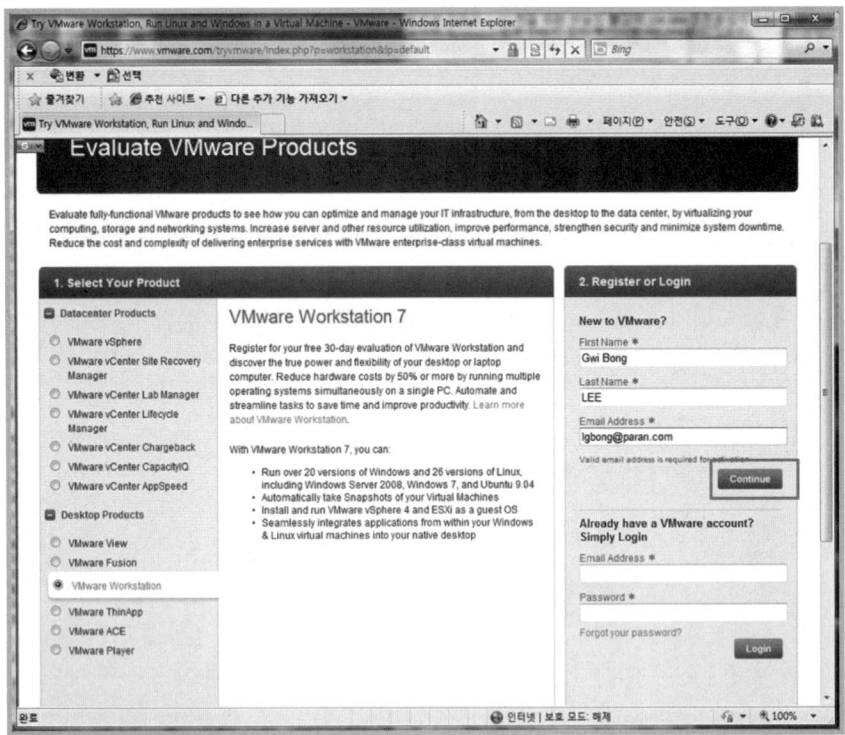

간략한 설문 조사 화면이다. 빨간색으로 별표가 있는 항목에 성실히 응답하고 [Register] 버튼을 클릭한다.

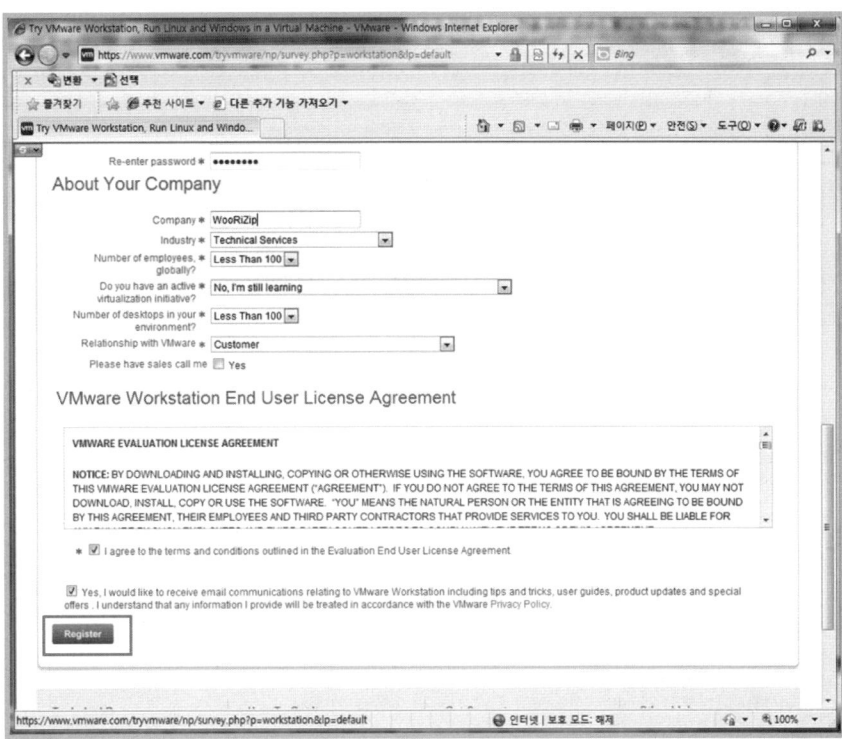

사용자 등록과정에서 입력했던 이메일을 확인하라는 내용이다. 자신의 메일함을 열어 보자.

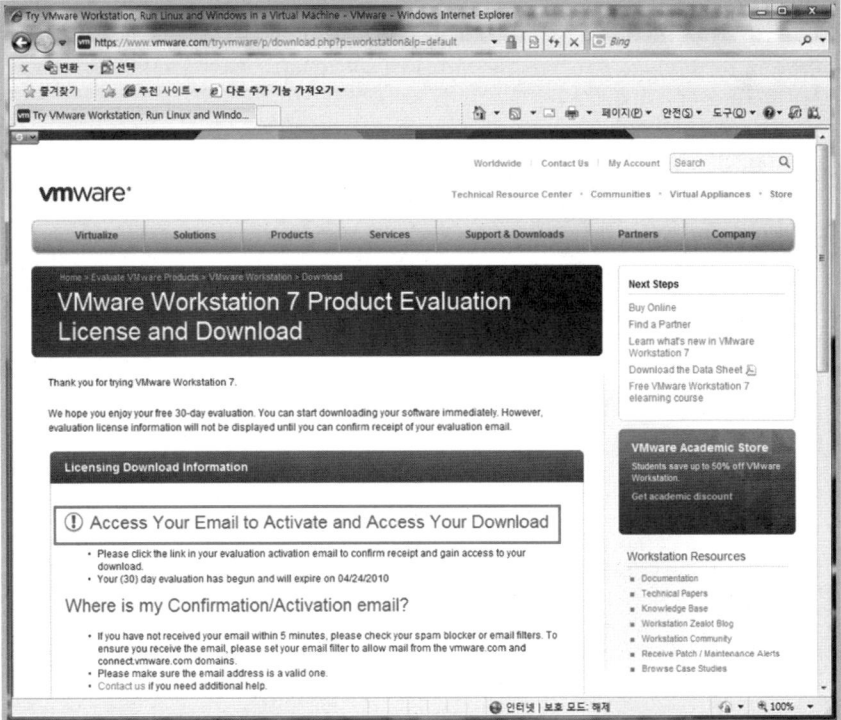

VMware로부터 편지 한 통이 도착하여 있을 것이다. 이를 열어 보면 평가판 활성화를 위한 링크가 제시되어 있다. [Activate My Evaluation!] 링크를 클릭한다.

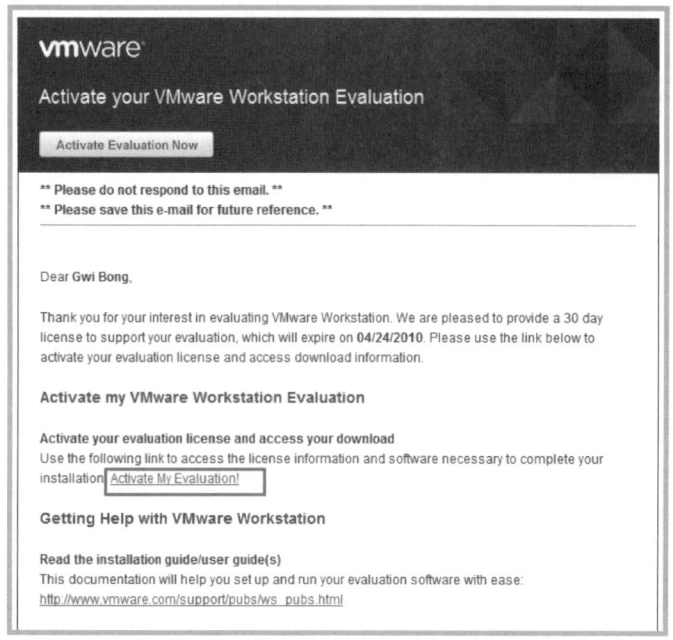

VMware 사이트로 이동하여, 평가판 키가 보이고 다운로드한 프로그램이 안내됨을 알 수 있다. 설치 과정에서 이 키를 입력하면 나중에 다시 요구하는 일은 없다. 평가판 키를 잊었을 경우 VMware 사이트에 접속하여 언제든지 확인 할 수 있다.

4.5 Ubuntu 설치하기

VMware 가상머신을 부팅하기 위한 초기 화면이다.

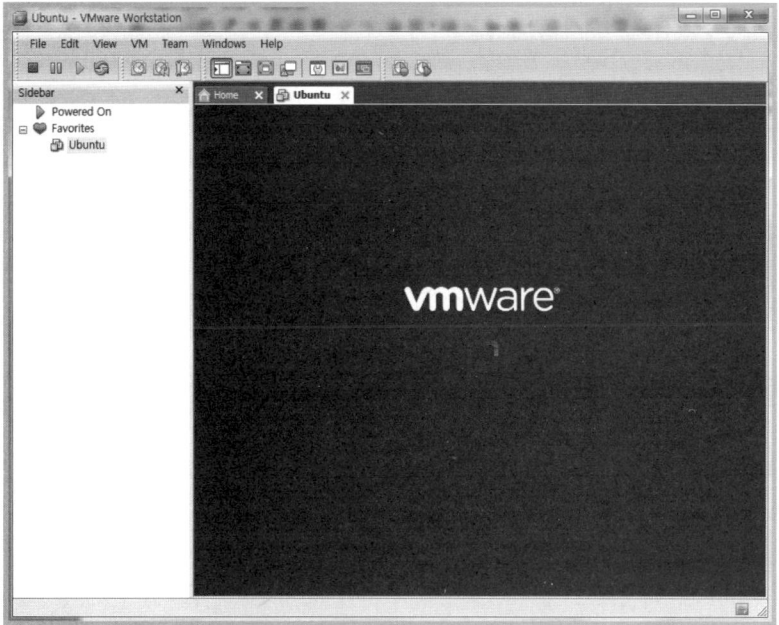

이 단계에서는 마우스를 화면의 검은색 부분에서 클릭을 한 후 F2를 누르거나 F12를 누를 수 있다. 이는 실제 컴퓨터를 구매하여 운영체제 없이 전원을 인가하여 BIOS(Basic Input Output System)를 설정하는 것과 같은 내용이다.

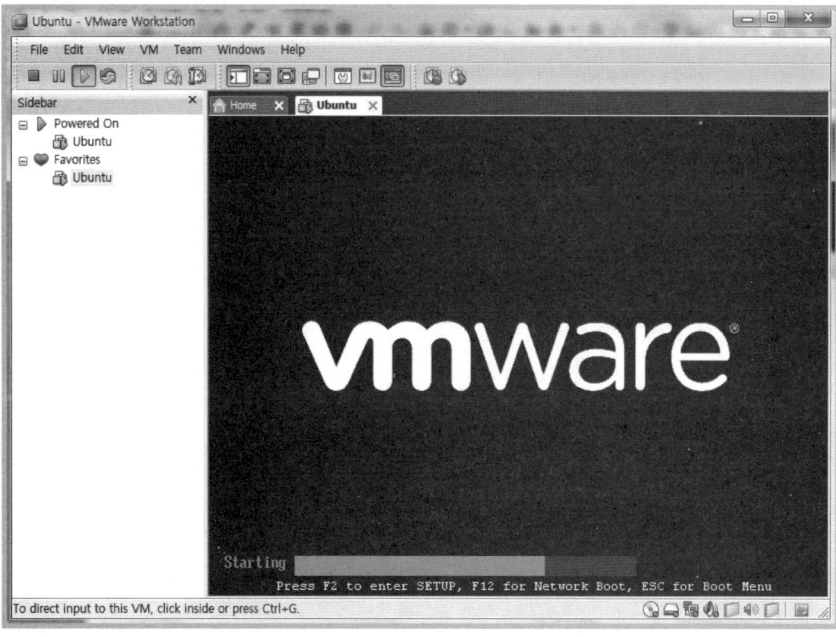

키 입력이 없이 기다리면 앞서 지정한 운영체제의 ISO 이미지를 통하여 시작 화면이 나온다. ISO 이미지를 선택하지 않았다면 다음과 같이 가상머신의 부팅이 실패하였음을 알려 준다.

```
Network boot from AMD Am79C970A
Copyright (C) 2003-2005  VMware, Inc.
Copyright (C) 1997-2000  Intel Corporation

CLIENT MAC ADDR: 00 0C 29 3E C6 50   GUID: 564D024A-1732-EE81-2D58-B28EE43EC650
DHCP.‿
```

4.5.1 전용으로 설치하기

"4.3.1 'Ubuntu' 다운로드"에서 다운로드한 ISO 이미지 파일을 CD-ROM 장치에 기록 가능한 공 시디(DVD)를 넣고 굽는다.

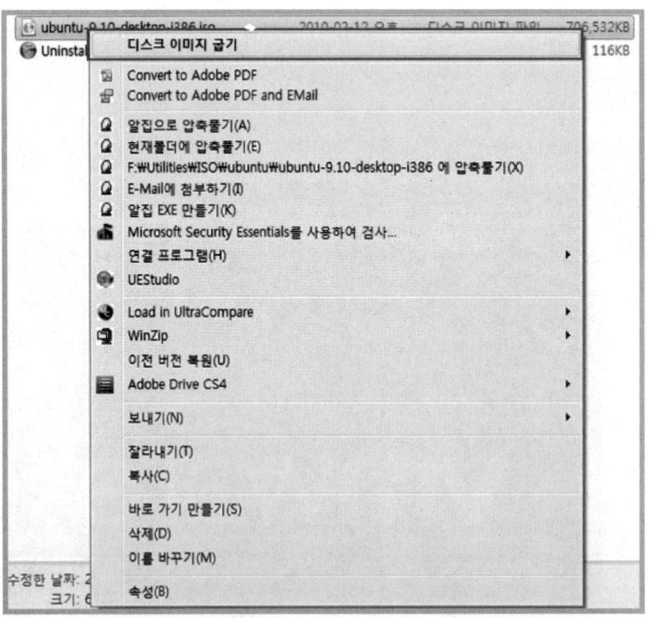

윈도우즈에 포함된 디스크 굽기가 없는 버전이라면 CD-ROM 굽기 프로그램을 활용하여 굽는다. 이렇게 만들어진 CD를 운영체제가 없거나 새로운 운영체제를 설치하려는 개인용 PC의 CD-ROM 드라이브에 넣고 CD-ROM을 먼저 인식할 수 있도록 BIOS를 수정하여 부팅을 한다.

이후 과정은 "4.5.3의 가상머신으로"에서의 설치 방법과 동일하다.

4.5.2 듀얼 부팅하기

먼저 윈도우즈를 설치해야 한다. 이미 설치되어 있다면 "4.5.1 전용으로 설치하기"와 같이 Ubuntu CD를 준비하면 시작은 "4.5.3 가상머신으로"의 과정과 같지만 디스크 파티션을 나누는 부분이 다르다. 이 부분은 "4.5.3 가상머신으로"에서 다루고 있으므로 참고하면 된다. 주의할 것은 윈도우 8에서는 더 이상 이 방법을 지원하지 않는다.

4.5.3 가상머신으로

VMware에서 설정한 우분투 가상머신에 전원을 넣는다.

다음에 나오는 그림과 같이 VMware를 시작하여 설치할 경우에 가상머신 실행에 나오는 화면이다. 10.04 이후 버전에서 키보드 입력을 요구하는 선행 화면이 사라지고 최초 한 번만 나오는 언어 선택 화면이 나온다.

기본 언어가 English이다. 키보드에서 방향키를 이용하여 이를 '한국어'로 바꿔준다.

Language			
Amharic	Français	Македонски	Tamil
Arabic	Gaeilge	Malayalam	తెలుగు
Asturianu	Galego	Marathi	Thai
Беларуская	Gujarati	Burmese	Tagalog
Български	עברית	Nepali	Türkçe
Bengali	Hindi	Nederlands	Uyghur
Tibetan	Hrvatski	Norsk bokmål	Українська
Bosanski	Magyar	Norsk nynorsk	Tiếng Việt
Català	Bahasa Indonesia	Punjabi (Gurmukhi)	中文(简体)
Čeština	Íslenska	Polski	中文(繁體)
Dansk	Italiano	Português do Brasil	
Deutsch	日本語	Português	
Dzongkha	ქართული	Română	
Ελληνικά	Қазақ	Русский	
English	Khmer	Sámegillii	
Esperanto	ಕನ್ನಡ	ಅಸ್ಸಾಮಿ	
Español	한국어	Slovenčina	
Eesti	Kurdî	Slovenščina	
Euskara	Lao	Shqip	
اردو	Lietuviškai	Српски	
Suomi	Latviski	Svenska	

F1 Help F2 Language F3 Keymap F4 Modes F5 Accessibility F6 Other Options

한국어가 선택되었으면 엔터키를 누른다.

우분투 설치시 최초에 한 번만 나오는 언어 선택 화면은 [F2] 키를 누르면 다시 나타난다. 사용할 수 있는 기능키는 화면의 하단에 보여주고 있다. 화면 중앙의 메뉴는 방향키를 이용하여 선택할 수 있는 내용으로 [설치하지 않고 우분투를 경험하기(T)]나 [우분투 설치(I)]를 할 수 있다. 내 컴퓨터에 우분투가 잘 설치될 수 있는지 검사하기 위해서는 [디스크 결함 확인(C)], [메모리 테스트(M)]를 선택하면 확인이 가능하다. 마지막의 [첫 번째 하드 디스크로 부팅(B)]은 기존에 설치된 운영체제가 있을 경우 해당 운영체제로 시작하겠다는 의미이다.

ubuntu®

설치하지 않고 우분투 경험하기(T)
우분투 설치(I)
디스크 결함 확인(C)
메모리 테스트(M)
첫 번째 하드 디스크로 부팅(B)

F1 도움말 F2 언어 F3 키맵 F4 모드 F5 접근성 기능 F6 기타 설정

선택되는 메뉴는 밝은 글씨로 되어 사용자의 혼란을 막고 있다. 아래로 가는 방향키를 한

번 누르면 [우분투 설치(I)]를 진행할 수 있다. 지금까지의 화면이 안 나온다고 걱정할 필요는 없다. 다음 과정에서 사용할 언어 선택이 가능하다.

이후 그림부터는 가상머신과 단독 설치를 구분하지 않아도 되므로 Ubuntu 화면만 제시한다. Ubuntu에서 사용할 언어 선택 화면이다. "한국어"를 키보드의 방향키를 사용하여 선택한다. "한국어"를 선택하면 화면의 메시지가 한글로 보인다.

배경색이 오렌지색에서 보라색으로 바뀌었으나 수채화 느낌은 바뀌지 않았고, 타이틀 부분의 메시지가 "설치"에서 "어서오세요"를 거쳐 "환영합니다"로 바뀌었다. 설치를 시작할 때 나타나는 화면으로 텍스트 정보를 많이 감추고 절차가 축소되었다. [Ubuntu 설치] 버튼을 클릭하여 설치를 시작한다.

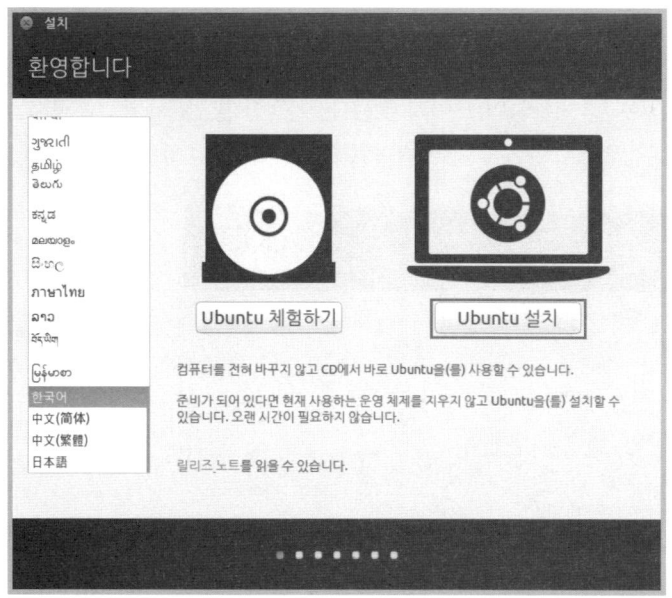

Ubuntu 설치를 위한 첫 번째 화면으로 설치에 필요한 기본 정보를 보여주는 화면이다.

인터페이스가 간략화 되고 세련되었다. "설치 중 업데이트 다운로드"와 "서드 파티 소프트웨어 설치"의 체크박스를 선택하여 체크하는 것이 좋다. [계속] 버튼을 클릭하면 우분투 설치를 계속한다.

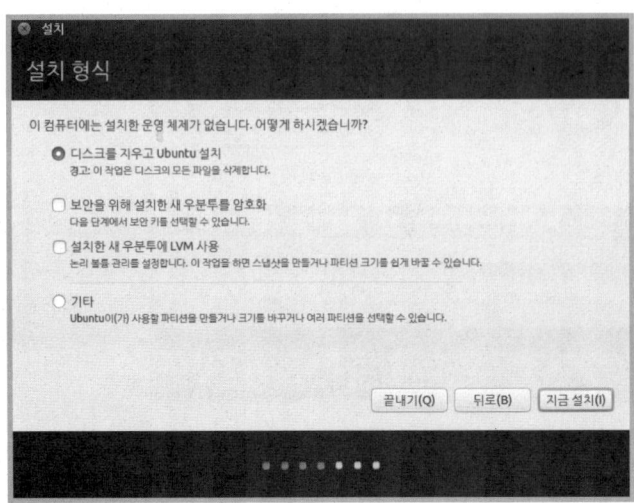

창 제목으로 이전 버전에서 "깔기"라는 문구가 "설치"라는 단어로 수정된 것은 반가운 변화이다. 다음은 설치 형식을 선택하는 화면이다. 또한 [앞으로]라는 버튼이 [계속] 또는 [지금 설치] 등으로 상황에 맞게 변화되어 한글 표현을 자연스럽게 하였지만, "서드 파티 소프트웨어"라는 정체불명의 한글이 남아 있는 것은 아쉬운 부분이다.

"기타" 항목은 디스크 파티션을 사용자가 직접 분할하고 파일 시스템을 결정할 수 있다. 즉, 수동으로 디스크 파티션을 설정하는 것으로 매우 신중해야 하고 머리 아픈 작업이다. 아마도 우분투에서 이점을 알고 있기에 "기타"에서 사용자가 파티션을 직접 지정하는 방식을 사용하기 어렵게 만들었다고 보이는 오류를 포함하고 있다. 화면에 나타나는 부분에 사용자가 클릭해야 할 버튼들이 보이지 않는다. 설정할 방법도 없고, 화면 크기를 조절할 방법도 없다. 이는 사용하지 말라는 의미인지 오류인지 아리송한 부분이다.

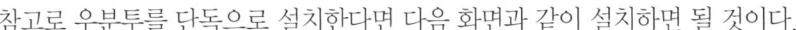

참고로 우분투를 단독으로 설치한다면 다음 화면과 같이 설치하면 될 것이다.

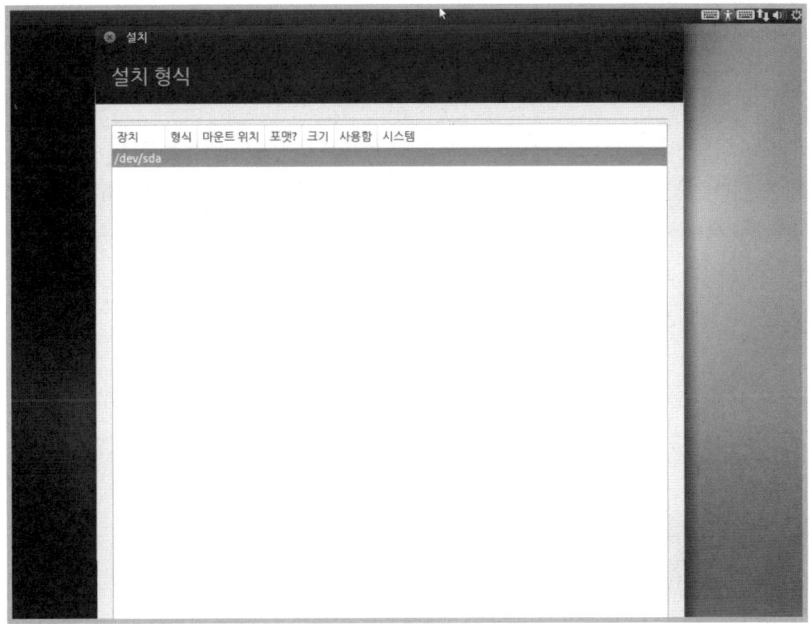

그러나 윈도우즈가 설치되어 있다면 위 화면이 아니라 다음과 같은 화면이 나온다.

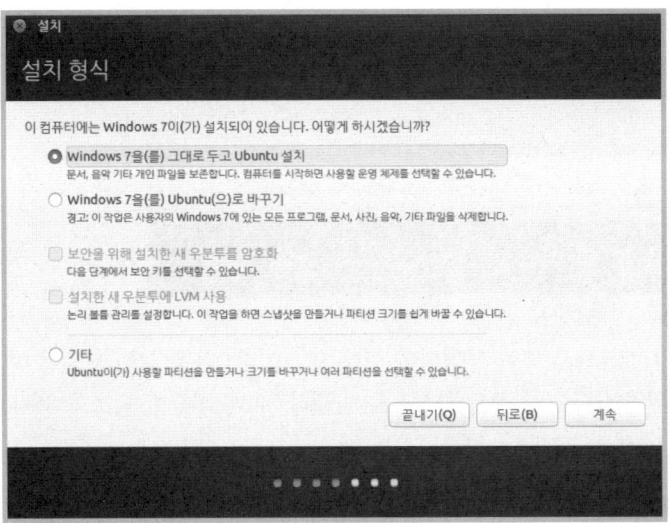

윈도우즈가 설치되어 있고 여유 공간이 충분한 경우, 윈도우즈 설치 당시에 하드디스크의 파티션을 나누고 사용하지 않은 파티션을 사용하는 경우가 있다. 그러나 대부분의 윈도우 사용자는 사용하지 않는 파티션이 없으므로 포맷되어 사용할 수 있는 빈 공간을 우분투를 위해서 재할당하는 과정을 거쳐야 한다. 또 다른 경우로 하나의 하드디스크를 전부 윈도우즈 사용으로 결정하였거나 여유 공간이 없다면 하드디스크를 하나 더 추가하는 방법이 있다.

윈도우즈와 같이 사용하기 위해서는 사전에 파티션을 나누어 놓고 윈도우즈를 설치한 다음 빈 영역에 설치하는 것이 바람직하다. 그러나 파티션을 나누는 것은 '파티션 매직' 등의 하드디스크를 관리하는 프로그램을 사용하여야 하고 그 방법은 신중하고 까다롭게 다루어야 한다. 이러한 문제를 '우분투 13.04'부터는 해결하고 있다.

즉, 기존의 윈도우즈를 유지하면서 우분투를 설치하는 방법과 기존의 윈도우즈를 지우고 우분투만 사용하는 방법이다. 우분투만 사용하는 방법은 단독으로 설치하는 방법과 동일하므로 여기서는 윈도우를 그대로 두고 우분투를 설치하는 방법을 선택한다. 또한 이 책에서는 대부분의 독자들이 VMWare를 이미 사용하고 있으며, 여유 공간이 충분히 있다고 가정하여 진행하겠다.

VMware에 설치하는 과정이므로 "Windows 7을(를) 그대로 두고 Ubuntu 설치"를 선택하고 [계속] 버튼을 클릭한다.

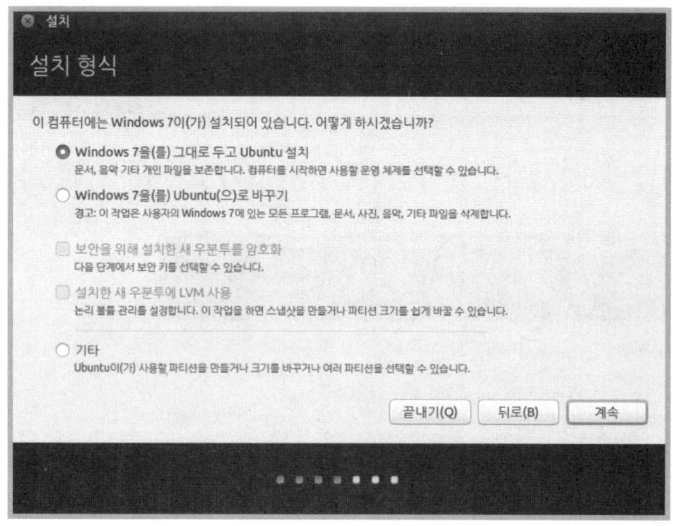

참고로 가상머신에 Windows 7이 설치되어 있는 경우이다. 다음 그림과 같은 화면에서 마우스를 칸막이 위치로 옮기면 좌우 화살표로 바뀐다. 이때 필요한 디스크 용량만큼 좌우로 이동을 하면 파티션이 해당 용량으로 바뀐다.

이 책에 표시되어 있는 용량은 사용자의 환경에 따라 다르게 나타난다. 어느 정도 이동하고 더 이상 움직이지 않는 경우는 해당 운영체제가 필요한 절대 용량이 필요하기 때문이다. 적당한 크기로 용량을 결정하였으면 [지금 설치] 버튼을 클릭한다. 디스크 용량을 할당하는 방식이 간편하고 직관적으로 개선된 점이 눈에 띈다.

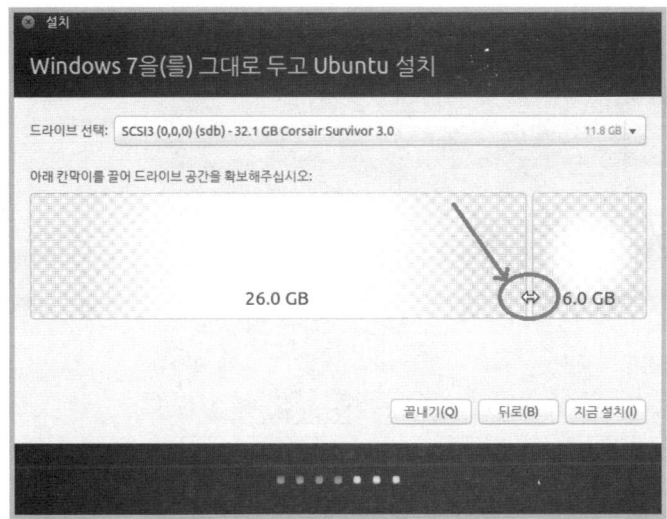

다음은 설정한 디스크 공간이 맞는지 확인하는 과정이다. 만약에 디스크 공간이 부족하다면 설치를 진행하는 과정이 매우 느리다. 디스크 공간은 충분하게 넉넉히 준비하는 것이 좋다. 만약에 공간이 부족하다면 디스크를 추가하는 방법도 고려해야 한다.

[계속] 버튼을 눌러 진행한다.

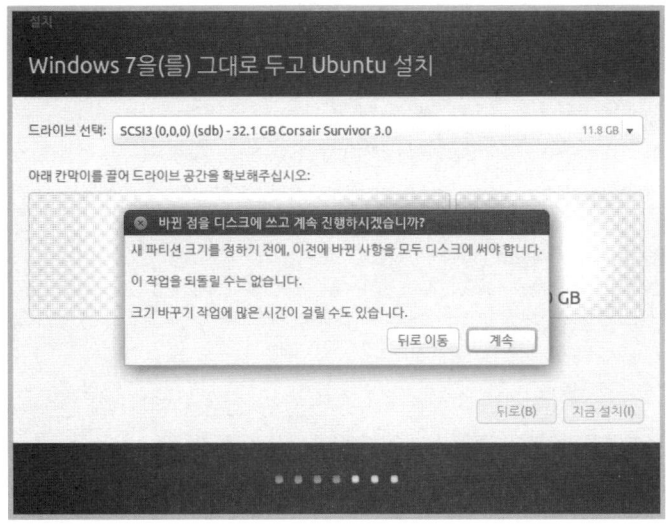

우분투만 설치하는 경우는 하드디스크 관리자가 필요하지 않으므로 앞의 파티션과 관련된 내용은 보이지 않는다. [지금 설치]를 선택하면 파일 시스템을 복사하는 과정이 진행된다.

사용자의 지역을 선택하는 화면은 표준 시각을 맞추기 위한 화면이다. 파일 시스템의 복사가 완료되면 나타난다. 언어 선택이 자동으로 기준 지역을 설정하므로 특별히 수정할 일이 없다. 한국어를 사용하는 다른 지역의 거주자라면 지도에서 자신의 거주 지역을 클릭하면 된다.

다음으로 설치하는 내용은 글자판 배치이다. 영문을 선택한 다음 한글 입력기를 따로 설
치하는 방법이 인터넷에 권장되기도 하지만 여기서는 기초를 다루므로 한국어 키보드를
선택하고 [계속] 버튼을 누른다.

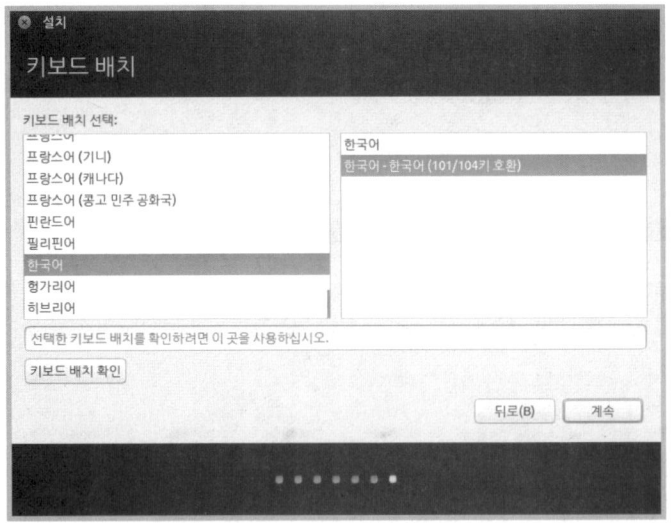

사용자 정보를 입력하는 화면이다. 사용자 이름을 기준으로 계정 이름이 결정되고 컴퓨
터 이름이 제시되지만 이를 수정하여 마음에 드는 이름으로 수정하여도 무방하다.

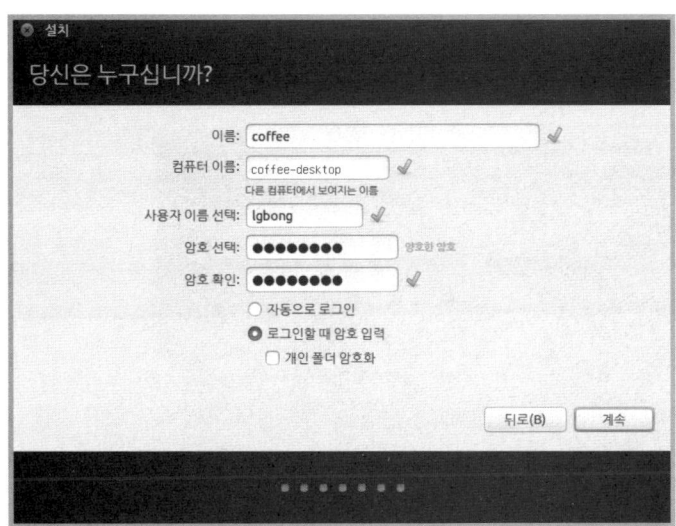

로그인 방법은 "자동으로 로그인"과 "로그인할 때 암호 입력", "개인 폴더 암호화"를 선택할 수 있다. 개인적인 주장이지만 암호는 입력하는 습관이 없으면 언젠가는 잊어버린다는 점이다. 입력하는 습관을 기르고 정보 보호 의식도 가질 필요성에 의하여 "로그인할 때 암호 입력 " 항목이 선택된 상태로 그대로 두고 [계속] 버튼을 클릭한다.

참고로 "비밀번호가 너무 짧습니다." 라는 메시지는 보안을 위한 경고 메시지이다. 실제로 서버로 사용하고자 하는 독자라면 비밀번호는 문자와 숫자를 활용하여 충분히 길게 입력하여 이 메시지가 나타나지 않도록 하는 것이 좋다. 그러나 짧다고 설치가 되지 않는 것은 아니다. 적절히 입력을 했으면 [계속] 버튼을 클릭한다.

10.04 버전에서 제공하던 지금까지의 설정 작업 내용을 결과 보고서 형식으로 제공하여 다시 한 번 더 확인할 수 있게 하는 기능은 더 이상 제공하지 않는 것 같다. 또한 [고급...] 버튼 역시 더 이상 제공하지 않는다. 사용자의 설치 과정을 간략화 하기 위한 배려로 보이지만 친절도는 낮아진 느낌이다. 이것으로 설정이 끝났다.

[계속] 버튼을 클릭하면 다음과 같이 화면이 여러 번 바뀌면서 설치 과정이 진행될 것이다. 우분투 설치를 시작했다는 의미의 화면이다. 우분투의 우수성을 광고하는 내용이 슬라이드 형식으로 제공된다. 지금부터는 느긋하게 기다리면서 화면에 나타나는 슬라이드를 감상하면 된다. 슬라이드는 아직 한글화가 되어 있지 않음이 아쉽다.

"근질거리는 링테일(Raring Ringtail)"을 형상화 한 이미지로 보이는 슬라이드 시작 화면 이다.

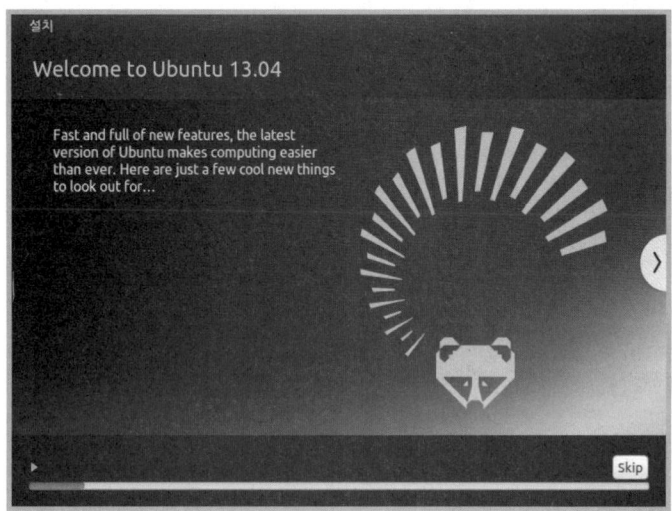

많은 소프트웨어를 찾아서 설치할 수 있다는 화면이다. 우분투 역시 컨텐츠가 풍부해야 생태계를 유지할 수 있음을 인지하고 있다는 의미로 보인다. Apple의 AppStore가 생각 나는 소프트웨어 제공이다. 그러나 여기는 아직 공짜가 훨씬 더 많다는 점을 잊지 말자.

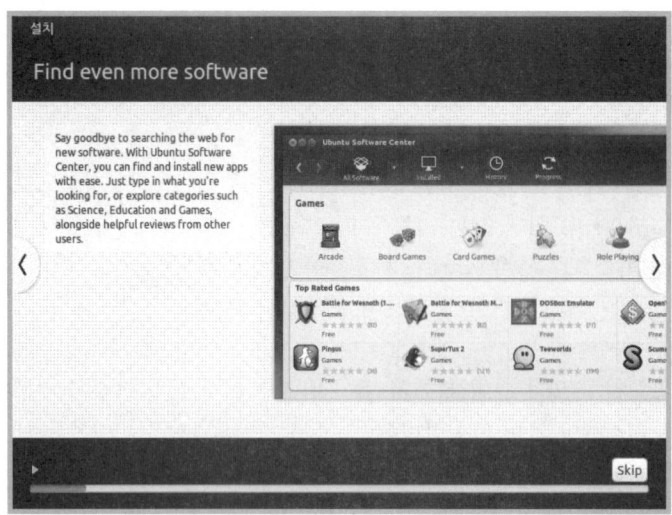

'리듬박스 뮤직플레이어'를 이용하여 음악을 즐기는 기능이 강화되었다는 슬라이드 화면
이다.

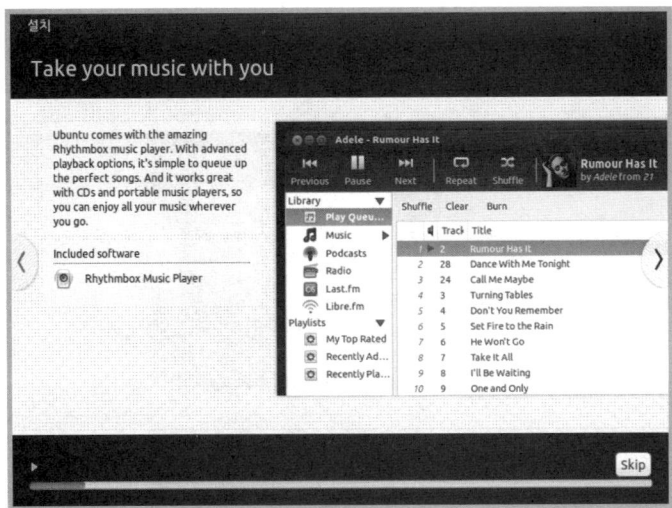

사진을 편집하고 효과를 줄 수 있는 '샷웰 포토 관리자' 기능을 소개하는 슬라이드이다.

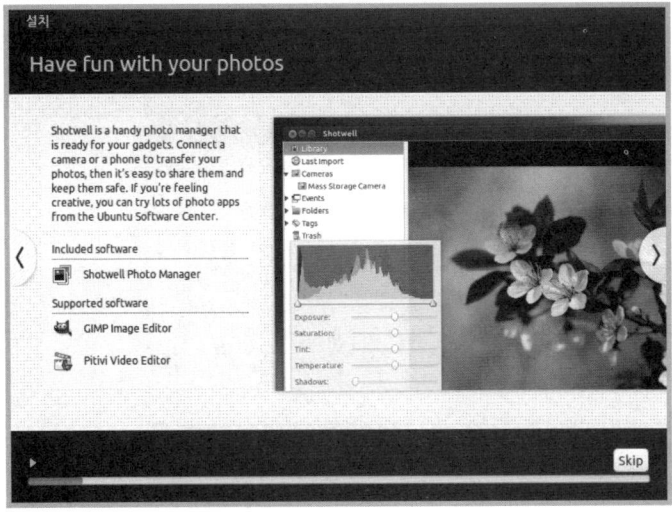

하나의 계정으로 '우분투 원(Ubuntu One)'을 사용하여 언제 어디서나 클라우드(Cloud)
기능을 제공하는 '우분투 원'을 즐길 수 있다는 소개 슬라이드이다.

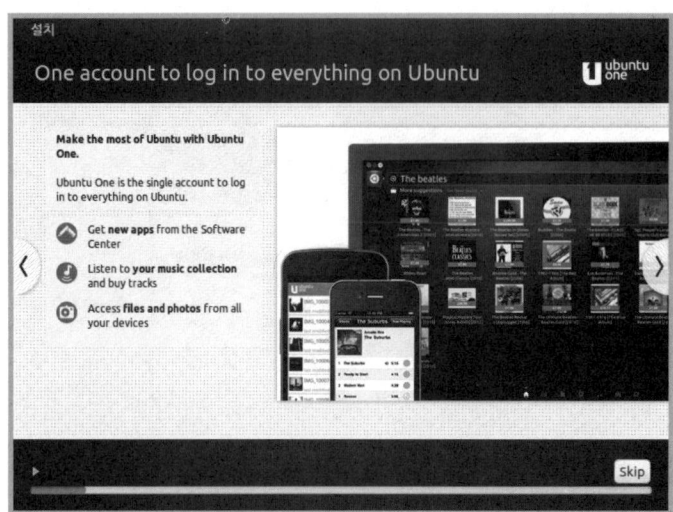

'파이어폭스' 웹 브라우저를 사용하여 웹 서핑을 즐길 수 있다는 소개 슬라이드이다.

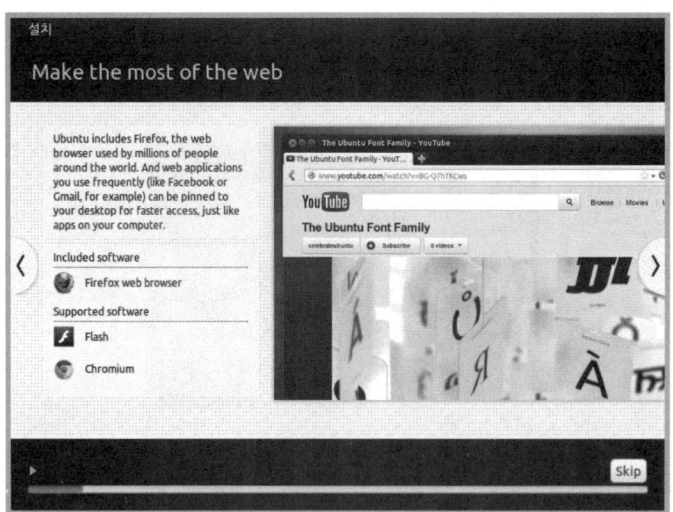

우분투에서 제공하는 '리브레오피스' 도구를 소개하는 슬라이드이다. 리브레오피스는 마이크로소프트사의 오피스와 호환되는 파워포인트, 엑셀, 워드 등의 기능을 포함하고 있다.

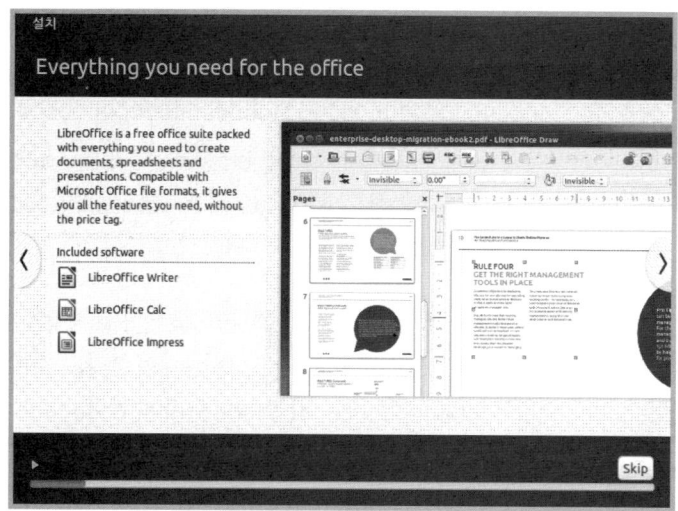

사용자 접근성이 강화된 모습이다. 우분투의 다듬기는 개인 취향이다. 배경화면을 바꾸고 보조기술을 통하여 화려한 3D를 즐길 수도 있다.

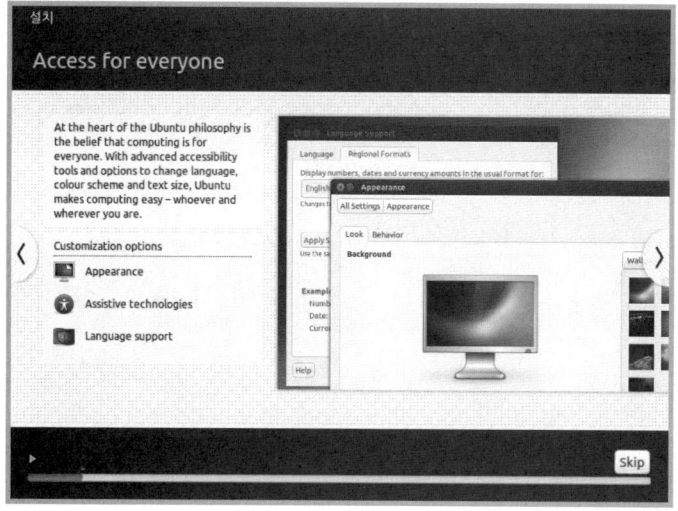

설치 과정은 이전 버전보다 간소화되었고 더욱 빨라진 느낌이다. 많이 간결해졌으며 초보 사용자에게 설치 과정에서 머리 아픈 많은 판단을 요구하지도 않는다. 설치가 종료되었다. [지금 다시 시작] 버튼을 클릭하면 시스템이 재시작 될 것이다.

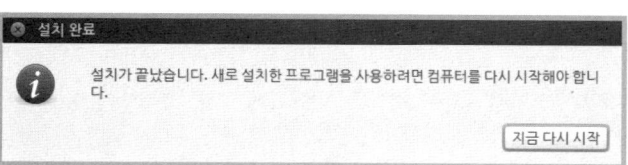

필요한 행동은 설치 CD를 CD 드라이버에서 제거하고 시스템을 부팅하면 윈도우즈와 듀얼 부팅이 되도록 설치하였을 경우는 부팅할 운영체제를 선택하는 GRUB 선택 화면이 나올 것이고 단독으로 설치하였다면 우분투가 바로 실행될 것이다.

이러한 화면이 나타날 때 화면에 보이는 글자, 즉 메시지를 집중하여 읽어보는 습관을 기르기 바란다. 모두 피가 되고 살이 되는 따끈따끈한 지식들이다. 대부분의 리눅서들은 읽어보지만, 흉내만 내는 리눅서들은 읽지 않고 딴 짓을 하다가 다음 화면에서 당황하기도 한다. 설치 과정에서 지나간 화면을 다시 보고자 할 경우 재설치 이외는 방법이 없을 것 같아서 이 책에 남겨 둔다. 혹시라도 놓쳤다면 이 책을 통하여 다시 한 번 꼼꼼히 읽어보자.

VMware를 사용하였으므로 VMware 메뉴에서 [VM]->[Settings...]를 사용하여 설치 CD 이미지를 제거한다. 제거는 물리적인 CD-ROM 드라이버를 사용한다고 다이얼로그를 바꾸기만 하면 된다. 바꾸었다면 키보드에서 엔터키를 눌러서 진행한다.

```
                            Ubuntu 13.04

                       .   .   .   . * Unmounting temporary filesystems.
..                                                              [ OK ]
 * Deactivating swap...          aught signal 15, shutting down...   [ OK ]
 * Stopping remaining crypto disks...                            [ OK ]
 * Stopping early crypto disks...                                [ OK ]
Please remove installation media and close the tray (if any) then press ENTER:
umount: /run/shm: not mounted
```

10.04에서 발생하던 I/O 오류는 더 이상 나오지 않는다. 상당한 개선이 이루어졌다.

4.5.4 Ubuntu 시작하기

단독으로 Ubuntu를 설치하였을 경우 다음과 같은 화면이 없고 Ubuntu 로그인 화면이 바로 나온다. 그러나 윈도우즈와 같이 설치하였다면 운영체제 선택기 GRUB가 나타나고 약 30여초 대기 후 첫 번째 항목인 Ubuntu로 부팅을 진행할 것이다.

물론 30초(기본 값은 10초) 이내에 키보드 입력이 발생하면 이 대기 시간은 효력을 잃는다. 즉, 키보드로 제어하기를 계속 기다린다.

다음은 "부트로더"라고 불리는 화면이다. "부트로더"는 "GRUB(그루버)"와 "LILO(리로)" 등이 있지만, GRUB가 그 중 제일 사용하기 편하다. 필자의 주관적 생각이지만 말이다. 키보드 방향키로 맨 아래쪽으로 이동하여 엔터키를 치면 윈도우즈로 부팅할 것이다.

맨 위쪽에 있는 상태에서 엔터를 치면 리눅스인 "Ubuntu"로 부팅을 한다. 이제 선택은 독자의 몫이다. "Ubuntu"를 사용할 것인가 윈도우즈를 사용할 것인가는 시스템을 시작할 때마다 선택을 요구할 것이다. 물론 망설이고 있는 시간이 30초를 넘어 간다면 "Ubuntu"로 자동 부팅할 것이지만 말이다. 뒤에 설명하겠지만, GURB를 편집하면 기본 부팅을 윈도우즈로 변경할 수 있다.

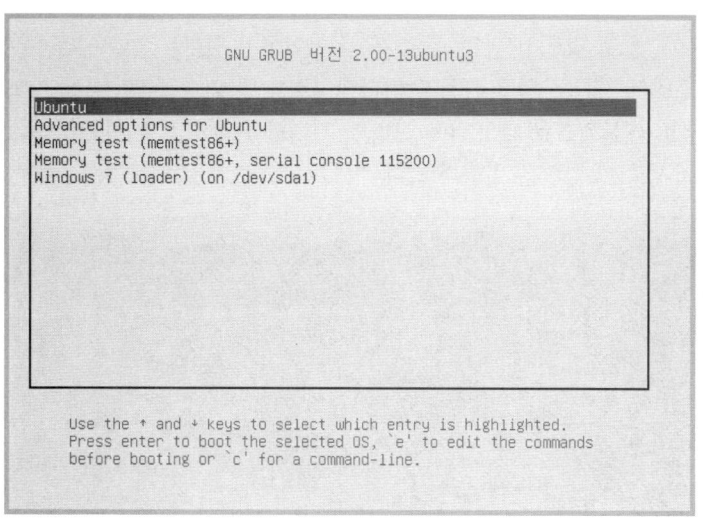

이 책의 목적이 Ubuntu를 필요로 하는 독자를 대상으로 하므로 "Ubuntu"로 진행을 계속할 것이다. Ubuntu만 설치할 경우 마지막의 "Windows 7..." 항목은 나타나지 않는다.

방향키를 이용하여 메뉴 항목을 선택한 후 "e" 또는 "c"를 선택할 수 있다. 이는 나중에 설명할 Ubuntu에서 root 계정 비밀번호를 복구하고자 할 경우에 사용할 수 있는 아주 유용한 기능이다.

계정의 사용자 이름이 제시되고 비밀번호를 입력할 수 있는 화면이 나온다.

설치 과정에서 설정한 비밀번호를 입력한다.

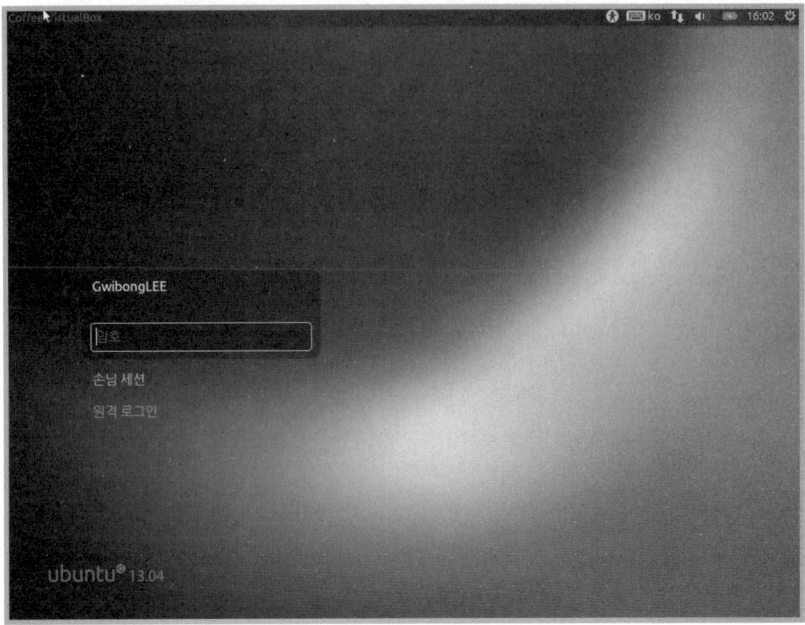

드디어 Ubuntu와의 첫 만남이다. 반갑게 인사를 한 번 하자. "반갑다, Ubuntu~". 처음으로 만나는 우분투 13.04의 화면은 이전 버전과 비교하여 화면 구성의 변화는 느낄 수 없다. 아이콘이 몇 개 정도 바뀐 것과 추가된 아이콘이 있다는 정도이다. 우분투 로고를 클릭하면 스마트 기기를 위한 사용자 인터페이스를 만날 수 있다. 이는 Apple의 런처와 유사하면서도 태블릿으로 대표되는 모바일 기기를 지원하기 위한 것으로 보인다. Ubuntu 13.10에서도 이 화면은 변화가 없다.

조금 더 개선될 것으로 생각되는 것은 런처(Luncher)의 배치이다. 지금은 이동이 자유롭지도 않고 아이콘의 역동성도 부족하다. 다음 버전에서의 기능 개선을 기대해 본다. 런처는 아이콘을 숨기는 기능과 나타내는 기능만을 제공하고 있을 뿐이다.

또한, 13.04부터는 우분투의 한글 입력 지원(iBUS) 기능에 있던 오류가 해결되어 사용에 불편함이 없어졌다는 것이다. 물론 한글 언어팩 설치는 아직도 상당한 문제점을 가지고 있다.

다음은 iBUS의 한글 입력 문제가 해결되었음을 보여 준다.

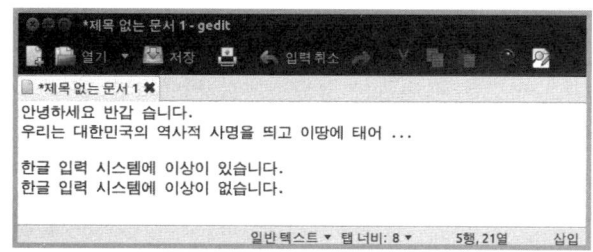

4.5.5 윈도우즈에서 설치하기

우분투 10.04 버전과 함께 알려진 "우비"라는 유틸리티는 12.04 LTS 버전까지만 지원하고 있다. 현재 우분투 사이트에서는 12.04 LTS Only라는 메시지를 제시하고 있어 이 장을 남겨둔다.

"우비"는 [Windows 안에 설치하기] 버튼을 사용하면 된다. 이전 버전에서 필자가 소개할 당시와 비교한다면 "우비"는 개선된 것으로 보이지 않는다. 이는 더 이상 확대할 의사가 없지만 LTS의 약속을 지키기 위하여 유지하는 것으로 판단된다.

"우비(wubi)"는 Ubuntu를 쉽게 설치 할 수 있도록 도와주는 도구이다. 우분투 CD에서 제공하는 기능을 사용하지 않고 우비를 사용하고 싶은 독자는 다음 사이트에서 다운로드 받을 수 있다.

이전에 사용되었던 'http://wubi-installer.org/' 주소는 더 이상 유효하지 않다. 다음의 주소로 접근해야 한다.

http://www.ubuntu.com/download/ubuntu/windows-installer

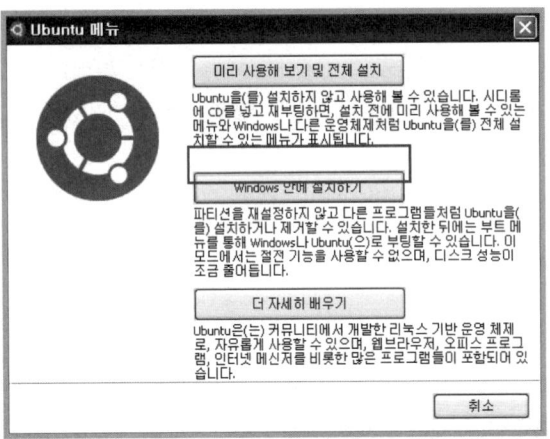

현재는 Ubuntu 12.04 LTS 버전을 지원하는 유틸리티를 다운받을 수 있다. 이는 Ubuntu를 다운로드하고 하드디스크 파티션을 나누고 CD-ROM을 굽고 하는 등의 과정이 필요 없다. [Get the installer] 버튼을 클릭하면 기부금을 요구하는 화면이 나온다. 모두 0으로 설정하면 [Pay with PayPal] 버튼이 [Download] 버튼으로 변경된다. 아직은 기부금을 강요하지는 않지만 언제 지불을 강요할지는 알 수 없다. 참고로 윈도우즈 8에서는 지원하지 않는다.

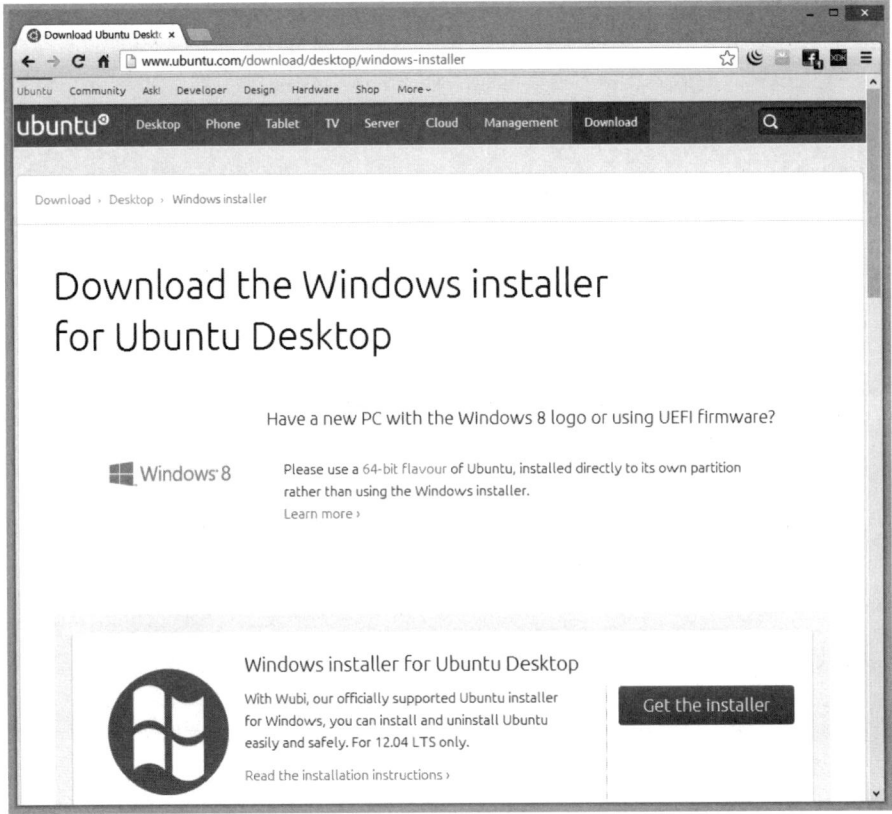

[Download] 버튼을 클릭하면 저장 위치를 묻는 화면이 바로 나타난다. 다운로드를 위한
ActiveX 프로그램을 설치할 필요 없이 저장을 하였으면 [실행] 버튼을 클릭하여 프로그
램 실행을 한다.

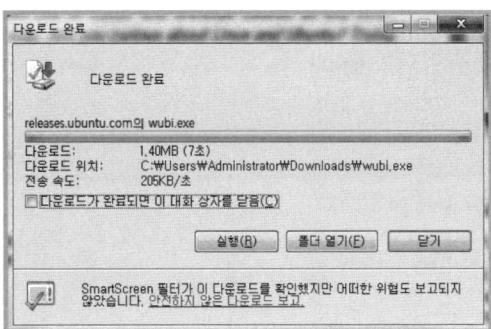

참고로 필자의 컴퓨터에 설치된 운영체제는 Windows XP이다. 게시자 확인 보안 경고에
서 역시 [실행] 버튼을 클릭한다.

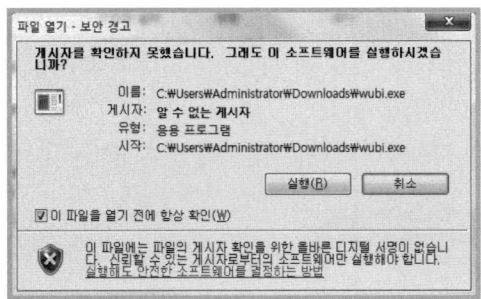

기본 정보를 수정할 수 있지만 수정은 독자의 실험 정신으로 남겨둔다. [설치하기] 버튼
을 클릭한다. "보안 경고" 창이 나타나면 반드시 "차단 해제"를 하여야 한다.

Ubuntu 이미지를 다운로드 받는 과정이다. 특별히 마우스를 클릭할 필요 없이 기다리면 된다.

다운로드가 끝나고 설치 과정을 수행하고 있다.

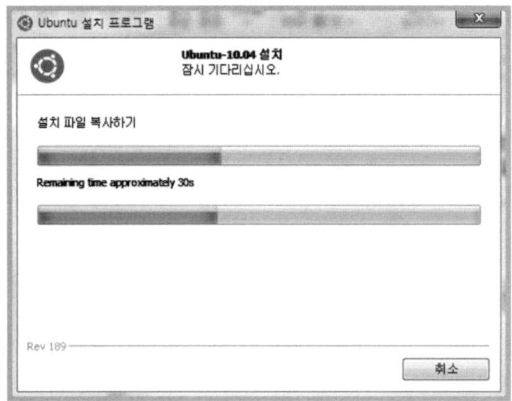

설치가 끝나면 재부팅을 하여야 한다. 그러나 우비는 재부팅을 강요하지 않는다. 언젠가는 재부팅을 할 것이므로 그때 적용하면 된다는 느긋한 생각인 듯하다. "지금 재부팅하기"를 선택하고 [끝내기] 버튼을 클릭하여 컴퓨터 재시작 과정을 잘 살펴보기 바란다. 우비는 Ubuntu를 설치하기 위한 준비만 하는 것이다. 즉, Ubuntu 자체를 설치하지 않는다.

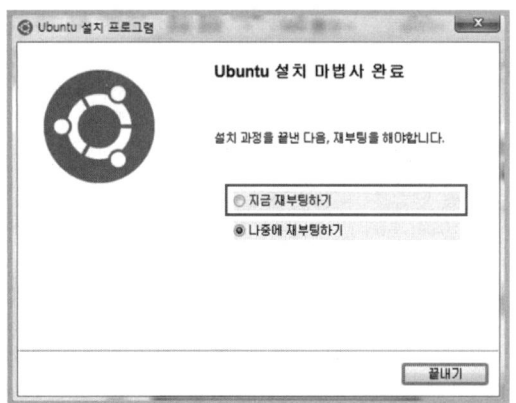

윈도우즈의 부트로더이다. 여기서 키보드 방향키를 잘 사용하여 Ubuntu로 부팅해야 한다.

부트 옵션을 조정하기를 원한다면 (Esc) 키를 입력하여야 한다. 옵션 조정을 하지 않고 기다리면 다음 진행 과정은 Ubuntu를 설치하는 "4.5.3 가상머신으로"와 같은 내용이 나타난다. 그러나 다른 점은 사용자의 입력을 요구하는 화면이 없이 진행을 한다. 진행이 완료되면 디스크 파티션까지 나누어진 Ubuntu가 실행된다.

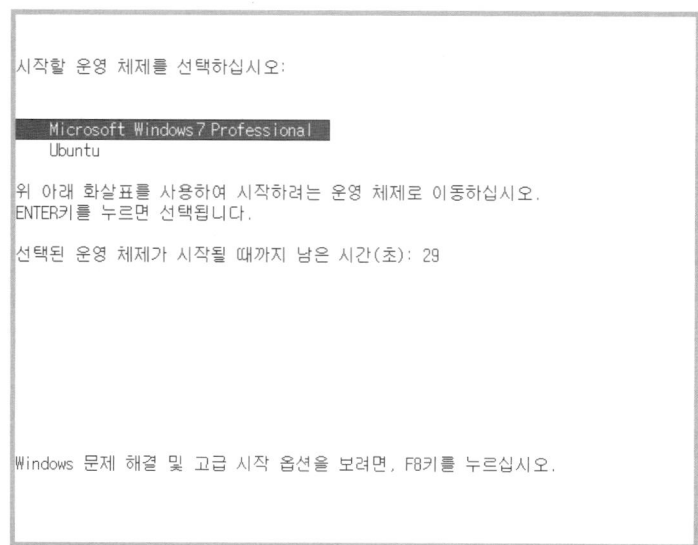

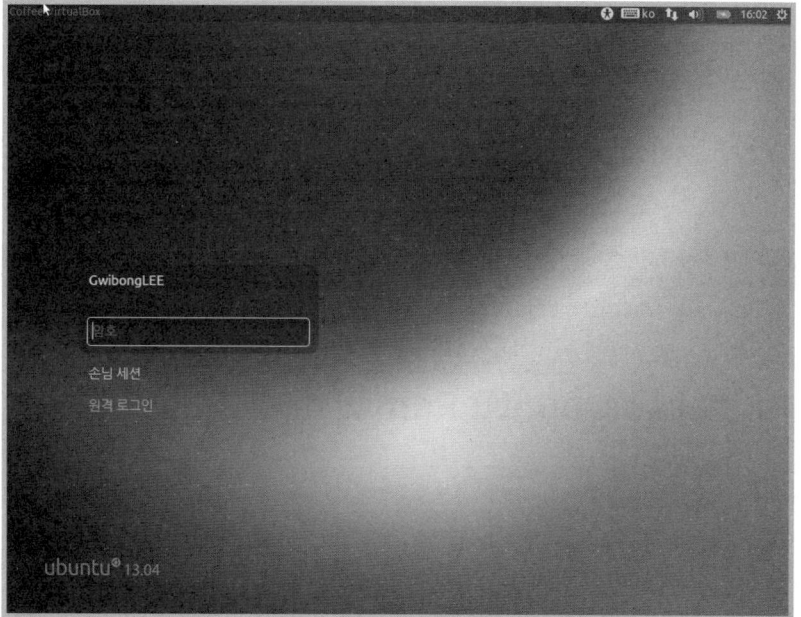

아직은 파티션 툴을 대신하는 정도로 활용하는 것이 좋을 것 같다. 설치 이후에 나타나는 현싱은 마우스 포인트가 틀어진나는 섯과 한글 언어 지원이 완전하지 않다는 것이다. 우비로 설치를 한 후 우분투 CD를 이용하여 우분투를 설치하는 것이 정신 건강에 이롭다.

4.5.6 윈도우즈에 합체하기

포터블 우분투는 Ubuntu를 설치하지 않고 윈도우즈에서 Ubuntu를 실행할 수 있는 포터블 버전이다. 여러 가지 장단점은 존재하지만 소개하지 않을 수 없을 것 같다. 최대 장점은 포터블(portable)이다.

쉽게 설치할 수 있고 USB 등의 이동식 저장 장치로 가지고 다니면서 간단한 설치로 윈도우즈와 공유하면서 사용할 수 있다. "포터블 우분투"는 "coLinux"와 "Cygwin"을 기반으로 실행된다는 점이다. 윈도우즈에서 이들 프로그램을 사용해본 독자라면 쉽게 이해가 될 것이다.

필자가 제시하는 포터블 "Pubuntu"는 "Portable Ubuntu Remix Version UNO"이다. 디스크 파티션이 부담스럽거나 Ubuntu 전용으로 사용하면서 불편함을 감수하기 싫거나 부팅 시 운영체제를 선택하는 갈등을 느끼기 싫어하는 사용자를 대상으로 만들어진 툴이다.

그러나 Ubuntu 리눅스를 제대로 맛보기 어렵다는 점은 존재한다. 또한 "포터블 우분 투" 유틸리티는 오픈 소스 형태로 배포된다. 이러한 개발자의 희생정신에 보답하고 싶다면 "contribute"를 클릭하여 기부금을 제공하여도 된다.

사이트 운영 환경이 열악하여 느린 점은 인내로 기다려야 한다. "http://portableubuntu.demonccc.com.ar/"의 주소는 폐쇄되었고 소스포지(Sourceforge) 주소인 "http://sourceforge.net/projects/portableubuntu/files/portableubuntu/UNO/"로 옮겨졌다.

윈도우즈와 Ubuntu의 공존이라는 개념은 리눅스 사용자를 보다 많이 확보할 것이라고 의심하지 않는다.

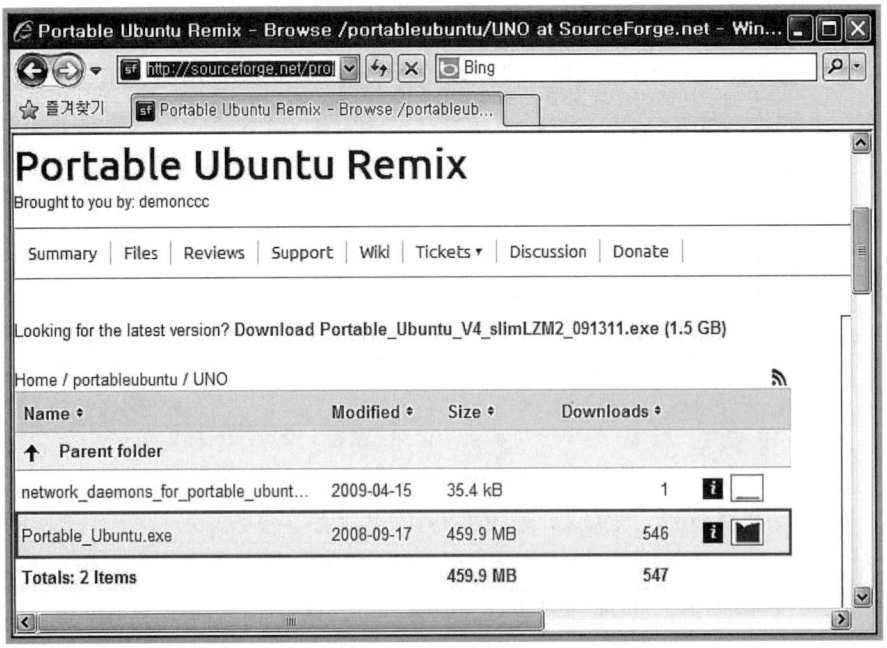

"Portable_Ubuntu.exe" 링크를 클릭하면 다운로드 페이지로 이동하여 특징적인 현상인 5초 정도의 카운트를 시작한다. 카운트가 끝나면 다운로드가 시작된다.

자동으로 다운로드가 실행되지 않는다면 "direct link"를 클릭하면 다운로드가 된다.

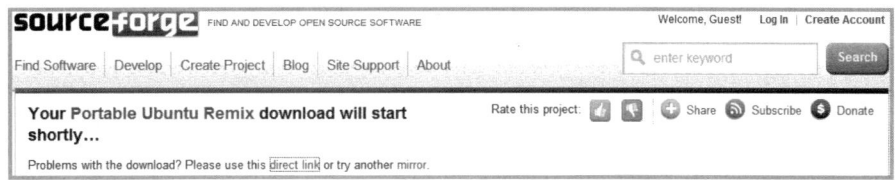

다운로드가 완료되면 [열기] 버튼 부분이 [실행]으로 바뀐다. [실행] 버튼을 클릭한다.

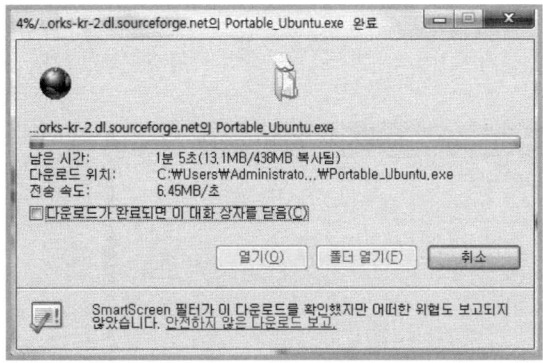

보안 경고 창에서도 역시 [실행] 버튼을 클릭한다.

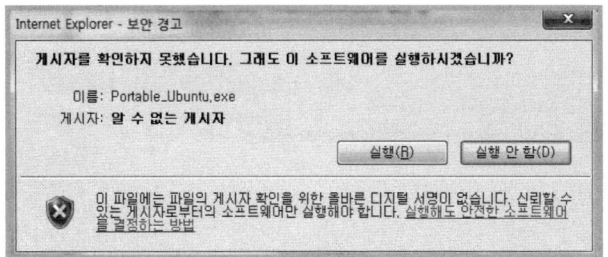

[Extract] 버튼을 클릭하여 압축을 해제하는 과정이다. 압축을 해제할 때 주의할 점은 디렉터리 경로에 한글이 들어가지 않도록 해야 한다. 경로명에 한글이 포함될 경우 Pubuntu에서 경로를 인식하지 못한다.

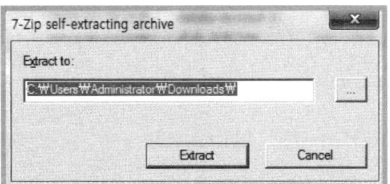
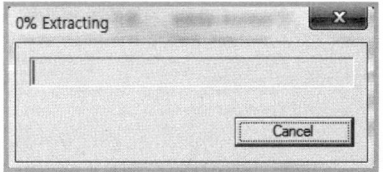

압축을 해제한 폴더로 이동한다. 여기서는 "C:\Users\Administrator\Downloads\
Portable_Ubuntu이다. "run_portable_ubuntu.bat"를 더블 클릭하여 실행한다.

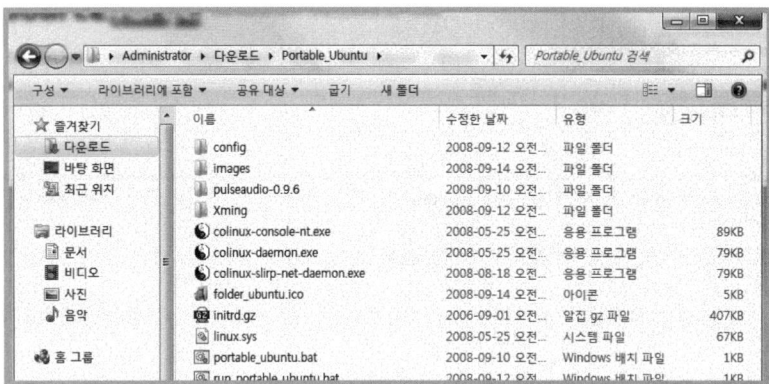

설치하는 프로그램이 아니므로 제거하기는 해당 폴더를 지우는 것으로 끝난다.

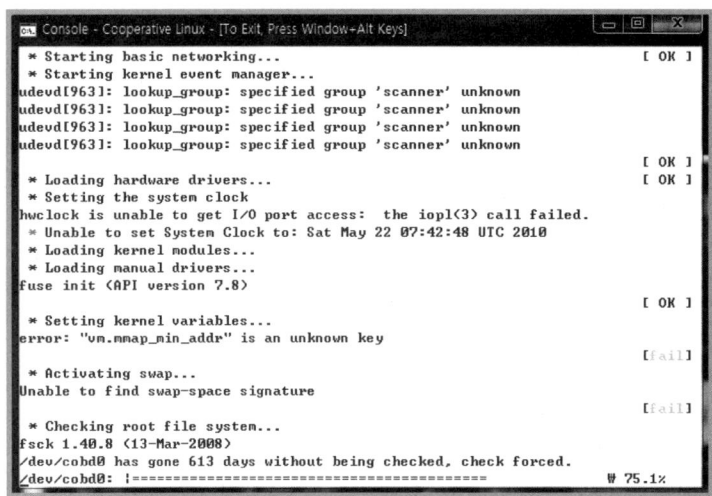

윈도우즈 보안 관리자 창이 나오면 반드시 [액세스 허용] 버튼을 클릭해 주어야 한다. 아
래 화면은 3가지 프로그램에 대하여 계속 나올 것이다. 즉, 세 번 모두 반드시 [액세스 허
용] 버튼을 클릭해야 한다.

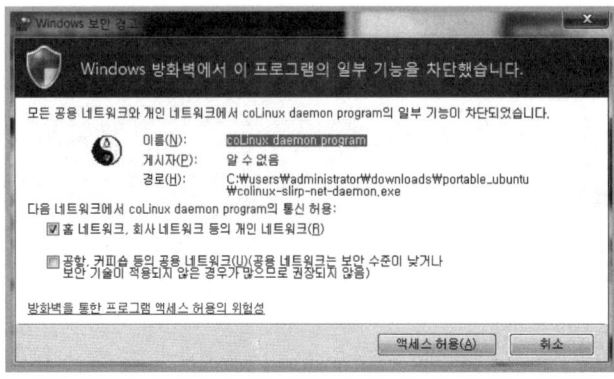

콘솔 창의 실행이 완료된 창은 최소화하여 숨겨두면 윈도우즈와 "푸분투"를 사용하기 편하다. 이 콘솔 창을 닫으면 "푸분투" 역시 닫힌다. "푸분투"를 사용하기 위해서는 다시 실행하여야 한다.

윈도우즈 상단에 다음과 같이 "푸분투"가 실행되어 있는 모습을 볼 수 있다.

윈도우즈의 시스템 트레이와 실행 상태 표시 창은 다음과 같이 나타난다. 우측 하단으로 내려가는 녹색 화살표가 푸분투가 트레이에서 실행되고 있음을 표시하는 아이콘이다.

위 그림에서 좌측의 X 윈도우 아이콘은 실행이 완료되면, 다음 그림과 같이 그놈 (GNOME) 발바닥으로 나타난다.

화면 위로는 다음과 같이 "푸분투(Pubuntu)"를 사용할 수 있는 화면이 나타난다.

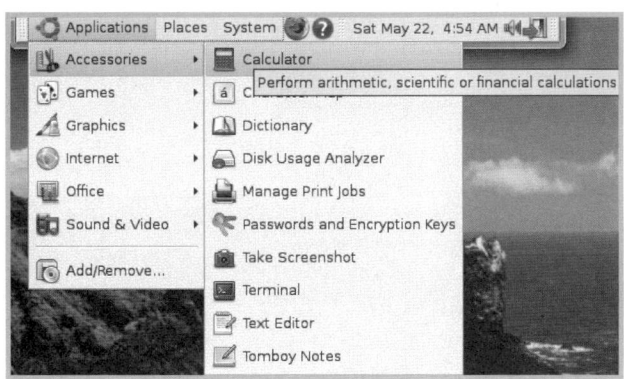

다음은 터미널을 실행한 화면이다. "포터블 우분투"는 "푸분투(Pubuntu)"라고 명명되어 있다.

"Pubuntu(푸분투)"에서 초기 비밀번호는 "123456"이다. "sudo -s"를 하여 root 계정을 얻을 때도 비밀번호는 "123456"을 입력하면 된다. 사용자 계정과 root 계정 비밀번호를 수정하는 화면이다. 이 역시 비밀번호 입력 방식은 리눅스/유닉스 계열과 동일한 방식이다.

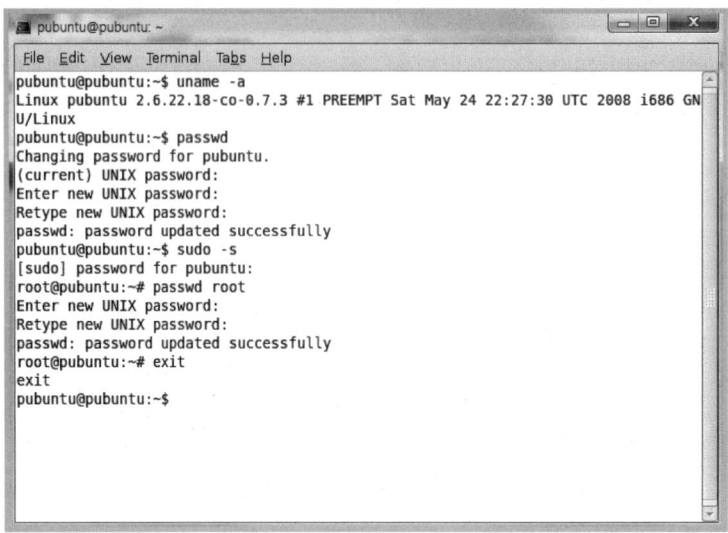

한글 지원을 설치 할 수 있다. 아쉬운 점은 윈도우의 한글 폰트가 저작권 관련되어 있어 예쁘고 가독성 높은 글꼴이 아니라는 점이다. 폰트를 바꾸는 방법도 있지만 돈을 들여 구매하여야 한다는 점이다.

한글을 사용하기 위해서는 약간의 시간이 필요하다. 상단 패널 메뉴에서 [System]->[Administration]->[Language Support]를 선택한다.

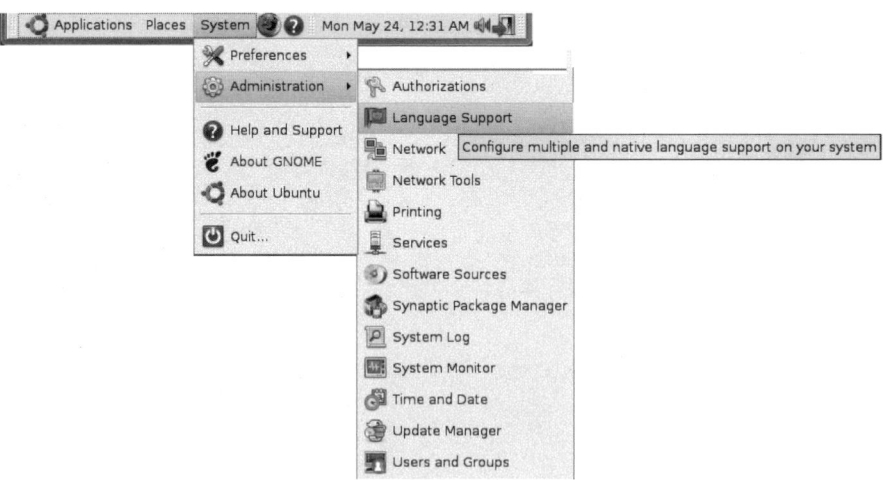

언어 지원을 위한 검사를 진행한다.

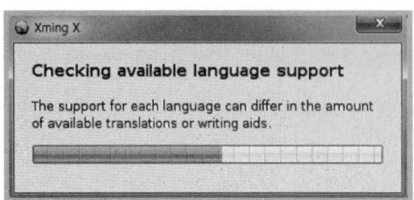

첫 번째 항목인 지원 언어(Supported Languages)에서 우측 스크롤바를 아래로 내려
"Korean" 항목을 찾아 체크박스를 클릭하여 선택하고, [Apply] 버튼을 클릭하면 한국어
지원을 위한 설치를 시작한다.

두 번째 항목인 기본 언어(Default Language)에서 "English(United States)"로 되어 있
는 부분을 클릭하여 "Korean"을 찾아 선택한다.

세 번째 항목인 "Input method" 항목에 체크 표시를 하고 [OK] 버튼을 클릭하여 언어
설치를 마무리한다.

푸분투에 한글이 설치되었으면, 푸분투를 다시 시작해야 한다. 다시 시작(Reboot)이 필요하다는 창에서 [Close] 버튼을 클릭하여 "X 윈도우"를 닫는다.

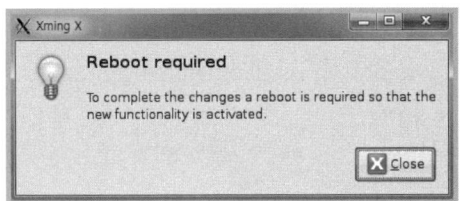

다음으로 "Pubuntu" 작업 표시줄의 우측 끝에 있는 [나가기] 버튼을 클릭한다

[나가기] 버튼을 클릭하면 나오는 화면이다, 여기서 [Yes] 버튼을 선택하여 종료한다.

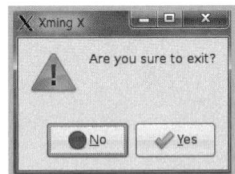

"Pubuntu" 압축 해제 폴더에서 "run_portable_ubuntu.bat"를 다시 실행한다. "run_portable_ubuntu.bat" 배치 파일은 바탕화면에 바로가기를 만들어 두면 사용하기 편리하다.

Pubuntu를 다시 시작하면 한글로 된 메뉴가 보인다.

part III

리눅스 탐험

05 Ubuntu 리눅스 시작하기

05 Ubuntu 리눅스 시작하기

리눅스의 세계로의 입장을 환영한다. Ubuntu 세계는 독자 여러분이 편하고 환상적인 리눅스를 경험하게 할 것이다.

5.1 우분투를 시작하자

전원을 연결하고 컴퓨터를 켜는 것이 순서일 것이다. VMware 역시 같은 방법으로 물리적인 전원 버튼에 해당하는 ▶ 버튼을 눌러서 시작을 한다. Windows와 같이 설치한 경우에는 GRUB 화면이 나타나고 사용자의 선택을 잠시 기다리지만 단독으로 설치한 경우에는 GRUB가 동작하지 않고 바로 우분투 로그인 화면으로 넘어간다. 이러한 GRUB는 운영체제 선택기로 "부트로더"라고 명명되어 있다. 우분투의 GRUB는 다음과 같다.

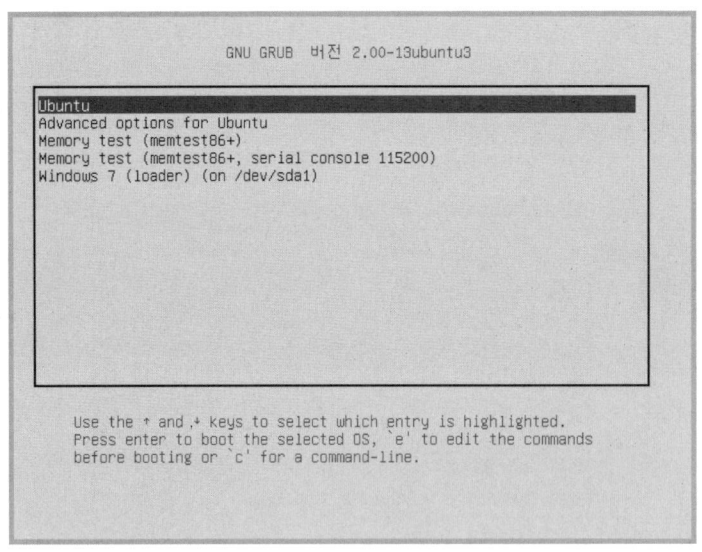

이 화면에서 키보드의 방향키를 이용하여 운영체제를 선택하여 부팅할 수 있다. 키보드 입력 없이 가만히 두면 10초 정도(대기 시간은 설정에 따라 달라질 수 있다.) 대기 후 Ubuntu로 부팅이 된다. 기본 부팅을 윈도우즈로 바꾸고자 한다면 Ubuntu에서 grub의 환경 설정 파일을 수정하면 된다.

방향키를 이용하여 항목을 선택한 다음 "e" 또는 "c"를 입력하면 항목을 편집하거나 "grub" 명령을 입력하여 사용할 수 있다. 이는 root 계정의 비밀번호를 잊어버렸을 때 복구할 수 있는 유용한 방법으로 비밀번호 찾기는 "12장"에서 설명한다.

다음 화면은 GRUB에서 "e"를 입력하면 나타나는 내용이다.

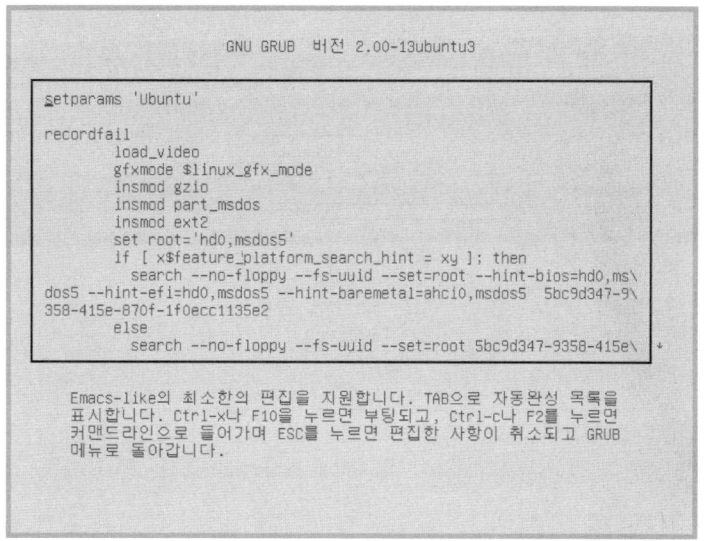

여기서 부팅 관련 옵션을 수정할 수 있다. 메뉴로 돌아가기 위해서는 [Esc] 키를 누르면
된다. 다음 화면은 GRUB에서 "c"를 입력하여 "grub" 명령을 사용할 수 있는 화면이다.

```
                    GNU GRUB  버전 2.00-13ubuntu3
    최소한의 BASH 형태의 라인 편집을 지원합니다. TAB을 누르시면 사용
    가능한 명령어 목록을 표시합니다. 장치나 파일도 마찬가지로 어느
    곳에서든지 TAB을 통해 목록을 보실 수 있습니다. ESC 언제든지
    종료합니다.


    grub> _
```

GRUB에서 "Ubuntu" 항목을 방향키로 선택하거나 키보드 입력 없이 기다리는 경우는
다음과 같은 로그인 화면이 나온다.

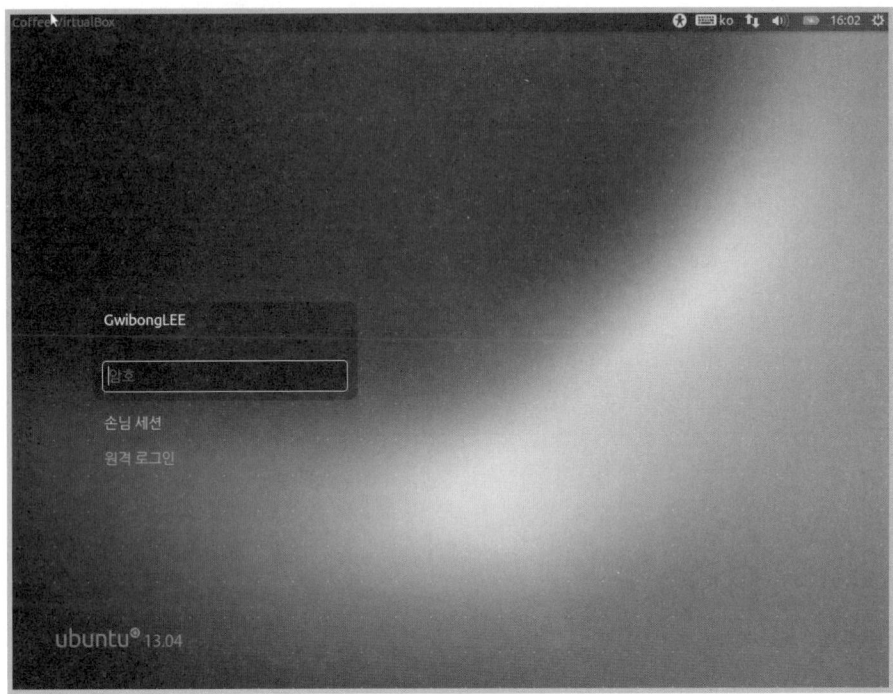

Ubuntu로 부팅하면 처음 만나는 화면으로 로그인 관리자이다. 계정 이름은 자신이 설치할 때 설정한 계정 이름이다. 지금은 처음이니까 설정한 다른 계정이 없다. 또한 root 계정도 기본으로 활성화 되지 않으므로 사용할 수 없다.

암호는 우분투를 설치할 때 입력한 암호를 입력하면 우분투를 사용할 수 있는 화면이 나타난다.

이전 버전에서는 "우분투"와 "Ubuntu 2D"를 선택하여 로그인할 수 있었으나, 13.04부터는 별도의 패키지 설치로 사용할 수 있다.

다음은 비밀번호를 입력하고 엔터를 누르면 드디어 만나게 되는 우분투의 기본 화면이다.

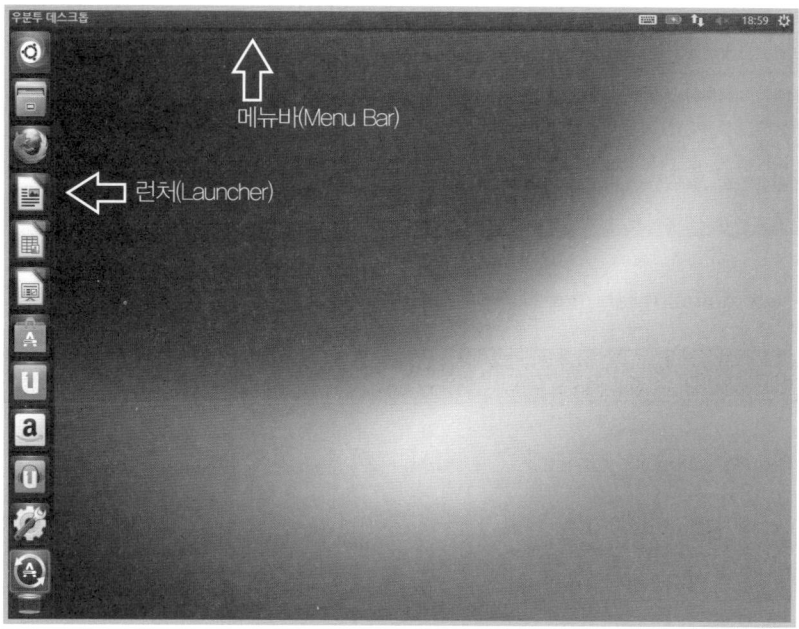

왼쪽에 보이는 아이콘 모음을 '런처(Launcher)'라고 부르며, 고정된 자리를 차지하고 필요할 경우에는 왼편으로 숨는 기능으로 버티고 있다. 10.04에서부터 보였던 화면의 배열이 Apple UI를 충실히 따라가는 느낌은 상단 메뉴바를 통해 확인할 수 있다. 이전 버전에서 안내되던 프로그램, 시스템 등의 메뉴는 제거되었고 현재 실행되는 콘텐츠의 메뉴로 상황에 맞게 바뀌어진다.

처음 만난 우분투 화면은 스마트 장치를 지원하기 위한 준비 작업을 진행하고 있다는 느낌이다.

간혹 나타나는 "네트워크 서비스 탐색 비활성화" 메시지는 개선되어 더 이상 나타나지 않지만 시스템 환경에 따라 나타나는 경우도 있다. 그러나 조금 기다리면 사라진다. 이는 Ubuntu의 버그로 분류되기도 하지만 네트워크를 처음 부팅 시 설정하는 과정에서 인식하는 시간이 필요하기 때문으로 특별한 문제는 없지만 눈에 거슬리기는 한다. 11.10부터는 현저하게 개선되었다. 이를 개선하고자 한다면 다음과 같이 수정하면 된다.

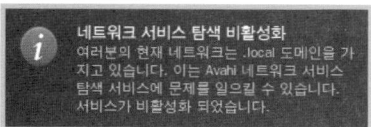

5.1.1 네트워크 서비스 탐색 비활성화 알림 제거하기

Ubuntu 9.04 이후 발견된 공식 버그로, ISP(Internet Service Provider, 인터넷 서비스 공급업체)에 따라 발생할 수 있는 문제로 알려졌다. 이 오류는 2010년 4월 발표한 "Ubuntu 10.04 LTS 루시드 링스"에서도 나타난다. 11.10에서는 이 오류가 해결되었다. 오류 알림의 내용은 앞의 그림에서 보는 것과 같이 "여러분의 현재 네트워크는 .local 도메인을 가지고 있습니다. 이는 Avahi 네트워크 서비스 탐색 서비스에 문제를 일으킬 수 있습니다. 서비스가 비활성화 되었습니다."이다.

- /etc/default/avahi-daemon 파일의 설정 내용 수정

```
$ sudo vi /etc/default/avahi-daemon
```

AVAHI_DAEMON_DETECT_LOCAL=1의 숫자를 '0'으로 수정한다.

```
AVAHI_DAEMON_DETECT_LOCAL=1
```

```
AVAHI_DAEMON_DETECT_LOCAL=0
```

- /etc/default/avahi-daemon-check-dns 파일의 설정 내용 수정

```
$ sudo vi /usr/lib/avahi/avahi-daemon-check-dns.sh
```

12번째 줄의 AVAHI_DAEMON_DETECT_LOCAL=1의 숫자를 '0'으로 수정한다.

```
12   AVAHI_DAEMON_DETECT_LOCAL=1
```

```
12   AVAHI_DAEMON_DETECT_LOCAL=0
```

5.1.2 Ubuntu 업데이트

우분투 새롭게 설치하고 처음 시작하면, 우분투 업데이트 관리자를 이용하여 우분투를 업데이트한다. 10.04 이후 오류 없이 업데이트되는 업데이트 관리자는 제3자(서드 파티, third party) 소프트웨어 때문에 앞으로 오류가 날 수도 있겠지만, 리눅스의 장점은 오류가 발생할 때마다 해결책이 전 세계 리눅서들에 의하여 제시되니까 항상 검색에 소홀함이 없도록 한다. 13.04부터의 업데이트는 오류 현상이 더욱 줄었다.

우분투 업데이트는 다음 그림에서와 같이 우분투 런처에서 "소프트웨어 업데이트 도구"

를 클릭하여 시작한다. 또는 뒤에서 배울 터미널 창에서 명령어를 입력하여 업데이트 관리자를 사용할 수 있다.

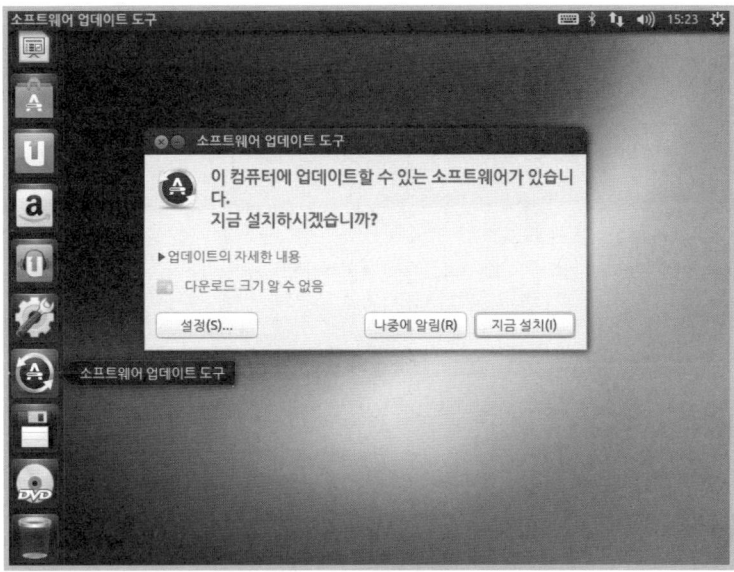

터미널 창에서 입력하는 명령으로는 'update-manager -d'를 사용한다. 사용자 계정에서는 '$ sudo update-manager -d'이다. 사용자 계정에서 이 명령을 실행하면 root 권한 획득을 위한 비밀번호 입력을 요구하는데, 이때 비밀번호를 입력해야만 프로그램이 실행된다.

소프트웨어 업데이트 도구 창에서 "업데이트의 자세한 내용" 링크를 클릭하면 다음과 같이 업데이트할 내용의 목록을 확인할 수 있다.

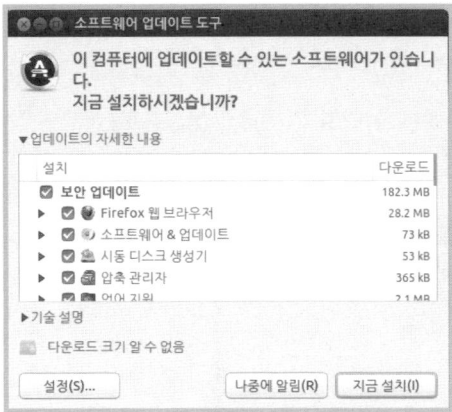

[설정] 버튼을 클릭하면 "소프트웨어 & 업데이트" 창을 통해 업데이트할 범주 또는 위치 등을 선택할 수 있다.

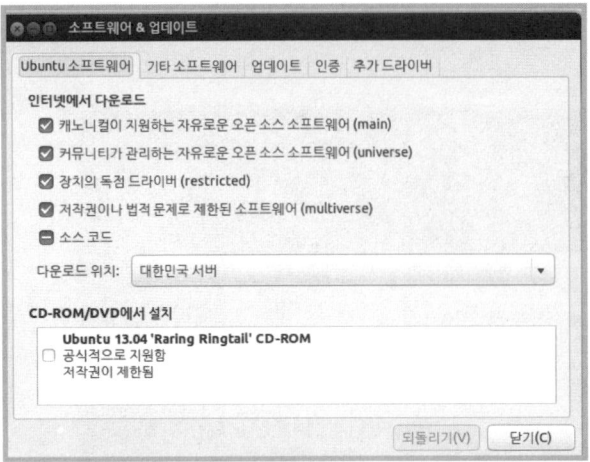

소프트웨어 & 업데이트 창에서 [업데이트] 탭을 선택하여 "제안하는 업데이트" 항목의
체크박스를 선택한다. [업데이트] 탭에서는 업데이트 주기 또한 설정할 수 있다.

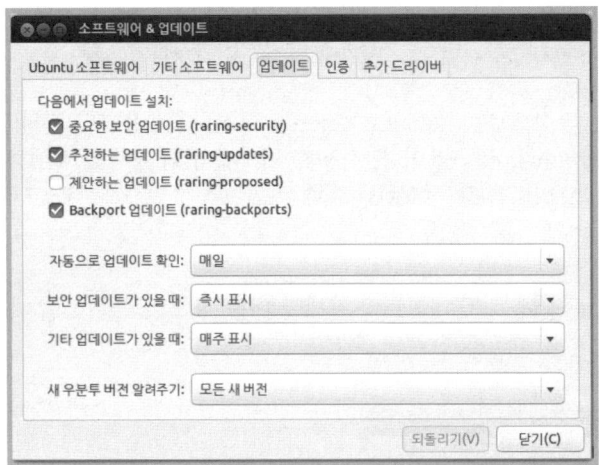

인증 창이 나타나면, 사용자의 비밀번호를 입력하고 [인증] 버튼을 클릭하면 "제안하는
업데이트" 항목의 체크박스가 선택된다.

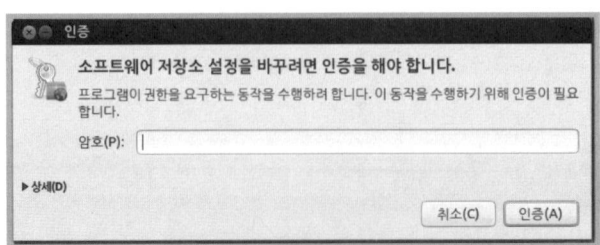

소프트웨어 & 업데이트 창에서 [닫기] 버튼을 클릭하여 소프트웨어 업데이트 도구 창으
로 돌아오면, [지금 설치] 버튼을 클릭하여 업데이트를 진행한다.

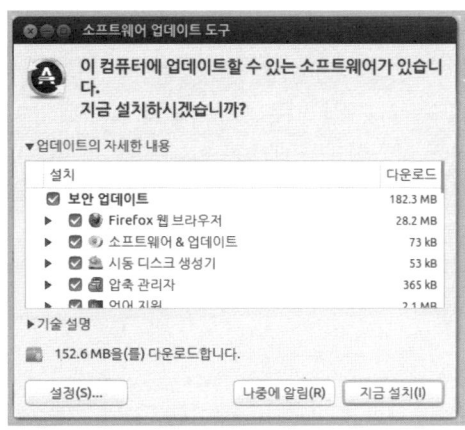

업데이트 진행 여부를 확인하기 위한 인증 창이 나타나면, 사용자의 비밀번호를 입력하고 [인증] 버튼을 클릭한다.

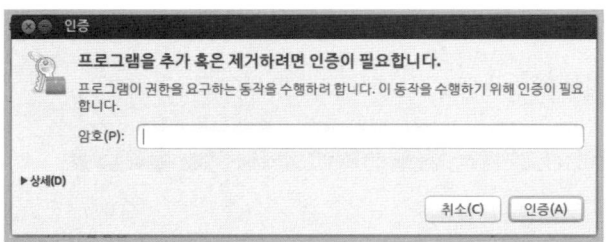

업데이트가 진행되는 것을 확인할 수 있다. [자세한 내용] 링크를 클릭하면 업데이트가 진행되는 목록과 진행 정도를 볼 수 있다.

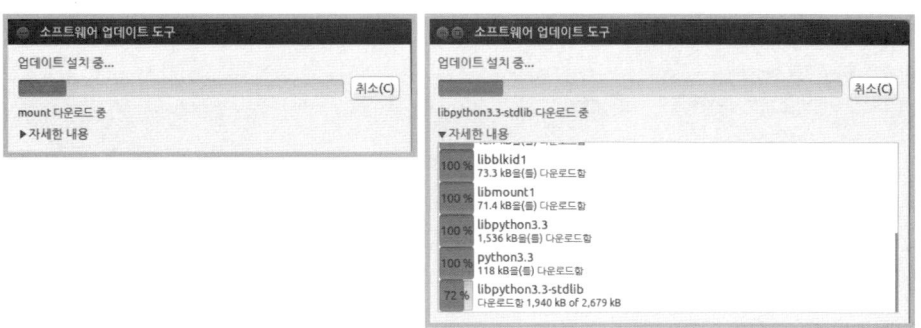

업데이트가 완료되면 다음 그림과 같이 시스템을 다시 시작하라고 요구한다. [다시 시작] 버튼을 클릭하여 업데이트된 내용이 적용될 수 있도록 시스템을 다시 시작한다.

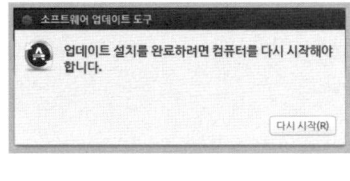

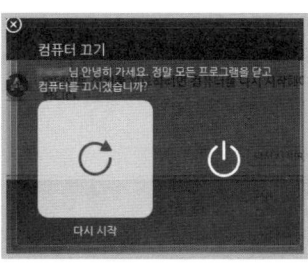

5.2 Ubuntu 내 입맛에 맞추기

Ubuntu 13.04에서 이전 버전과 눈에 띄는 다른 점을 우선 살펴보면 왼쪽에 아이콘들을 배치하고 있는 런처(Launcher), 메뉴바의 간결함과 상태바가 없어진 점 등이다. 그 다음의 키보드 모양은 iBUS로 알려진 "키보드 입력기", "전원 관리자", "네트워크 연결 상태", "스피커 볼륨 조정", "날짜 시간", "설정"이 자리하고 있다. 지금부터 이들을 하나씩 살펴본다.

5.2.1 런처(Launcher)

런처는 기본적으로 표현되고 있지만 보기 싫거나 다른 도크렛(doclet)을 사용하고자 한다면 숨길 수 있다.

런처에서 [시스템 설정] 버튼을 클릭한다.

시스템 설정 창에서 "모양"을 선택하면 모양 창이 나타난다. 모양 창 상단의 탭에서 [동작 방식] 탭을 선택한다.

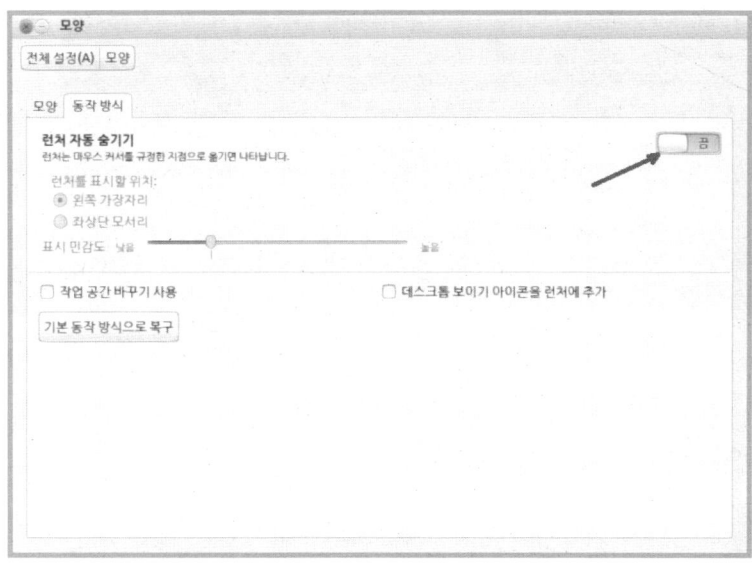

우측 상단의 버튼을 "끔"의 위치로 이동하면 런처는 더 이상 보이지 않는다. 다시 나타나게 하려면 우분투 화면 우측 상단의 기어 모양을 클릭하여 [시스템 설정] 항목을 선택하면 다시 런처를 설정할 수 있다.

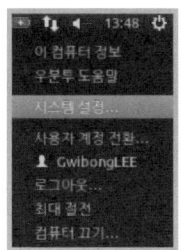

시스템 설정 이외에도 도움말과 로그아웃, 최대 절전, 컴퓨터 끄기 등의 메뉴가 있다. 런처의 첫 번째 아이콘부터 하나씩 살펴보자.

(1) 대시 홈

설치되어 있는 프로그램이나 설치하고자 하는 프로그램 등을 검색할 수 있는 기능을 실행하는 아이콘이다. 추가된 기능으로 한번 실행한 프로그램들의 목록도 같이 보인다는 것이다.

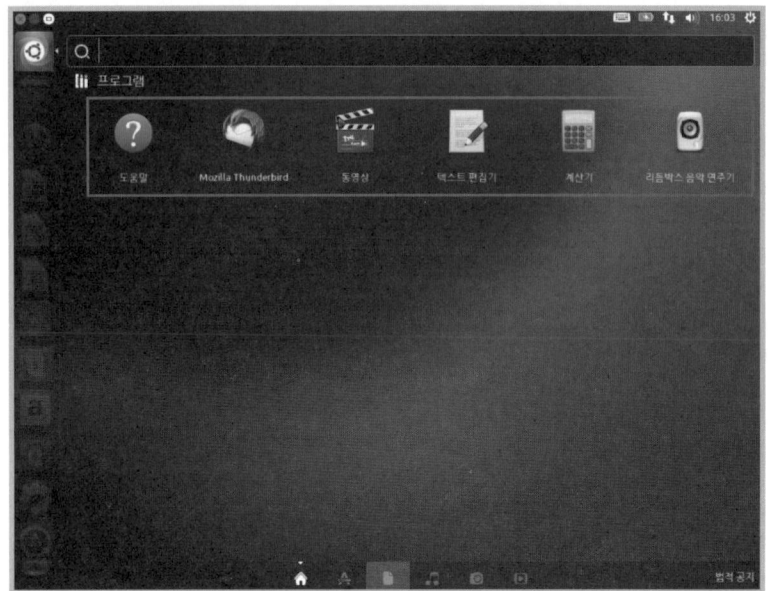

런처란 프로그램을 실행하기 위한 발판이 되는 프로그램 관리자를 가리킨다. 이러한 런처에 있는 "대시 홈" 아이콘을 클릭하면 태블릿을 연상케 하는 화면이 나타난다. 기본으로 제공하는 6개의 프로그램 아이콘이 보인다.

상단의 돋보기 모양 옆의 입력 필드에 필요한 프로그램 이름을 입력하면 몇 글자 입력하지 않아도 유사한 프로그램을 찾아서 제시하여 준다. 돋보기가 있는 위치에서는 우분투에서 제공하는 어플리케이션들의 이름을 알고 있을 경우에 찾아 볼 수 있다. 그러나 이름을 모르는 사용자를 위하여 대시 홈 화면의 하단 중앙에 있는 6개의 아이콘으로 프로그램 검색을 도와주는 카테고리를 배치하여 프로그램 검색을 도와주고 있다.

하단에 배치된 6개의 아이콘을 살펴보자.

○ 첫 번째 집 모양 아이콘은 일반적인 찾기 화면으로 사용자의 컴퓨터와 온라인에서 프로그램 찾기를 할 수 있다.
○ 두 번째 A글자를 형상화 한 아이콘은 3개의 카테고리로 나누어 설치되어 있는 응용 프로그램과 설치 가능한 응용 프로그램을 검색하도록 하고 있다.
○ 세 번째 종이 아이콘은 파일과 폴더. 문서 등을 쉽게 찾을 수 있도록 하고 있다.
○ 네 번째 음악을 연상케 하는 아이콘은 음악 모음을 검색하도록 하고 있다.
○ 다섯 번째 카메라 모양의 아이콘은 사진 이미지를 검색하도록 하고 있다.
○ 여섯 번째 아이콘은 동영상을 검색하도록 하고 있다. 온라인과 추천 카테고리로 나누어진다.

지금은 하단 6개의 아이콘들을 한 번씩 클릭하여 화면의 변화를 살펴보는 것으로 정리한다. 주의할 것은 "대시 홈"을 클릭한 화면이라면 "대시 홈"을 다시 클릭하여 닫아 주어야 다른 화면을 볼 수 있다.

(2) 파일

시스템을 사용함에 있어서 내 컴퓨터에 들어 있는 디렉터리 구조와 파일을 직접적으로 탐색할 때 사용할 수 있다. 다음과 같이 윈도우즈의 "내 문서"를 선택했을 때와 같은 친숙한 화면 구성을 만날 수 있다.

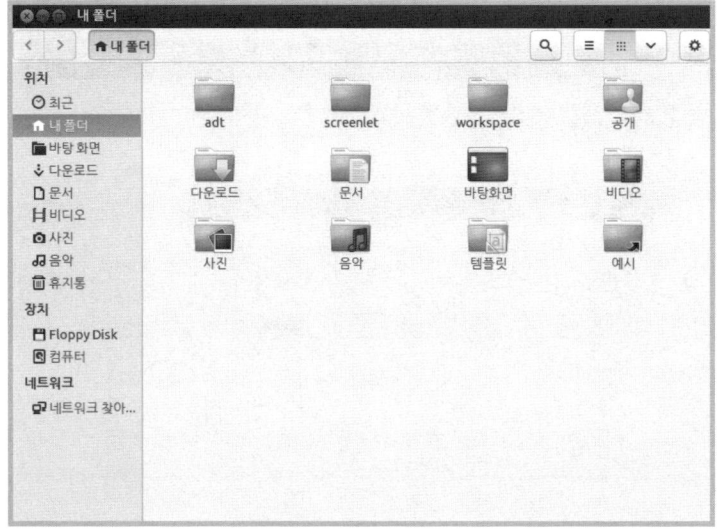

화면 상단의 메뉴바 왼쪽에 "파일"이라는 문구가 추가로 보인다.

이때 메뉴바에 마우스를 가져가면 다음과 같이 "파일"에서 사용할 수 있는 메뉴가 표시된다. 이는 모든 프로그램에 동일하게 적용된다.

예전의 내 폴더의 메뉴보다 매우 간소해졌다. 메뉴의 항목은 다음과 같다.

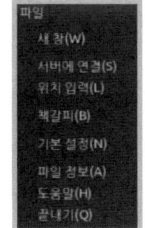

(3) FireFox 웹 브라우저

인터넷 웹 브라우저인 파이어폭스이다. '파폭'이라는 애칭으로 불리기도 하는 브라우저로 윈도우즈의 IE(웹 브라우저)와 동일한 기능이다. 성능과 효율은 더욱 뛰어나다는 평을 받고 있는 인터넷 탐색기이지만 불행하게도 악명 높은 ActiveX는 지원하지 않는다. 클릭하여 실행하면 런처가 숨겨지고 전체 화면으로 웹 브라우저가 다음과 같이 실행된다.

주소 줄에서 확인되듯이 구글 페이지가 아니다. 구글 검색기를 탑재한 우분투의 기본화면이다.

(4) LibreOffice Writer

썬마이크로 시스템즈가 Oracle에 흡수 통합된 이후 Sun에서 후원하던 OpenOffice 개발자들이 The Document Foundation을 설립해서 개발한 결과물이다. OpenOffice는 오라클의 상표이기에 LibreOffice로 변경한 것으로 알려져 있다. LibreOffice는 Ubuntu 13.10에서 버전이 4.1.2로 업그레이드 되었다. Apple의 맥(Mac)용 리브레오피스(LibreOffice)도 있으나 버전만 조정한 상태로 유지되고 있다.

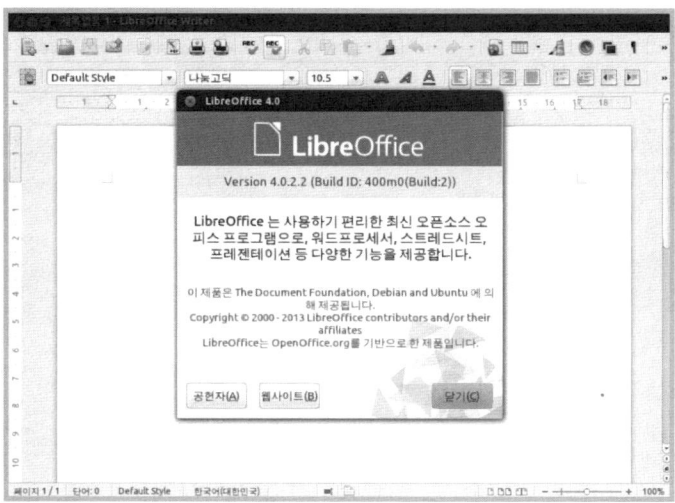

LibreOffice는 런처에 기본으로 표시되는 아이콘으로 "Writer", "Calc", "Impress"의 세 가지가 있다. "Write"는 마이크로소프트사의 워드(Word), 한글과컴퓨터사의 한글(HWP) 등과 같이 문서를 편집하는 도구이고, "Calc"는 엑셀, 한셀 등과 같은 스프레드시트 도구이다. 세 번째인 "Impress"는 파워포인트와 같은 기능으로 프레젠테이션 작업을 지원하는 도구이다.

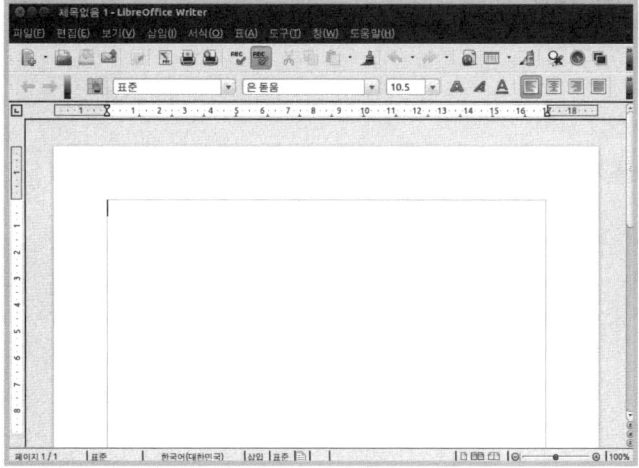

(5) LibreOffice Calc

리브레오피스 표계산 도구로 MS Office의 Excel과 같은 기능이다.

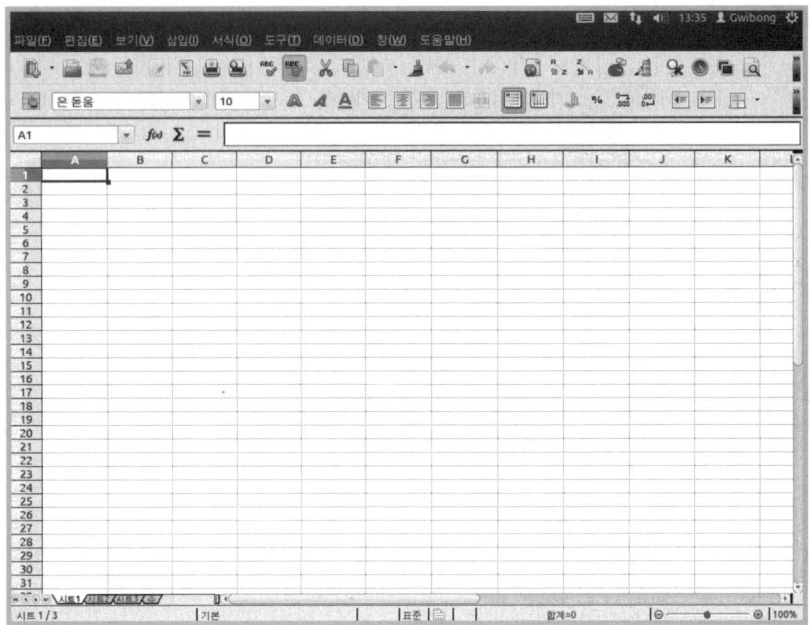

(6) LibreOffice Impress

리브레오피스 프레젠테이션 도구로 MS Office의 PowerPoint와 같은 기능이다.

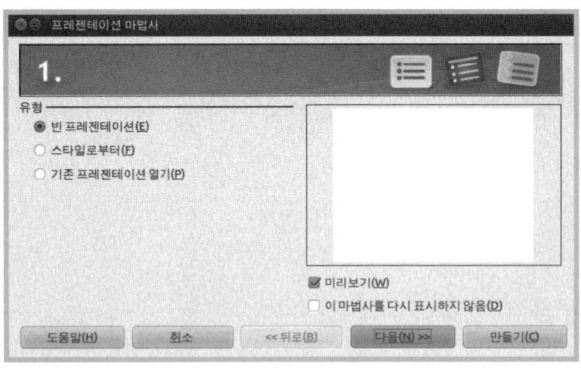

(7) 우분투 소프트웨어 센터

우분투 시스템을 최신의 상태로 유지할 수 있는 각종 응용 프로그램과 도구들을 다운로
드할 수 있다. 또한 설치된 프로그램의 제거 및 업데이트를 손쉽게 처리할 수 있도록 지

원하는 도구이다. 이를 통하여 사용자의 취향과 편의성에 맞는 소프트웨어를 설치하여 시스템을 꾸미기 할 수 있다.

Apple의 AppStore, 구글의 앱마켓(Play) 등의 유형을 도입한 것으로 보인다. 오픈 소스의 방대한 프로그램을 감안한다면 이는 굉장한 파급 효과가 있을 것으로 기대된다.

(8) Ubuntu One

개인 클라우드 환경을 지원하기 위해 우분투 사용자에게 제공하는 또 다른 선물이라고 하고 싶다. 우분투 클라우드를 사용한다면 파일의 백업 및 접근을 스마트 장치와 개인 PC에서 자유롭게 공유하고 음악을 들을 수 있고 책을 이어서 읽을 수도 있다. 클라우드 컴퓨팅은 이제 막 확산되기 시작하여 앞으로의 발전이 어떻게 다가올지 두렵기도 하다.

이러한 클라우드 컴퓨팅을 이 책에서 다루기는 적절하지 않다고 판단되어 iPad2의 광고 문구로 대신한다. "집에서 작성한 보고서를 이동 중에도 작성할 수 있고 사무실에 가면 그대로 발표까지 가능한 세상…"

"우분투 원"을 사용하기 위해서는 회원 가입을 하고 개인 계정을 활성화해야 한다. [아직 계정이 없습니다. – 가입] 버튼을 클릭하여 회원 가입을 한다.

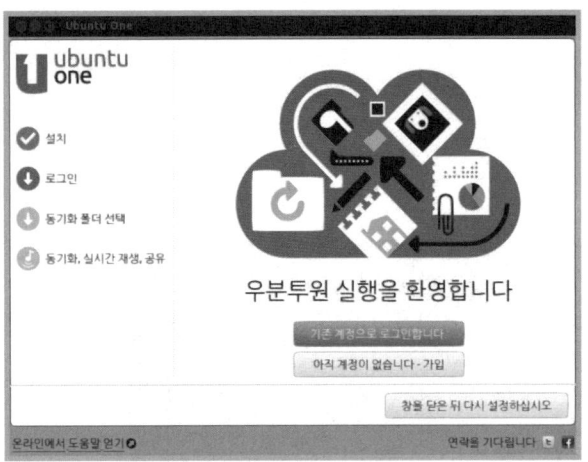

[아직 계정이 없습니다.-가입] 버튼을 클릭하면 나타나는 회원 가입 화면에서 이름과, 전자 메일 주소, 암호 정보를 입력하고 화면에서 제시되는 문자를 입력한 뒤에 서비스 약관 동의란에 체크하고 [계정 설정] 버튼을 눌러 회원 가입을 마무리 한다.

암호는 최소 8자 이상의 길이로 최소 1자 이상의 대문자와 1자 이상의 숫자를 포함해야 등록이 가능하다.

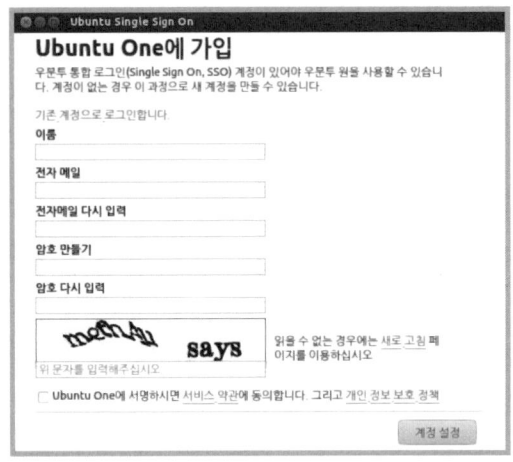

이름과 전자메일 두 번, 암호 두 번 그리고 확인 문자를 입력하고 동의 항목에 체크 후 [계정 설정] 버튼을 누르면 이메일 계정으로 인증 코드를 전송한다. 자신의 이메일 계정에서 인증 코드를 확인하여 인증 코드 입력을 요구하는 화면에서 인증 코드를 입력해 주면 설정이 완료된다.

인증이 완료되면 자동으로 로그인 상태가 되고 컴퓨터 동기화를 시작한다. [다음(N)] 버튼을 누르면 컴퓨터를 클라우드와 동기화하기 위한 폴더 선택 화면으로 이동한다.

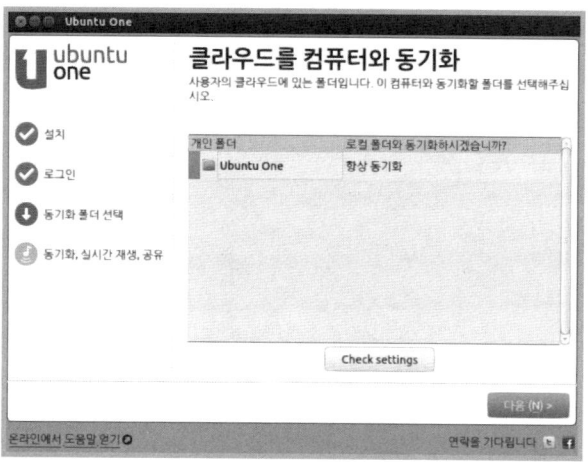

동기화를 하고자 하는 폴더를 모두 선택하고 [완료] 버튼을 클릭한다. 필요한 추가 폴더가 있다면 [이 컴퓨터에서 폴더 추가] 버튼을 눌러서 추가할 수 있다.

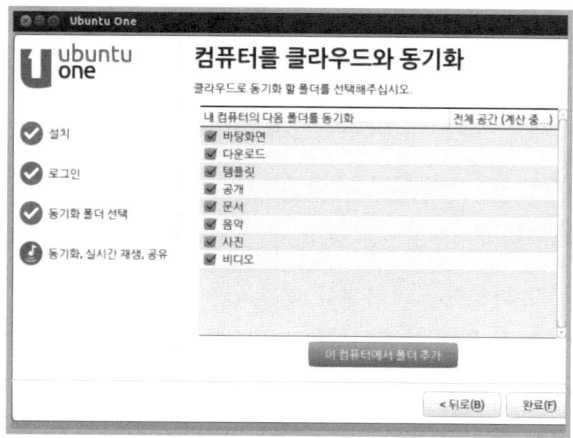

설정이 완료된 화면이다. 각각의 탭을 클릭하여 확인하여 보자. "우분투 원"은 기본적으로 5GB의 용량을 무료로 제공한다.

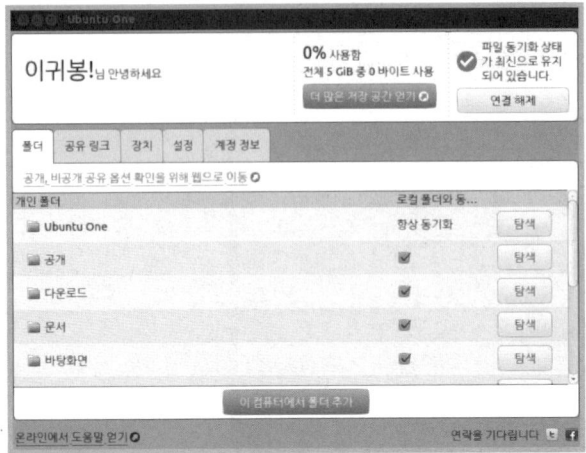

이전 버전에서는 동기화 서비스 기능을 확장하기 위하여 "desktopcouch-ubuntuone" 패키지 설치가 필요하였지만, 현재는 시작하면서 동기화 과정 설치를 모두 진행하여 모든 것이 완료되었다. 이후에도 필요한 폴더가 있다면 언제든지 추가할 수 있도록 배려하고 있다.

(9) Amazon

우분투 13.04 버전을 설치하고 확인하는 과정에서 'Amazon'이 추가되어 있음을 확인하였다. 아마존으로부터 후원을 받고 있지 않을까 하는 느낌은 거의 맞을 것이다. 클릭하면 아마존 홈페이지로 이동한다.

(10) Ubuntu One Music

음악 플레이어가 런처에 들어 있다는 것을 어떻게 이해해야 할까? 결론은 우분투는 음악을 좋아한다는 것이다. 음악을 들으면서 우분투 작업을 진행하면 능률이 올라갈 것인지 내려갈 것인지는 알 수 없지만, 음악을 좋아한다면 듣는 것을 즐길 수 있다.

처음 시작은 언제나 등록이다. 이메일을 입력하고 사용자 이름, 비밀번호를 입력하고, 식별 문자를 입력하는 것으로 완료된다. 외국 곡을 공짜로 편하게 들을 수 있다는 것은 음악 마니아에게는 색다른 경험이 될 것 같다.

(11) 시스템 설정

윈도우즈의 제어판과 같은 기능으로 각종 시스템 설정을 조정하거나 최적화할 수 있다. 전체 설정을 카테고리로 분류하여 사용의 편의성을 높였다.

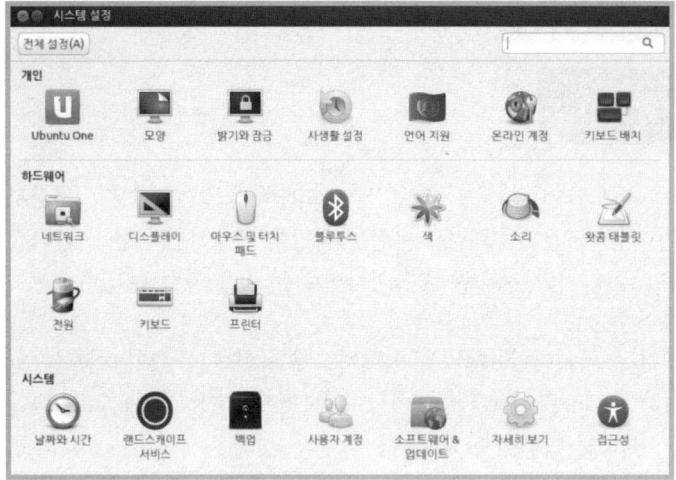

(12) 소프트웨어 업데이트 도구

업데이트를 수행할 내용이 있을 때만 나타나며 수시로 업데이트를 수행하는 것이 좋다. 각종 오류, 버그 등을 수정하고 성능을 개선하는 자료가 이곳을 통하여 제공된다. 중요 업데이트일 경우는 시스템을 재시작하라는 메시지를 사용자에게 보내올 수 있다.

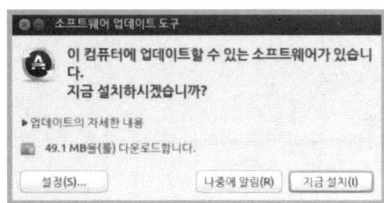

(13) 작업 공간 바꾸기

작업 공간 화면은 기본으로 제공하는 런처 아이콘에서 제외되었다. 화면 왼쪽의 런처에서 [시스템 설정]->[모양]->[동작 방식]을 선택하면 "작업 공간 바꾸기 사용"을 위한 체크박스가 있다. 이 체크박스를 선택하거나 선택을 해제하면 런처에 작업 공간 바꾸기 아이콘이 등록되거나 등록 해제된다. 다중 모니터 또는 다중 화면 분할기로 알려져 있다. 4개까지 작업 공간을 제공하여 작업의 효율을 높일 수 있도록 제공하는 프로그램이다. 이전 버전에서 다른 아이콘과 달리 런처에서 제거할 수 없어 불편하였던 것을 해소하였다.

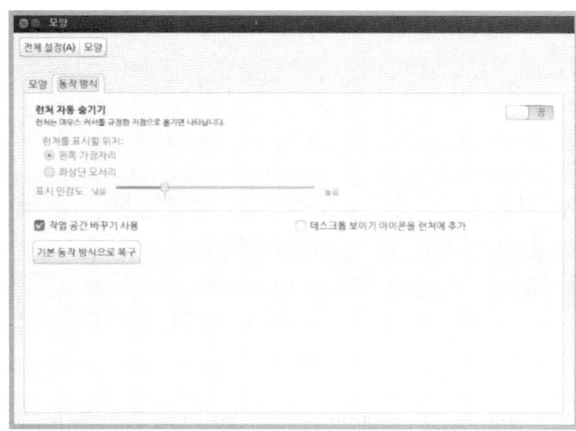

작업 공간 개수를 조정하는 기능은 아직도 제공하지 않지만, 다중 모니터를 사용하는 것처럼 아주 유용한 기능이다. 이 책의 후반에 설명하는 "컴피즈"를 설정하고 나면 화면을 8개로 분할할 수 있다. 공간상의 사각형 박스의 면에 투영되는 화면 2개를 포함하여 생각해 보면 왜 8개인지 알 수 있을 것이다.

아이콘을 클릭하면 작업 공간을 쉽게 바꿀 수 있는 화면을 제공한다.

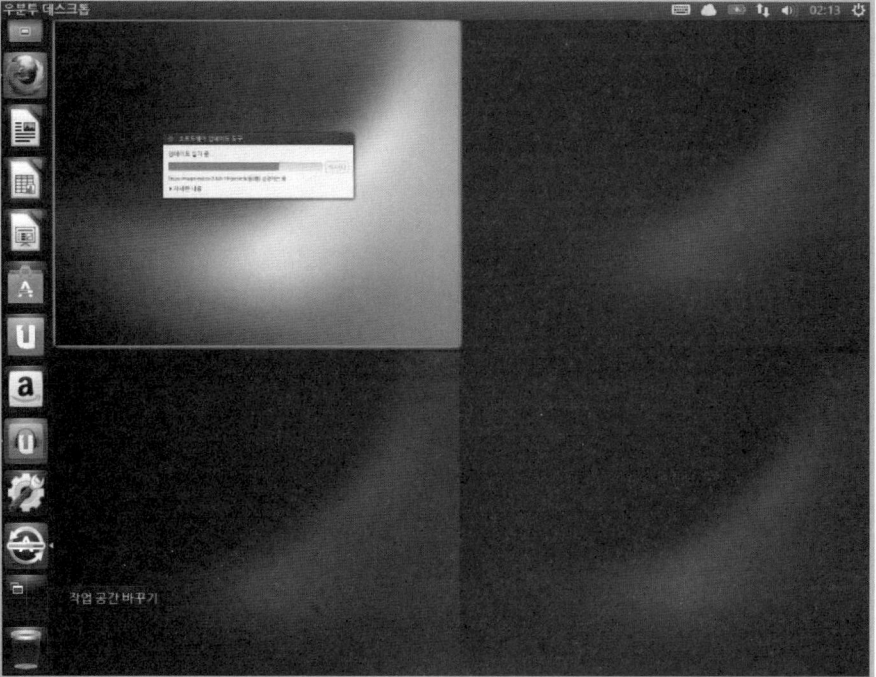

(14) 휴지통

윈도우즈의 휴지통과 동일한 기능을 제공한다. 리눅스의 rm 명령은 한번 실행되면 복구할 수 없다는 단점이 있었는데 GUI 윈도우를 제공하면서 삭제 명령이 바로 실행되는 것이 아니라 휴지통을 거치게 함으로서 실수를 줄일 수 있도록 하는 기능이다.

(15) 런처에 추가하기

추가하고자 하는 프로그램을 실행하면 런처에 아이콘이 생긴다. 이때 아이콘에 마우스 포인트를 올리고 오른쪽 마우스를 클릭하면 [런처에 고정] 항목이 보인다. 이를 클릭하면 프로그램을 종료하더라도 런처에 아이콘이 계속 보이므로 쉽게 실행할 수 있다.

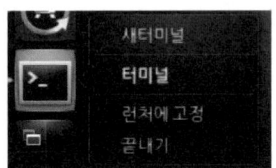

예를 들어 "터미널"을 런처에 두고 싶다면 "터미널"을 실행한다. 런처에 생긴 아이콘에서 마우스 오른쪽 버튼을 클릭하여 [런처에 고정]을 클릭하고 "터미널"을 종료하여 본다. 런처에 "터미널" 아이콘이 계속 남아 있음을 볼 수 있다. 이를 클릭하면 "터미널" 프로그램이 실행된다.

5.2.2 대시 홈

"대시 홈"은 "우분투 11.04(Natty Narwhal)" 이후 유니티(Unity)를 기본 GUI 환경으로 선택함에 따라, 많은 보완이 이루어진 것을 확인할 수 있는 사용자 인터페이스의 한 면으로 보이는 기능이다.

이전 버전의 메뉴에 볼 수 있는 모든 프로그램 접근 방법을 대시 홈에 모아 두고 접근성을 위해 분류하여 두었다. 대시 홈의 구성은 여섯 가지로 나누어진다.

(1) 홈 기능

사용자의 컴퓨터와 인터넷에서 검색할 수 있다. 필요한 프로그램이 있다면 검색을 통하여 설치할 수 있고, 설치되어 있는 프로그램이라면 바로 실행이 된다. 즉, "찾기"로 명명된 검색 기능이다.

사용자의 컴퓨터와 온라인에서 검색합니다.

RPM이나 apt-get을 사용하여 프로그램을 설치하는 어려움은 앞으로 사라질 것 같다. 그러나 아직 이 목록에 없는 프로그램은 apt-get으로 설치하여야 한다.

최근에 사용한 프로그램 목록을 우선하여 보여주고 이전 버전에서 보였던 카테고리 나누기는 사라졌다. 이 화면은 "대시 홈"이 실행되어 있는 상태에서는 항상 하단의 집 모양 아이콘을 클릭하면 보인다.

여기에 배치된 아이콘은 집('홈'이라고 보는 것이 편하다), 프로그램 검색, 파일 및 폴더 검색, 음악 모음 검색, 사진 검색, 동영상 검색으로 나누어진다. 바로가기에 해당하며 주로 사용되는 유용한 아이콘은 집이다. "대시 홈"의 어느 위치에 있든지 이 부분을 클릭하면 해당 화면을 볼 수 있다.

프로그램을 실행한 이력이 남는 점은 찬반이 있을 수 있다. 이력을 제거할 수 있다면 더욱 좋을 듯하다. 해당 아이콘에서 마우스 우클릭을 하면 프로그램이 실행되고 좌클릭을 하면 프로그램 설치를 제거할 수 있다.

(2) 프로그램 검색 기능

프로그램 검색에는 3가지의 카테고리가 분류되어 있다.

다소 중복된 느낌이지만 "최근 사용한 항목", "설치함", "추천 프로그램"으로 나누어진다. 유료 프로그램이 포함되어 있는 것으로 보아 완전한 무료라는 자유는 조금씩 퇴보하는 것 같다. "설치함"은 "설치되어 있음"으로 해석을 하는 것이 바람직하다.

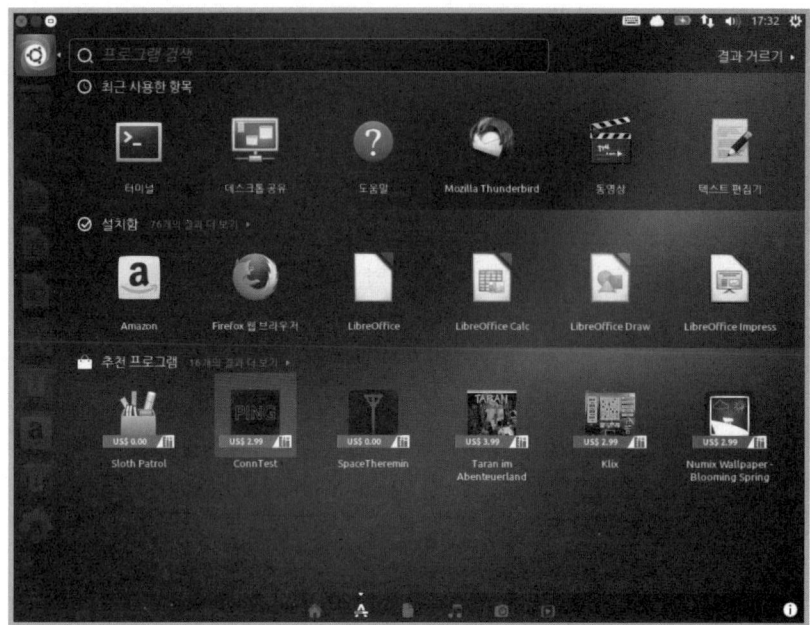

(3) 파일 및 폴더 검색 기능

최근에 검색한 파일 및 폴더를 보여줌으로써 작업의 속도를 향상시켰다.

시스템 폴더 및 시스템 파일에 대한 검색은 지원하지 않는다. 최근 작업한 폴더 하나만 보여 줌으로서 아직은 그다지 큰 유용성이 있다고 판단하기 어렵다. 우분투 작업을 진행할수록 내용이 추가된다.

(4) 음악 모음 검색 기능

인터넷으로 지원하는 추천 음악 파일을 확인할 수 있다. 인터넷으로 제공하는 대부분의 음악이 유료다.

'강남 스타일'은 영어로 "gangnam style"로 찾을 수 있다. 오래된 명곡으로 "The brige over troubled water"를 검색해 보았다.

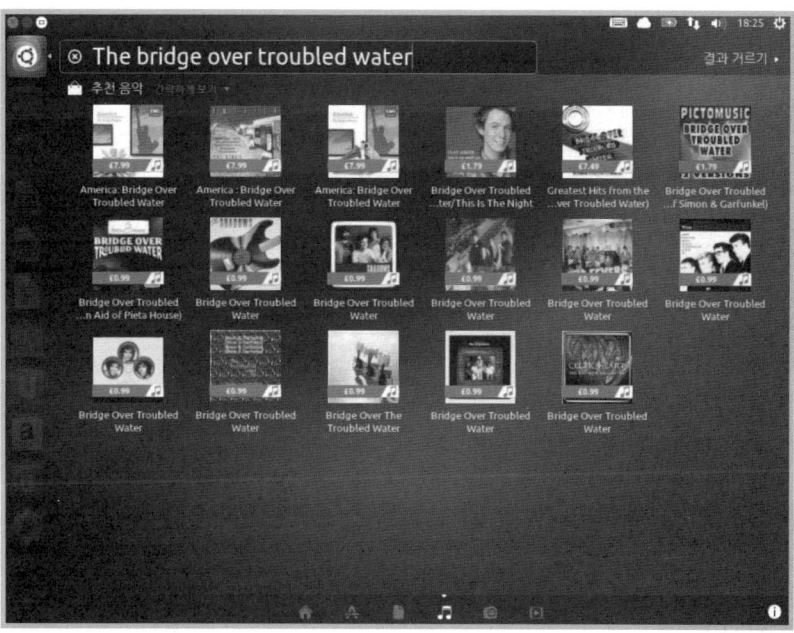

(5) 사진 검색 기능

포토렌즈 기능으로 온라인 및 로컬 컴퓨터의 이미지(사진)를 찾아주는 기능이다.

카테고리는 역시 세 개로 구분된다. 최근 검색된 이미지, 내 그림, 친구 그림 등으로 분류된다. 검색 기능은 이름, 태그, EXIF 데이터로 검색을 할 수 있다.

(6) 동영상 검색 기능

동영상 검색은 "온라인"과 "추천 동영상" 두 개의 카테고리로 나누어 기본적인 동영상이 제공된다.

원하는 동영상이 있다면 검색을 해보면 유료인지 무료인지 확인이 가능하다. 대시 홈의 모든 화면에서 우측 상단에 있는 "결과 거르기"를 클릭하면 검색 조건을 설정하는 화면이 나타난다. "홈" 카테고리에서만 "결과 거르기"가 없고 나머지 카테고리에는 모두 거르기 (filter) 기능이 있다.

(7) 선더버드(Thunderbird) : 이메일 통합 관리자

마이크로소프트웨어의 아웃룩과 같은 기능을 수행하는 이메일 통합 관리 도구인 선더버드 프로그램이다. 선더버드는 런처에서 기본으로 제공되지 않으며 대시 홈의 기능도 아니지만 이메일을 사용하지 않는 독자는 없으리라 생각하여 설명한다. 대시 홈의 검색 기능에서 찾아볼 수 있다.

처음 시작한다면 아래와 같은 계정 등록 화면이 나온다. 이는 이메일 계정이 없는 사람이 이메일 계정을 등록할 수 있도록 배려한 것이다. 이메일 계정이 없는 사람은 월드와이드한 계정을 여기서 신청하여 사용하여도 좋을 것이다.

필자는 계정이 있으므로 "건너뛰고 기존 메일 사용하기"를 선택하였다.

이름, 메일 주소, 암호를 입력하고 [계속(C)] 버튼을 클릭하여 다음 화면으로 이동한다.

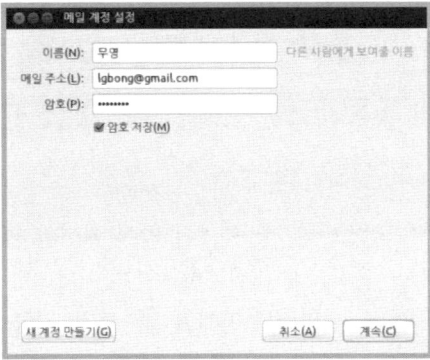

설정을 완료하는 화면이다. 메일 서버 설정을 POP3로 선택하고 [완료] 버튼을 클릭한다.

계정을 추가하여 다른 메일까지도 수신할 수 있다. 이는 Microsoft사의 아웃룩과 그 기능이 비슷하므로 사용하기 편할 것이다.

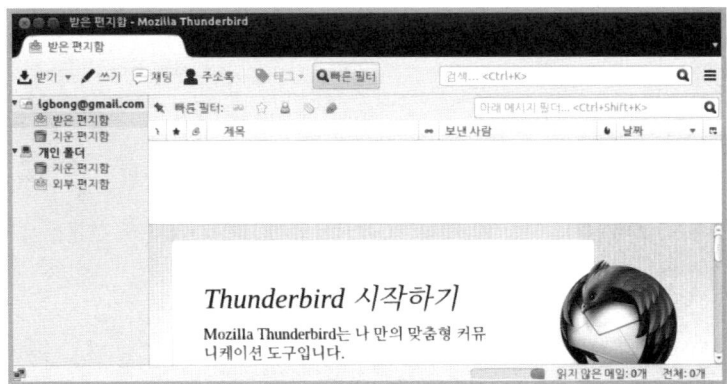

5.2.3 메뉴바

메뉴바는 기능의 변화가 많은 것 중의 하나로 이전 버전에 있는 각종 메뉴들이 사라지고
런처로 이동하면서 실행 프로그램의 메뉴가 왼쪽으로 자리 잡게 되고 오른쪽으로 간단
한 몇 가지 메뉴가 남아 있다.

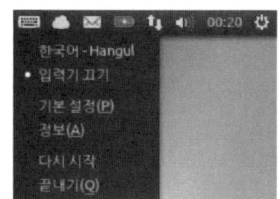

첫 번째는 입력 도구로 키보드 입력 방식을 설정한다. 두 번째는 앞서 설정한 클라우드
기능인 "우분투 원"을 설정한 결과로 "우분투 원"을 바로 실행하는 기능이다. 세 번째는
"선더버드 이메일 살펴보기"이다. "우분투 원"과 "선더버드 이메일 살펴보기" 기능은 해당
기능이 활성화되어 있어야 표시된다. 네 번째는 "전원 설정"이다. 아마도 모바일을 염두
에 두는 듯하다. 다섯 번째는 "네트워크 설정", 여섯 번째는 "스피커", 일곱 번째는 "시간
확인 및 설정", 여덟 번째는 "시스템 설정"의 순서로 자리하고 있다. "시스템 설정"이 빨
간색으로 변하면 업데이트를 수행하고 적용을 위한 마무리 작업이 필요하다는 의미이다.
일반적으로는 흰색으로 표시된다.

(1) 입력 도구

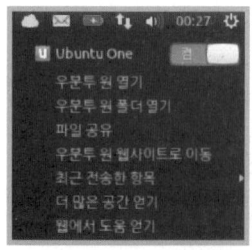

키보드 입력 방식과 한글 입력기 설정이다. 한글 사용에 문제가 없도록 완벽하게 지원한
다고 할 수 있다. 또 다른 입력인 "나비" 등을 설치하지 않아도 불편함이 없다.

(2) 우분투 원

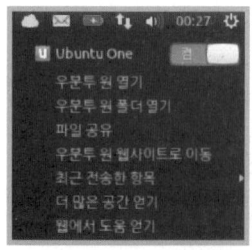

클라우드 지원 기능을 수행하는 "우분투 원"을 설정하는 기능이다.

(3) 이메일

"모질라 선더버드"로 이메일을 확인할 수 있다. 앞서 선더버드 메일을 설정하였기 때문에 실행되어 있는 상태이고 메일 쓰기와 연락처 기능을 선택할 수 있다. 이전 버전에 있던 SNS 기능은 제거되어 있다.

(4) 전원 설정

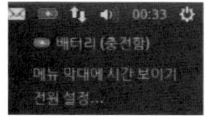

전원 상태를 확인할 수 있고 전원 설정을 통하여 절전도 가능하다. 노트북이나 스마트 기기처럼 이동성이 강한 기기에 적합한 설정으로 보이나 전력을 아끼고자 하는 마음은 데스크톱도 같은 처지일 것이다. 이는 모바일 용도의 우분투 즉, 우분투 포폰(Ubuntu for Phone)을 위한 포석으로 보인다.

(5) 네트워크 설정

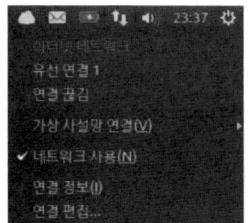

유/무선 네트워크 설정과 상태를 점검할 수 있으며, VPN 설정도 지원하고 있다.

(6) 스피커 볼륨 조정

리듬 박스를 실행하여 보면 다음과 같이 라디오 방송도 제공하고 있다. 필자는 StartFM을 들으며 작업을 하고 있다.

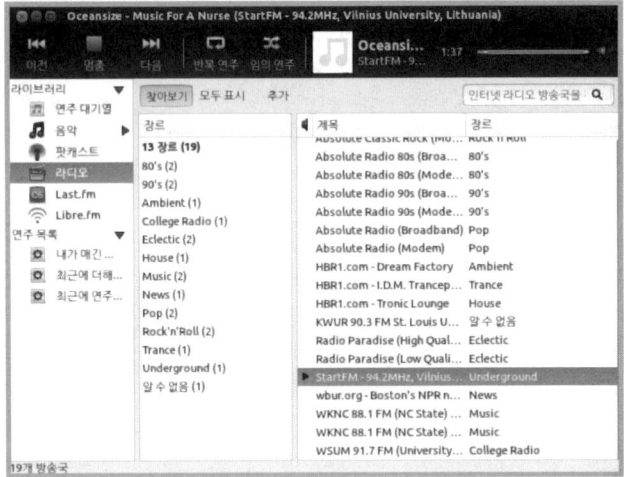

(7) 시스템 날짜 및 시간 확인

날짜를 클릭하면 달력이 나온다. [시간 및 날짜 설정...] 버튼을 통하여 표시 형식을 변경 하거나 위치를 변경하여 표준 시각을 설정 할 수 있다. 다른 지역의 시각을 확인할 수 있 도록 설정할 수도 있다.

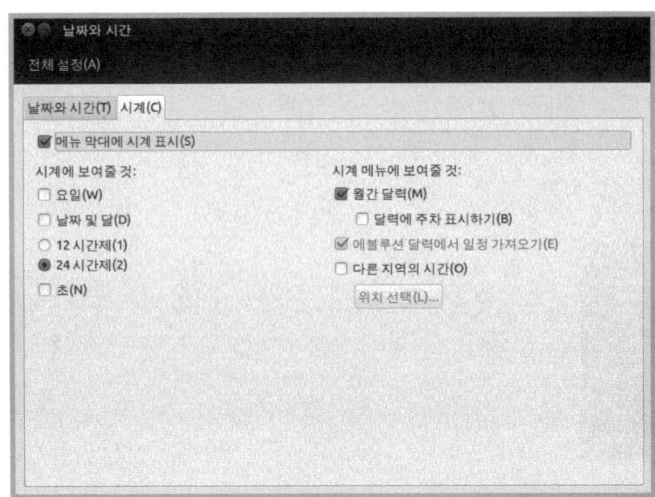

(8) 시스템 설정

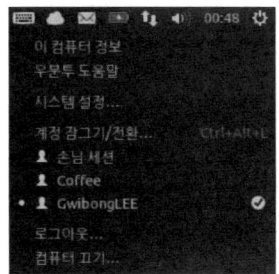

계정 관리와 시스템 관리를 통합하여 더욱 간략화하였다. 시스템 설정은 런처의 시스템 설정과 동일한 화면을 제공한다. 계정을 바꾸고자 한다면 해당 계정으로 바로 전환할 수 있다. 바꾸고자 하는 계정이 로그인되어 있다면 전체적인 작업이 바로 전환된다. 다른 계정에서 작업을 진행하다가 다시 이전 계정으로 돌아오면 진행하던 작업을 계속 진행할 수 있다. 즉, 작업이 끊기지 않고 진행할 수 있다. 심지어 음악을 듣고 있는 작업까지도 원활하게 전환된다.

5.3 화면 해상도 조정

런처에서 [시스템 설정]->[디스플레이]를 차례로 선택한다. 또는 화면 우측 상단의 메뉴 바에서 시스템 설정을 선택하여도 된다.

화면 해상도를 조정하는 윈도우가 나온다.

독자 여러분이 보기 좋은 적당한 크기의 윈도우 사이즈를 선택하기 위하여 "해상도" 부분을 클릭하면 위와 같은 화면이 나온다. 모니터 종류는 VMware를 사용할 경우 표준으로 맞추면 된다.

해상도 종류 등 설정을 마쳤으면 [적용] 버튼과 [닫기] 버튼을 차례로 클릭한다. 해상도를 변경한 경우 화면의 사이즈가 바뀌고 해상도가 변경된다. 만약의 경우 화면에 아무것도 나오지 않는다면, 더 이상 마우스를 클릭하지도 움직이지도 말고 그대로 기다리면 설정된 30초 시간이 경과된 후 원래 상태로 되돌아온다. 설정을 하지 않고 종료하려면 좌측 상단의 ⬤ 표시를 눌러주면 된다.

13.04부터는 지원하지 않는 해상도는 표시하지 않음으로써 이러한 사용자 실수를 사전에 예방한다. 그러나 사용자가 임의의 모니터를 시험하고자 한다면 불편한 내용이다.

5.4 root 계정 사용하기

리눅스를 자신의 시스템에 설치하였다면 스스로 최고 관리자가 될 수 있다. 그러나 Ubuntu는 기본적으로 설치에서 설정한 사용자 계정으로만 로그인을 하도록 되어 있다. 최고 관리자 기능은 필요할 때마다 암호를 입력하여 사용하도록 제공하는 형태이다.

그러나 이 방법은 초보자에게는 시스템을 안전하게 관리하는 방법이겠지만 조금 익숙한 사용자에는 매우 불편한 방법이다.

실습해 보려면 터미널을 실행하여야 하는데 아직까지 터미널이 어디에 있는지 확인하지 않았다. 터미널을 실행하여 보자.

런처에서 [대시 홈] 　 −〉[프로그램 검색] 　 −〉[설치함] 뒤쪽의 "76개의 결과 더 보기" 　 를 클릭하여 아래로 스크롤을 하거나 "찾기"에서 "터미널" 또는 "terminal"을 입력하면 터미널 아이콘을 확인할 수 있다.

다음은 　 를 클릭하여 아래로 스크롤하여 내려 본 화면이다.

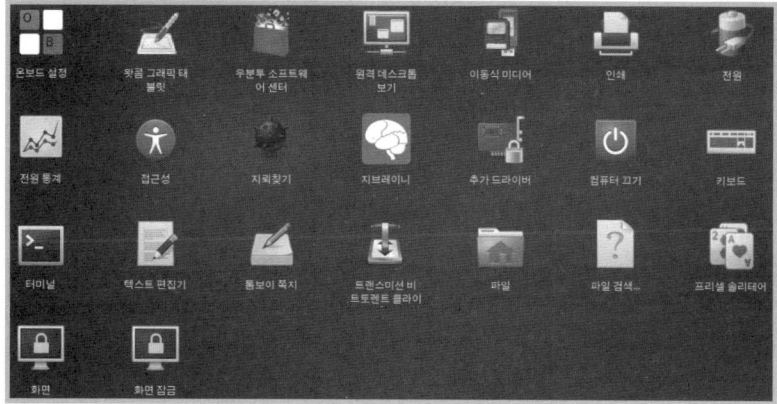

터미널 아이콘을 클릭한다. 아이콘의 배열은 사용자마다 설치한 프로그램이 다르므로 필자와 똑같지 않을 수 있다.

터미널을 실행 한 이후에는 편리성을 위하여 런처에 표시된 터미널 아이콘을 마우스 오른쪽 버튼으로 클릭하여 [런처에 두기]를 클릭하면 런처에 아이콘을 고정하여 여러모로 편리하게 사용할 수 있다.

(1) sudo 사용하기

슈퍼바이저[10] 권한이 있어야 하는 프로그램을 실행할 때는 'sudo' 명령을 이용하여 해당 프로그램을 실행한다. 현재 사용자의 비밀번호를 입력하고 Enter 키를 누르면 지정된 명령이 실행된다.

```
lgbong@coffee-desktop:~$ sudo <root 권한이 있어야 실행할 수 있는 프로그램>
[sudo] password for lgbong: <현재 사용자의 비밀번호 입력>
```

(2) sudo -s 사용하기

root 계정 사용자 권한을 획득하는 다른 명령으로 'sudo -s'가 있다. root 사용자 권한이

---

10)　최고의 모든 권한을 가지고 작업을 수행할 수 있는 계정으로 root 사용자 계정으로 로그인한 경우 사용할 수 있다.

있어야 하는 명령을 실행할 때마다 비밀번호를 입력하는 것이 번거로울 때 사용할 수 있다. 이는 자신의 계정 비밀번호를 이용하여 root 계정의 권한을 획득한다. 사용자 계정을 일시적으로 root 사용자 계정으로 전환하기 때문에 비밀번호를 한 번만 입력하면 root 사용자의 권한을 계속해서 사용할 수 있다.

명령을 실행하면 계정 이름과 프롬프트가 변경된 것을 확인할 수 있다. 이제 root 사용자의 권한을 유지하면서 명령을 실행할 수 있다.

```
lgbong@coffee-desktop:~$ sudo -s
[sudo] password for lgbong: <현재 사용자의 비밀번호 입력>
root@coffee-desktop:~#
```

```
root@Coffee-desktop: ~
lgbong@coffee-desktop:~$ sudo -s
[sudo] password for lgbong:
root@coffee-desktop:~#
```

root 사용자 권한이 있어야 하는 명령의 사용을 끝내고, 다시 원래의 사용자 계정으로 돌아가려면 'exit' 명령을 입력한다. 프롬프트에서 계정 이름과 프롬프트 기호가 변경된 것을 확인할 수 있다.

```
root@coffee-desktop:~# exit
lgbong@coffee-desktop:~$
```

```
lgbong@Coffee-desktop: ~
root@coffee-desktop:~# exit
exit
lgbong@coffee-desktop:~$
```

(3) root 사용자 계정 활성화하기

필자는 독자 여러분이 root 사용자의 권한이 필요할 때 위와 같이 'sudo' 명령을 사용하기를 적극적으로 권장한다. 그러나 root 사용자 계정을 활성화하고 비밀번호를 부여하여 로그인 가능하도록 하기를 원하는 독자를 위한 방법을 여기에 제시한다.

우선 터미널을 열어 root 사용자 계정을 활성화하면서 비밀번호를 설정하기 위해 'sudo passwd root' 명령을 실행한다.

```
lgbong@coffee-desktop:~$ sudo passwd root
[sudo] password for lgbong: <현재 사용자의 비밀번호 입력>
새 UNIX 암호 입력: <root 사용자의 비밀번호 입력>
새 UNIX 암호 재입력: <root 사용자의 비밀번호 재입력>
passwd: 암호를 성공적으로 업데이트했습니다.
lgbong@coffee-desktop:~$
```

```
☒▬▣  lgbong@coffee-desktop: ~
lgbong@coffee-desktop:~$ sudo passwd root
[sudo] password for lgbong:
새 UNIX 암호 입력:
새 UNIX 암호 재입력:
passwd: 암호를 성공적으로 업데이트했습니다
lgbong@coffee-desktop:~$
```

이미 앞에서도 보았지만 우분투에서는 윈도우즈와 다르게 암호를 입력할 때 커서의 이동
이 없다. 그렇다고 당황하지 말자. 독자 여러분이 입력하는 키보드 값은 정확히 입력되고
있다. 나름대로 이러한 방식이 윈도우즈보다 보안이 강하다고 필자는 말하고 싶다.

몇 글자를 입력했는지 보이지 않음으로 인하여 옆에서 지켜보는 제3의 눈으로부터 더욱
안전하다고 할 수 있다. 두 번째 줄에 입력하는 암호는 첫 번째 입력한 암호와 같은 암호
를 한 번 더 입력한다.

이는 처음 입력한 암호가 정확한지 비교하기 위함이다. 혹시 모를 오타 때문에 사용자가
알 수 없는 비밀번호로 설정되는 것을 방지하는 기능이다.

root 사용자 계정을 활성화하고, 비밀번호 설정을 마쳤다. 현재 사용자의 계정으로부터
root 사용자 계정으로 전환하려면 'su –' 명령을 입력하고, root 사용자 계정의 비밀번호
를 입력하면 전환된다.

```
lgbong@coffee-desktop:~$ su -
암호: <root 사용자의 비밀번호 입력>
root@coffee-desktop:~#
```

```
☒▬▣  root@Coffee-desktop: ~
lgbong@coffee-desktop:~$ su -
암호:
root@coffee-desktop:~#
```

또는 'su root' 명령을 입력하고, root 사용자 계정의 비밀번호를 입력하여 root 사용자
계정으로 전환할 수 있다.

```
lgbong@coffee-desktop:~$ su root
암호: <root 사용자의 비밀번호 입력>
root@coffee-desktop:/home/lgbong#
```

```
☒▬▣  root@Coffee-desktop: /home/lgbong
lgbong@coffee-desktop:~$ su root
암호:
root@coffee-desktop:/home/lgbong#
```

두 가지 방법의 차이점은 root 사용자 계정으로 전환한 뒤에 현재 디렉터리의 위치에 있
다. 'su –' 명령은 root 사용자 계정으로 전환한 뒤에 root 계정의 홈 디렉터리로 이동하

지만, 'su root' 명령은 전환하기 전에 있던 디렉터리 위치를 그대로 사용한다.

root 계정의 사용을 종료하려면 'exit' 명령을 사용한다.

root 사용자 계정이 활성화되면 root 사용자 계정으로 직접 로그인할 수도 있다. root로 직접 로그인하기 위해서는 다음 명령을 하나 더 수행해야 한다.

```
lgbong@coffee-desktop:~$ sudo passwd root
[sudo] password for lgbong: <현재 사용자의 비밀번호 입력>
새 UNIX 암호 입력: <root 사용자의 비밀번호 입력>
새 UNIX 암호 재입력: <root 사용자의 비밀번호 재입력>
passwd: 암호를 성공적으로 업데이트했습니다.
lgbong@coffee-desktop:~$
lgbong@coffee-desktop:~$ sudo sh -c 'echo "greeter-show-manual-
login=true" >> /etc/lightdm/lightdm.conf'
```

```
lgbong@Coffee-desktop: ~
lgbong@coffee-desktop:~$ sudo passwd root
[sudo] password for lgbong:
새 UNIX 암호 입력:
새 UNIX 암호 재입력:
passwd: 암호를 성공적으로 업데이트했습니다
lgbong@coffee-desktop:~$ sudo sh -c 'echo "greeter-show-manual-login=true" >> /e
tc/lightdm/lightdm.conf'
lgbong@coffee-desktop:~$
```

비밀번호를 변경하고 파일을 수정하였으면 반드시 시스템을 다시 시작해야 한다.

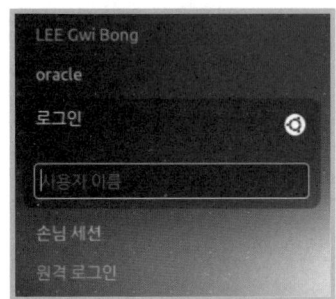

처음 로그인 화면에는 등록된 사용자 이름을 선택하고 비밀번호만 입력하도록 하였으나, 이제는 사용자 이름을 입력할 수 있다.

로그인 사용자 이름으로 'root'를 입력하고 엔터키를 누르면 계정 이름이 'root'로 변하고 비밀번호 입력을 요구한다.

비밀번호를 입력하고 엔터키를 누르면 root 사용자 계정으로 로그인한다.

(4) root 사용자 계정 비활성화하기

Ubuntu에서는 보안 및 시스템 관리의 효율성 등을 이유로 설치할 때는 root 사용자 계정을 사용하지 않도록 한다. root 사용자 계정을 활성화하여 사용하더라도, 더 이상 root 사용자 계정을 직접적으로 사용할 필요가 없다면 비활성화하는 것이 보안과 관리에 효율적일 것으로 본다.

활성화된 root 사용자 계정을 비활성화하려면 'sudo passwd -dl root' 명령을 사용한다.

```
lgbong@coffee-desktop:~$ sudo passwd -dl root
[sudo] password for lgbong: <현재 사용자의 비밀번호 입력>
passwd: password expiry informatin changed.
lgbong@coffee-desktop:~$ su root
암호: <root 사용자의 비밀번호 입력>
su: 인증 실패
lgbong@coffee-desktop:~$
```

```
🗙🗕🗖  lgbong@Coffee-desktop: ~
lgbong@coffee-desktop:~$ sudo passwd -dl root
[sudo] password for lgbong:
passwd: password expiry information changed.
lgbong@coffee-desktop:~$ su root
암호:
su: 인증 실패
lgbong@coffee-desktop:~$ c
```

사용자 계정을 비활성화하면 '패스워드 정보가 폐기되었다(password expiry information changed.)'는 메시지를 나타내고 비활성화된다. root 사용자 계정으로 전환하려고 명령을 입력하면 '인증 실패' 메시지가 나타난다.

이 명령을 수행하면 root로 직접 로그인하는 것은 물론 'su -' 명령 또는 'su root' 명령을 사용하여 root 사용자 계정으로 전환하는 것도 비활성 된다. 즉, 'sudo' 명령을 사용하여 root 사용자 계정의 권한을 일시적으로 사용하는 방법 외에는 어떤 방법으로도 root 사용자 계정을 이용할 수 없게 된다. 다시 root를 사용하고자 한다면 root 사용자 계정의 비밀번호를 새로 설정해야 한다.

5.5 VMware Tools 설치

VMware 7 이후에는 마우스 이동이 불편하지 않다. 그러나 Unity를 사용하거나 윈도 우즈의 특정 폴더를 VMware와 공유하고자 하거나 또는 마우스 드래깅이 윈도우즈까지 되지 않는 경우가 발생한다. 이러한 불편을 해소하기 위하여 지원되는 툴이 있다. 바로 'VMware Tools'이다. 이 툴을 가상머신 운영체제에 설치하여야 한다.

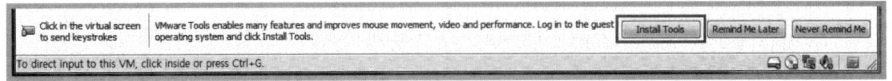

하단 우측에 [Install Tools] 버튼을 클릭하여 설치할 수 있다. 이를 클릭하면 다음과 같 이 VMware Tools DVD 이미지 아이콘이 Ubuntu 런처에 나타난다.

VMware Tools 아이콘을 클릭하지 않아도 자동으로 열린다.

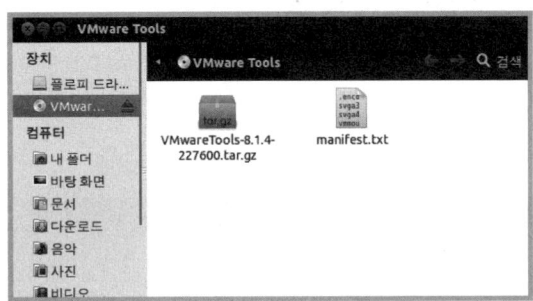

참고로 VMware Tools 아이콘이 다음과 같다면 이는 윈도우즈에 설치하는 CD 이미지이다.

이는 "VMware 설정"에서 리눅스용으로 바꿔 주어야 한다.

VMware의 메뉴에서 [VM]→[Settings...]를 선택한다.

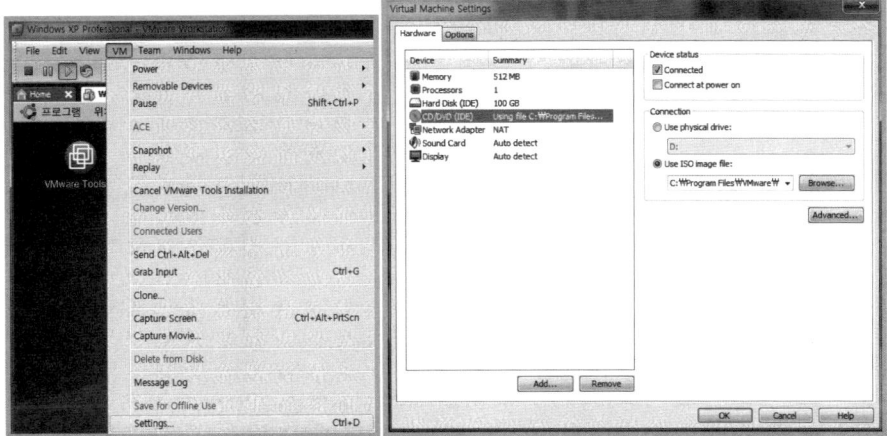

Hardware 목록에서 "CD/DVD(IDE)"를 선택하여 현재 사용하고 있는 CD Image를 바꾸어 준다. [Browse...] 버튼을 누른 후 "linux.iso"를 선택한다.

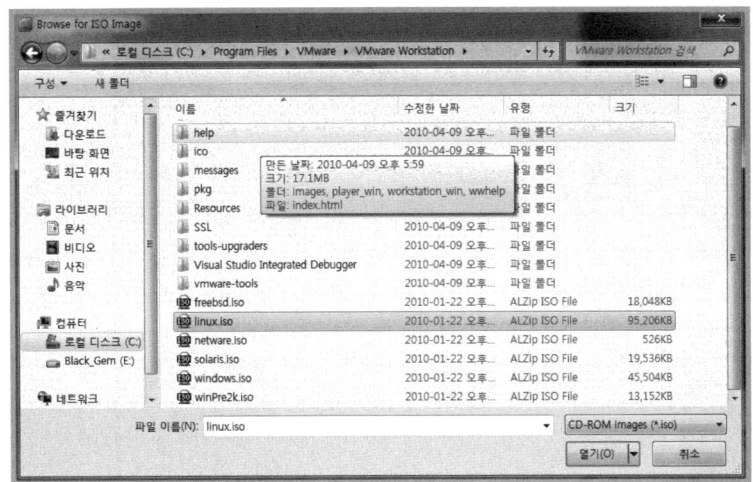

[열기] 버튼을 클릭하고 이어서 나오는 화면에서 [OK] 버튼을 누른다.

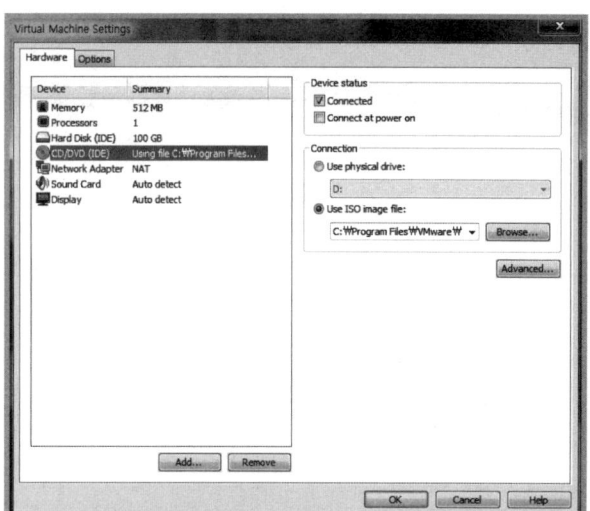

이제 바뀐 CD Image 파일을 열기 위하여 로그아웃하고 다시 로그인을 하면 다음과 같은
화면이 나온다.

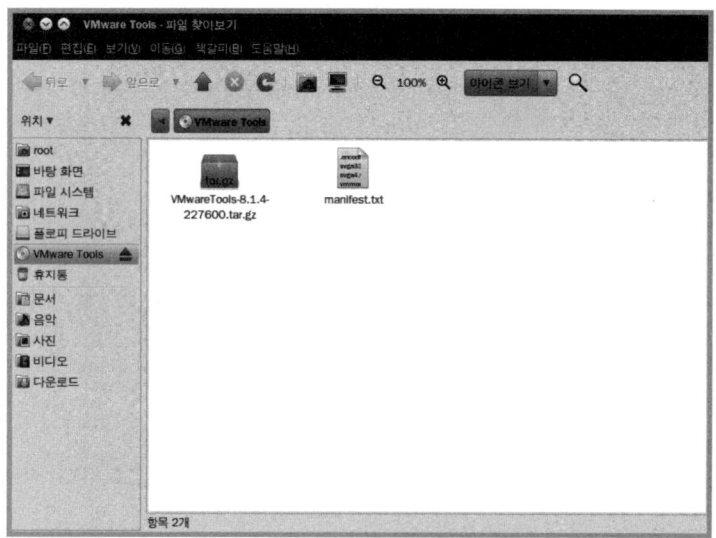

"VMwareTools-8.1.4-227600.tar.gz" 파일이 확인되면 메뉴 패널에 추가시켜 주었던
콘솔 터미널 창을 열고 다음 명령을 차례로 수행한다. 압축된 파일이기 때문에 'gzip' 명
령과 'tar' 명령을 이용하여 압축을 풀어 설치 명령을 수행하는 것이다.

```
gbong@coffe-desktop:~$ cp /cdrom/VMwareTools-8.1.4-227600.tar.gz .
gbong@coffe-desktop:~$ gzip -d VMwareTools-8.1.4-227600.tar.gz
gbong@coffe-desktop:~$ tar -xvf VMwareTools-8.1.4-227600.tar
gbong@coffe-desktop:~$ cd vmware-tools-distrib
gbong@coffe-desktop:~$ sudo ./vmware-install.pl
gbong@coffe-desktop:~$
```

tar 명령 수행 결과는 다음과 같다.

```
🔴🟡🟢  root@coffee-desktop: ~
파일(F) 편집(E) 보기(V) 터미널(T) 도움말(H)
vmware-tools-distrib/etc/installer.sh
vmware-tools-distrib/etc/xsession-xdm.sh
vmware-tools-distrib/etc/xsession-xdm.pl
vmware-tools-distrib/etc/vmware-user.Xresources
vmware-tools-distrib/etc/vmware-user.desktop
vmware-tools-distrib/etc/xsession-gdm.sh
vmware-tools-distrib/etc/pm-reload_vmware_user
vmware-tools-distrib/etc/poweron-vm-default
vmware-tools-distrib/etc/resume-vm-default
vmware-tools-distrib/etc/suspend-vm-default
vmware-tools-distrib/etc/poweroff-vm-default
vmware-tools-distrib/etc/manifest.txt.shipped
vmware-tools-distrib/etc/vmware-tools-libraries.conf
vmware-tools-distrib/etc/vmware-tools-prelink.conf
vmware-tools-distrib/vmware-install.pl
vmware-tools-distrib/doc/
vmware-tools-distrib/doc/README
vmware-tools-distrib/doc/open_source_licenses.txt
vmware-tools-distrib/doc/INSTALL
vmware-tools-distrib/installer/
vmware-tools-distrib/installer/services.sh
vmware-tools-distrib/INSTALL
vmware-tools-distrib/FILES
root@coffee-desktop:~#
```

"./vmware-install.pl" 파일을 실행하면 여러 가지 질문이 나온다. 특별한 것 없이 엔터 키만 입력하면 다음과 같이 진행할 것이다.

```
Keeping the tar4 installer database format.

You have a version of VMware Tools installed.  Continuing this install will
first uninstall the currently installed version.  Do you wish to continue?
(yes/no) [yes]
```

```
Creating a new VMware Tools installer database using the tar4 format.
Installing VMware Tools.
In which directory do you want to install the binary files?
[/usr/bin]

What is the directory that contains the init directories (rc0.d/ to rc6.d/)?
[/etc]

What is the directory that contains the init scripts? [/etc/init.d]

In which directory do you want to install the daemon files?
[/usr/sbin]

In which directory do you want to install the library files?
[/usr/lib/vmware-tools]

The path "/usr/lib/vmware-tools" does not exist currently. This program is going to
create it, including needed parent directories. Is this what you want? [yes]
In which directory do you want to install the documentation files?
[/usr/share/doc/vmware-tools]
```

The path "/usr/share/doc/vmware-tools" does not exist currently. This program is going to create it, including needed parent directories. Is this what you want? [yes]

The installation of VMware Tools 8.1.4 build-227600 for Linux completed successfully. You can decide to remove this software from your system at any time by invoking the following command: "/usr/bin/vmware-uninstall-tools.pl".

Before running VMware Tools for the first time, you need to configure it by invoking the following command: "/usr/bin/vmware-config-tools.pl". Do you want this program to invoke the command for you now? [yes]

Initializing...

Stopping VMware Tools services in the virtual machine:
Guest operating system daemon: done
Virtual Printing daemon: done
Unmounting HGFS shares: done
 Guest filesystem driver: done
insserv: warning: script 'K20acpi-support' missing LSB tags and overrides
insserv: warning: current start runlevel(s) (0) of script 'halt' overwrites defaults (empty).
insserv: warning: script 'rsyslog-kmsg' missing LSB tags and overrides
insserv: warning: script 'dbus' missing LSB tags and overrides
insserv: warning: script 'udev' missing LSB tags and overrides
insserv: warning: script 'udevtrigger' missing LSB tags and overrides
insserv: warning: script 'procps' missing LSB tags and overrides
insserv: warning: script 'udev-finish' missing LSB tags and overrides
insserv: warning: script 'acpid' missing LSB tags and overrides
insserv: warning: script 'ufw' missing LSB tags and overrides
insserv: warning: script 'atd' missing LSB tags and overrides
insserv: warning: script 'acpi-support' missing LSB tags and overrides
insserv: warning: current start runlevel(s) (0 6) of script 'sendsigs' overwrites defaults (empty).
insserv: warning: current start runlevel(s) (0 6) of script 'umountfs' overwrites defaults (empty).
insserv: warning: current start runlevel(s) (6) of script 'reboot' overwrites defaults (empty).
insserv: warning: script 'avahi-daemon' missing LSB tags and overrides
insserv: warning: current start runlevel(s) (0 6) of script 'umountroot' overwrites defaults (empty).
insserv: warning: current start runlevel(s) (0 6) of script 'umountroot' overwrites defaults
(empty).
insserv: warning: current start runlevel(s) (0 6) of script 'umountnfs.sh' overwrites defaults (empty).
insserv: warning: script 'module-init-tools' missing LSB tags and overrides insserv: warning: script 'gdm' missing LSB tags and overrides

insserv: warning: current start runlevel(s) (0 6) of script 'wpa-ifupdown' overwrites defaults (empty).
insserv: warning: script 'apport' missing LSB tags and overrides
insserv: warning: script 'cron' missing LSB tags and overrides
insserv: warning: script 'dmesg' missing LSB tags and overrides
insserv: warning: script 'hal' missing LSB tags and overrides
insserv: warning: script 'hwclock-save' missing LSB tags and overrides
insserv: warning: script 'udevmonitor' missing LSB tags and overrides
insserv: warning: script 'anacron' missing LSB tags and overrides
insserv: warning: script 'usplash' missing LSB tags and overrides
insserv: warning: script 'hwclock' missing LSB tags and overrides
insserv: warning: script 'rsyslog' missing LSB tags and overrides
insserv: warning: current start runlevel(s) (0 6) of script 'networking' overwrites defaults
(empty).
insserv: warning: script 'network-manager' missing LSB tags and overrides
insserv: warning: script 'sreadahead' missing LSB tags and overrides
insserv: There is a loop between service rsyslog and pulseaudio if stoppe
insserv: loop involving service pulseaudio at depth 3
insserv: loop involving service rsyslog at depth 2
insserv: loop involving service udev at depth 1
insserv: There is a loop between service pulseaudio and rsyslog if stopped
insserv: exiting without changing boot order!
WARNING: The installer initially used the insserv application to setup the vmware-tools service. That application cannot be found. Please re-install the insserv application. This script will now attempt to manually setup the
vmware-tools service.Found a compatible pre-built module for vmmemctl. Installing it...

Found a compatible pre-built module for vmhgfs. Installing it... Found a compatible pre-built module for vmxnet. Installing it...
Found a compatible pre-built module for vmblock. Installing it...
[EXPERIMENTAL] The VMware FileSystem Sync Driver (vmsync) is a new feature that creates backups of virtual machines. Please refer to the VMware Knowledge Base for more details on this capability. Do you wish to enable this feature? [no]
Found a compatible pre-built module for vmci. Installing it... Found a compatible pre-built module for vsock. Installing it... Found a compatible pre-built module for vmxnet3. Installing it... Found a compatible pre-built module for pvscsi. Installing it...
Detected X.org version 7.5.4.
The file /usr/lib/hal/hal-probe-vmmouse that this program was about to install

already exists. Overwrite? [yes]

The file /usr/share/hal/fdi/policy/20thirdparty/11-x11-vmmouse.fdi that this program was about to install already exists. Overwrite? [yes]

The configuration file /etc/X11/xorg.conf can not be found. Do you want to create a new one? (yes/no) [yes]

Rather than invoking init scripts through /etc/init.d, use the service(8)

utility, e.g. service hal restart
Since the script you are attempting to invoke has been converted to an
Upstart job, you may also use the restart(8) utility, e.g. restart hal
hal start/running, process 8003

X.Org X Server 1.6.4
Release Date: 2009-9-27
X Protocol Version 11, Revision 0
Build Operating System: Linux 2.6.24-23-server i686 Ubuntu
Current Operating System: Linux coffeee-desktop 2.6.31-14-generic #48-Ubuntu SMP
Fri Oct 16 14:04:26 UTC 2009 i686
Kernel command line: BOOT_IMAGE=/boot/vmlinuz-2.6.31-14-generic
root=UUID=af2f67ca-3e8e-439d-afd9-089523bb78c6 ro quiet splash
Build Date: 26 October 2009 05:15:02PM
xorg-server 2:1.6.4-2ubuntu4 (buildd@)
        Before reporting problems, check http://wiki.x.org
        to make sure that you have the latest version.
Markers: (--) probed, (**) from config file, (==) default setting,
        (++) from command line, (!!) notice, (II) informational,
        (WW) warning, (EE) error, (NI) not implemented, (??) unknown.
(++) Log file: "/tmp/vmware-config0/XF86ConfigLog.2351", Time: Mon May 17
15:32:20 2010
(EE) Unable to locate/open config file: "/tmp/vmware-config0/XF86Config.2351" (==)
Using default built-in configuration (30 lines)

X is running fine with the new config file. (EE) open /dev/fb0: No such file or directory
error setting MTRR (base = 0xd0000000, size = 0x01410000, type = 1) Invalid
argument (22)
Creating a new initrd boot image for the kernel.

update-initramfs: Generating /boot/initrd.img-2.6.31-14-generic
error setting MTRR (base = 0xd0000000, size = 0x01410000, type = 1) Invalid argument
(22)
ddxSigGiveUp: Closing log
Checking acpi hot plug   done
Starting VMware Tools services in the virtual machine:
Switching to guest configuration: done
Paravirtual SCSI module: done
Guest filesystem driver: done
Mounting HGFS shares: failed
Guest memory manager: done
Guest vmxnet fast network device: done
VM communication interface: done
 VM communication interface socket family: done
Blocking file system: done
File system sync driver: done
Guest operating system daemon: done
Virtual Printing daemon: done

The configuration of VMware Tools 8.1.4 build-227600 for Linux for this running kernel

```
completed successfully.
You must restart your X session before any mouse or graphics changes take effect.
You can now run VMware Tools by invoking the following command: "/usr/bin/vmware-
toolbox" during an X server session.
To enable advanced X features (e.g., guest resolution fit, drag and drop, and file and
text copy/paste), you will need to do one (or more) of the following:
1. Manually start /usr/bin/vmware-user
2. Log out and log back into your desktop session; and,
3. Restart your X session.

To use the vmxnet driver, restart networking using the following commands:
/etc/init.d/networking stop rmmod pcnet32
rmmod vmxnet modprobe vmxnet
/etc/init.d/networking start

Enjoy,


--the VMware team

lgbong@coffe-desktop:~/vmware-tools-distrib$
```

Ubuntu를 다시 시작하자.

VMware tools의 설치가 끝나면 재부팅 후 마우스를 움직여 보면 아주 자연스럽게 Ubuntu와 윈도우즈를 넘나들 것이다. Ubuntu 바탕화면에 임의의 파일을 만들고 이를 드래그하여 윈도우즈 바탕화면으로 옮겨보자. 이 역시 복사되어 파일이 전송됨을 알 수 있다.

5.6 한글 사용하기

Ubuntu에서 한글을 사용하는 것은 정상적으로 우분투를 설치하였다면 매우 쉽다. 한/영 키를 누르는 것만으로 한글과 영문을 자유롭게 전환할 수 있다. 예전 버전에서 발생하였던 한글 오류는 더 이상 나타나지 않는다. 글씨체가 마음에 들지 않는다면 폰트만 바꾸거나 설치해 주면 그만이다.

예전 입력 방식인 Ctrl 키를 누른 상태에서 스페이스바를 가볍게 한 번 눌러주면 한글 입력 상태가 되는 방법도 유지하고 있다. 예전의 리눅스는 한글 입력기(나비 등)를 별도로 설치하여야 했지만 Ubuntu 10.04부터는 한글 입력을 위해 기본적으로 iBUS 입력기를 지원한다. iBUS 한글 입력기가 초기 배포판에서는 여러 가지 문제점을 노출하고 있지만 업데이트 관리자를 통한 소프트웨어 업데이트를 하면 문제는 없어진다.

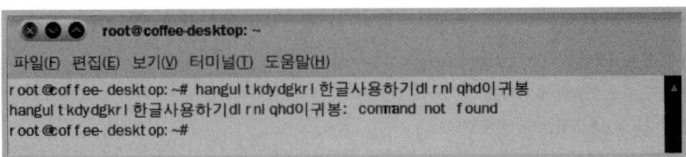

5.7. 비밀번호 찾기

5.7.1 root 계정으로 사용자 암호 수정하기

모든 리눅스/유닉스 시스템에서 root 계정의 권한은 막강하다. "rm −rf *" 명령을 사용하여 시스템을 멍청이로 만들 수 있으며 다른 사용자 계정의 비밀번호를 수정할 수도 있다.

사용자의 비밀번호를 변경할 때는 'passwd' 명령을 사용한다. 'passwd' 명령만 사용하면 자신의 비밀번호를 변경하고, '〈사용자 이름〉'을 같이 지정하면 지정된 사용자의 비밀번호를 변경한다.

```
root@coffee-desktop: ~# passwd 〈암호를 변경하려는 사용자 이름〉
Enter new UNIX password: 〈새로운 암호를 입력〉
Retype new UNIX password: 〈새로운 암호를 다시 한 번 더 입력〉
passwd: 암호를 성공적으로 업데이트 했습니다.
```

5.7.2 라이브 CD로 수정하기

Ubuntu 라이브 CD로 부팅한다. 라이브 CD는 Ubuntu 설치 디스크 또는 디스크 이미지를 이용한다. 설치를 시작할 때 [Ubuntu 체험하기]를 선택하면 라이브 CD로 부팅된다.

라이브 CD로 부팅되었으면, 런처에서 [대시 홈]−〉[터미널]을 열어 "sudo fdisk −l" 명령을 실행하여 파일 시스템 구성 내용을 확인해 본다.

```
😣😑🔲  ubuntu@ubuntu: ~
ubuntu@ubuntu:~$ sudo fdisk -l

Disk /dev/sda: 21.5 GB, 21474836480 bytes
255 heads, 63 sectors/track, 2610 cylinders, total 41943040 sectors
Units = sectors of 1 * 512 = 512 bytes
Sector size (logical/physical): 512 bytes / 512 bytes
I/O size (minimum/optimal): 512 bytes / 512 bytes
Disk identifier: 0x0000c81f

   Device Boot      Start         End      Blocks   Id  System
/dev/sda1   *        2048    25165823    12581888   83  Linux
/dev/sda2        25167870    41940991     8386561    5  Extended
/dev/sda5        25167872    41940991     8386560   82  Linux swap / Solaris
ubuntu@ubuntu:~$ ▮
```

다음과 같은 과정의 명령을 실행하여 등록된 사용자의 비밀번호를 변경한다.

```
ubuntu@utuntu:~$ sudo mkdir media
ubuntu@utuntu:~$ sudo mount /dev/sda1 media
ubuntu@utuntu:~$ sudo chroot media
root@ubuntu:/# passwd <비밀번호를 변경할 사용자 이름>
새 UNIX 암호 입력: <새로운 암호 입력>
새 UNIX 암호 재입력: <새로운 암호 다시 입력>
passwd: 암호를 성공적으로 업데이트했습니다.
root@ubuntu:/#
```

첫 번째 명령에서 새로운 디렉터리를 하나 만들었다. 두 번째 명령에서 우분투 파일 시스템에서 /dev/sda1 파일 시스템을 media 디렉터리에 연결한다. 세 번째 명령으로 연결된 media 디렉터리에 root 사용자 권한을 부여한다. root 사용자의 프롬프트로 변경된 것을 확인할 수 있다. 마지막으로 네 번째, 'passwd' 명령으로 등록된 사용자의 비밀번호를 변경할 수 있다.

'exit' 명령을 사용하여 root 계정 사용을 종료하고, 시스템을 재시작하여 원래의 Ubuntu로 부팅하여 비밀번호를 변경한 사용자 이름으로 로그인해 보자.

5.8 grub 설정 변경하기

Ubuntu로 로그인을 하여 root 계정 권한을 획득한 후 "/boot/grub" 디렉터리로 이동한다. "vi grub.cfg" 명령으로 "grub.cfg" 파일을 열어 제시되는 문장을 찾아 편집한다.

```
😣😑🔲  root@coffee-desktop: /boot/grub
파일(F) 편집(E) 보기(V) 터미널(T) 도움말(H)
root@coffee-desktop:~# cd /boot/grub
root@coffee-desktop:/boot/grub# vi grub.cfg
```

set default="0" 〈──── grub가 부팅에 사용할 항목의 번호가 0번이라는 뜻으로 다중 부팅인 경우 원하는 항목 번호로 수정하여 사용할 수 있다. 주의할 점은 grub 항목 번호를 확인할 때 0번부터 헤아려야 한다.

set timeout=10 〈──── grub가 보여주는 항목들의 대기 시간을 초 단위로 설정할 수 있다.

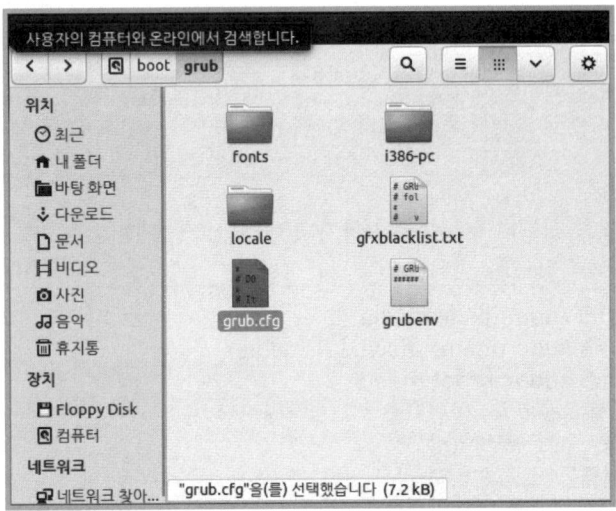

우분투 화면 왼쪽의 런처에서 [파일]을 클릭하여 실행한다. 왼쪽 패널에서 [컴퓨터]를 선택하고 오른쪽 블록에서 [boot]→[grub] 폴더를 찾은 후 "grub.cfg"를 더블클릭하여 "gedit" 프로그램을 이용하여 편집해도 된다.

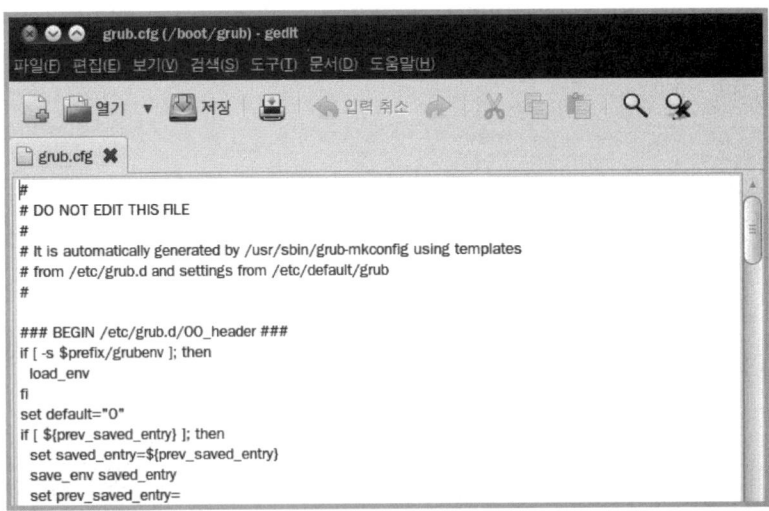

vi에서 편집 후의 저장과 종료 명령은 ":wq!"이다. 일반적인 저장 명령어인 "ZZ"는 파일의 속성이 읽기 전용으로 수정할 수 없다는 안내 메시지만 받을 뿐이다. "gedit"은 root 권한으로 편집할 경우 아무런 제약이 없다.

저장을 완료하였으면 "reboot" 명령으로 재시작하면 바뀐 설정이 반영됨을 확인할 수 있다.

```
#
# DO NOT EDIT THIS FILE
#
# It is automatically generated by /usr/sbin/grub-mkconfig using templates
# from /etc/grub.d and settings from /etc/default/grub
#

### BEGIN /etc/grub.d/00_header ###
if [ -s $prefix/grubenv ]; then load_env
fi
set default="0"

if [ ${prev_saved_entry} ]; then
set saved_entry=${prev_saved_entry}
save_env saved_entry set prev_saved_entry= save_env prev_saved_entry set boot_
once=true
fi

function savedefault {
if [ -z ${boot_once} ]; then saved_entry=${chosen} save_env saved_entry
fi
}
#
set root='(hd0,5)'
search --no-floppy --fs-uuid --set b12b104e-78de-412c-8a15-71888f48b11f if loadfont
/usr/share/grub/unicode.pf2 ; then
set gfxmode=640x480
insmod gfxterm insmod vbe
if terminal_output gfxterm ; then true ; else
# For backward compatibility with versions of terminal.mod that don't
# understand terminal_output
terminal gfxterm fi
fi
insmod ext2
set root='(hd0,5)'
search --no-floppy --fs-uuid --set b12b104e-78de-412c-8a15-71888f48b11f set
locale_dir=($root)/boot/grub/locale
set lang=ko
insmod gettext

if [ ${recordfail} = 1 ]; then set timeout=-1
else
set timeout=30
fi

function recordfail {
set recordfail=1
if [ -n ${have_grubenv} ]; then if [ -z ${boot_once} ]; then save_env recordfail; fi; fi
}
insmod ext2
```

```
### END /etc/grub.d/00_header ###

### BEGIN /etc/grub.d/05_debian_theme ###
set menu_color_normal=white/black
set menu_color_highlight=black/light-gray
### END /etc/grub.d/05_debian_theme ###

### BEGIN /etc/grub.d/10_linux ###
menuentry 'Ubuntu, 그리고 Linux 2.6.32-22-generic' --class ubuntu --class gnu-linux-
-class gnu --class os {
recordfail
insmod ext2
set root='(hd0,5)'
search --no-floppy --fs-uuid --set b12b104e-78de-412c-8a15-71888f48b11f
linux     /boot/vmlinuz-2.6.32-22-generic root=UUID=b12b104e-78de-412c-8a15-
71888f48b11f ro quiet splash
initrd  /boot/initrd.img-2.6.32-22-generic
}

menuentry 'Ubuntu, 그리고 Linux 2.6.32-22-generic (복구 모드)' --class ubuntu
--classgnu-linux --class gnu --class os {
recordfail
insmod ext2
set root='(hd0,5)'
search --no-floppy --fs-uuid --set b12b104e-78de-412c-8a15-71888f48b11f echo
'Linux 2.6.32-22-generic을 불러옵니다 ...'
linux     /boot/vmlinuz-2.6.32-22-generic root=UUID=b12b104e-78de-412c-8a15-
71888f48b11f ro single
echo '가상 램디스크를 불러옵니다.'
initrd  /boot/initrd.img-2.6.32-22-generic
}
### END /etc/grub.d/10_linux ###

### BEGIN /etc/grub.d/20_memtest86+ ###
menuentry "Memory test (memtest86+)" {

insmod ext2
set root='(hd0,5)'
search --no-floppy --fs-uuid --set b12b104e-78de-412c-8a15-71888f48b11f linux16   /
boot/memtest86+.bin
}
menuentry "Memory test (memtest86+, serial console 115200)" {
insmod ext2
set root='(hd0,5)'
search --no-floppy --fs-uuid --set b12b104e-78de-412c-8a15-71888f48b11f linux16   /
boot/memtest86+.bin console=ttyS0,115200n8
}
### END /etc/grub.d/20_memtest86+ ###

### BEGIN /etc/grub.d/30_os-prober ###
```

```
menuentry "Microsoft Windows XP Professional (on /dev/sda1)" {
insmod ntfs
set root='(hd0,1)'
search --no-floppy --fs-uuid --set f0a01b10a01add42 drivemap -s (hd0) ${root}
chainloader +1
}
### END /etc/grub.d/30_os-prober ###

### BEGIN /etc/grub.d/40_custom ###
# This file provides an easy way to add custom menu entries. Simply type the

# menu entries you want to add after this comment. Be careful not to change
# the 'exec tail' line above.
### END /etc/grub.d/40_custom ###
```

GRUB를 수정하였다면 이를 적용하기 위한 명령어 '# update-grub'와 '# grub-mkconfig'를 실행해야 한다. 이는 GRUB 2.0으로 진행하면서 시스템 안정을 강화하기 위한 조치로 보인다. 자, 이제 사용을 위한 준비는 모두 끝났다. 리눅스 명령어들은 "4부 리눅스 명령어" 편에서 살펴보자.

5.9 사용자 추가하기

설치 과정에서 만들어진 사용자 이외에 다른 사용자 계정을 추가해보자.

런처에서 [시스템 설정] -> [사용자 계정]을 선택한다.

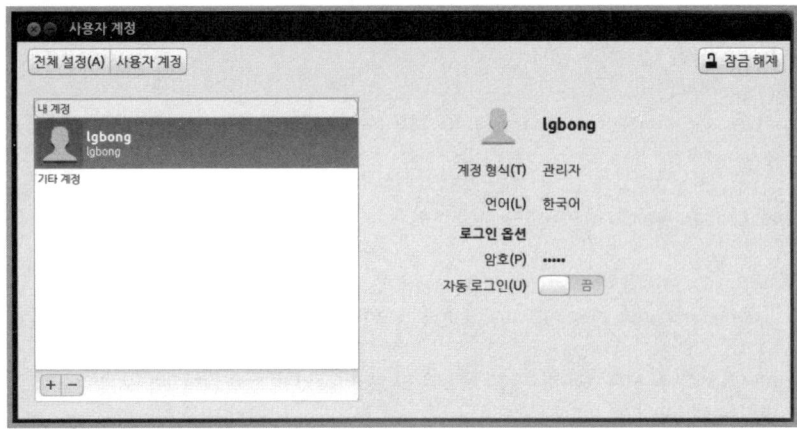

오른쪽 위에 보이는 [잠금 해제] 버튼을 클릭하고 '인증' 창에서 현재 사용자의 비밀번호를 입력하고 [인증] 버튼을 클릭한다. 이제 사용자 계정 창의 왼쪽 아래에 보이는 + 버튼을 클릭한다. 계정을 추가한다는 의미이다.

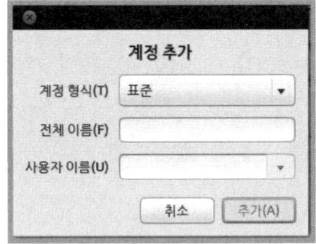

사용할 계정 이름을 입력하고 [추가(A)] 버튼을 클릭한다. 계정의 종류는 표준과 관리자 두 가지를 제공하고 있다.

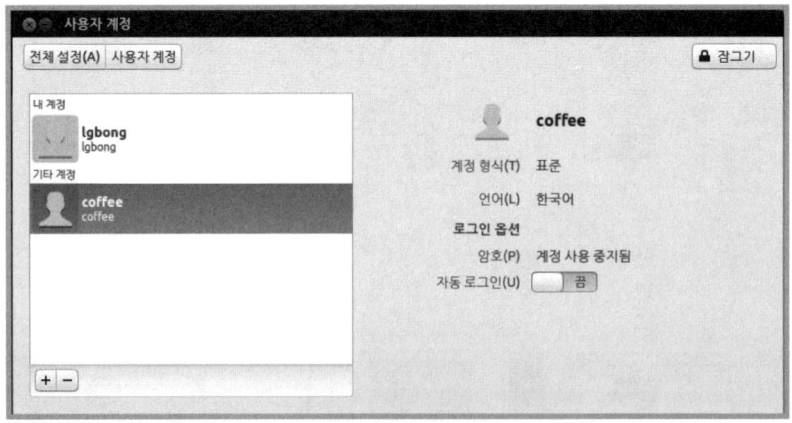

암호는 계정을 선택하였을 때 나타나는 "계정 사용 중지됨"을 클릭하여 설정한다. 이때 암호는 6자리 이상의 충분히 긴 암호를 사용하여야 한다. 나중에 슈퍼바이저 계정을 사용하여 짧은 길이의 암호로 바꾸더라도 여기서는 짧은 길이의 암호 설정은 불가능하다. 암호를 입력하고 [바꾸기] 버튼을 클릭한다. 데이터 변경에 대한 인증을 요청하면 현재 사용자의 비밀번호를 입력한다.

계정이 추가되고 사용이 가능한 것을 다음 화면에서 확인할 수 있다. 화면을 닫고 메뉴바의 계정을 클릭해보면 새로 만들어진 계정이 보인다. 새로 만든 계정을 클릭하면 바로 로그인을 하여 사용해 볼 수 있다.

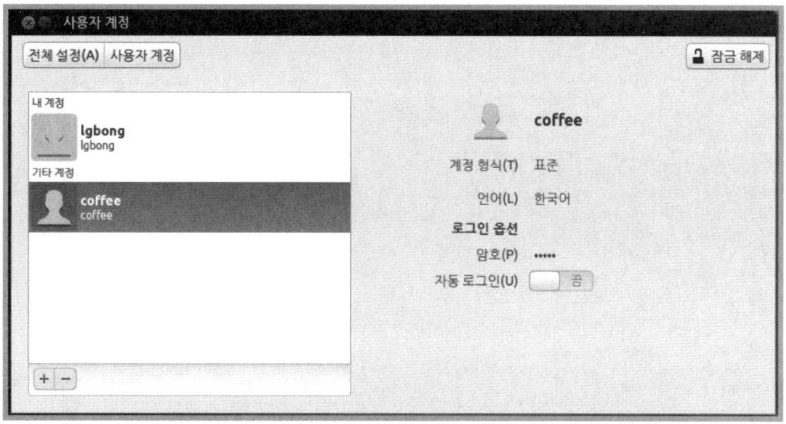

로그아웃을 하면 새로운 계정으로 로그인할 수 있도록 등록한 사용자 계정이 보인다.

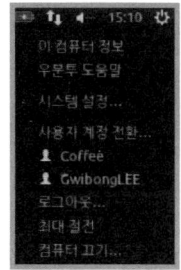

5.10 통합 메신저 설치하기

Ubuntu 13.04부터는 메신저 사용에 변화가 많이 생겼다. 기존의 'pidgin(피진)' 통합 메신저 프로그램에서 지원하던 MSN은 역사의 뒤안길로 사라졌고, 네이트온은 독자 노선을 선언했다. 이제는 SNS를 지원하는 '엠퍼시(empathy)'가 떠오르고 있다.

통합 메신저 프로그램인 피진은 이제 국내 서비스는 거의 없지만 외국 서비스는 아직도 건재하여 그 설치 방법 및 계정 등록 후 사용 방법 등을 남겨 두고자 한다.

(1) 통합 메신저 피진 설치하기

먼저 터미널 창을 실행하여 '피진(pidgin)' 패키지를 설치한다.

```
lgbong@coffee-desktop:~$ sudo apt-get install pidgin-nateon
```

명령어를 입력하면 "계속 하시겠습니까[Y/n]?"라는 질문에 [Y]를 입력하고, 기다리면 설치가 완료된다.

```
lgbong@Coffee-Virtual: ~
lgbong@coffee-desktop:~$ sudo apt-get install pidgin-nateon
[sudo] password for lgbong:
패키지 목록을 읽는 중입니다... 완료
의존성 트리를 만드는 중입니다
상태 정보를 읽는 중입니다... 완료
다음 패키지를 더 설치할 것입니다:
  libgtkspell0 libxss1 pidgin pidgin-data pidgin-libnotify
제안하는 패키지:
  gnome-panel kdebase-workspace-bin docker
다음 새 패키지를 설치할 것입니다:
  libgtkspell0 libxss1 pidgin pidgin-data pidgin-libnotify pidgin-nateon
0개 업그레이드, 6개 새로 설치, 0개 제거 및 90개 업그레이드 안 함.
1,591 k바이트 아카이브를 받아야 합니다.
이 작업 후 6,354 k바이트의 디스크 공간을 더 사용하게 됩니다.
계속 하시겠습니까 [Y/n]? Y
받기:1 http://kr.archive.ubuntu.com/ubuntu/ raring/main libxss1 amd64 1:1.2.2-1
[8,582 B]
받기:2 http://kr.archive.ubuntu.com/ubuntu/ raring/main libgtkspell0 amd64 2.0.1
6-1ubuntu6 [13.4 kB]
받기:3 http://kr.archive.ubuntu.com/ubuntu/ raring/main pidgin-data all 1:2.10.7
-0ubuntu4.1 [998 kB]
받기:4 http://kr.archive.ubuntu.com/ubuntu/ raring/main pidgin amd64 1:2.10.7-0u
buntu4.1 [493 kB]
받기:5 http://kr.archive.ubuntu.com/ubuntu/ raring/main pidgin-libnotify amd64 0
.14-9ubuntu1 [17.5 kB]
받기:6 http://kr.archive.ubuntu.com/ubuntu/ raring/universe pidgin-nateon amd64
0.0.0.svn147-1 [61.4 kB]
내려받기 1,591 k바이트, 소요시간 58초 (27.1 k바이트/초)
Selecting previously unselected package libxss1:amd64.
(데이터베이스 읽는중 ...현재 194533개의 파일과 디렉터리가 설치되어 있습니다.)
libxss1:amd64 패키지를 푸는 중입니다 (.../libxss1_1%3a1.2.2-1_amd64.deb에서) ...
Selecting previously unselected package libgtkspell0.
libgtkspell0 패키지를 푸는 중입니다 (.../libgtkspell0_2.0.16-1ubuntu6_amd64.deb
에서) ...
Selecting previously unselected package pidgin-data.
```

이제 런처에서 [대시 홈]을 선택하여 설치된 프로그램을 검색하면 '피진 인터넷 메신저'를 확인할 수 있다.

'피진 인터넷 메신저' 클릭하여 실행하여 보자.

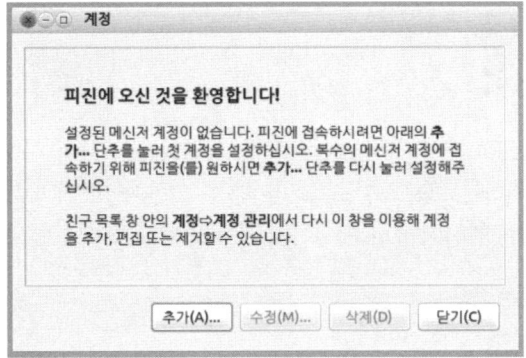

첫 번째로 만나는 환영 메시지로 계정을 추가하여야 사용할 수 있음을 확인할 수 있다.
[추가] 버튼을 클릭하면 계정을 추가할 수 있는 화면이 나온다.

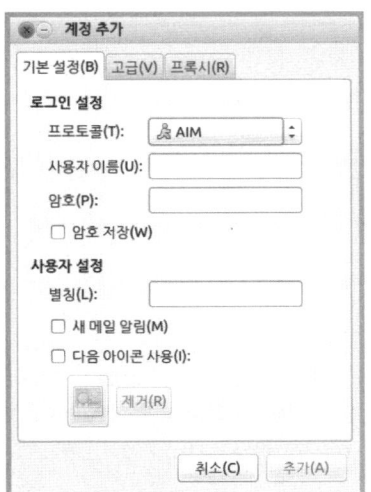

제일 먼저 보이는 프로토콜은 'AIM'이다. 우리나라에서는 사용자가 적지만 미국을 비롯
한 외국에서는 상당한 영향력이 있는 메신저 서비스이다.

지원하는 프로토콜을 살펴보면 AOL에서 지원하는 AIM을 제외하고는 딱히 사용할만한 프로토콜이 보이지 않는다. 지원하는 프로토콜로서 반가운 아이콘이 MSN과 네이트온 (NateOn)이다. 그러나 더는 '피진 메신저'에서 지원하지 않는 프로토콜이므로 사용할 수 없다.

영어권을 꺼리는 우리나라 독자를 위해서 필자는 야후를 사용하여 계정을 사용하는 방법을 제시하였다. 모든 프로토콜을 사용하는 계정이 이와 유사하므로 참고하여 사용하면 큰 무리가 없을 것이다. 야후 역시 우리나라에서는 직접적인 서비스를 철수했지만, 영어권을 비롯한 외국에서는 아직 야후 서비스를 하고 있으며 필자가 야후 계정을 사용하고 있어서 예로 제시한 것이다.

프로토콜을 "Yahoo"로 선택한 다음 바로 아래 "사용자 이름(U):" 칸에 야후 아이디를 입력한다. 먼저 회원가입이 되어 있어야 사용할 수 있다. 회원 가입은 "http://www. yahoo.com"이다. 다음으로, "암호(P):" 칸에 비밀번호를 입력하고, "별칭(L):" 칸에는 메신저에서 사용할 닉네임을 입력한다. 새로운 메일의 알림이나 아이콘 사용을 선택하고

[추가] 버튼을 클릭하는 것으로 계정 등록은 완료된다.

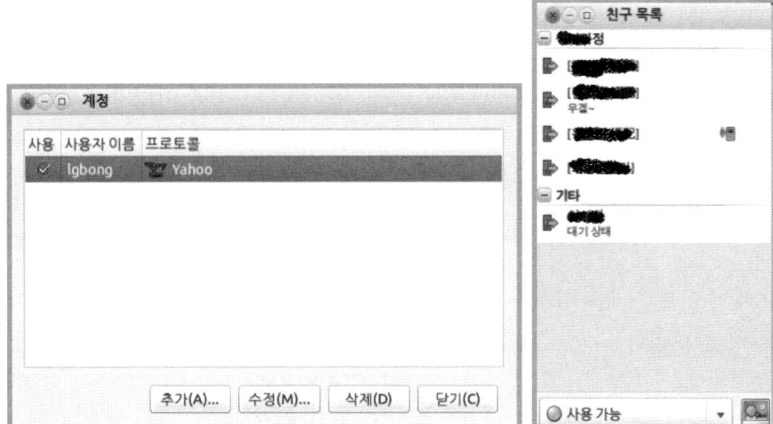

"계정" 창에 야후 목록이 나타나고 "친구 목록" 창에는 야후에 등록된 친구들이 바로 연결되어 나타난다.

사용하는 방법은 일반 메신저와 같다. 로그인된 상대를 더블클릭하면 대화 창이 나타나고 대화 창 아래쪽에 글을 입력하면 대화가 시작된다.

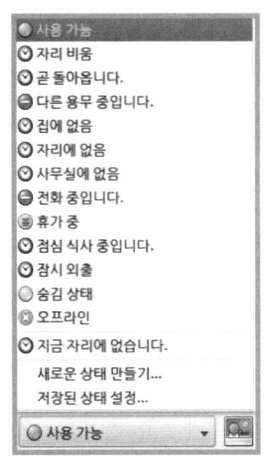

실시간으로 대화를 나눌 수 있고 사용자의 현재 상태를 변경할 수도 있다. 아래쪽의 [사용 가능] 버튼을 클릭하면 현재의 내 상태를 변경하는 목록이 나타난다. 기존의 목록이 마땅하지 않다면 새로운 상태를 만들어서 사용할 수 있으니 필요한 독자들은 만들어서 사용해보기 바란다.

만약에 계정 창을 닫았다면 피진 메뉴에서 [계정]->[계정 관리]를 선택하거나 단축키로 Ctrl+A 를 입력하면 등록된 계정을 수정하거나 새로운 계정을 추가할 수 있다.

(2) 네이트온 메신저

네이트온은 자체적으로 제작한 리눅스용 메신저를 보급하면서 피진을 통한 네이트온 서비스를 중단하였다. 그러나 리눅스용 네이트온은 네이트온에서 자체적으로 개발하는 것이 아니라 kldp.net의 개발자들에게 의존하여 개발하고 서비스하였다. 그나마 2011년 12월 28일 이후로 버전 업이 진행되고 있지 않으며 저장소 서비스도 중단되어 apt-get으로는 설치가 불가능하다. 현재는 오류와 문제점을 수정하지 못한 패키지를 파일 형태로 게시판에 제공하고 있다.

네이트온에서 안드로이드 버전과 웹 버전에만 신경을 쓰고 리눅서들을 외면하고 있는 현실이 안타까울 뿐이다.

각종 오류와 중지, 오동작 등의 어려움을 견디면서 사용해 보고 싶은 독자는 "http://kldp.net/projects/nateon/download/note/3441"로 접속하여 우분투에서 설치할 수 있는 설치 패키지를 다운로드할 수 있다. 여기서 제공하는 파일 형식은 ".deb" 파일 형식으로 데비안 설치 파일 형식이다. 지원하는 우분투는 11.10까지이다. 11.10 버전을 기준으로 살펴보면 32비트와 64비트용을 따로 제공하고 있으므로 잘 살펴보고 다운로드해야 한다. 이 또한 13.04부터는 제공하는 파일을 수정하지 않고는 사용할 수 없다.

참고로 ".deb" 파일은 데비안 형식의 설치 프로그램으로 "dpkg -i *filename*.deb" 형식의 명령으로 설치하여야 한다. 그러나 네이트에서 제공되는 파일은 13.04에서 데비안 형식에 맞지 않는다는 오류 메시지를 보내올 뿐이다. 이를 편집기로 13.04에서 설치할 수 있도록 수정해야 하는데 수정 방법은 개발자가 직접 수정해야 하고, 일반 사용자가 수정하기에는 많은 어려움이 있다. 사용하지 않는 것이 정신 건강에 이롭다.

(3) MSN 메신저

피진 통합 메신지를 통해서 더는 지원하지 않는다. 우분투 런처의 [우분투 소프트웨어 센터]에서 "aMSN" 등을 검색하여 설치할 수 있지만, 정상적으로 서비스를 받을 수 없다. 현재 MSN(http://www.msn.com)은 메신저 회원을 위한 서비스는 중단하고 뉴스 포털로 서비스 중이다.

(4) 엠퍼시(Empathy) 메신저

엠퍼시는 떠오르는 SNS를 지원하기 위하여 우분투에서 제공하는 SNS용 메신저라고 할 수 있다. 엠퍼시는 케노니컬에서 2014년 1월 초까지 공식적인 중요 업데이트를 제공한다고 한다. 이후 서드 파티(third party) 프로그램으로 다루어질 듯하다.

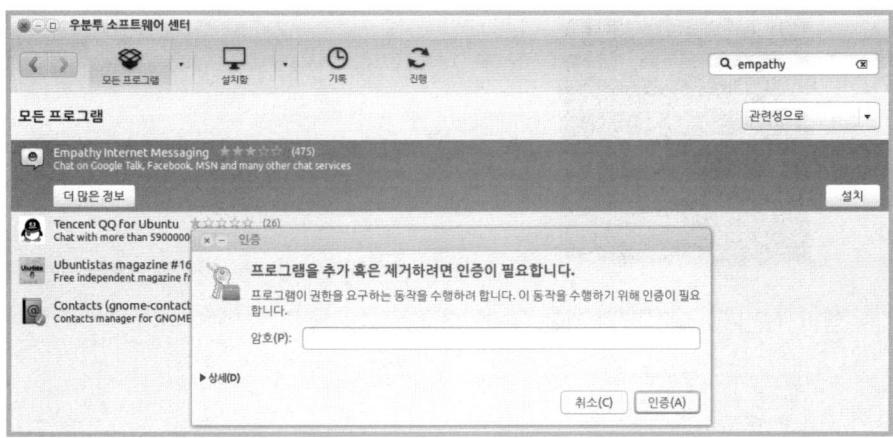

런처에서 [우분투 소프트웨어 센터]를 선택하여 검색어 입력 칸에 한글로 엠퍼시를 입력하거나 영문으로 "empathy"를 입력하고 엔터 키를 눌러 검색한다. 첫 번째로 나오는 "Empathy Internet Messaging(엠퍼시 인터넷 메세징)"의 [설치] 버튼을 클릭한다. 설치 권한을 요구하는 창에 사용자의 비밀번호를 입력하고 설치가 진행되는 것을 기다린다.

설치가 진행되는 과정이다.

설치 완료 후에 [설치] 버튼은 [제거] 버튼으로 바뀐다.

런처의 [대시 홈]에서 'empathy(엠퍼시)'를 찾아서 실행한다. 클릭 한 번으로 바로 실행된다.

'엠퍼시 인터넷 메신저'의 기본 화면이다.

실제 기본 화면은 위 그림보다 길게 나온다. 필자가 의도적으로 길이를 줄여서 만든 화면이다.

계정을 등록하고자 한다면 [F4] 키를 누르면 된다. 이는 우분투 메인 상단의 메뉴 바에 서 [엠퍼시]→[계정] 메뉴를 선택해서도 볼 수 있다.

페이스북(facebook), 플릭커(Flickr), 구글(Google), 트위터(Twitter), 에아이엠(AIM), 윈도우즈라이브(Windows Live), 살루트(Salut), 제버(Jabber), 야후(Yahoo) 등의 서비스를 받을 수 있다. 물론 서비스를 받기 위해서는 해당 웹페이지에서 회원 가입을 해야 한다.

예로 페이스북을 연결하기 위해 오른쪽의 프로그램 목록에서 [Facebook]을 클릭하여 설정한다. 자신의 페이스북 계정 정보로 이메일 주소와 비밀번호를 입력하고 [로그인] 버튼을 클릭한다.

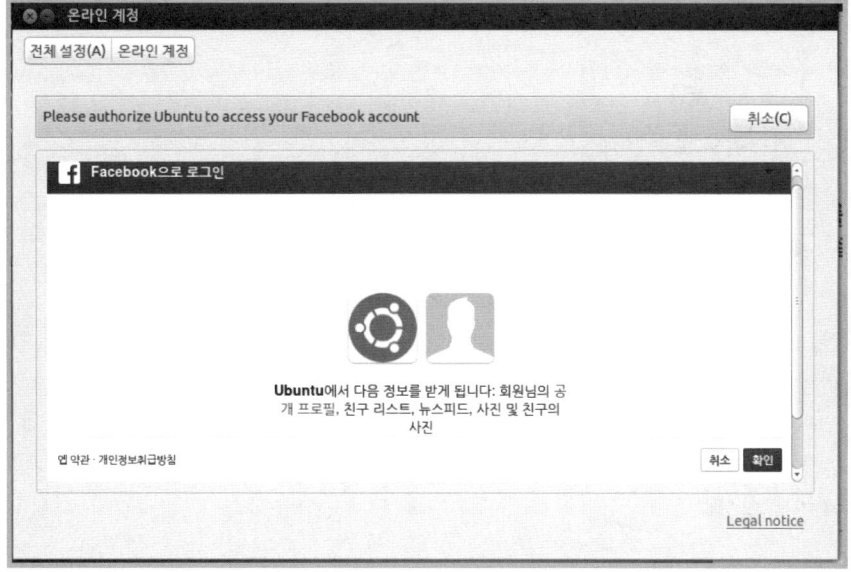

우분투와 페이스북 사이에 정보를 주고 받기 위한 과정이 진행된다. [확인] 버튼을 클릭하여 진행한다.

페이스북 계정이 추가된 결과를 확인한다.

엠퍼시에서 페이스북 계정에 대한 설정이 완료되었다. 그러나 우분투와 페이스북과의 연결에 대한 설정이 완전하게 마무리된 것은 아니다.

필자가 테스트하여 본 결과 페이스북(facebook)은 인증처리 문제가 아직 미해결로 남아있다. 엠퍼시에서 페이스북을 연동하여 서비스를 받기 위해서는 인증 절차를 거쳐야 한다. 연락처 목록 창을 보면 확인할 수 있다.

Ubuntu와 페이스북 연동을 위한 인증 정보가 이메일로 전송되어 온다. 이때 인증 정보를 수신하는 메일로 "아이디@facebook.com"만 유효하다. 페이스북 메일을 받을 방법이 없다. Ubuntu 개발자 페이지에서도 이 문제는 아직 미해결로 남아 있는 듯하다. 페이스북이 연결되다가 끊어지고 한다는 등의 애로사항에 대하여 해결책이 없다는 글만 게시되어 있을 뿐이다.

필자는 이 문제를 "그위버(Gwibber)"를 설치함으로써 해결하였다. 즉 페이스북의 정보를 "그위버(Gwibber)"로 받아보는 것이다.

'구글톡(Google Talk)'이나 다른 메신저를 사용하고자 한다면 먼저 회원가입을 하여 아이디와 비밀번호를 설정한 다음 엠퍼시에 등록하면 된다. "Gwibber"를 설치하였다면 온라인 계정 창의 오른쪽 아래에 "Friends"라는 항목이 나타나고 이를 사용할 수 있도록 보일 것이다.

필자가 대화 상대를 검색하여 추가하여 사용하고 있는 엠퍼시 화면이다.

(5) 그위버(Gwibber) 소셜 클라이언트

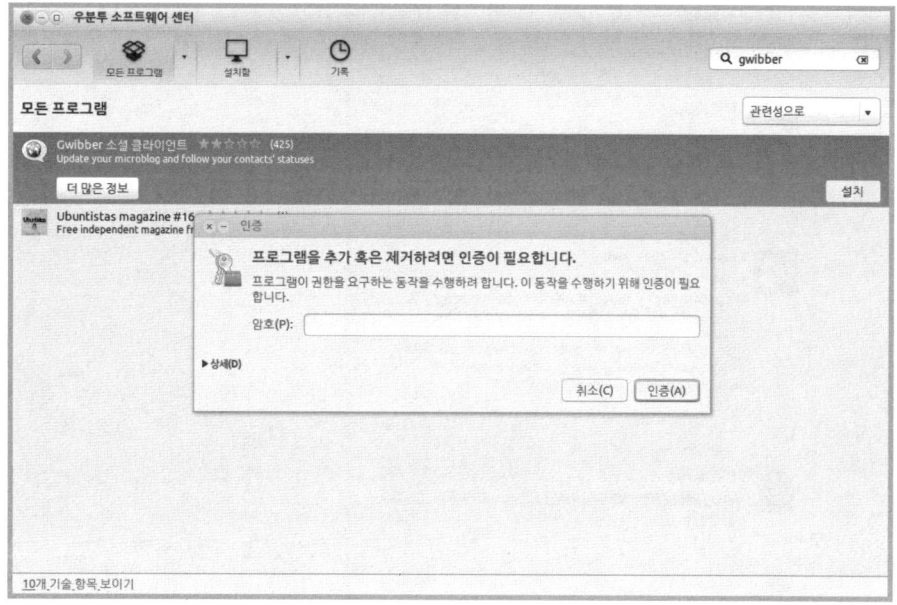

우분투 소프트웨어 센터를 이용하여 "gwibber(그위버)"를 검색하여 설치한다. 설치를 위하여 설치 권한에 대한 암호를 입력하고 [인증] 버튼을 클릭하면 설치가 시작된다.

설치가 완료되었으면, 런처의 [대시 홈]에서 "gwibber"를 찾아서 실행한다.

엠퍼시를 설정하면서 페이스북과 트위터를 연동하도록 설정하였으므로 "gwibber"는 실행과 동시에 사용자 계정의 정보들을 실시간 업데이트한다. 화면의 변화가 없다면 오른쪽 아래의 [Refresh] 링크 버튼을 클릭해 보면 새로운 소식으로 갱신될 것이다.

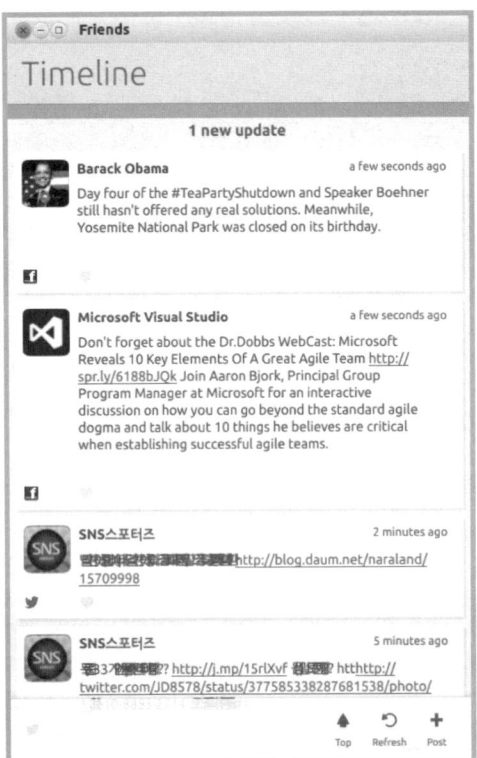

[Post] 링크 버튼은 본인이 정보를 보고 싶은 서비스를 선택할 수 있고, 메시지를 포스팅할 수 있다. 트위터의 소식이 너무 많아서 보지 않겠다고 체크를 해제하였다. 적용되었는

지 확인해보기 위하여 좌측 하단의 [Back] 링크 버튼을 클릭하여 확인하기 바란다.

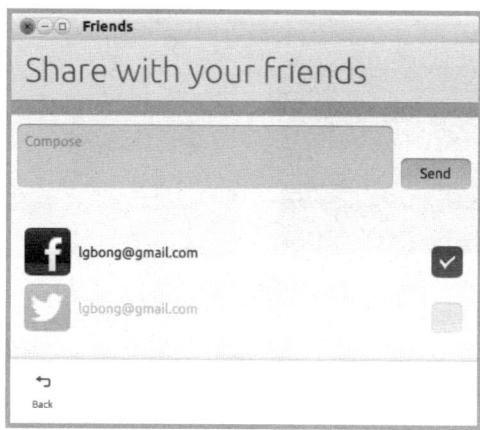

"Gwibber"를 설치하고 엠퍼시의 온라인 계정 창을 열어보면 페이스북 계정에 통합되는 프로그램으로 "Gwibber(Friends)" 메신저가 설치되었고 연결되어 있음을 알 수 있다. 연결하지 않겠다면 우측의 [끔] 버튼을 클릭하여 "끔"으로 전환하면 된다.

5.11 OpenGL Dock 설치하기

Apple의 Mac OSX를 해킹하여 사용하는 "해킨토시"라고 있다. 필자가 처음 접한 해킨토시는 "Mac"을 사용할 수 있다는 기대감에 설치하고 탐험하면서 "Mac"이 "유닉스/ 리눅스"를 기반으로 하여 디자인과 운영의 아이디어를 추가한 것이라는 결론을 얻었다. 그렇다면 리눅스에서 GUI를 사용하는 해킨토시 "Dock"의 화려한 기능을 사용할 수는 없을까 하여 찾아보기 시작하였다.

우선 제일 먼저 찾는 곳이 "대시 홈"에서 "Dock"에 관련된 패키지 검색이다. "GLX-Dock(Cairo-Dock with OpenGL)"이 보인다.

우선 이를 설치하여 사용하기로 결정하고 아이콘을 클릭한다. 간단한 갈무리 화면이 보이는데, '바로 이런 것이다.'라는 느낌에 결정하였다. 또 다른 설치 방법은 런처의 "우분투 소프트웨어 센터" 아이콘을 클릭하여 프로그램을 검색하여 설치하는 방법이다.

[무료 다운로드]를 클릭하면 "설치를 기다리는 중"이라는 런처 아이콘이 나타난다.

다운로드가 완료되면 '카이로독'의 아이콘이 설치 가능한 형태로 바뀐다.

아이콘을 클릭하여 설치를 진행한다.

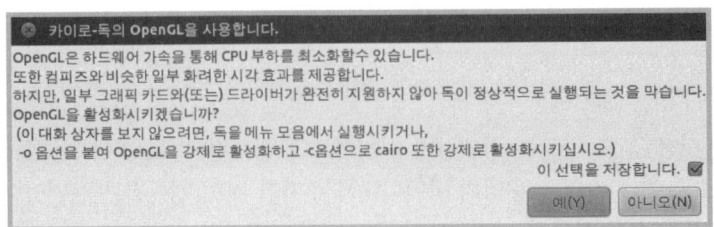

바로 설치가 진행된다. 이런 설치 방법은 AppStore에서 경험하는 설치 방법과 유사하다.

최초에 실행할 경우 만나는 화면이다. "이 선택을 저장합니다." 오른쪽의 체크박스를 선택하고 [예(Y)] 버튼을 클릭한다.

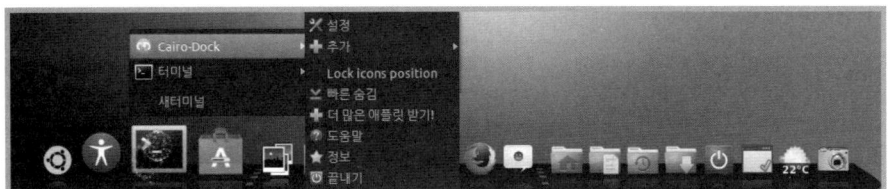

"GLX-Dock"의 패널에서 마우스 우측 버튼을 클릭하면 팝업 메뉴가 나온다. 여기서 [Cairo-Dock]->[설정]을 선택하여 설정으로 들어간다.

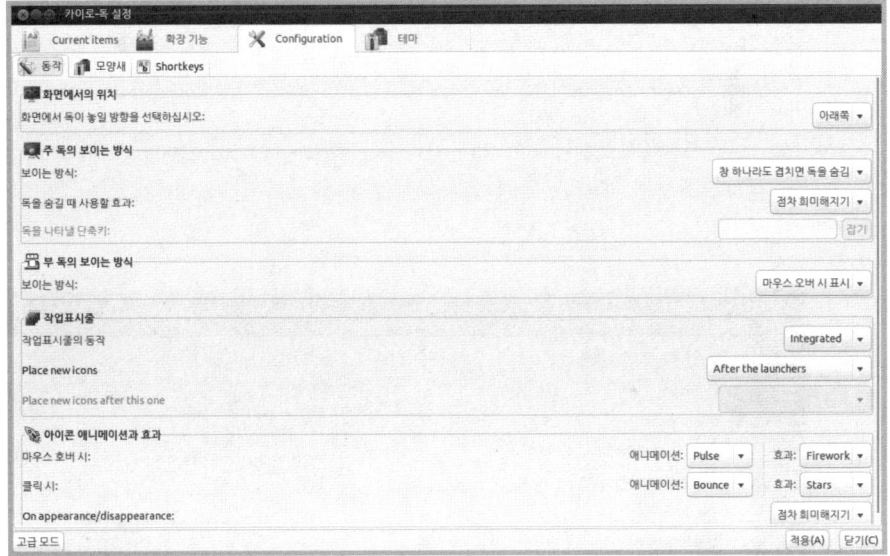

[동작] 탭의 기본설정이 위 화면과 같지 않다면 화면과 같이 맞추어 준다.

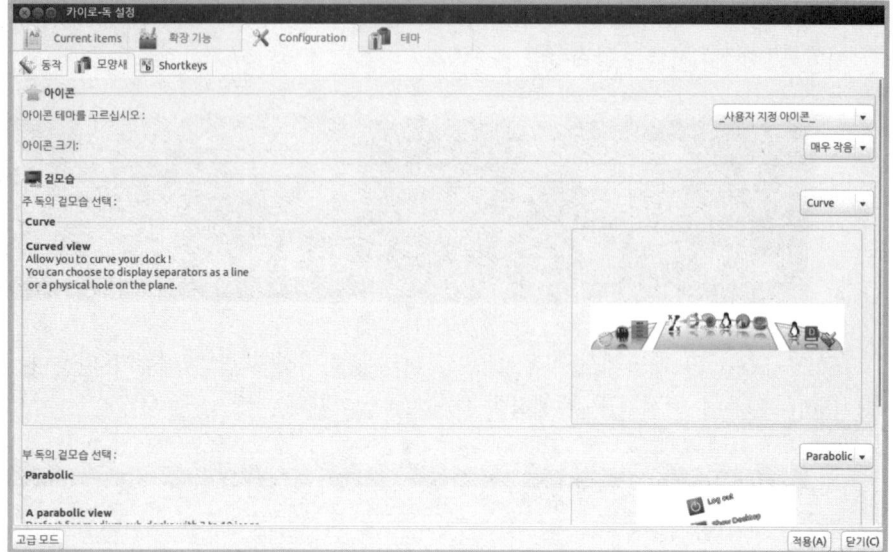

[모양새] 탭에서 "아이콘 크기"를 "매우 작음"으로 선택하고, "겉모습" 항목에서 "주 독의 겉모습 선택:"에서는 "Curve"를 선택하고, "부 독의 겉모습 선택:"에서는 "Parabolic"을 선택해 보자.

[확장 기능] 탭에서 사용자 취향에 따라 몇 가지를 추가로 선택하여 준다. 필자는 시계 (clock), 날씨(weather), 카이로-펭귄(Cairo-Penguin) 등을 선택하였다.

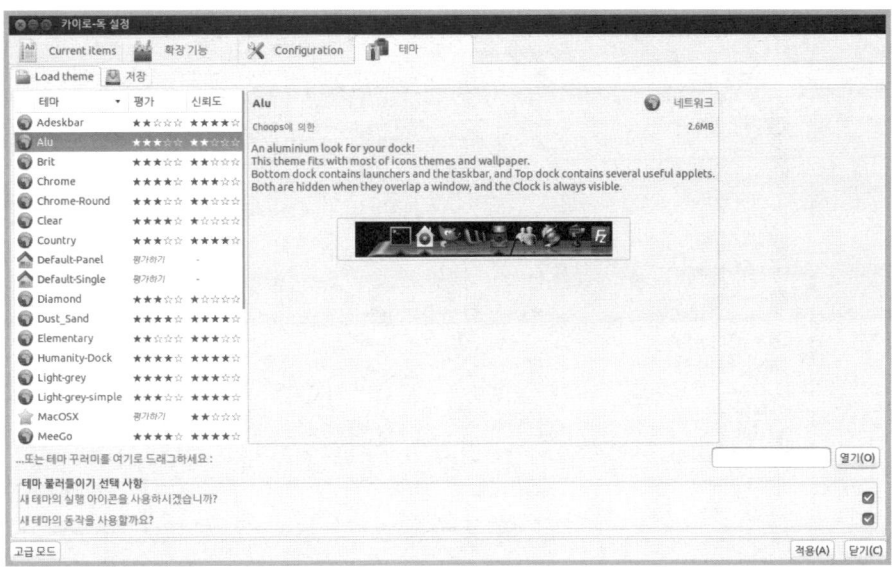

[테마] 탭을 클릭하여 좌측 테마 선택 창에서 취향에 맞는 테마를 고른다. 참고로 필자는 두 번째 항목인 "Alu"를 선택하였다. [적용] 버튼을 클릭하고 이어서 [닫기] 버튼을 클릭하여 설정을 종료한다.

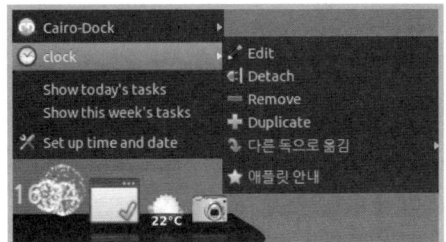

시계 표시를 디지털 표시에서 아날로그로 바꾸기 위해 시계 위에서 마우스 오른쪽 버튼을 클릭하여 나타나는 메뉴에서 [clock]→[Edit]를 선택하고, [Configuration] 탭에서 "Style" 항목을 "Digital"에서 "Analogue"로 변경한다.

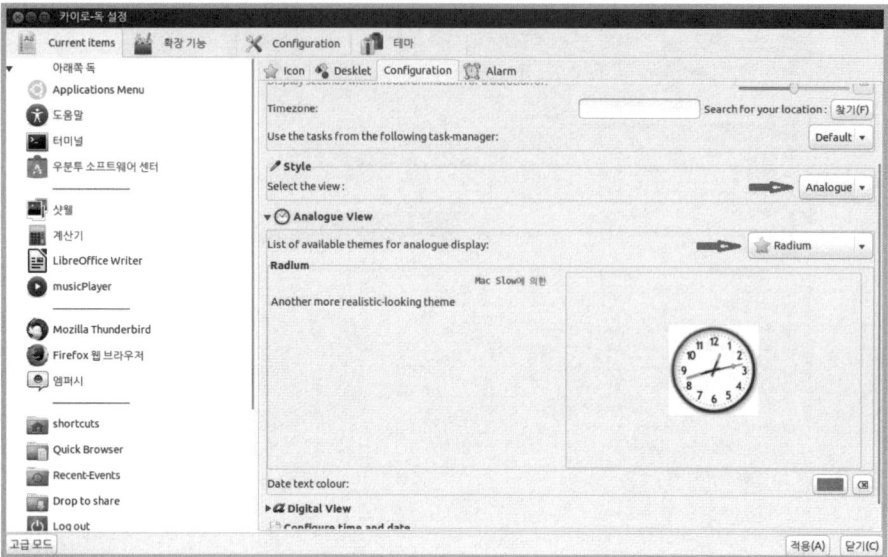

"Analogue View" 항목을 확장하여 아날로그 시계의 모양을 결정하는 테마를 선택한다. 필자는 시계 테마로 "Radium"을 선택하였다.

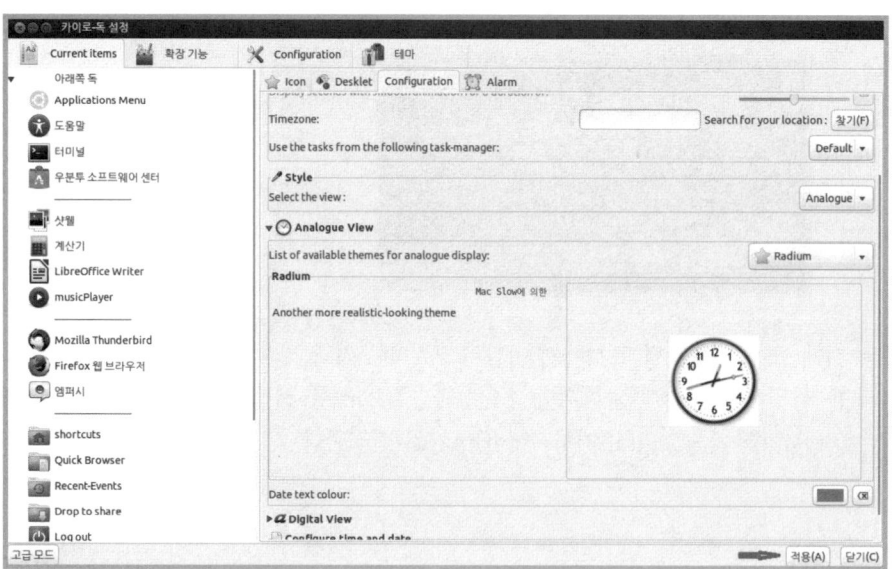

[Desklet] 탭의 "Decorations"에서 "None"을 선택하여 외부 장식을 제거하고 [적용(A)] 버튼과 [닫기(C)] 버튼을 클릭한다.

시계 애플릿을 클릭하여 바탕화면으로 드래그&드롭(이동하여 놓기)을 한다. 시계 좌측 중간의 상하 버튼을 드래그하면 시계를 앞뒤로 회전할 수 있고, 좌측 상단의 휘어진 화살표는 평면 회전을 설정할 수 있으며 상단 중앙의 화살표는 좌우 회전을 설정할 수 있다.

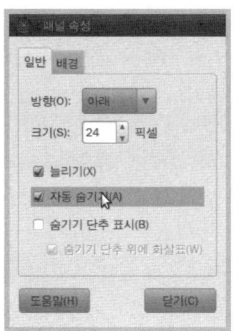

Ubuntu 화면의 하단 패널을 자동 숨김으로 처리하는 것이 보다 깔끔하다.

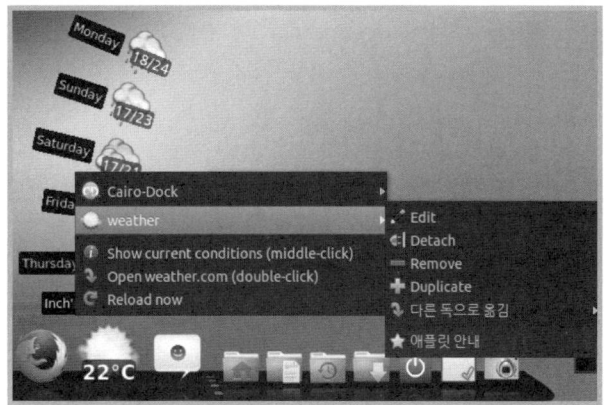

날씨 애플릿에서 마우스 우측 버튼을 클릭하여 [weather]—>[Edit]를 선택하여 날씨를 나타낼 지역 정보를 수정한다.

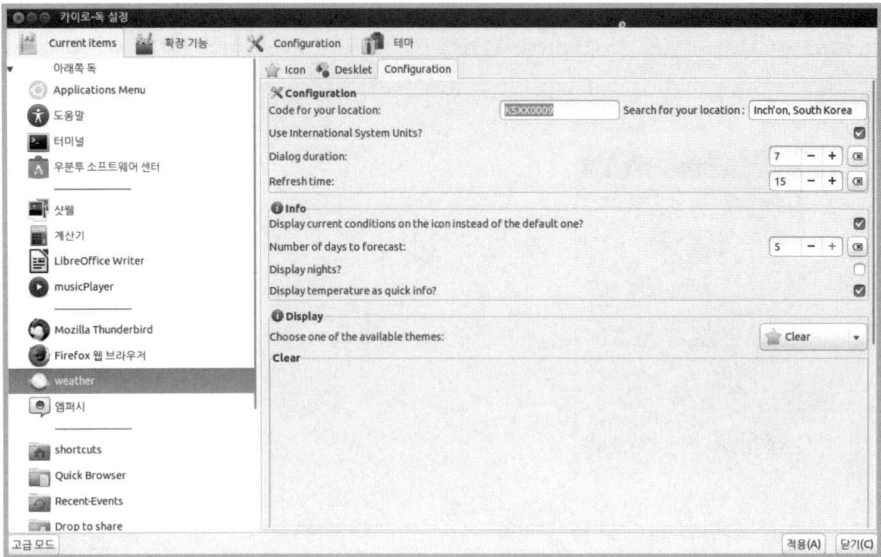

[Configuration] 탭에서 "Search for your location" 우측의 박스에 "Seoul, Korea"를
입력하면 서울 지역의 코드가 나온다. 표시되는 서울 지역 코드를 클릭하면 "Code for
your location" 항목에 자동으로 입력된다.

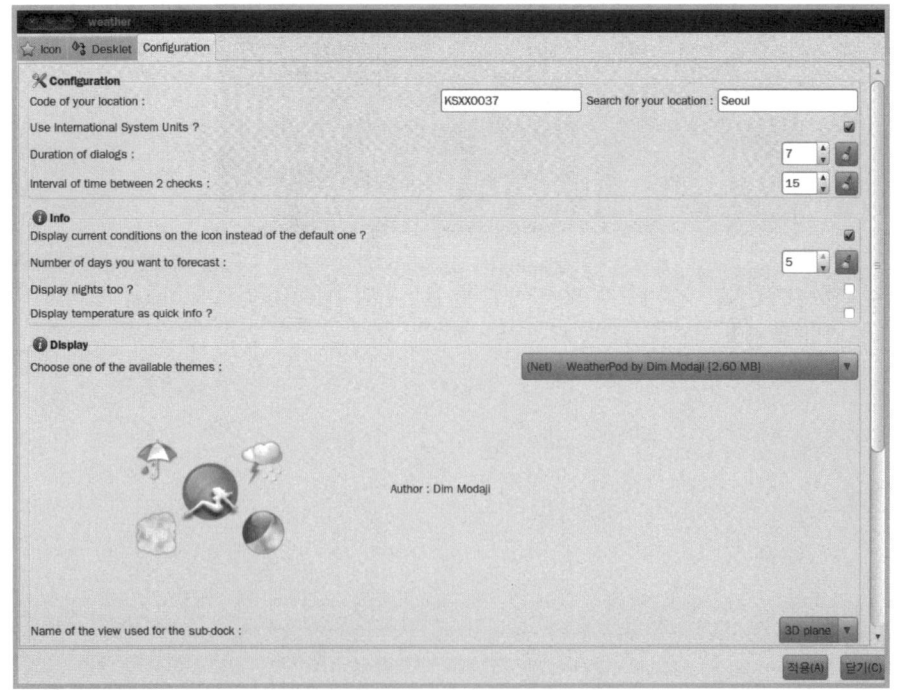

[적용(A)] 버튼과 [닫기(C)] 버튼을 차례로 클릭하여 지역 설정을 마무리한다.

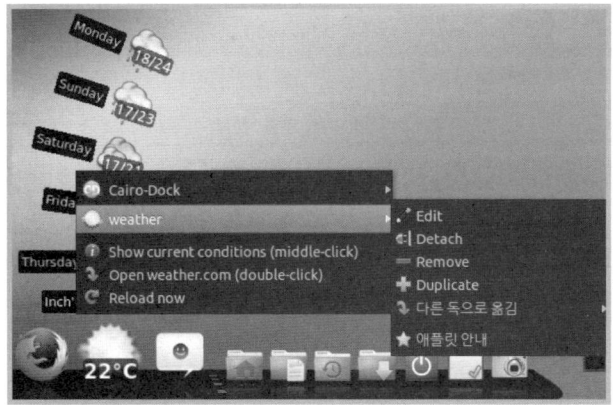

지역 코드를 적용하여 마우스 포인트가 올라갈 때마다 주간 날씨 정보를 확인 할 수 있다.

배경화면을 "Mac"의 "Snow leopard"로 "Google 이미지 검색"을 이용해서 찾아 바꿔주고 "GLX-Dock(Cairo-Dock with OpenGL)"를 실행한다. Ubuntu를 탐색하는 것이 즐거운 생활이 될 것이고, 눈이 즐거움으로 인하여 지루하지 않을 것이다. "GLX-Dock"에서 아무 항목이나 하나를 잡고 우측 버튼을 클릭하면 [Cairo-Dock]->[Configure]에서 "Themes"을 선택하면 스타일을 언제든지 변경할 수 있다.

"Dock"에 포함되어 있는 "Rhythmbox(리듬 박스)"를 사용하여 라디오를 들을 수도 있다. 이 리듬 박스는 우분투 13.04에는 기본으로 포함되었다. 따로 설치할 필요가 없지만 만에 하나라도 설치가 되어 있지 않은 독자를 위하여 남겨둔다.

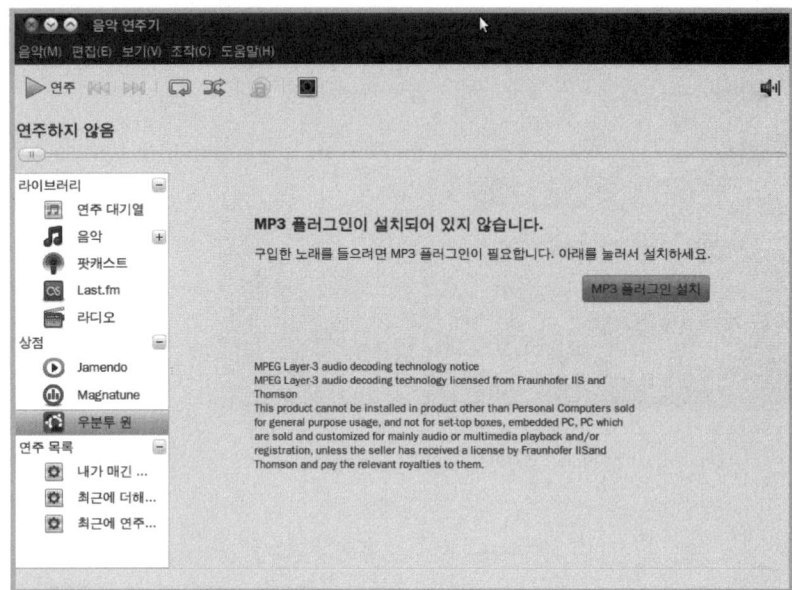

리듬 박스를 처음 실행하면 MP3 플러그인을 설치하여야 한다. [MP3 플러그인 설치] 버튼을 클릭한다. 13.04에서는 MP3 플러그인이 포함되어 설치되어 있다.

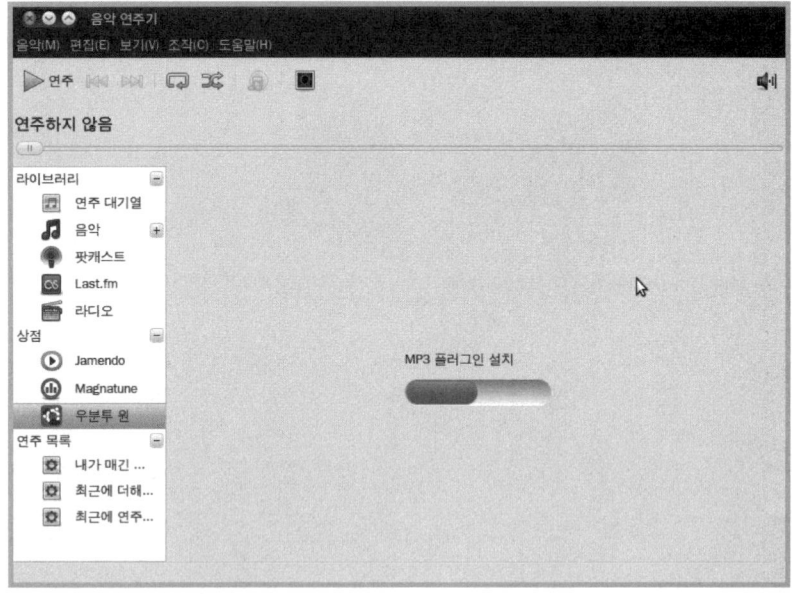

플러그인은 자동으로 설치된다. MP3 플러그인 설치가 완료되면 라이브러리의 "라디오" 항목을 선택한다.

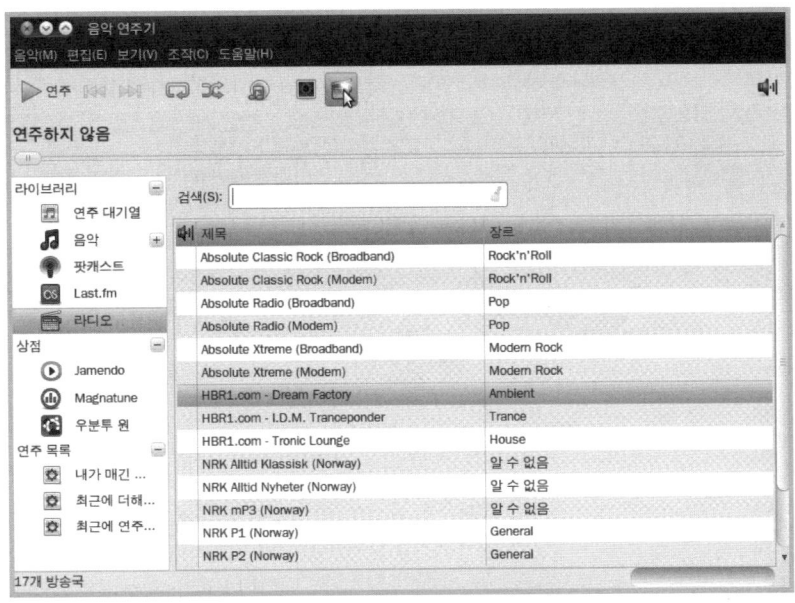

[라디오 방송 추가] 버튼을 클릭한다. 필자는 "경기 방송"을 들으며 작업을 한다.

경기 라디오 방송의 주소는 http://61.78.39.187:8000이다.

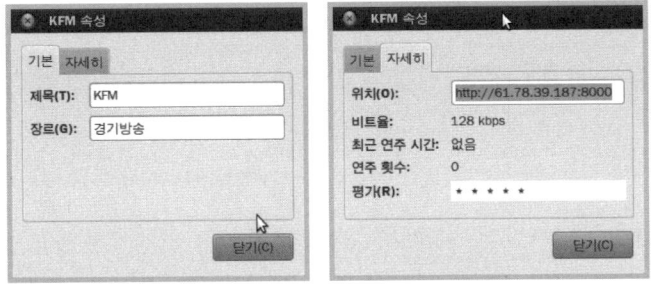

[연주] 버튼을 클릭하면 반가운 한국 아나운서의 부드러운 음성을 만날 수 있다. KBS, MBC, SBS 등의 라디오 방송의 URL을 추가하면 된다.

"mms"로 시작하는 주소는 마이크로소프트 미디어 스트리밍을 지원하는 주소로 마이크로소프트 미디어 스트리밍 패키지를 "우분투 소프트웨어 센터"에서 "mms"라는 키워드를 탐색에 입력하여 찾으면 "mms, wavpack, quicktime, musepack용 GStreamer 플러그인"과 "mms(e.g. mms://) stream downloader"를 볼 수 있다. 이들을 추가하여야 한다. 발품을 많이 팔면 많은 방송 주소를 구할 수 있다.

현재 인기가 많은 국내 인터넷 방송 주소 목록을 추가한다.

방송명	주소
MBC DMB	mms://minimbc.imbc.com/imbcDMB
MBC FM4U (1)	mms://210.221.163.25/encoder-fm
MBC FM4U (2)	mms://minimbc.imbc.com/imbcmfm
MBC 표준 FM	mms://minimbc.imbc.com/imbcsfm
목포 MBC AM	mms://210.221.163.25/encoder-am
MBC FM (대구/95.3㎒)	mms://vod1.dgmbc.com/fmlive
삼척 MBC Live AM	mms://121.189.151.7/sfm
삼척 MBC Live FM	mms://121.189.151.7/mfm
KFM (경기/99.9㎒)	http://61.78.39.187:8000
TBC FM	mms://203.251.80.180/tbc_fm
SBS Love FM	mms://radiolive.sbs.co.kr/lovefm
SBS Power FM	mms://radiolive.sbs.co.kr/powerfm
라디오 21 뮤직플러스	mms://radio21.nefficient.co.kr/golive3
라디오 21	mms://radio21.nefficient.co.kr/golive
블루FM 음악방송 클래식	http://zoo.inlive.co.kr:8080
사랑의 가로등 음악 방송	http://lamp.saycast.com
DMB 파워 스테이션	mms://powerstation32.com/live
미인 캐스트	http://miin.saycast.com
뮤클 캐스트	http://www.mukulcast.com
뮤온 캐스트	http://muoncast.saycast.com
하늘호수 방송국	http://220.73.216.84:8000/
TBS eFM	mms://58.227.116.249/eFM
3040 음악 선물	http://sc14.saycast.com:8328
라디오 서울	http://www.radioseoulkorea.com/live3.asx
팝스 채널	http://eye.inlive.co.kr:4000/
천주교 생활성가 방송국	http://mic.inlive.co.kr:7710/

5.12 컴피즈 사용하기

윈도우즈의 '에어로' 기능을 많이 보았을 것이다. Alt+Tab은 창 변경 기능이고, Window +Tab을 연속으로 누르면 창들이 회전하는 것이다. 이러한 기능을 제공해주는 "컴피즈 (Compiz)"를 설정하기 위해서는 사전에 작업해야 할 것이 있다. 예전에 지원하던 "베릴" 이라는 화면 효과 지원 프로그램은 컴피즈로 흡수되었다.

컴피즈를 사용하기 위해서 실제 물리적인 시스템에 설치하거나, Virtual Box 또는 VMware 10을 이용한 가상머신에서 컴피즈의 화려한 영상을 볼 수 있다. VMware 7을 이용하는 경우 컴피즈의 화면 효과를 보기 어렵다.

[대시 홈]–>[다른 것들]–>[검색]을 통하여 "Compiz"를 검색하면 내려 받을 수 있는 목록에 두 개의 Compiz 관련 아이콘이 있다. 이 중에서 [CompizConfig Setting Manager]를 클릭하여 설치한다. "CompizFusion Icon" 역시 화려한 우분투 꾸미기에 추천하는 패키지이다.

[설치] 버튼을 클릭하여 설치를 진행한다.

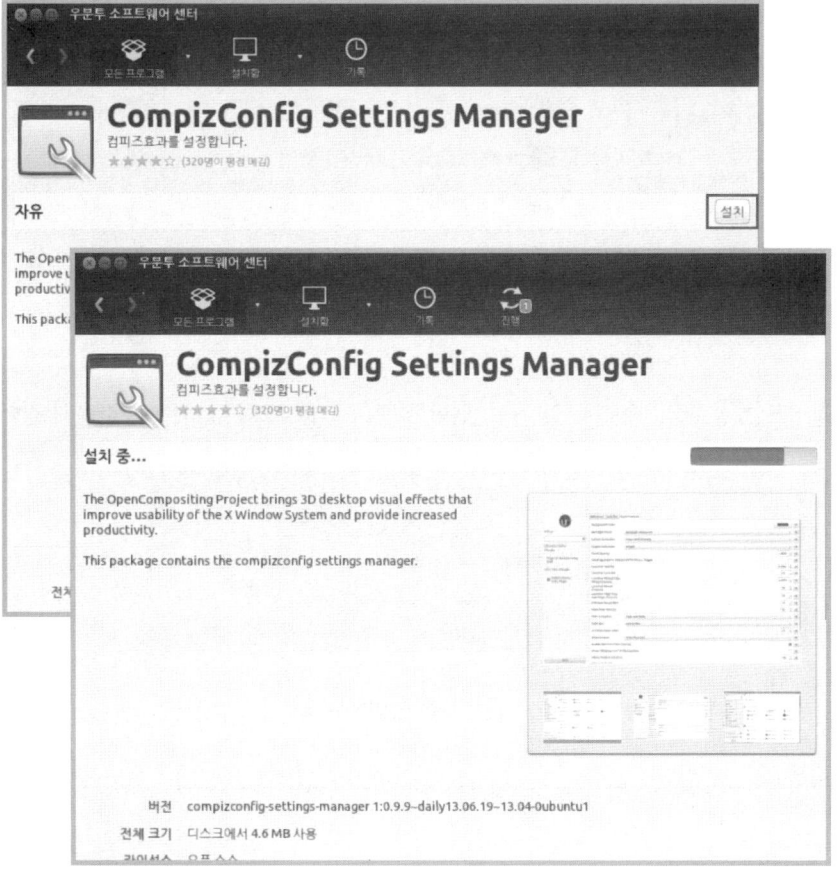

런처의 컴피즈 설정 관리자를 클릭하면 CCSM이 고급 설정 도구이므로 사용에 있어 주의해야 한다는 경고 화면이 나온다. [확인] 버튼을 클릭한다.

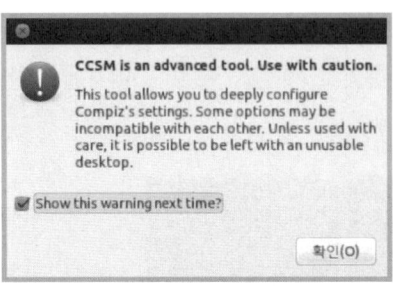

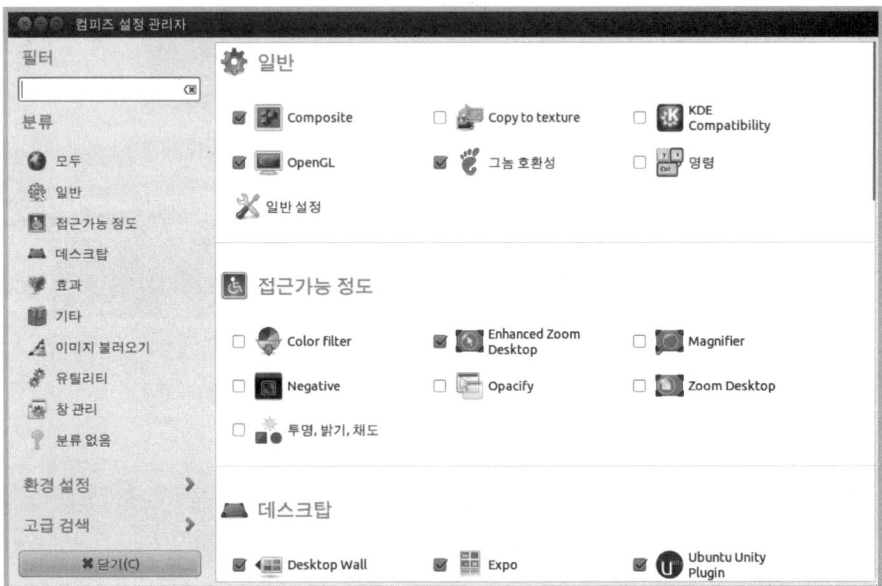

[컴피즈 설정 관리자]에서 [일반]−〉[일반 설정]−〉[데스크탑 크기]에서 다음과 같이 한다.

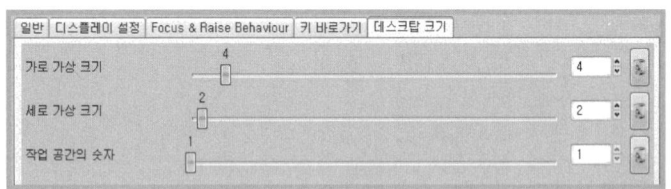

첫 번째 '가로 가상 크기'에 4를 입력한 후 화면 아래에 있는 [뒤로] 버튼을 클릭한다.

[데스크탑]−〉[데스크탑 큐브]에 체크를 한다.

 데스크탑 큐브

[데스크탑 큐브]를 클릭하면 경고 창이 나타난다. 데스크탑 큐브를 사용할 것이므로 [Desktop Wall를 사용하지 않음] 버튼을 선택한다. 나머지 하나는 [데스크탑 큐브를 사

용하지 않음]이므로 이를 선택할 일은 없다.

[데스크탑]→[큐브 회전]→[바로가기(탭)]→[큐브 회전]에서 아래와 같이 설정한다.

두 개만 설정해줘도 큐브를 볼 수 있다. 여기서 Button1은 마우스 좌측 버튼이다.

큐브 돌리는 방법은 위에서 설정해준 Ctrl+[마우스 좌측 버튼]을 누른 상태에서 마우스를 움직이면 된다. 다음은 물리적인 실제 컴퓨터에 설치하고 큐브 화면을 갈무리 한 것이다.

좀 더 다양한 효과를 원하면 컴피즈 설정 관리자를 실행하여 [효과]→[3D 창(Windows)]에 체크를 해준다.

☑ 🎲 3D 창

그러면 아래와 같이 실행중인 창이 입체적으로 나온다.

[효과]→[큐브 반사와 변형](Cube Reflection and Defromation)을 체크한다.

☑ 큐브 반사와 변형

원통 모양의 화면을 제공한다. 이는 [효과]→[큐브 반사와 변형]→[변형]에서 "없음", "원 기둥", "공" 중에서 선택할 수 있다.

컴피즈 설정 관리자는 큐브뿐 아니라 멋진 효과가 많이 있다. 독자 여러분들이 직접 탐험해보기 바란다.

컴피즈는 3D 가속기를 사용함으로서 컴퓨터 속도가 느려진다는 단점이 있다. VMware 7에서는 화면 효과를 지원하지 않지만 VMware 10 또는 VirtualBox는 거의 환상적으로 지원한다. 그러나 속도가 느려서 한 번 잠기고 나면 검은색 화면만 나온다는 단점이 있다. 아직은 VMware나 VirtualBox 그리고 Ubuntu에서 노력을 경주해야 할 부분으로 보인다.

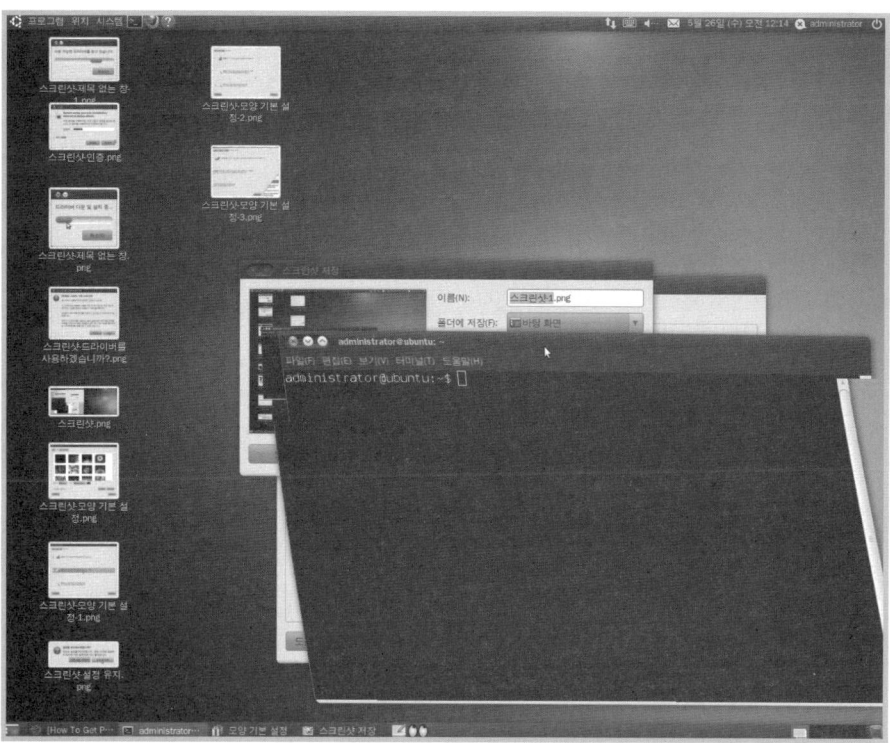

Tip　NVIDIA 그래픽 카드 사용자가 컴피즈 큐브 효과 지원을 하지 않을 경우 해결 방법

다음 URL을 참고하여 따라 해보자.

http://www.webupd8.org/2010/03/how-to-get-plymouth-working-with-nvidia.
html#comment-41037671

1 단계 : /etc/default/grub 파일을 수정한다. 터미널 콘솔 창을 열고 다음 명령을 입력한다. root 권
　　　　한을 보유하고 있다면 sudo를 생략하여도 된다.

```
sudo gedit /etc/default/grub
```

'GRUB-GFXMODE' 항목을 찾아 주석(#)을 제거하고 해상도 값이 640x480으로 되어
있는 것을 1024x768로 수정한다.

```
GRUB_GFXMODE=1024x768
```

2 단계 : /etc/grub.d/00_header 파일을 수정한다.

```
sudo gedit /etc/grub.d/00_header
```

"gfxmode=${GRUB_GFXMODE}"를 찾아 해당 행을 "set gfxpayload=keep"로 수정한다.

```
set gfxpayload=keep
```

3 단계 : GRUB를 update 한다.

```
sudo update-grub
```

Ctrl+[마우스 좌측 버튼]을 누른 상태로 이리저리 이동하여 본다. 혹 안 되는 시스템이
있다면 그래픽 카드를 아직 지원하지 못하는 것이다. 기나긴 삽질이 필요하다. 우선 제작
사 사이트를 둘러보는 것으로 시작해야 한다.

part IV

리눅스 명령어

06 핵심 개념과 기본 명령어
07 관리 명령어

06 핵심 개념과 기본 명령어

X-Windows가 환상적이며 여러 가지로 탐구하고 싶다는 생각을 피할 수는 없다. 그러나 이렇게 "X-Windows"만 탐구하다 보면 리눅스 기본 개념을 익히기 어렵다. 이번 장에서는 "콘솔 창" 또는 "명령 창"을 이용하여 텍스트 기반의 리눅스 명령어를 익혀보자.

6.1 핵심 기본 개념

콘솔 창에서 사용하는 기본 명령어의 특징은 다음과 같다.

1. 대소문자를 구분한다.
2. 명령어 유형은 내부 명령어와 외부 명령어로 구분한다.
3. 실행 파일로 제공하는 것은 외부 명령어이고 확장자가 없으며 실행 권한이 있다.
4. 쉘 해석기로 제공하는 것은 내부(BUILTIN) 명령어이다.
5. 파이프(pipe)를 통하여 명령어 조합이 가능하다.
6. 사용 권한에 따라 사용 가능한 명령과 사용할 수 없는 명령이 있다.
7. 모든 디렉터리, 장치, 파일 등을 파일이라는 단일 구조로 사용한다.
8. 옵션 형식이 다양하다.
9. 모든 명령은 백그라운드/포그라운드 동작이 가능하다.
10. 리다이렉션으로 출력 방향을 바꿀 수 있다.

Ctrl + Alt + F1 을 누른다. 즉, Ctrl 키를 누른 상태에서 Alt 키를 누른다. 아직 키보드에서 손을 떼지 않고 F1 을 가볍게 톡 하고 친다.

그러면 X-Windows 화면이 사라지고 콘솔 창이 나타난다. 물론 VMware 상에서는 지원 되지 않는다. 그 이유는 Ctrl + Alt 키가 VMware에서 마우스 릴리즈 기능을 갖기 때문이다. 이 문제는 다음과 같이 피해 갈 수 있다.

텍스트 모드로 시작하기
1. /etc/default/grub 편집
   GRUB_CMDLINE_LINUX_DEFAULT="quiet splash"를
   GRUB_CMDLINE_LINUX_DEFAULT="quiet splash text"로 변경
2. sudo update-grub 명령어로 grub 재설정 후 다시 시작

그래픽 모드로 시작하기
1. /etc/default/grub 편집
   GRUB_CMDLINE_LINUX_DEFAULT="quiet splash text"를
   GRUB_CMDLINE_LINUX_DEFAULT="quiet splash"로 변경
2. sudo update-grub 명령어로 grub 재설정 후 다시 시작

또는 VMware에서 마우스 릴리즈를 위한 단축키를 다른 것으로 바꾸면 된다.

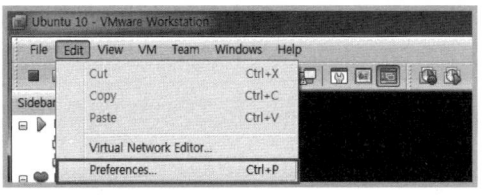

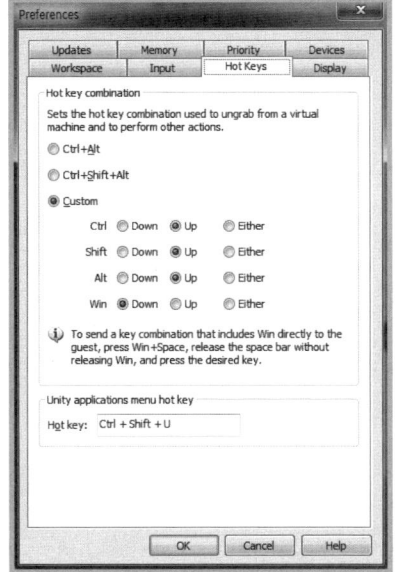

메뉴의 [Edit]->[Preferences...]를 선택하여 위 내용과 같이 "Hot Keys" 설정을 변경한 후에 Ctrl + Alt + F1 을 입력하면 콘솔 창이 나온다. 마우스 릴리즈 키는 윈도우즈 로고 키가 된다.

가능하면 Ubuntu의 기본 설정을 건드리지 않고 탐구하는 것이 독자들이 리눅스 기본 개념을 익히기 쉬울 것이라고 판단하고 진행하도록 하겠다.

콘솔 창은 1번에서부터 6번까지이다. Ctrl + Alt + F7 을 누르면 X-Windows로 다시 복귀한다. 눈치 빠른 독자는 이미 짐작하였을 것처럼 Ctrl + Alt + F1 | F2 | F3 | F4 | F5 | F6 을 바꾸면서 입력해 보면 로그인 안내 메시지 줄에 "tty1"에서 "tty6"까지 값이 변하는 것을 알 수 있다. 콘솔 창 6개의 전환은 단축키를 사용하면 가볍게 전환이 가능하다.

6.2 기본 명령어

6.2.1 로그인하기

```
Ubuntu 13.04 coffee-desktop tty3

coffee-desktop login:
```

Ctrl + Alt + F3 을 눌러 "tty3"번을 선택하였을 때 로그인 프롬프트가 나온 화면이다. 첫 번째 줄은 "/etc/issue" 파일의 내용이다. Ubuntu 버전 13.04, 즉 2013년 4월에 출시되었다는 뜻이다.

```
Ubuntu 13.04 coffee-desktop tty3

coffee-desktop login: lgbong
Password:
Last login: Thu Oct 24 13:35:00 KST 2013 from 192.168.236.1 on pts/1
Welcome to Ubuntu 13.04 (GNU/Linux 3.11.5 x86_64)

 * Documentation:  https://help.ubuntu.com/

34 packages can be updated.
17 updates are security updates.

New release '13.10' available.
Run 'do-release-upgrade' to upgrade to it.

lgbong@coffee-desktop:~$
```

사용자 계정과 비밀번호를 입력한 이후 나오는 첫 번째 메시지는 "/etc/motd"의 내용이다.

마지막 줄은 사용자의 명령어 입력을 기다리는 "쉘 프롬프트"이다. MS 계열의 도스 명령 창에서 "C:\>" 표시가 나오는 것과 같다.

6.2.2 로그아웃 하기

bash, 즉 쉘에 포함되어 있는 내부 명령어(BUILTIN)로 분류되는 명령어이다.

```
$ exit [n]
```

```
lgbong@coffee-desktop:~$
lgbong@coffee-desukty:~$ exit
```

로그인 후 "exit"를 입력하면 다른 계정으로 로그인할 수 있는 로그인 프롬프트가 다시 나온다. "su" 명령을 이용하여 다른 계정을 사용 중이라면 해당 계정의 사용을 종료한다. 로그인 계정 이름을 입력할 때 주의할 것은 소문자로 입력하여야 한다는 점이다. 리눅스/유닉스는 철저하게 대문자와 소문자를 구분한다는 것을 명심하라.

```
$ logout
```

```
lgbong@coffee-desktop:~$
lgbong@coffee-desktop:~$ logout
```

이전 버전에서 "logout" 명령을 수행하면 새로운 프롬프트가 화면 클리어 없이 나오는데 이는 버그로 분류되어 지금은 해결된 모습이다. "exit" 명령과 같은 기능을 수행한다.

6.2.3 계정 확인하기

```
root@coffee-desktop:~#
```

마지막 글자 "#"('샵'으로 읽자)은 슈퍼바이저 권한이 있음을 표시한다. 앞쪽에는 "계정이름@호스트이름"으로 표현하고 있는 "쉘 프롬프트"는 리눅스 명령어를 번역하거나 커널로 전달하고 커널의 응답 내용을 사용자에게 전달하는 기능을 수행한다.

```
lgbong@coffee-desktop:~$ _
```

다른 표시인 마지막 글자 "$"는 일반 사용자 계정이라는 뜻으로 시스템 운영에 영향을 미치는 명령어는 사용할 수 없도록 제한되어 있다.

이러한 쉘 프롬프트는 MS의 도스 명령 창의 "C:\ "와 사용법이 유사하다. 그럴 수밖에 없는 이유는 MS의 도스라는 것이 리눅스/유닉스 운영체제를 패러디한 태생적 배경을 무시할 수 없기 때문이다. 원래는 도스를 배우는 사람에게 "이건 리눅스의 쉘 프롬프트와 같습니다."라고 말해야 하지만 사용자층이 MS 계열이 더 많으므로 "MS 도스 창과 유사합니다."라고 말할 수밖에 없는 점은 씁쓸하다.

이제 하나 하나 명령어를 입력하여 보자.

6.2.4 디렉터리 변경하기 및 내용 보기

"bash", 즉 쉘에 BUILTIN으로 분류되는 명령어이다.

```
$ cd [디렉터리]
```

```
lgbong@coffee-desktop:~$ cd /
lgbong@coffee-desktop:/$ ls
bin        dev    initrd.img      lost+found  opt    sbin     sys   var
boot       etc    initrd.img.old  media       proc   selinux  tmp   vmlinuz
cdrom      home   lib             mnt         root   srv      usr   vmlinuz.old
lgbong@coffee-desktop:/$ _
```

"cd"와 "ls" 명령은 도스를 사용해본 독자라면 익숙할 것이다. "cd"는 Change Directory라는 뜻으로 현재 작업하는 디렉터리(윈도우즈에서는 폴더라고 부른다.)를 바꾸는 명령이다. "ls"는 list의 의미를 가지고 있으며 현재 디렉터리 내용을 보여준다. 어느 계정으로 로그인을 하던지 상관없이 동일한 기능을 수행한다.

```
root@coffee-desktop:/# cd
root@coffee-desktop:~#
```

"cd" 명령어 뒤에 옵션을 주지 않으면 사용하는 계정의 홈 디렉터리로 이동한다. 또는 옵션을 "~"으로 입력하여도 홈 디렉터리로 이동한다. "~"은 계정의 홈 디렉터리로 인식하는 식별자이다. "." 또는 "..", "디렉터리 이름"을 지정하여 작업 디렉터리를 바꿀 수 있다.

```
root@coffee-desktop:/# cd ~
root@coffee-desktop:~#
```

홈 디렉터리로 이동하기이다.

```
root@coffee-desktop:~# cd /boot
root@coffee-desktop:/boot#
```

절대 경로를 이용한 디렉터리 이동하기이다.

```
root@coffee-desktop:~# cd ../boot
root@coffee-desktop:/boot#
```

상대 경로를 이용한 디렉터리 이동하기이다.

"ls" 명령어의 옵션에서 많이 사용하는 "al"을 살펴보자.

```
$ ls [-abcdfgiklmnpqrstuxABCFGLNQRSUX1] [-w cols] [-T cols] [-I pattern]
[--all] [--escape] [--directory] [--inode] [--kilobytes] [--numeric-uid-gid]
[--no-group] [--hide-control-chars] [--reverse] [--size] [--width=cols]
[--tabsize=cols] [--almost-all] [--ignore-ackups] [--classify] [--file-type]
[--full-time] [--ignore=pattern] [--dereference] [--literal] [--quote-name]
[--recursive][--sort={none,time,size,extension}]
[--format={long,verbose,commas,across,vertical,single-column}]
[--time={atime,access,use,ctime,status}] [--help] [--version]
[--color[={yes,no,tty}]] [--colour[={yes,no,tty}]] [name...]
```

```
root@coffee-desktop:/media# ls -al
◆ ◆ 12
drwxr-xr-x  3 root root 4096 2010-05-29 09:18 .
drwxr-xr-x 22 root root 4096 2010-05-20 17:59 ..
lrwxrwxrwx  1 root root    7 2010-05-20 17:22 floppy -> floppy0
drwxr-xr-x  2 root root 4096 2010-05-20 17:22 floppy0
root@coffee-desktop:/media# _
```

"-a" 옵션은 리눅스/유닉스의 숨김 기능을 하는 ".(점)"으로 시작하는 파일들을 포함하여 모든 파일을 보여 준다. 파일명 앞에 ".(점)"이 붙어 있으면 해당 파일은 숨겨진 파일(hidden file)의 역할을 하게 된다.

".(점)" 하나와 두 개로 보이는 파일은 특별한 의미가 있다. 상대 경로를 지정하고자 할 경우 사용하는 "." 하나는 현재 디렉터리를 표현하고, ".." 두 개는 상위 디렉터리를 표현한다.

경로 지정에서 맨 앞에 '/'가 있으면 root 디렉터리, 즉 최상위 디렉터리를 의미하고 디렉터리와 디렉터리 사이에 '/'가 있으면 디렉터리 구분을 의미한다.

"-l(L의 소문자)" 옵션은 세부적인 속성을 표현하는 기능이다.

이 두 가지 옵션을 합쳐서 보여주는 것이 "-al" 옵션이다. 즉, 리눅스/유닉스 옵션들은 조합이 가능하다는 점이다. 순서는 무관하다.

"-l(L의 소문자)" 옵션의 세부적 내용은 다음과 같다.

```
-rw-r--r-- 1 lgbong lgbong  179 2010-05-24 17:08 examples.desktop
```

-rw-r--r--	: 파일 접근 권한 분류 표기로 첫 "-"는 파일 타입(d:디렉터리, l(소문자L):링크 카운터, s:소켓, p:파이프, -:일반, c:특수 문자, b:특수 블럭)이다. 즉, 이 라인에 표시되는 파일은 일반 파일이다. "rw-r--r--"는 세 개씩 끊어서 해석해야 한다. 처음 3개 "rw-"는 소유자 권한이고 중간 3개 "r--"는 그룹 권한 표시이며 마지막 3개 "r--" 는 기타 모든 사용자의 권한을 표시한다. 즉, 소유자는 "r(읽기)", "w(쓰기)"가 가능하고 소유자가 소속된 그룹의 사용자 및 기타 모든 사용자는 r(읽기)만 가능하다. 권한 수정은 "chmod", "umask" 명령을 참조한다.
1	: 링크 카운터
lgbong	: 소유자
lgbong	: 소유자가 소속된 그룹
179	: 파일의 크기
2010-05-24	: 최종 수정 일자
17:08	: 최종 수정 시각
examples.desktop	: 파일 이름

"ls" 명령의 옵션은 매우 다양하다. 속성에 따라 색상을 지정할 수도 있으며 하위 디렉터리까지 볼 수 있는 기능도 있다. 보다 많은 옵션들은 "man ls"를 이용하여 확인하고 테스트해 보기 바란다. 리눅스/유닉스 명령어들은 대부분 옵션을 가지고 있다. 이러한 사용법을 자세히 알아보기 위한 명령으로 매우 중요한 명령이 'manual'을 뜻하는 "man" 명령이다.

6.2.5 man(매뉴얼, 도움말) 사용하기

```
$ man [-acdfFhkKtwW] [-m system] [-p string] [-C config_file] [-M path] [-P pager] [-S section_list] [section] name ...
```

```
LS(1)                          User Commands                          LS(1)

NAME
       ls - list directory contents

SYNOPSIS
       ls [OPTION]... [FILE]...

DESCRIPTION
       List  information  about  the FILEs (the current directory by default).
       Sort entries alphabetically if none of -cftuvSUX nor --sort.

       Mandatory arguments to long options are  mandatory  for  short  options
       too.

       -a, --all
              do not ignore entries starting with .

       -A, --almost-all
              do not list implied . and ..

       --author
              with -l, print the author of each file

       -b, --escape
              print octal escapes for nongraphic characters

       --block-size=SIZE
              use SIZE-byte blocks
 Manual page ls(1) line 1
```

"man ls"를 수행한 결과이다. 한글 매뉴얼을 설치하지 않아 영문으로 표시된다.

---

man 명령을 수행하여 사용할 수 있는 기능키는 다음과 같다.

q	: 종료(quit)
f , Space , Page Down	: 한 페이지 분량만큼 아래로 스크롤
b , Page Up	: 한 페이지 분량만큼 위로 스크롤
/"찾을 단어"	: "찾을 단어"를 매뉴얼 페이지 내에서 검색

"ls" 명령어의 SYNOPSIS에 사용법을 보이고 있다. 여기서 "["와 "]"로 묶은 부분은 생략
이 가능하다는 의미이다. 생략한다면 기본적으로 제공하는 기능이 수행된다. "..."은 반
복이 가능하다는 의미가 되므로 여기서는 모두 생략이 가능하다는 표기이다. 그러므로
"ls"만 입력해도 수행된다.

6.2.6 파일 다운로드 하기

```
$ wget [option]... [URL]...
```

```
# cd /tmp
# wget http://www.kame.co.kr/ubuntu/manpages-ko_20050219-4_all.deb
```

Ubuntu 매뉴얼은 한글 매뉴얼이 기본으로 제공되지 않으므로 한글 매뉴얼을 설치하여 보자. 확장자가 ".deb"인 파일은 "dpkg" 명령으로 설치되는 파일이다.

6.2.7 패키지 설치하기

```
$ sudo dpkg [options] deb 패키지이름
```

```
lgbong@coffee-desktop:~$ dpkg -i manpages-ko_20050219-4_all.deb
dpkg: error: 요청한 작업을 하려면 수퍼유저 권한이 필요합니다
lgbong@coffee-desktop:~$ sudo dpkg -i manpages-ko_20050219-4_all.deb
[sudo] password for lgbong:
Selecting previously unselected package manpages-ko.
(데이터베이스 읽는중 ...현재 213591개의 파일과 디렉터리가 설치되어 있습니다.)
manpages-ko 패키지를 푸는 중입니다 (manpages-ko_20050219-4_all.deb에서) ...
manpages-ko (20050219-4) 설정하는 중입니다 ...
man-db에 대한 트리거를 처리하는 중입니다 ...
lgbong@coffee-desktop:~$ █
```

dpkg는 Debian 계열의 패키지 관리자이다. 레드햇 계열의 rpm과 같은 기능이라고 생각하면 된다. rpm 파일을 deb 파일로 변환도 가능하다. 참고로 dpkg 명령 사용은 슈퍼바이저(root 사용자) 권한을 필요로 한다.

"man ls"를 입력하여 보면 한글로 만들어진 도움말 문서가 보인다. 그러나 모든 명령어가 번역된 것이 아니기에 일부 명령어는 영문으로 제공된다. 영어 알레르기로 고 생하는 대부분 이 땅의 한글 애국지사들에게 유용한 정보라고 의심치 않는다.

6.2.8 시스템 종료하기 – 슈퍼바이저 권한 필요

```
# shutdown [-t sec] [-rkhncf time] [warning-message]
```

```
lgbong@coffee-desktop:~$ shutdown -h 0
shutdown: Need to be root
lgbong@coffee-desktop:~$
```

root 권한이 필요함을 알 수 있다. "-h" 옵션은 시간을 설정하겠다는 의미이고, "0"은 "지금 즉시"라는 뜻이다. "0" 대신에 "now"를 사용할 수도 있다. 일반 사용자 계정에서 "sudo" 명령으로는 실행할 수 없다. 오로지 root 계정으로만 실행이 가능하다. 모든 사용자에게 전달될 메시지를 첨부할 수도 있다.

```
root@coffee-desktop:~# shutdown -h 10

Broadcast message from root@coffee-desktop
        (/dev/tty1) at 15:30 ...

The system is going down for halt in 10 minutes!

Broadcast message from root@coffee-desktop
        (/dev/tty1) at 15:31 ...

The system is going down for halt in 9 minutes!

Broadcast message from root@coffee-desktop
        (/dev/tty1) at 15:32 ...

The system is going down for halt in 8 minutes!
```

"-h" 다음에 주어진 "10"은 분 단위 시간으로 10분이 지나면 시스템을 종료하라는 의미이다. "wall" 메시지를 모든 사용자에게 보내고 1분이 경과할 때마다 메시지를 보낸다. 10분이 경과하면 시스템을 종료한다.

```
# halt [-n] [-w] [-d] [-f]
```

```
root@coffee-desktop:~# halt
root@coffee-desktop:~# acpid: exiting

Broadcast message from root@coffee-desktop
        (unknown) at 16:08 ...

The system is going down for halt NOW!
```

시스템을 지금 즉시 강제로 종료하는 명령이다.

```
# reboot [-n] [-w] [-d] [-f]
```

```
root@coffee-desktop:~# reboot

Broadcast message from root@coffee-desktop
        (/dev/tty1) at 16:11 ...

The system is going down for reboot NOW!
acpid: exiting
init: cron main process (857) killed by TERM signal

init: tty4 main process (842) killed by TERM signal
```

시스템을 다시 시작하는 명령이다. 여기서 제시하는 명령어 방식과 "X-Windows"에서의 "시스템 종료"와 "다시 시작하기"는 같은 기능이다.

6.2.9 현재 디렉터리 보기

```
$ pwd [--help, --version]
```

```
lgbong@coffee-desktop:~$ pwd
/home/lgbong
lgbong@coffee-desktop:~$
```

현재 작업 중인 디렉터리의 절대 경로를 보여 준다.

 절대 경로 vs 상대 경로

현재 작업 중에 있는 디렉터리에 없는 파일에 접근하기 위해서는 디렉터리를 이동하거나 특정 위치에 있는 파일 또는 디렉터리를 읽기 위해서는 경로를 지정하여야 한다. 이때 경로를 지정하는 방법은 두 가지로 절대 경로와 상대 경로이다. "cd" 명령에도 사용하는 절대 경로와 상대 경로는 다음과 같다.

절대 경로 : 최상위(루트) 디렉터리부터 해당 경로를 표현
상대 경로 : 현재 작업 중인 디렉터리부터 해당 경로를 표현

6.2.10 메시지 보내기

```
$ wall [message]
```

```
lgbong@coffee-desktop:~$ wall
Hello every one.
I'm Gwibong, LEE
Nice to meet you...

Broadcast Message from lgbong@coffee-desktop
        (/dev/tty1) at 16:56 ...

Hello every one.
I'm Gwibong, LEE
Nice to meet you...

lgbong@coffee-desktop:~$ _
```

메시지를 입력한 다음 Ctrl+D를 누르면 메시지 입력이 완료되고 작성한 메시지가 현재 접속한 모든 사용자에게 전달된다. 로그인 하지 않는 사용자는 이 메시지를 받아 볼 수 없다. 텍스트 파일을 작성하여 파일명을 옵션으로 입력할 수도 있다.

```
lgbong@coffee-desktop:~$ wall < MyMessage

Broadcast Message from lgbong@coffee-desktop
        (/dev/tty1) at 17:05 ...

Hello every one.
Nice to meet you

lgbong@coffee-desktop:~$ _
```

"MyMessaage" 파일을 작성하였다면 표준 입력 변환 식별자('<')를 이용하여 "wall" 명령에서 사용할 수 있다. X-Windows 모드로 작업 중인 사용자는 터미널 창을 활성화하지 않은 상태에서 이 메시지를 실시간으로 받아 볼 수는 없다. 터미널 창이 실행 중이라면 메시지가 실시간으로 도착한다.

6.2.11 리다이렉션

```
$ ls > /dev/pts/1
```

리다이렉션이란 유닉스/리눅스에서 출력 방향을 바꾸는 기능이다.

> a 〉 b : 출력 방향을 b로 지정한다. b가 일반 파일일 경우 기존의 내용은 지워진다.
> a 〉〉 b : 출력 방향을 b로 지정하고 b의 내용에 추가한다. 통신 디바이스는 추가의 의미가 없다.
> a 2〉 b : a의 표준 오류 메시지만 b로 출력한다.
> a 〈 b : b의 내용을 a의 입력으로 사용한다.
> a | b : 파이프 기능으로 a의 출력 결과를 b의 입력으로 사용한다.

```
root@coffee-desktop: ~
root@coffee-desktop:~# tty
/dev/pts/2
root@coffee-desktop:~# ls -al > /dev/pts/1
root@coffee-desktop:~#
```

```
root@coffee-desktop: ~
root@coffee-desktop:~# tty
/dev/pts/1
root@coffee-desktop:~# 합계 168
drwx------ 29 root root 4096 2010-06-07 10:26 .
drwxr-xr-x 22 root root 4096 2010-06-07 10:59 ..
-rw------- 1 root root 2104 2010-06-07 10:26 .ICEauthority
-rw------- 1 root root 3768 2010-06-07 10:28 .bash_history
-rw-r--r-- 1 root root 3106 2010-04-23 18:45 .bashrc
drwxr-xr-x 4 root root 4096 2010-06-07 10:26 .cache
drwxr-xr-x 7 root root 4096 2010-06-03 17:31 .config
drwx------ 3 root root 4096 2010-06-03 16:09 .dbus
-rw------- 1 root root 16 2010-06-03 16:14 .esd_auth
```

"/dev/pts/2"번에서 입력한 명령어의 결과가 "/dev/pts/1"번으로 출력되고 있다.

"strace" 명령어를 사용하여 "ls" 명령어 프로그램의 수행 내역을 추적하는 경우, 표준 오류 출력 리다이렉션을 사용하면 매우 유용하다. 위 수행 결과와 같이 "ls" 명령어의 수행 결과인 표준 출력은 정상적으로 화면으로 나오지만 표준 오류 메시지에 해당하는 "ls"의 수행 절차 내용은 파일에 저장된다.

6.2.12 프로그램 추가하기

레드햇 계열의 "rpm" 또는 "yum"과 같이 Ubuntu용 패키지를 설치하는 "apt-get" 명령이 있다. 패키지는 여러 프로그램의 묶음으로 패키지 설치 관리자 없이 설치를 하는 것은 버전, 의존성 등을 검사하고 각 프로그램들을 모두 다운로드하고 설치하는 과정을 거쳐야 하는데 이러한 절차를 한 번에 해결하여 주는 것이 "apt-get" 패키지 설치 관리자이다.

```
# apt-get [-sqdyfmubV] [-o= config_string ] [-c= config_file ]
[-t= { target_release_name | target_release_number_expression |
target_release_codename }]
{update | upgrade | dselect-upgrade | dist-upgrade | install pkg
[ { =pkg_version_number | /target_release_name | /target_release_
codename} ] ... | remove pkg... | purge pkg... | source pkg
[ { =pkg_version_number | /target_release_name | /target_release_
codename} ] ... | build-dep pkg... | check | clean | autoclean | autoremove |
{-v | --version} | {-h | --help} }
```

Ubuntu에서 "rpm" 명령을 사용하기 위하여 "apt-get"으로 "rpm" 패키지를 설치하였다. "apt-get"의 옵션으로 가장 많이 사용되는 것이 "install"일 것이다. 다음으로

"update", "upgrade"를 거론할 수 있고, 개발자라면 "source"도 많이 사용한다.

6.2.13 cat으로 메시지 만들기와 보기

```
$ cat [OPTION]... [FILE]...
```

```
lgbong@coffee-desktop:~$ cat > MyMessage
Hello every one.
Nice to meet you
lgbong@coffee-desktop:~$ cat MyMessage
Hello every one.
Nice to meet you
lgbong@coffee-desktop:~$
```

concatenation의 약어로 사용되는 "cat" 명령의 용도는 다양하다. 파일을 결합할 수도 있고, 생성할 수도 있으며 내용을 표준 출력으로 정의된 화면으로 볼 수도 있다. 위에 제시된 내용은 "cat" 명령으로 파일을 작성하고 파일의 내용을 확인하고 있다. 파일을 작성할 경우 마지막에 Ctrl+D를 눌러 파일 작성을 완료할 수 있다.

```
root@coffee-desktop:~# cat -b /etc/motd
     1  Linux coffee-desktop 2.6.32-21-generic #32-Ubuntu SMP Fri Apr 16 08:1
0:02 UTC 2010 i686 GNU/Linux
     2  Ubuntu 10.04 LTS

     3  Welcome to Ubuntu!
     4   * Documentation:  https://help.ubuntu.com/

     5  Your CPU appears to be lacking expected security protections.
     6  Please check your BIOS settings, or for more information, run:
     7    /usr/bin/check-bios-nx --verbose

root@coffee-desktop:~#
```

"cat" 명령에서 "-b" 옵션을 사용하여 줄번호까지 보이도록 하면 가독성을 더욱 높일 수 있다.

6.2.14 현재 접속 사용자 확인하기

```
$ finger [-lmsp] [user ...] [user@host ...]
```

```
lgbong@coffee-desktop:~$ finger
Login       Name        Tty      Idle  Login Time      Office      Office Phone
coffee      coffee      tty7     1:18  May 28 17:09 (:0)
coffee      coffee      pts/0      13  May 28 17:11 (:0.0)
lgbong      lgbong      *tty1          May 28 16:22
lgbong@coffee-desktop:~$ _
```

현재 접속하여 사용 중인 사용자 계정과 활동 상황을 보여 준다. Tty 필드에 "*"이 붙은 계정은 현재 시스템에 접속한 사용자이고 터미널 번호는 1이라는 뜻이다. "pts/0"은 네트워크로 로그인하였거나 X-Windows를 사용하고 있는 사용자 계정이다.

```
$ who [-imqsuwHT] [--count] [--idle] [--heading] [--help] [--message]
[--mesg] [--version] [--writable] [file] [am i]
```

```
lgbong@coffee-desktop:~$ who
lgbong    tty1         2010-05-28 16:22
coffee    tty7         2010-05-28 17:09 (:0)
coffee    pts/0        2010-05-28 17:11 (:0.0)
lgbong@coffee-desktop:~$ _
```

"who" 명령은 "finger" 명령과 유사한 기능이지만 "finger" 명령보다 제공하는 정보가 적다.

```
lgbong@coffee-desktop:~$ who am i
lgbong    tty1         2010-05-28 16:22
lgbong@coffee-desktop:~$ _
```

자기 자신이 누구인지 확인하고자 할 때 유용하다.

6.2.15 화면 지우기

```
$ clear
```

현재 표시되어 있는 화면을 모두 지우고 쉘 프롬프트를 맨 윗줄에 표현한다. 화면을 지우는 기능은 "termcap"에 정의된 형식을 따른다. 화면에 글씨가 표현되지 않거나 제 위치에 나오지 않는 경우, 엔터키가 입력되지 않는 경우, clear 명령의 효과가 없는 경우 등의 비정상적인 반응은 "termcap" 효과가 깨졌을 경우가 높다. 복구는 "stty" 명령을 참조하기 바란다.

6.2.16 파일 복사하기

```
$ cp [options] source dest
```

```
root@coffee-desktop:~# cp /etc/motd ~/
root@coffee-desktop:~# _
```

"/etc" 디렉터리에 있는 "motd" 파일을 현재 사용자의 홈 디렉터리에 복사하는 명령이다. 앞쪽 파일을 뒤쪽으로 복사한다. 복사가 잘 되었다면 어떠한 메시지도 없이 다음 명령을 기다린다. 옵션으로 "-r"은 하위 디렉터리를 포함하고 "-a"는 속성을 유지한다.

개인적인 취향이지만 "복사가 잘 되었습니다."라는 말 한마디 정도는 해주는 윈도우가 더 친절하다는 느낌이 들 때가 가끔 있다. 리눅스/유닉스는 침묵으로 친절하다. 케네스 레인 톰슨(Kenneth Lane Tompson)[11]과 데니스 매캘리스테어 리치(Dennis MacAlistair

---

11) 와코비아(주) CEO, UNIX 창시자, 튜링상 수상

Richie)[12]가 친절과는 거리가 멀었던 것 같다.

6.2.17 디렉터리 만들기

```
$ mkdir [-p] [-m mode] [--parents] [--mode=mode] [--help] [--version] dir...
```

```
root@coffee-desktop:~# mkdir Mydir
root@coffee-desktop:~# cd Mydir
root@coffee-desktop:~/Mydir# ls -al
◆ ◆  8
drwxr-xr-x  2 root root 4096 2010-05-29 11:21 .
drwx------ 31 root root 4096 2010-05-29 11:21 ..
root@coffee-desktop:~/Mydir#
```

현재 디렉터리 하위로 "Mydir"이라는 이름의 디렉터리를 만든다. 디렉터리를 만들 때는
조건이 있다. 하위 디렉터리를 만들고자 하는 상위 디렉터리의 접근 권한을 현재 사용자
가 가지고 있어야 한다. 대부분의 현재 사용자 홈 디렉터리의 접근 권한은 현재 사용자가
모든 권한을 가지고 있다. "-p" 옵션은 중간 디렉터리가 없어도 각각 경로에 해당하는 디
렉터리를 모두 만들어 주는 유용한 옵션이다.

```
root@coffee-desktop:~# mkdir Mydir
mkdir: `Mydir' 디렉터리를 만들 수 없습니다 : File exists
root@coffee-desktop:~#
```

해당 디렉터리가 이미 존재한다면 생성할 수 없다는 메시지이다.

```
root@coffee-desktop:~# mkdir -p a/b/c/d/e/f/g
root@coffee-desktop:~# cd a/b/c/d/e/f/g
root@coffee-desktop:~/a/b/c/d/e/f/g# cd ~
root@coffee-desktop:~# _
```

"-p" 옵션을 사용하여 연속하는 여러 경로의 디렉터리를 한꺼번에 만드는 명령이다.

6.2.18 디렉터리와 파일 삭제하기

```
$ rmdir [-p] [--parents] [--help] [--version] dir...
```

---

12) (주)루슨트 테크놀로지 연구부장, UNIX 공동 개발자, 튜링상 수상

```
root@coffee-desktop:~# mkdir -p Mydir/a/b/c
root@coffee-desktop:~# rmdir Mydir
rmdir: failed to remove `Mydir': Directory not empty
root@coffee-desktop:~# rmdir Mydir/a/b/c
root@coffee-desktop:~# rmdir Mydir/a/b
root@coffee-desktop:~# rmdir Mydir/a
root@coffee-desktop:~# rmdir Mydir
root@coffee-desktop:~#
```

비어 있는 디렉터리를 삭제하는 명령이다.

```
$ rm [-dfirvR] [--directory] [--force] [--interactive] [--recursive] [--help]
[--version] [--verbose] name...
```

```
root@coffee-desktop:~# cp /etc/motd .
root@coffee-desktop:~# ls -al motd
-rw-r--r-- 1 root root 241 2010-05-29 11:51 motd
root@coffee-desktop:~# rm motd
root@coffee-desktop:~# ls -al motd
ls: motd♦ ♦ ♦ ♦ ♦ ♦ ♦ .: No such file or directory
root@coffee-desktop:~# _
```

"motd"라는 파일을 삭제하는 명령이다.

```
root@coffee-desktop:~# mkdir Mydir
root@coffee-desktop:~# cp /etc/motd ./Mydir
root@coffee-desktop:~# rm Mydir
rm: `Mydir'♦ ♦ ♦ ♦ ♦ ♦ : Is a directory
root@coffee-desktop:~# _
```

이 메시지는 삭제 명령을 실패했다는 뜻이다. 디렉터리를 지우고자 할 경우는 "rmdir" 명령으로 삭제하거나 "rm" 명령에 "-r" 옵션을 사용한다. "-r" 옵션은 매우 강력하여 지우고자 하는 디렉터리에 파일이 있고 없고를 따지지 않고 삭제하기 때문에 사용할 때는 주의를 기울여야 한다.

권한이 설정되어 있거나 링크가 깨져 지울 수 없는 파일의 경우는 삭제를 계속할 것인지를 프롬프트로 물어온다. 이러한 프롬프트도 나오지 않게 하는 옵션은 "-f"이다. "-r"과 "-f"를 조합하여 사용한다면 가히 천하무적의 삭제 명령이다.

슈퍼바이저 권한을 획득한 후 최상위 디렉터리로 이동하여 "rm -rf *" 명령을 절대로 수행하지 말기를 바란다. 이렇게 말하면 꼭 실험을 해보는 이들이 있다. 칭찬을 해주고 싶은 경우이다. 얼마나 실험 정신이 강한가?

"rm -rf *"를 최상위 디렉터리에서 수행하고 난 이후의 책임은 본인이 져야 한다. 아마도 시스템을 처음부터 다시 설치해야 할 것이다. 또 한 가지 "rm" 명령으로 삭제한 파일은 되살릴 수 없다. 리눅스/유닉스에는 휴지통의 개념이 없고 윈도우즈처럼 복구가 가능한 툴도 존재하지 않는다. 영원히 사라지는 것이다.

```
root@coffee-desktop:~# cd /
root@coffee-desktop:/# rm -rf *
```

본 교재를 집필하기 위하여 필자는 이 명령을 수행하였다. 어떠한 명령을 내려도 파일을 찾을 수 없거나 정상적인 명령이 아니라는 메시지가 나오거나 반응 없이 다음 쉘 프롬프트가 다시 나타난다.

이는 쉘 프로그램은 메모리에 로드되어 있기 때문에 계속 수행되는 것이고 다른 외부 명령어들은 파일을 찾을 수 없다는 메시지가 나오게 된다. "reboot" 명령을 사용할 수 없어 시스템을 재시작 할 수도 없다. 강제로 전원을 오프하고 시스템을 다시 시작하였더니 시스템이 서거하셨다는 정황이 포착되었다. 즉, 부팅을 위한 "grub" 파일이 없다는 것이다.

```
GRUB loading.
error: file not found
grub rescue> _
```

이후 한동안 시스템 재설치하느라 집필이 중단되었다는 소문이 있다. 믿거나 말거나이다.

6.2.19 파일 이동하기

```
$ mv [options] source dest
```

```
root@coffee-desktop:~# mkdir Mydir
root@coffee-desktop:~# cp /etc/motd .
root@coffee-desktop:~# mv motd Mydir
root@coffee-desktop:~# ls -al Mydir
◆ ◆ 12
drwxr-xr-x  2 root root 4096 2010-05-29 13:02 .
drwx------ 31 root root 4096 2010-05-29 13:02 ..
-rw-r--r--  1 root root  241 2010-05-29 13:02 motd
root@coffee-desktop:~# _
```

현재 디렉터리의 "motd" 파일을 하위 디렉터리인 "Mydir"로 이동한다.

6.2.20 디스크 공간 확인하기

```
$ df [-aikPv] [-t fstype] [-x fstype] [--all] [--inodes] [--type=fstype]
[--exclude-type=fstype] [--kilobytes] [--portability] [--print-type]
[--help] [--version] [filename...]
```

```
root@coffee-desktop:~# df
Filesystem       1K-blocks      Used Available Use% Mounted on
/dev/sda1       101742968   3857188  92717500   4% /
none               250400       252    250148   1% /dev
none               254624       188    254436   1% /dev/shm
none               254624        88    254536   1% /var/run
none               254624         0    254624   0% /var/lock
none               254624         0    254624   0% /lib/init/rw
root@coffee-desktop:~#
```

디스크의 여유 공간(disk free)을 확인하는 명령이다.

```
$ du [-abcklsxDLS] [--all] [--total] [--count-links] [--summarize]
[--bytes] [--kilobytes] [--one-file-system] [--separate-dirs] [--dereference]
[--dereference-args] [--help] [--version] [filename...]
```

```
root@coffee-desktop:~# du /usr/bin
120420  /usr/bin
```

디스크에서 사용한 공간(disk usage)을 확인하는 명령이다. 옵션을 주지 않으면 모든 파일에 대한 디스크 점유 공간의 정보를 제공한다.

```
$ fdisk [ -l ] [ -v ] [ -s 파티션] [ 장치이름 ]
```

```
root@coffee-desktop:~# fdisk -l

Disk /dev/sda: 107.4 GB, 107374182400 bytes
255 heads, 63 sectors/track, 13054 cylinders
Units = cylinders of 16065 * 512 = 8225280 bytes
Sector size (logical/physical): 512 bytes / 512 bytes
I/O size (minimum/optimal): 512 bytes / 512 bytes
Disk identifier: 0x00027a5e

   Device Boot      Start         End      Blocks   Id  System
/dev/sda1   *           1       12869   103365632   83  Linux
/dev/sda2           12869       13055     1488897    5  Extended
/dev/sda5           12869       13055     1488896   82  Linux swap / Solaris
root@coffee-desktop:~# _
```

디스크 파티션에 대한 할당량을 확인하는 명령이다.

6.2.21 파일 변환하기

```
# dd [--help] [--version] [if=file] [of=file] [ibs=bytes] [obs=bytes] [bs=bytes]
[cbs=bytes] [skip=blocks] [seek=blocks] [count=blocks] [conv={ascii,ebcdic,ibm
,block,unblock,lcase,ucase,swab,noerror,notrunc, sync}]
```

```
root@coffee-desktop:~# dd if=/etc/motd of=~/motd conv=ebcdic
0+1 records in
0+1 records out
241 bytes (241 B) copied, 0.000118182 s, 2.0 MB/s
root@coffee-desktop:~# cat motd
◆◆◆◆@◆◆◆◆◆◆`◆◆◆◆◆◆◆@◆K◆K◆◆`◆◆`◆◆◆◆◆◆◆@{◆◆`◆ ◆◆◆@◆◆◆◆@◆ @◆◆@◆◆@◆◆z◆◆z◆◆@◆◆◆@◆◆◆◆@◆
◆◆◆@◆◆◆a◆◆◆%◆ ◆◆◆@◆◆K◆◆@◆◆◆%%◆ ◆◆◆◆@◆◆@◆ ◆◆◆@/@\@E◆◆◆◆◆◆◆◆◆◆z@@◆◆◆◆zaa◆◆◆K◆◆
◆◆◆◆K◆◆◆a%%◆◆@◆◆◆◆◆◆◆◆◆@◆◆◆@◆◆@◆◆◆◆◆◆K%◆@◆◆◆◆◆◆◆@◆◆◆@◆◆◆◆◆◆◆◆@◆◆◆◆◆K%%root@cof
fee-desktop:~#
```

"/etc/motd" 파일을 "ebcdic" 코드로 변환하여 홈 디렉터리로 복사하여 확인하여 보면 알 수 없는 문자로 나타난다. 이는 ASCII 코드가 아닌 EBCDIC 코드이기 때문이다.

```
root@coffee-desktop:~# dd if=~/motd of=~/motd2 conv=ascii
0+1 records in
0+1 records out
241 bytes (241 B) copied, 0.000298442 s, 808 kB/s
root@coffee-desktop:~# cat motd2
Linux coffee-desktop 2.6.32-22-generic #33-Ubuntu SMP Wed Apr 28 13:27:30 UTC 20
10 i686 GNU/Linux
Ubuntu 10.04 LTS

Welcome to Ubuntu!
 * Documentation:  https://help.ubuntu.com/

10 packages can be updated.
5 updates are security updates.

root@coffee-desktop:~# _
```

EBCDIC 코드로 변환되어 저장된 홈 디렉터리의 "motd" 파일을 다시 ASCII 코드로 변환하여 "motd2" 파일로 저장하는 명령이다. 주의할 것은 if="파일이름"과 of="파일이름"이 같으면 원본 파일이 손상된다.

6.2.22 날짜 계산 및 변경하기

```
# date [-u] [-d datestr] [-s datestr] [--utc] [--universal] [--date=datestr]
[--set=datestr] [--help] [--version] [+FORMAT] [MMD-Dhhmm[[CC]YY] [.ss]]
```

```
root@coffee-desktop:~# date
Sat May 29 18:32:25 KST 2010
root@coffee-desktop:~# date -d 20100529
Sat May 29 00:00:00 KST 2010
root@coffee-desktop:~# date
Sat May 29 18:32:43 KST 2010
root@coffee-desktop:~#
```

"-d" 옵션을 사용할 때 시간을 지정하지 않으면 00시 00분 00초로 변경된다.

```
root@coffee-desktop:~# date +"%Y %m %d %w" --date "-1 months -2 days ago"
2010 05 01 6
root@coffee-desktop:~# _
```

날짜를 계산하는 유용한 명령이다. "%w"가 표현하는 6은 토요일이라는 뜻이다.

```
# apt-get install rdate
# rdate [-46acnpsuv] [-o port] host
```

리눅스 시스템을 오랜 시간 동안 사용하다 보면 시간이 빨라지거나 느려지는 경우가 있다. 이럴 때 원격 시간 서버를 이용하여 시스템 시간을 동기화시켜 주면 항상 정확한 표준 시각을 유지할 수 있다.

"rdate" 명령은 우분투 13.04에서는 기본으로 제공되지 않는다. "sudo apt-get install rdate" 명령을 실행하여 설치하고 사용한다.

```
coffee@coffee-desktop: ~
coffee@coffee-desktop:~$ rdate -s time.bora.net
rdate: Could not set time of day: Operation not permitted
coffee@coffee-desktop:~$ sudo rdate -s time.bora.net
[sudo] password for coffee:
coffee@coffee-desktop:~$
```

첫 번째 명령의 메시지는 시스템 날짜 변경 권한이 없다는 의미이다. 다시 "sudo"를 활용하여 실행할 경우 자신 계정의 비밀번호를 사용하면 실행이 된다. 시간 서버로 사용할 수 있는 서버는 "time.bora.net" 이외에도 "time.kriss.re.kr", "time.nuri.net" 등이 있다.

6.2.23 파일 찾기

$ find [-H] [-L] [-P] [-D debugopts] [-Olevel] [path...] [expression]

```
root@coffee-desktop:~# find / -name termcap*
/usr/share/perl/5.10.1/termcap.pl
/usr/share/man/man5/termcap.5.gz
/usr/share/vte/termcap
root@coffee-desktop:~#
```

"/" 디렉터리에서 시작하여 하위 모든 디렉터리에서 "termcap"으로 시작하는 파일 및 폴더를 찾는 명령이다. 찾는 파일이 많을 경우 "grep" 명령을 함께 사용하여 필터링을 할 수 있다. 접근 권한이 없을 경우 오류 메시지는 나오지만 중단되지는 않는다.

6.2.24 프로세스 확인하기

$ ps [options]

```
root@coffee-desktop:~# ps
  PID TTY          TIME CMD
 7265 tty1     00:00:00 login
 7390 tty1     00:00:02 bash
 9944 tty1     00:00:00 ps
root@coffee-desktop:~#
```

"PID"는 프로그램이 실행되는 동안에 운영체제로부터 부여 받은 고유번호이다. 이 번호를 "kill" 명령에 제공하면 해당 프로세스는 종료된다.

```
UID        PID  PPID  C STIME TTY          TIME CMD
root         1     0  0 May26 ?        00:00:01 /sbin/init
root         2     0  0 May26 ?        00:00:00 [kthreadd]
root         3     2  0 May26 ?        00:00:00 [migration/0]
root         4     2  0 May26 ?        00:00:00 [ksoftirqd/0]
```

"ps -ef"를 실행한 결과로 1번이 "init"이고 2번이 "쓰레드"임을 알 수 있다.

```
root@coffee-desktop:~# ps -ef | grep tty1
root      7265     1  0 10:27 tty1     00:00:00 /bin/login --
root      7390  7265  0 10:40 tty1     00:00:02 -bash
root     10056  7390  0 19:27 tty1     00:00:00 ps -ef
root     10057  7390  0 19:27 tty1     00:00:00 grep --color=auto tty1
root@coffee-desktop:~#
```

특정 사용자의 프로세스만 보고 싶다면 "grep" 명령을 함께 사용하여 필터링 한다.

6.2.25 프로세스 강제 종료하기

```
# kill [ -s signal | -p ] [ -a ] [ -- ] pid ...
```

```
root@coffee-desktop:~# ps -ef | grep tty1
root      7265     1  0 10:27 tty1     00:00:00 /bin/login --
root      7390  7265  0 10:40 tty1     00:00:02 -bash
root     10100  7390  0 19:37 tty1     00:00:00 vi aa
root     10107  7390  0 19:38 tty1     00:00:00 ps -ef
root     10108  7390  0 19:38 tty1     00:00:00 grep --color=auto tty1
root@coffee-desktop:~# kill -9 10100
root@coffee-desktop:~# ps -ef | grep tty1
root      7265     1  0 10:27 tty1     00:00:00 /bin/login --
root      7390  7265  0 10:40 tty1     00:00:02 -bash
root     10121  7390  0 19:41 tty1     00:00:00 ps -ef
root     10122  7390  0 19:41 tty1     00:00:00 grep --color=auto tty1
[1]+  Killed                  vi aa
root@coffee-desktop:~#
```

프로세스 고유번호(PID) "10100"번을 갖는 프로세스를 강제로 종료한다. Ubuntu에서는 중요한 프로세스들이 종료되지 않도록 안전성을 확보하였다. 이러한 안전 장치가 없는 리눅스/유닉스 시스템에서 중요 프로세스를 종료할 경우 시스템이 심각한 hangup 상태에 빠질 수도 있다.

```
root@coffee-desktop:~# ps -ef | grep tty1
root      7265     1  0 10:27 tty1     00:00:00 /bin/login --
root      7390  7265  0 10:40 tty1     00:00:02 -bash
root     10152  7390  0 19:47 tty1     00:00:00 ps -ef
root     10153  7390  0 19:47 tty1     00:00:00 grep --color=auto tty1
root@coffee-desktop:~# kill -9 7265
root@coffee-desktop:~#
Ubuntu 10.04 LTS coffee-desktop tty1

coffee-desktop login:
```

"7265"번의 "/bin/login --" 프로세스를 강제 종료하면 해당 사용자는 로그아웃 된다. "-9" 옵션은 모든 프로세스를 제약 없이 종료할 수 있는 강력한 기능이다. "-1"은 해당 프로세스를 다시 시작하게 하는 옵션이다. Ubuntu의 메뉴에서는 사라졌지만 여전히 유용하다. 권한이 없는 프로세스는 종료할 수 없다. 슈퍼바이저는 모든 권한이 있으므로 어떠한 프로세스라도 종료할 수 있다.

6.2.26 마운트하기

```
# mount [-fnrvw] [-t 파일시스템유형] [-o 옵션] 장치 디렉토리
```

```
root@coffee-desktop:~# fdisk -l

Disk /dev/sda: 107.4 GB, 107374182400 bytes
255 heads, 63 sectors/track, 13054 cylinders
Units = cylinders of 16065 * 512 = 8225280 bytes
Sector size (logical/physical): 512 bytes / 512 bytes
I/O size (minimum/optimal): 512 bytes / 512 bytes
Disk identifier: 0x00027a5e

   Device Boot      Start         End      Blocks   Id  System
/dev/sda1   *           1       12869   103365632   83  Linux
/dev/sda2           12869       13055     1488897    5  Extended
/dev/sda5           12869       13055     1488896   82  Linux swap / Solaris
root@coffee-desktop:~# mount -t iso9660 /dev/cdrom /mnt/hgfs
mount: block device /dev/sr0 is write-protected, mounting read-only
root@coffee-desktop:~#
```

데이터 CD를 CD-ROM 드라이버에 넣고 VMware에서 "CD-ROM Connect"를 선택한다. "fdisk -l(소문자 L)" 명령에서 CD-ROM이 없다는 것을 확인한다. 물리적인 장치는 활성화되었지만 리눅스 파일 시스템에 논리적으로 연결되지 않았음을 의미한다. 파일 시스템에 연결하기 위한 명령이 "mount"이다.

```
root@coffee-desktop:~# ls -al /mnt/hgfs/
total 5
dr-xr-xr-x 1 root root  112 Oct 26  2009 .
drwxr-xr-x 3 root root 4096 May 20 18:36 ..
-r-xr-xr-x 1 root root  135 Oct 26  2009 readme.txt
root@coffee-desktop:~# _
```

이렇게 마운트 된 CD-ROM 디스크의 내용은 "/mnt/hgfs" 디렉터리에서 확인할 수 있다.

6.2.27 마운트 해제하기

```
# umount [-nv] 장치 | 디렉토리 [...]
```

```
root@coffee-desktop:~# umount /dev/cdrom
root@coffee-desktop:~# ls -al /mnt/hgfs/
total 8
drwxr-xr-x 2 root root 4096 May 20 18:36 .
drwxr-xr-x 3 root root 4096 May 20 18:36 ..
root@coffee-desktop:~#
```

마운트를 해제하면 CD-ROM 디스크 내용을 확인할 수 없다.

6.2.28 파일 시스템 검사하기

```
# fsck [-AVRTNP] [-s] [-t 파일시스템유형] [파일시스템옵션] 파일시스템 [...]
```

파일 시스템을 검사하고 오류를 수정하는 명령이다.

```
root@coffee-desktop: ~
root@coffee-desktop:~# fsck /dev/sda1
fsck from util-linux-ng 2.17.2
e2fsck 1.41.11 (14-Mar-2010)
/dev/sda1 is mounted.

WARNING!!!  The filesystem is mounted.    If you continue you ***WILL***
cause ***SEVERE*** filesystem damage.

Do you really want to continue (y/n)? yes

/dev/sda1: 저널 복구중
Clearing orphaned inode 2097798 (uid=0, gid=0, mode=0100644, size=32768)
Clearing orphaned inode 2097720 (uid=0, gid=0, mode=0100600, size=628)
/dev/sda1: clean, 153978/6463488 files, 1153155/25841408 blocks
root@coffee-desktop:~#
```

옵션을 지정하지 않고 검사하려는 파일 시스템을 지정하였다. 파일 시스템은 "/dev/" 디
렉터리에 각 장치와 대응하는 파일이 존재한다. 유닉스/리눅스 파일 시스템은 모든 디바
이스를 파일로 처리할 수 있는 매우 강력한 기능을 가지고 있다.

6.2.29 도스 명령어 지원

```
# mtools
```

```
root@coffee-desktop:~# mtools
Supported commands:
mattrib, mbadblocks, mcat, mcd, mclasserase, mcopy, mdel, mdeltree
mdir, mdoctorfat, mdu, mformat, minfo, mlabel, mmd, mmount
mpartition, mrd, mread, mmove, mren, mshowfat, mtoolstest, mtype
mwrite, mzip
root@coffee-desktop:~#
```

MS-DOS 즉, 마이크로소프트사의 명령 창에서 사용하는 명령어들을 지원하는 명령어
들이다.

6.2.30 파일 시스템 만들기

```
# mkfs [ -V ] [ -t 형태 ] [ fs-options ] 장치이름 [ 블럭 ]
```

```
root@coffee-desktop:~# mkfs -t ext3 /dev/ram0
mke2fs 1.41.11 (14-Mar-2010)
Filesystem label=
OS type: Linux
Block size=1024 (log=0)
Fragment size=1024 (log=0)
Stride=0 blocks, Stride width=0 blocks
16384 inodes, 65536 blocks
3276 blocks (5.00%) reserved for the super user
First data block=1
Maximum filesystem blocks=67108864
8 block groups
8192 blocks per group, 8192 fragments per group
2048 inodes per group
Superblock backups stored on blocks:
        8193, 24577, 40961, 57345

Writing inode tables: done
Creating journal (4096 blocks): done
Writing superblocks and filesystem accounting information: done

This filesystem will be automatically checked every 31 mounts or
180 days, whichever comes first.  Use tune2fs -c or -i to override.
root@coffee-desktop:~# _
```

"mkfs" 명령은 하나의 드라이버 장치를 리눅스 파일 시스템으로 만든다.

```
root@coffee-desktop:~# mount -t ext3 /dev/ram0 /mnt/hgfs/
root@coffee-desktop:~# cp /etc/motd /mnt/hgfs/
root@coffee-desktop:~# ls -al /mnt/hgfs/
total 18
drwxr-xr-x 3 root root  1024 May 29 21:11 .
drwxr-xr-x 3 root root  4096 May 20 18:36 ..
drwx------ 2 root root 12288 May 29 21:04 lost+found
-rw-r--r-- 1 root root   241 May 29 21:11 motd
root@coffee-desktop:~# umount /dev/ram0
root@coffee-desktop:~# ls -al /mnt/hgfs/
total 8
drwxr-xr-x 2 root root 4096 May 20 18:36 .
drwxr-xr-x 3 root root 4096 May 20 18:36 ..
root@coffee-desktop:~# _
```

이렇게 만든 파일 시스템은 "mount" 명령어로 마운트하여 사용할 수 있다.

6.2.31 접근 권한 변경하기

```
# chmod [-Rcfv] [--recursive] [--changes] [--silent] [--quiet]
[--verbose] [--help] [--version] mode file...
```

Owner			Group			Other			
r	w	x	r	w	x	r	w	x	Owner는 소유자, Group은 사용자가 소속된 그룹, Other은 기타 사용자이다.
4	2	1	4	2	1	4	2	1	r은 읽기(4), w는 쓰기(2), x는 실행(1)으로 2진수 자리 값으로 계산하는 8진수를 사용할 수 있다.
rwx			r-x			r-x			파일 소유자는 읽고, 쓰고, 실행할 수 있지만, 그룹 및 기타 소속 사용자는 읽고 실행만 할 수 있다.
7			5			5			
rwx			rwx			rwx			모든 사용자가 읽기, 쓰기 실행의 권한을 갖는다.
7			7			7			

```
root@coffee-desktop:~# mkdir Mydir
root@coffee-desktop:~# ls -al | grep Mydir
drwxr-xr-x  2 root root      4096 May 29 22:16 Mydir
root@coffee-desktop:~# chmod 777 Mydir
root@coffee-desktop:~# ls -al | grep Mydir
drwxrwxrwx  2 root root      4096 May 29 22:16 Mydir
root@coffee-desktop:~#
```

기본으로 만들어지는 권한은 디렉터리는 "755(rwxr-xr-x)"이고 일반 파일은 "644(rw-r--r--)"이다. 이는 "umask"로 설정된 디렉터리와 파일 생성의 기본 값이다. "umask"는 설정 값 계산 방법이 "chmod"의 빼기 연산으로 계산하여야 한다.

> # umask [-S] [모드]

"bash", 즉 쉘에 BUILTIN(내부 명령)으로 분류되는 명령어이다.

"umask 011"이라고 설정을 하면 "777-011"의 값 즉, "766"으로 파일 권한이 생성된다. 그러나 vi 편집기를 이용하여 생성되는 파일은 일반 파일이므로 기본적으로 실행 권한이 주어지지 않는다. 실행 권한을 부여하고 싶다면 "chmod +x 파일이름" 명령어를 이용하여 따로 지정해 주어야 한다.

```
root@coffee-desktop:~# umask 011
root@coffee-desktop:~# vi newfile
root@coffee-desktop:~# ls -al newfile
-rw-rw-rw- 1 root root 58 2010-06-04 10:41 newfile
root@coffee-desktop:~#
```

6.2.32 화면 제어 모드

> $ stty [설정...]

```
root@coffee-desktop:~# stty -a
speed 38400 baud; rows 24; columns 80; line = 0;
intr = ^C; quit = ^\; erase = ^?; kill = ^U; eof = ^D; eol = M-^?; eol2 = M-^?;
swtch = M-^?; start = ^Q; stop = ^S; susp = ^Z; rprnt = ^R; werase = ^W;
lnext = ^V; flush = ^O; min = 1; time = 0;
-parenb -parodd cs8 hupcl -cstopb cread -clocal -crtscts
-ignbrk brkint -ignpar -parmrk -inpck -istrip -inlcr -igncr icrnl ixon -ixoff
-iuclc ixany imaxbel iutf8
opost -olcuc -ocrnl onlcr -onocr -onlret -ofill -ofdel nl0 cr0 tab0 bs0 vt0 ff0
isig icanon iexten echo echoe echok -echonl -noflsh -xcase -tostop -echoprt
echoctl echoke
root@coffee-desktop:~#
```

";"으로 구분되는 내용 모두가 재설정이 가능하다. 예를 들어 터미널 전송 속도를 재설정하고 싶다면 "stty 9600"으로 설정하면 수정되고 해당 속도로 재설정이 된다. "^C", "^U", "^M" 등의 입력은 명령 라인에서 Ctrl+V를 먼저 누른 다음 해당 키를 입력하면 된다.

6.3 vi 편집기

6.3.1. vi에 대하여

리눅스나 유닉스를 처음 접하는 사람에게 vi는 매우 어려운 존재이다. 도스나 윈도우에서 문서 편집기를 써 본 사람에게는 vi는 매우 불편한 편집기로 생각될 것이다.

그러나 필자는 vi만큼 가볍고 편하게 쓸 수 있는 편집기는 지구 상에 없다고 말할 수 있다. "이맥스(emacs)" 등의 다른 편집기를 선호하는 사용자가 항의 할 수도 있을 것이다. 그러나 "이맥스(emacs)"는 GUI 환경을 필요로 하고 프로그램 크기가 크다.

리눅스/유닉스 계열의 시스템이라면 vi는 대부분 설치되어 있다. 심지어 GUI 모드가 지원되지 않는 열악한 환경에도 설치되어 있으므로 사용법을 익혀두면 여러모로 편리하게 쓸 수 있다. "vi"라는 이름은 "Visual Editor"의 앞의 두 글자를 의미한다.

이 에디터는 개발 당시 Line 단위가 아닌 화면 단위로 편집하는 획기적인 에디터였다. 1976년 Bill Joy(1954)가 캘리포니아 주립대학 버클리 캠퍼스에서 ADM3A 터미널로 만들었다고 전해진다.

리눅스/유닉스에 여러 가지 종류가 있듯이 vi도 여러 가지 클론이 만들어졌다. 요즘 대부분의 배포판에는 "vim"이라는 "vi"의 클론(clone)이 포함되어 있다. vim은 완벽하게 한글을 지원하고 원래의 vi의 기능을 충실하게 갖고 있을 뿐만 아니라 방향키 사용을 추가하고, 여러 가지 편리한 기능을 제공하여 많은 리눅서들이 선호하고 있다.

6.3.2 vi 시작하기

```
$ vi filename
```

```
~
~
~
~
~
~
~
~
"filename" [New File]
```

쉘 프롬프트에서 "vi filename"이라고 입력하고 엔터키를 누른다. 좌측에 물결 표시가 나오고 아래쪽에 "'filename' [New File]"이라고 나타난다. 여기서부터는 vi 편집기의 명령을 참조해야 한다. vi 편집기에는 크게 세 가지 모드가 있다. 첫째는 명령(ESC) 모드이고, 둘째는 편집(입력) 모드, 셋째는 확장(콜론) 모드이다.

vi 편집기의 종료는 명령 모드에서 ⓩⓩ(반드시 대문자로 한다.)를 누르면 저장 후 종료된다. 초보자의 경우 저장하고 종료하는 명령어인 ⓩⓩ(대문자)를 사용하려고 키보드를 누른다는 것이 Ctrl+ⓩ를 눌러 의도하지 않게 쉘 프롬프트를 호출하는 실수를 자주 보아왔다. 이러한 실수를 하였을 때는 다음 내용을 기억하였다가 실수하지 않았을 때와 같은 상태로 되돌리기를 바란다.

```
~
~

[1]+ 정지됨                    vi newfile
root@coffee-desktop:~#
```

그리고 다시 "vi" 명령을 사용하면 다음 그림과 같이 "vi −r filename"을 사용하여 복구하라는 메시지가 나온다.

```
E325: ATTENTION
Found a swap file by the name ".newfile.swp"
        owned by: root    dated: Tue Jun  1 15:33:20 2010
       file name: ~root/newfile
        modified: no
       user name: root    host name: coffee-desktop
      process ID: 2016 (still running)
While opening file "newfile"
             dated: Tue Jun  1 15:34:47 2010
      NEWER than swap file!

(1) Another program may be editing the same file.
    If this is the case, be careful not to end up with two
    different instances of the same file when making changes.
    Quit, or continue with caution.

(2) An edit session for this file crashed.
    If this is the case, use ":recover" or "vim -r newfile"
    to recover the changes (see ":help recovery").
    If you did this already, delete the swap file ".newfile.swp"
    to avoid this message.
"newfile" 2 lines, 55 characters
Press ENTER or type command to continue
```

"파일의 안전성을 보장하지 못한다."는 메시지이다. 엔터키를 누르면 파일의 내용이 보인다. 여기서 ⓩⓩ(대문자)를 눌러 파일을 저장하고 종료한다. 쉘 프롬프트에서 "fg"를 입력해 보면 이전에 작업하던 vi 편집기의 화면이 다시 나온다. 즉, 쉘 프롬프트에서 "vi" 명령으로 동일 파일을 열지 말고 "fg"를 입력하라는 뜻이다.

만약에 "fg" 명령의 오류 메시지가 다음과 같이 나온다면 또 다른 사용자 계정에서 동일 파일을 vi 편집기를 이용하여 편집 중이라는 뜻이 된다.

```
root@coffee-desktop:~# fg
-bash: fg: 현재 : no such job
root@coffee-desktop:~# _
```

해당 사용자 계정을 확인해보기 바란다.

Ctrl+Z는 현재 실행되고 있는 모든 프로그램을 백그라운드로 대기하라는 명령이다. 즉, 쉘 프롬프트 비상 호출용 시스템 명령인 셈이다. 백그라운드로 들어가는 것을 알았으니 포그라운드로 나타나게 하는 명령어로 "fg" 명령을 사용한다.

```
root@coffee-desktop:~# fg
```

6.3.3 환경 설정

다음에 설명하는 "6.4 vi 중급 사용자로" 절에서 자세히 살펴보겠지만 여기서 간단하게 "vi"를 사용하기 전에 편리한 사용을 위한 몇 가지 환경 설정을 살펴보겠다. 환경 설정을 하는 방법은 두 가지가 있다. 첫 번째는 환경 설정 파일을 만들어 "vi"를 실행할 때마다 적용되도록 하는 방법이고, 두 번째는 "vi"의 확장 모드인 ":"을 이용하여 설정하는 방법이다. ":"을 이용하여 설정하면 "vi"를 종료하고 다시 실행할 경우 설정 내용이 없어진다. 환경 설정 내용을 파일로 만들어 사용하는 것이 효율적이다.

```
# vi .vimrc
```

```
set sm
set number
set tabstop=4
set autoindent
set cindent
set ruler
set encoding=UTF-8
set term=xterm-color
```

".vimrc" 파일은 vi 편집기에 적용할 환경 설정 내용을 저장하여 두었다가 vi 편집기가 실행될 때 참고하는 숨은 파일이다. 만약 현재 디렉터리에 파일이 존재하지 않는다면 기본 설정은 "/etc/vimrc" 파일의 설정 내용을 따른다. vi 편집기 시작 후 설정 내용을 입력하기 위해서 먼저할 일은 vi 편집기의 명령 모드에서 편집 모드로의 전환이다.

입력을 위한 편집 모드로의 전환은 "i" 또는 "a"를 명령 모드에서 입력한다. 편집 모드에서는 글자를 입력하면 된다. 줄을 바꾸고자 할 때는 Enter 키를 누른다. 입력을 다하였으면 Esc 키를 눌러 vi 편집기의 명령 모드로 전환한다. vi 편집기의 명령 모드에서 Z Z (대문자) 키를 누르면 편집된 내용을 저장하고 vi 편집기를 종료한다.

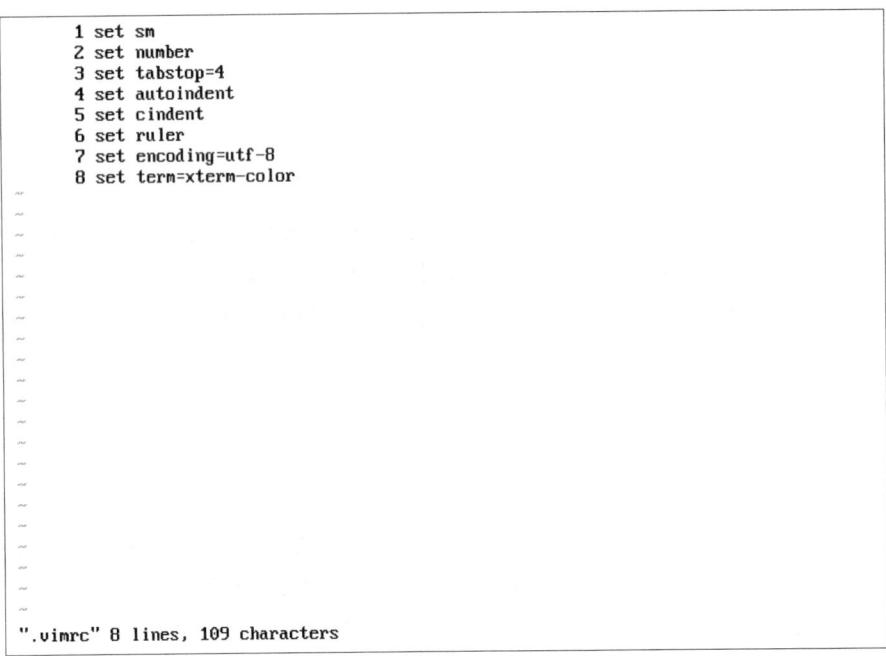

```
    1 set sm
    2 set number
    3 set tabstop=4
    4 set autoindent
    5 set cindent
    6 set ruler
    7 set encoding=utf-8
    8 set term=xterm-color
~
~
~
~
~
~
~
~
~
~
~
~
~
~
~
~
~
~
~
~
".vimrc" 8 lines, 109 characters
```

Shift 키를 사용하여 대문자 Z Z (대문자)를 사용하기를 다시 한 번 적어둔다. 실수로 Ctrl 키를 사용하였다면 "fg" 명령을 사용하여 "vi"를 다시 활성화시켜 저장하고 종료하자. 다시 vi 편집기를 실행해 보면 바뀐 결과를 확인할 수 있다.

"vi" 명령어는 매우 많다. 많은 명령어를 모두 소개하기는 효율적이지 않으므로 필요하다고 판단되는 효율적인 명령어를 모아서 이해하기 쉬운 다이어그램을 하나 제시하니 독자 여러분은 필요한 내용을 채워서 사용하면 좋을 것 같다.

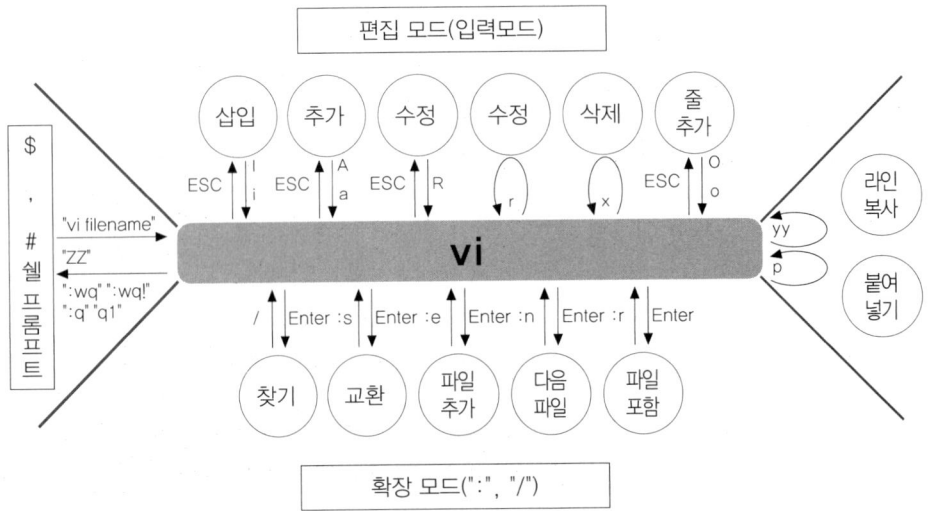

6.3.4 vi의 실행과 종료 및 파일 저장

vi를 실행해 보자. 셸 프롬프트에서 "vi⟨cr⟩"를 입력하면 다음과 같은 화면이 보일 것이다. "⟨cr⟩"은 "⟨", "c", "r", "⟩"의 네 글자를 차례대로 입력하라는 뜻이 아니라 Enter 키를 누르라는 뜻이다. 만약 이미 존재하는 어떤 파일을 편집하고 싶다면 "vi [filename]⟨cr⟩"을 입력한다.

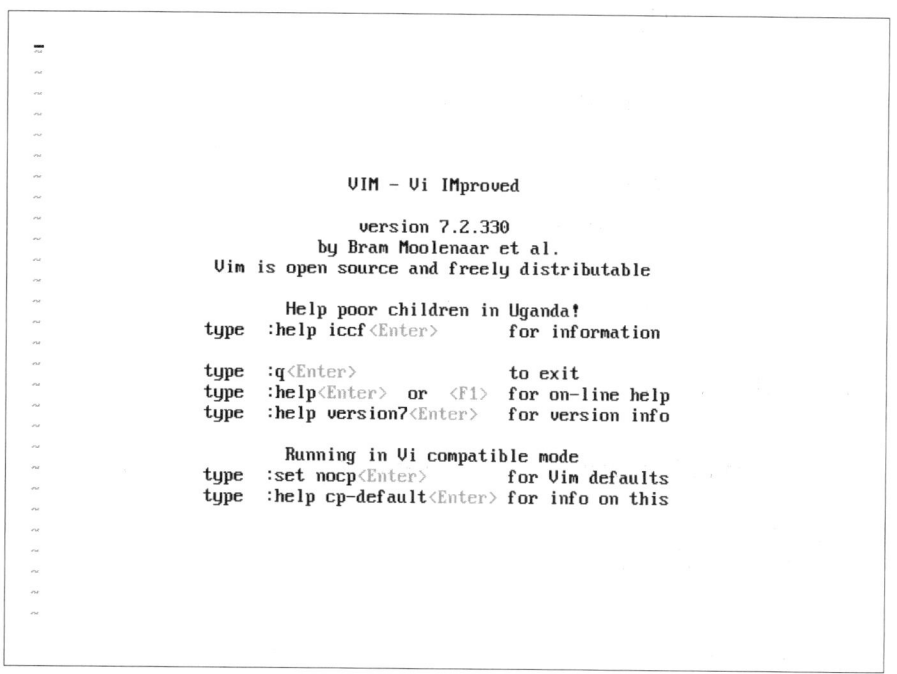

행의 왼쪽에 보이는 "~"는 빈 줄, 즉 아무 것도 없는 줄이라는 뜻이다. 친절하게도 "vim"은 실행하자마자 가장 중요한 명령을 알려준다. 바로 ":q⟨cr⟩"이다. 한번 입력해 보자. 셸 프롬프트로 돌아갈 것이다.

"quit"의 줄임 글자인 것을 짐작하고 있을 것이다. vi 편집기를 종료하는 명령 못지않게 중요한 명령이 있다. 바로 파일을 저장하는 명령이다. 파일을 저장하기 위해서는 명령 모드에서 ":w [file]⟨cr⟩"을 입력하면 된다.

이미 파일 이름이 지정되어 있다면 그냥 간단히 ":w"만 입력해도 된다. "w"는 "write"의 첫 글자이다. 파일을 저장하면서 "vi"를 종료하려면 명령 모드에서 Z Z (대문자) 혹은 ":wq⟨cr⟩", ":wq!⟨cr⟩"를 차례로 입력해도 된다.

6.3.5 글 입력

이제 편집을 위한 입력을 해보자. 앞서 살펴본 모드라는 것이 생각이 나는가? 모드는 명령(ESC) 모드, 편집(입력) 모드, 확장(콜론) 모드의 세 가지가 있다는 것을 다시 한 번 기억하도록 한다.

일반 편집기는 실행되면 기본적인 모드가 편집(입력) 모드이다. 그러나 vi 편집기는 기본적인 모드가 명령(ESC) 모드이다. 명령(ESC) 모드에서 키보드로 입력하는 문자 하나하나는 vi 편집기에 대한 명령어로 인식된다.

입력 모드로 들어가는 문자를 입력하면 그때부터 비로소 입력 모드가 되는 것이다. 입력 모드에서 명령 모드로 복귀하려면 (Esc) 키를 누른다. 입력 모드로 들어가는 명령을 요약하면 다음 표와 같다.

a	커서 위치 다음에 추가하기(Append)
A	커서가 있는 줄의 끝에서부터 추가하기(Append)
i	커서 위치 앞쪽에 끼워넣기(Insert)
I	커서 위치 줄의 맨 앞에서부터 끼워넣기(Insert)
o	커서 위치 다음 줄에 빈 줄을 만들고 추가하기(Append Line)
O	커서 위치 바로 위에 줄을 만들고 끼워넣기(Insert Line)

다음과 같이 입력하여 보자.

imy name is lgbong<cr>nice to meet you<cr>are you OK?

화면에 다음과 같이 입력될 것이다.

```
my name is lgbong
nice to meet you
are you OK?_
~
~
```

입력을 마쳤으면 (Esc) 키를 눌러 다시 명령 모드로 돌아오자. 만약 현재 상태가 입력 모드인지 명령 모드인지 잘 모른다면 무조건 (Esc) 키를 눌러 일단 명령 모드로 돌아온 후 다시 시작하도록 한다.

6.3.6 커서 이동

이제 커서를 이동시켜 보자. 커서 이동에 사용하는 키는 다음과 같다.

h	한 칸 왼쪽으로 이동	l	한 칸 오른쪽으로 이동
j	한 줄 아래로 이동	k	한 줄 위로 이동
w	다음 단어의 첫 글자로 이동	W	다음 단어의 첫 글자로 이동
b	이전 단어의 첫 글자로 이동	B	이전 단어의 첫 글자로 이동
e	단어의 마지막 글자로 이동	E	단어의 마지막 글자로 이동
^	그 줄의 첫 글자로 이동	$	그 줄의 마지막 글자로 이동
0	그 줄의 처음으로 이동	<cr>	다음 줄의 첫 글자로 이동
+	다음 줄의 첫 글자로 이동	-	윗줄의 첫 글자로 이동

(	이전 문장의 첫 글자로 이동	)	다음 문장의 첫 글자로 이동
{	이전 문단으로 이동	}	다음 문단으로 이동

단어 단위 이동 명령에서 대문자 명령은 소문자 명령과 약간 차이가 있다. 대문자 명령은 무조건 띄어쓰기 전까지를 한 단어로 취급한다. 다시 말해 "my name is 'lgbong'"에서 소문자 명령인 'w', 'b', 'e'는 "/ my / name / is / ' / lgbong / ' /"을 각각 한 단어로 취급하여 6개의 단어로 인식하는 반면, 대문자 명령인 'W', 'B', 'E'는 "/ my / name / is / 'lgbong' /"을 각각 한 단어로 취급하여 4개의 단어로 인식한다.

줄 단위 이동 명령에서는 빈 줄이 나오기 전까지를 한 문단으로 취급한다. 즉, "{"를 누르면 이전 빈 줄로, "}"를 누르면 다음 빈 줄로 이동한다.

6.3.7 글 수정

작성되어 있는 글을 수정하는 명령은 보통 "c"와 커서 이동 명령이 결합된 형태이다. 정리하면 다음과 같다.

r	커서 위치의 한 글자 교체
R	커서 위치부터 〈Esc〉를 누를 때까지 다른 글자로 교체
s, cl	커서 위치의 한 글자를 여러 글자로 교체
ch	커서 바로 앞의 한 글자를 여러 글자로 교체
cw	커서 위치의 한 단어를 교체
c0	커서 위치부터 줄의 처음까지 교체
C, c$	커서 위치부터 줄의 끝까지 교체
cc	커서가 있는 줄을 교체
cj	커서가 있는 줄과 그 다음 줄을 교체
ck	커서가 있는 줄과 그 앞 줄을 교체

이제 실습을 해보자. 다음과 같이 입력해 보자.

```
hhhhhhr1kwwwcwenion lab in University of Incheon<esc>
```

아래와 같이 바뀌었을 것이다. 6글자 왼쪽으로 이동한 후(hhhhhh) 커서 위치의 글자("y") 하나(r)를 "1"로 교체하고, 한 줄 위로 이동(k)한 후 세 단어 오른쪽으로 이동하여(www) 커서 위치의 단어("you")를 "enion lab in University of Incheon"으로 교체(cw)한 뒤에 명령 모드로 전환(〈esc〉)하는 입력이 된다.

```
my name is lgbong
nice to meet enion lab in University of Incheon
are 1ou OK?
~
~
```

6.3.8 글 삭제

글을 삭제하는 명령도 수정하는 명령과 거의 비슷하다. 글을 수정하는 명령이 "c"와 커서 이동 명령이 결합된 형태인 것처럼 글을 삭제하는 명령은 "d"와 커서 이동 명령이 결합된 형태이다. 정리하면 다음과 같다.

x, dl	커서 위치의 글자 삭제
X, dh	커서 바로 앞의 글자 삭제
dw	한 단어를 삭제
d0	커서 위치부터 줄의 처음까지 삭제
D, d$	커서 위치부터 줄의 끝까지 삭제
dd	커서가 있는 줄을 삭제
dj	커서가 있는 줄과 그 다음 줄을 삭제
dk	커서가 있는 줄과 그 앞줄을 삭제

이제 글을 삭제해 보자. 다음과 같이 입력한다.

```
0wd0wwxxxxxxwwXXXja??<Esc>
```

현재 줄의 처음으로 이동(0)하여 한 단어 오른쪽으로 이동한 후(w) 커서 위치부터 줄의 처음까지("nice")를 지우고(d0), 다시 두 단어 이동한 뒤(ww) 커서 위치의 6글자를 지우고 (xxxxxx), 다시 두 단어 이동한 뒤(ww) 커서 바로 앞의 글자 3개를 지우고(XXX), 다음 줄로 이동하여 '??' 두 글자를 추가하는 명령이다. 이제 아래와 같이 바뀌었을 것이다.

```
my name is lgbong
to meet lab University of Incheon
are 1ou OK???
```

6.3.9 복사 & 붙이기

글을 복사하는 명령으로 이미 두 가지를 배웠다. 위에서 글 교체와 글 삭제 명령으로 지워진 글은 버퍼에 저장된다. 버퍼에 저장된 글을 붙여넣는 명령은 두 가지가 있다.

"p"를 누르면 현재 커서 위치의 바로 다음에 붙여넣고, "P"를 누르면 현재 커서 위치의 바로 앞에 붙여넣는다.

현재 작성되어 있는 글에 영향을 미치지 않고 글을 복사하는 방법은 "c"나 "d" 대신 "y"를 사용한다는 점을 제외하면, 위에서 살펴본 교체나 삭제 방법과 동일하다. "y"는 "잡아당기다"라는 뜻의 영어 단어 "yank"의 첫 글자이다. 정리하면 다음과 같다.

yw	커서 위치부터 단어의 끝까지 복사
y0	커서 위치부터 줄의 처음까지 복사
y$	커서 위치부터 줄의 끝까지 복사
yy	커서가 있는 줄을 복사
yj	커서가 있는 줄과 그 다음 줄을 복사
yk	커서가 있는 줄과 그 앞줄을 복사
p	커서의 다음 위치에 붙여넣기
P	커서가 있는 위치에 붙여넣기

다음과 같이 입력해 보자.

```
kkPjyyjpjdw$pdw$p0dw$p
```

먼저 두 줄 위로 올라가 커서 위치에 조금 전에 삭제한 내용을 붙여넣기(kkP) 하고 다음 줄을 복사해서(jyy) 한 줄 아래로 이동한 후 커서 뒤쪽(아래쪽)에 붙여넣기 한 후(jp) 한 줄 아래로 내려가 한 단어를 삭제한 후 그 단어를 그 줄의 맨 끝에 붙여넣고(jdw$p) 다시 맨 앞의 한 단어를 삭제한 후 맨 뒤에 붙여넣기(0dw$p) 하라는 명령이다. 이제 다음과 같이 바뀌었을 것이다.

```
my name is ligbong
to meet lab University of Incheon
to meet lab University of Incheon
OK???are 1ou_
~
~
```

6.3.10 기타

다음은 위에는 해당되지 않지만 많이 사용되는 명령들이다.

u	작업 취소(undo)
U	그 줄에 행해진 작업 모두 취소
Ctrl+r	작업 재실행(redo)
.	조금 전에 했던 명령을 반복
J	현재 줄과 아래 줄을 연결
~	대문자를 소문자로, 소문자를 대문자로 바꿈
%	괄호의 반대쪽 짝으로 이동
Ctrl+l	현재 화면을 지우고 다시 그림
Ctrl+g	파일에 관한 정보를 표시

다음과 같이 입력해 보자.

```
kkk0wwwxxxxxxxuuujdw.UkJ
```

먼저 3줄 위로 이동해 그 줄의 맨 앞으로 이동한 후 세 단어 오른쪽으로 이동하고 (kkk0www), 글자 6개를 지웠다가 이를 취소한 후(xxxxxxuuu) 한 줄 아래로 내려가 한 단어를 삭제하고(jdw) 다시 한번 한 단어를 삭제하고(.), 그 줄에서 행해진 작업을 모두 취소한 뒤(U) 1줄 올라가 그 줄과 그 다음 줄을 연결하라(kJ)는 명령이다. 이제 다음과 같이 바뀌었다.

```
my name is g to meet lab University of Incheon
to meet lab University of Incheon
OK???are 1ou
~
```

Ctrl+l 명령은 화면을 다시 나타내는 명령이다. 문서 작성 중에 다른 사용자로부터 메시지가 오거나 혹은 다른 시스템 메시지에 의해 화면이 지저분해질 경우 사용하면 편리하다. 지금까지 배운 대부분의 명령 앞에는 숫자 인수를 줄 수 있다. 다음과 같이 입력해 보자.

```
jj0w2dw2k2yy3P
```

2줄 아래로 내려간 후 첫 번째 칸으로 이동했다가 한 단어 오른쪽으로 이동(jjj0w)하고, 두 단어를 지운 후(2dw), 두 줄 위로 올라가서(2k), 두 줄을 복사해서(2yy), 세 번 붙여 넣기 하라(3P)는 뜻이다. 이제 다음과 같이 바뀌었을 것이다.

```
my name is g to meet lab University of Incheon
to meet lab University of Incheon
my name is g to meet lab University of Incheon
to meet lab University of Incheon
my name is g to meet lab University of Incheon
to meet lab University of Incheon
my name is g to meet lab University of Incheon
to meet lab University of Incheon
OK1ou
~
~
```

기본적인 내용은 익혀 보았다. 지금까지 살펴본 내용만으로도 간단한 문서를 작성하고 편집하는 데에는 문제가 없을 것이다. 이제 vi 편집기를 종료해 본다.

```
:q<cr>
```

엇, 그런데 vi 편집기가 말을 듣지 않는다. 화면 맨 아래를 보면 다음과 같이 나와 있을 것이다.

```
~
~
E37: No write since last change (add ! to override)
```

파일을 저장하지 않았기 때문에 그냥은 나갈 수 없다는 뜻이다. 강제로 빠져나가려면 "!"를 사용해야 한다.

```
:q!<cr>
```

이제 별 탈 없이 vi 편집기를 빠져나올 수 있을 것이다. 그러나 지금까지 작성한 내용은 어디에도 저장되지 않는다. 잃어버린 것이다.

6.4 vi 중급 사용자로

일단 vi 편집기를 실행한 후 "/usr/lib/openoffice/readmes/README_en-GB"라는 파일을 한번 열어 보자. 애써 시작한 vi 편집기를 종료한 다음 쉘 명령 프롬프트에서 다음과 같이 입력한다.

```
$ vi /usr/lib/openoffice/readmes/README_en-GB
```

이러한 방법으로 vi 편집기를 다시 실행해도 되지만 명령 모드에서 확장 모드를 사용하여 편집하려는 파일을 열 수도 있다.

```
:e /usr/lib/openoffice/readmes/README_en-GB
```

쉘에서처럼 파일 이름을 전부 다 입력하지 않고 일부만 입력한 후 (Tab) 키를 누르면 자동 완성되는 것은 동일하다. 다음과 같은 화면이 나올 것이다. 꼭 이 파일이 아니라도 상관 없다. 만약 이 파일이 없다면 다른 아무 파일이나 큰 파일을 열어 보자.

```
-----------------------------------------------------------
Welcome
-----------------------------------------------------------

-----------------------------------------------------------
OpenOffice.org 3.2 ReadMe
-----------------------------------------------------------

For latest updates to this readme file, see http://www.openoffice.org/welcome/re
adme.html
Dear User

This file contains important information about this program. Please read this in
formation very carefully before starting work.

The OpenOffice.org Community, responsible for the development of this product, w
ould like to invite you to participate as a community member. As a new user, you
 can check out the OpenOffice.org site with helpful user information at
http://www.openoffice.org/about_us/introduction.html
Also read the sections below about getting involved in the OpenOffice.org projec
t.

-----------------------------------------------------------
Is OpenOffice.org really free for any user?
-----------------------------------------------------------

@
@
root@coffee-desktop:/selinux# vi /usr/lib/openoffice/readmes/README_en-GB
```

전체 169 줄이다. "j" 키를 눌러 한 줄씩 내려가며 한번 헤아려 보자. 농담이다. 설마 정말 이렇게 하는 사람이 있다면 필자는 아주 슬프다.(-;) 화면 맨 아래에 보면 '169 lines'라고 나와 있다. 만약 나오지 않는다면 Ctrl+g를 눌러보자.

6.4.1 화면 이동

앞 장에서 이미 커서 이동 명령을 배웠다. 그러나 커다란 문서에서 "j", "k" 키만 가지고 돌아다니는 것은 너무 시간이 오래 걸린다. 커다란 문서를 편집할 때 화면 이동에 쓰이는 키는 다음과 같다.

H	커서를 화면의 맨 위로	Ctrl+u	½ 화면 위로 스크롤
z⟨cr⟩	현재 줄을 화면의 맨 위로	Ctrl+b	한 화면 위로 스크롤
M	커서를 화면의 중앙으로	Ctrl+d	½ 화면 아래로 스크롤
z.	현재 줄을 화면의 중앙으로	Ctrl+f	한 화면 아래로 스크롤
L	커서를 화면의 맨 아래로	gg, 1G	문서의 맨 처음 줄로
z-	현재 줄을 화면의 맨 아래로	G	문서의 맨 마지막 줄로
[n]H	커서를 위에서 [n]번째 줄로	[n]G	[n]번째 줄로 이동
[n]L	커서를 아래에서 [n]번째 줄로		

이제 또 실습을 해 볼 차례다. 먼저 "G"를 눌러 보자. 화면의 맨 마지막 줄로 커서가 이동할 것이다.

이번에는 "gg"를 입력해 보자. 다시 맨 처음 화면으로 돌아올 것이다. 극과 극으로만 움직이니 별로 재미가 없다. "100G"를 한번 입력해 보자. 100번째 줄로 커서가 이동할 것이다. 정말 100번째 줄인지 궁금하면 "k" 키를 한 번씩 누르며 몇 번 눌러야 첫 번째 줄까지 가는지 한번 헤아려 보자.

```
:set number<cr> 또는 :set nu<cr>
```

입력해 보자. 화면 왼쪽에 행 번호가 표시된다. ":se nu"로 줄여서 입력하여도 된다.

```
:set nonumber<cr> 또는 :set nonu<cr>
```

입력하면 행 번호가 다시 사라진다.

이제 Ctrl+f를 눌러 한 페이지씩 아래로 내려가 보자. 다시 Ctrl+b를 눌러 원래 위치로 돌아와 보자. 이번에는 "H"를 눌러 보자. 커서가 화면의 맨 첫 번째 줄로 이동할 것이다. "M", "L"도 한 번씩 눌러 보자. 이번에는 "z⟨cr⟩"을 눌러 보자.

"H"를 눌렀을 때와는 약간 다를 것이다. "H"를 누르면 화면은 정지된 채 커서만 이동하는데 반해 "z⟨cr⟩"을 누르면 문서가 스크롤되어 커서가 있는 줄이 첫 번째 줄에 위치하게 된다. "z.", "z–"도 한 번씩 눌러보자. 눈으로 느끼면 익히기 쉽다.

6.4.2 마킹(북마크)

이제 커다란 문서에서도 마음대로 커서를 움직일 수 있게 되었다. 그런데 만약 어떤 위치에서 작업하다가 잠깐 다른 위치로 가서 뭔가 복사해서 원래의 위치에 붙여넣기를 해야 하는 경우를 생각해 보자.

줄 번호를 기억해 두었다가 "[n]G" 명령으로 그 줄로 가도 되겠지만 똑똑한 컴퓨터를 놔두고 머리를 혹사시킬(?) 필요는 없다. vi 편집기는 26개의 마킹을 제공한다. 즉, 어떤 위치에 마크를 해 둔 후 다른 위치로 이동했다가 다시 돌아갈 때 그 마크를 이용할 수 있다. 마킹에 관계된 명령들을 정리하면 다음과 같다.

ma	현재 위치를 'a'로 마크		
`a	마크된 'a'로 이동	'a	마크된 'a'가 있는 줄의 처음으로 이동
``	직전의 커서 위치로 이동	''	직전에 커서가 위치하던 줄의 처음으로

6.4.3 여러 개의 버퍼 사용

앞에서 버퍼를 사용하는 방법에 대해서 이미 배웠다. 그런데 앞에서 배운 내용으로는 마지막으로 버퍼에 저장된 내용밖에는 사용할 수 없다. vi 편집기는 이전 9개까지 버퍼에 저장되었던 내용을 기억한다.

먼저 삭제, 복사, 교체한 글은 1번 버퍼에 저장된다. 그 상태에서 또 다른 글을 삭제, 복사, 교체하면 그 내용이 1번 버퍼에 저장되고, 기존의 1번 버퍼에 내용은 2번 버퍼로 옮겨진다. 그 상태에서 다시 글을 삭제하거나 복사하거나 교체하면 그 내용이 다시 1번 버퍼에 옮겨지고 1번 버퍼에 있던 글은 2번 버퍼에, 2번 버퍼에 있던 글은 3번 버퍼로 옮겨진다.

이런 방법으로 총 9개의 버퍼에 내용이 저장된다. [n] 번째 버퍼에 있는 내용을 붙여넣기 위해서는 다음과 같이 입력하면 된다.

```
"np 혹은 "nP
```

즉, 붙여넣기 전에 '"n'을 붙여주면 된다. n은 숫자이다. 만약 어떤 버퍼에 저장된 내용을 붙여넣어야 할지 잘 모르겠으면 다음과 같이 해보면 자동적으로 버퍼의 번호를 증가시킬 수 있다.

```
"1pu.u.u.u.
```

위에서 이야기한 9개의 버퍼 외에도 vi 편집기에서는 "a"부터 "z"까지 이름이 붙은 26개의 버퍼를 더 사용할 수 있다. 만약 현재 줄부터 3줄을 버퍼 "a"에 복사하고 싶다면 '"a3yy'를 입력한다.

현재 커서의 위치에서 줄의 끝까지 지우면서 그 내용을 버퍼 "b"에 저장하고 싶다면 '"bD'를 입력하면 된다. 버퍼에 있는 내용을 붙여넣기 하는 방법은 앞에서 설명한 9개의 버퍼와 같다. 만약 버퍼 "a"에 있는 내용을 붙여넣기 하고 싶다면 '"ap'를 입력하면 된다.

6.4.4 패턴 검색 및 교체

패턴을 검색하는 방법은 크게 두 가지가 있다. 먼저 그 줄에서 일치하는 글자를 찾는 방법이다. 만약 현재 줄에서 "a"라는 문자를 찾고 싶다면 "fa"를 입력한다. 다음 "a"를 검색하려면 ";"를 입력하고 다시 이전의 "a"를 검색하려면 ","를 입력한다.

사실 위에서 배운 한 줄 안에서의 검색은 별로 쓸 일이 없을 것 같다. 대부분의 경우 그냥 눈으로 보고 "h", "l" 키나 "w", "b" 키로 찾아가는 것이 편하다는 사람이 많은 것 같다.

보다 많이 쓰이는 검색 방법은 문서 전체에서 특정 패턴을 찾는 방법이다. 문서 전체에서 특정 패턴을 찾는 방법을 정리하면 다음과 같다.

/[pattern]⟨cr⟩	현재 위치에서부터 아래 방향으로 패턴 검색
?[pattern]⟨cr⟩	현재 위치에서부터 위쪽 방향으로 패턴 검색
n	검색하던 방향으로 계속 패턴 검색
N	검색하던 반대 방향으로 계속 패턴 검색

만약 "linux"라는 단어를 검색하고 싶다면 다음과 같이 입력한다.

```
/linux<cr>
```

계속하여 일치하는 패턴을 검색하고 싶다면 "n"을 입력한다. 문서의 맨 마지막 패턴에서 다시 "n"을 누르면 문서의 처음부터 검색을 시작할 것이다. 이 기능을 끄고 싶다면 다음과 같이 입력한다.

```
:set nowrapscan<cr> 또는 :set nows<cr>
```

이제 문서의 끝에 도달하면 다시 처음으로 돌아가지 않을 것이다. 다시 켜고 싶다면 다음과 같이 입력한다.

```
:set wrapscan<cr> 또는 :set ws<cr>
```

검색만 하니 별로 재미가 없다. 이제 특정 패턴을 다른 패턴으로 바꾸어 보자. 어떤 패턴을 다른 패턴으로 바꾸는 방법을 정리하면 다음과 같다.

:s/old/new⟨cr⟩	현재 줄의 처음 old를 new로 교체
:s/old/new/g⟨cr⟩	현재 줄의 모든 old를 new로 교체
:1,20s/old/new/g⟨cr⟩	1부터 20번째 줄까지 모든 old를 new로 교체
:-2,+4s/old/new/g⟨cr⟩	커서 2줄 위부터 4줄 아래까지 모든 old를 new로 교체
:%s/old/new/g⟨cr⟩	문서 전체에서 old를 new로 교체
:%s/old/new/gc⟨cr⟩	문서 전체에서 old를 new로 확인하며 교체
:g/pattern/s/old/new/g⟨cr⟩	pattern이 있는 모든 줄의 old를 new로 교체
:g/pattern/s//new/g⟨cr⟩	:%s/old/new/g⟨cr⟩과 동일

6.4.5 vi에서 Linux 명령 실행

다음과 같이 입력해 보자.

```
:!bash⟨cr⟩
```

친숙한 쉘 프롬프트가 나온다. 만약 vi 편집기를 사용하다가 잠깐 쉘 프롬프트로 나와야 할 경 우 사용한다. 다시 "vi"로 돌아가고 싶으면 "exit⟨cr⟩"를 입력한다. ":q⟨cr⟩"로 vi 편집기를 종료한 것과는 달리 현재 커서의 위치나 버퍼의 내용이 그대로 보존되므로 잠깐 동안 쉘 프롬프트로 나왔다가 금방 다시 "vi"로 돌아가야 할 경우 편리하게 사용할 수 있다.

그런데 주의할 점이 있다. 이렇게 vi 편집기를 빠져나온 후 다시 vi 편집기를 실행하지 말기를 바란다. 별 문제야 없겠지만 같은 파일을 읽게 되면 저장 순서에 따라 먼저 저장한 내용은 찾을 수가 없는 문제가 생긴다.

만약 한 개의 명령어만 실행할 경우 좀 더 편리한 방법이 있다.

```
![command]⟨cr⟩
```

예를 들자면 "latex"와 "vi"로 문서를 작성하고 있을 경우 문서 미리 보기를 할 때마다 vi 편집기를 종료하고 보기를 한다면 무척 불편하다. 다행히 다음과 같이 명령어를 조합하면 vi 편집기를 종료하지 않고 미리 보기를 할 수 있다.

```
:!latex %; xdvi %<.dvi⟨cr⟩
```

현재 편집 중인 파일 이름이 "vi-seminar.tex"일 때 "latex"라는 명령으로 현재 편집 중인 파일인 vi-seminar.tex 파일을 컴파일 한 다음 생성된 "vi-seminar.dvi" 파일을 "xdvi"라는 프로그램으로 열어보라는 명령이다. 매번 이렇게 입력할 필요는 없다. ":"을 누른 후 "위쪽 화살표" 키 혹은 Ctrl + p 키를 누르면 이전에 사용했던 명령이 나올 것이다. 이전에 사용했던 명령을 찾아 단순히 〈cr〉 키만 입력하면 된다.

6.4.6 확장(콜론) 모드의 사용

이미 확장(콜론) 모드에서 사용하는 명령어를 몇 가지 배웠다. 명령 모드에서 ":"을 입력하면 아래와 같이 화면 맨 아래에서 입력하는 글자들이 보일 것이다.

```
Portions Copyright 1998, 1999 James Clark. Portions Copyright 1996, 1998 Netscap
e Communications Corporation.
:_
```

이와 같은 모드를 "확장 모드" 혹은 "콜론 모드", "ex 모드", "끝줄 모드", ": 모드"로 따로 구분해서 부르기도 한다.

확장 모드에서 많이 사용하는 명령어를 정리하면 다음과 같다. 특정 패턴을 다른 패턴으로 교체하는 방법은 이미 위에서 정리하였으므로 생략한다.

:q〈cr〉	vi를 종료함
:w〈cr〉	편집 중인 문서를 저장
:w [file]〈cr〉	편집 중인 문서를 [file]로 저장
:w 〉〉 [file]〈cr〉	편집 중인 문서를 [file]에 덧붙여서 저장
:e [file]〈cr〉	[file]을 불러옴
:e#〈cr〉	이전에 편집하던 파일을 불러옴
:e%〈cr〉	현재 파일을 다시 불러옴. 즉, 저장하지 않은 작업 취소
:r [file]〈cr〉	[file]을 커서 위치에 끼워넣기
:set [option]〈cr〉	[option]을 켜기
:set [nooption]〈cr〉	[option]을 끄기
:![command]〈cr〉	[command] 실행
:r ![command]〈cr〉	[command] 실행 결과를 끼워넣기

예를 들어 현재 위치에 날짜와 시간을 삽입하고 싶으면, 확장 모드에서 다음과 같이 명령을 입력한다.

```
:r !date<cr>
```

만약 "phone"이라는 파일을 정렬하여 삽입하고 싶으면, 확장 모드에서 다음과 같이 명령을 입력한다.

```
:r !sort phone<cr>
```

앞에서 이미 "set" 명령에 사용할 수 있는 옵션을 몇 가지 정리하였다. "number"와 "wrapscan"이 생각나지 않는다면 앞으로 되돌아가 확인하기 바란다. 다른 유용한 옵션들은 다음 장에서 설명하겠다.

6.5 vi의 고수로

지금까지 배운 내용만 사용하더라도 이제 vi 편집기를 다른 범상한 편집기와는 비교도할 수 없을 만큼 편리하게 사용할 수 있다. 이 정도만으로도 친구에게 자랑할 수 있을 것이다. 그러나 아직 "나는 vi의 고수다!"라고 말하기는 좀 부끄러운 감이 있다.

모든 것을 정리하는 마음으로 앞에서 열어 두었던 큼지막한 파일을 닫고 새 파일을 열자. 만약 vi 편집기를 종료했다가 다시 실행하는 사람이 있다면 정말 필자는 삶이 허무해진다. 다음과 같이 입력한다. 저장하지 않아야 하므로 "!"를 사용하여야 한다.

```
:e! newfile<cr>
```

6.5.1 상용구 사용

아래아 한글(HWP))에 "상용구"라는 기능이 있다. 이 기능을 사용하는 사람이 얼마나 될지는 잘 모르겠지만, 아무튼 vi 편집기에도 이런 기능이 있다. 다음과 같이 입력해 보자.

```
:ab lgbong Gwibong, LEE<cr>
```

이제 입력 모드로 전환해 "안녕하세요? 이귀봉입니다. hello my name is lgbong"를 입력하자. "lgbong"를 입력하는 순간 "Gwibong, LEE"로 바뀔 것이다.

등록된 상용구를 해제하는 방법은 다음과 같다.

```
:unab lgbong<cr>
```

등록된 상용구를 보여 주는 명령은 다음과 같다.

```
:ab<cr>
```

만약 여러 줄을 상용구로 지정하고 싶다면 다음과 같이 한다. "^M"을 입력할 때는 먼저 Ctrl+V를 누른 후 이어서 Ctrl+m을 누른다. Ctrl+V는 특수문자 또는 vi 편집기에서 사용되는 기능키를 입력 문자로 사용할 때 유용하다.

```
:ab kuls Korea University^MLinux Study<cr>
```

6.5.2 매크로 사용

vi 편집기의 특징 중 한 가지는 있을 법한 기능은 다 있다는 것이다. 아래아 한글에서 "매크로"를 이용하는 사람이 있을지 모르겠다. vi 편집기에서도 매크로를 이용할 수 있다. 다음과 같이 입력해 보자. "#2"는 F2 키를 의미한다. vi 편집기의 버전에 따라 F2를 인식하지 않기도 하지만 Ubuntu에서 기본으로 제공하는 "vi"는 "#2" 형식으로 지정하여야 한다.

```
:map #2 dwelp<cr>
```

이제 vi 편집기의 명령(esc) 모드에서 커서 이동을 통하여 첫 줄의 'the' 단어 시작 위치로 옮기고 F2 키를 눌러본다.

You can the type character.

위의 내용은 다음과 같이 바뀔 것이다.

You can type the character.

```
You can the type character
You can type the character
~
~
:map #2 dwelp
```

매크로에서는 Enter, Esc 등 모든 키 입력을 포함시킬 수 있다. 매크로에서 Enter 키를 입력하려면 Ctrl+V와 Ctrl+m을 연속으로 입력한다. Esc 키를 입력하려면 Ctrl+V를 누른 후 Ctrl+[키 또는 Esc 키를 입력한다.

vi 편집기에서는 명령 모드에서 사용하는 매크로와 입력 모드에서 사용하는 매크로를 따로 지정할 수 있다. 입력 모드에서 사용하는 매크로는 다음과 같이 지정한다.

```
:map! x sequence<cr>
```

위의 예에서는 "x"를 "sequence"로 정의한다. 매크로를 해제할 때는 다음 명령을 이용한다.

```
:unmap! x<cr>
```

매번 이렇게 매크로를 지정해 주는 것은 귀찮은 일이다. "vi"를 실행할 때마다 매크로가 실행되어 있게 하려면 홈 디렉터리의 ".vimrc" 또는 ".exrc" 파일에 넣어두면 된다. "/etc/vimrc" 파일은 모든 사용자 계정에 적용되는 "vi" 환경 설정 파일이다.

사용자 개인 특성에 맞는 환경 설정은 ".vimrc" 또는 ".exrc" 파일에 적용하도록 한다. 만약 GUI 버전의 vi 편집기를 사용한다면 "/etc/gvimrc" 파일과 ".gvimrc" 파일로 설정할 수 있다.

다음은 임베디드 프로그래밍을 자주 사용하는 필자의 ".vimrc" 파일이다. 사전에 설치해야 할 프로그램도 몇 개 있을 수 있다.

```
vi ~/.vimrc
"===<<< ARM Xscale Cross Compile을 위한 환경 설정 >>>===
set autoindent            " 자동으로 들여쓰기를 한다.
set cindent               " C 프로그래밍을 할 때 자동으로 들여쓰기를 한다.
set smartinden            " 좀 더 똑똑한 들여쓰기를 위한 옵션이다.
set wrap                  " 자동으로 <cr>를 삽입하여 다음 줄로 넘어간다.
"set nowrapscan           " 검색할 때 문서의 끝에서 처음으로 돌아가지 않는다.
set nobackup              " 백업 파일을 만들지 않는다.
"set visualbell           " 키를 잘못 눌렀을 때 경고음 대신 번쩍이게 한다.
set ruler                 " 화면 우측 하단에 현재 커서의 위치(줄, 칸)를 보여준다.
set tabstop=2             " Tab을 눌렀을 때 8칸 대신 4칸 이동하도록 한다.
set shiftwidth=2          " 자동 들여쓰기를 할 때 4칸 들여 쓰도록 한다.
set showmatch             " 매치되는 괄호의 반대쪽을 보여줌
set ignorecase            " 찾기에서 대/소문자를 구별하지 않음
set incsearch             " 점진적으로 찾기
set title                 " 타이틀 바에 현재 편집중인 파일을 표시
set background=dark       " 화면배경을 좀 더 어둡게 한다. light는 화면배경을 밝게
set number                " 행 번호를 보여준다.
set hlsearch              " 검색어 강조기능을 사용한다.

"==<<< 한글 처리를 위한 설정 >>>==
if $LANG[0] == 'k' && $LANG[1] == 'o' set fileencoding=korea
endif

"==<<< xterm-debian 혹은 xterm-xfree86일 때 컬러 사용을 위한 설정 >>>==
if &term =~ "xterm-debian" || &term =~ "xterm-xfree86"
set t_Co=16
set t_Sf=^[[3%dm
set t_Sb=^[[4%dm
set t_kb=^H
fixdel
endif

"==<<< 문법 강조 기능사용을 위한 설정 >>>==
if has("syntax")
syntax on                 " 기본적인 문법 강조하기
endif

"==<<< cscope를 설치하였을 경우 설정 >>>==
set csto=0 set cst
set nocsverb
if filereadable("./cscope.out")
 cs add cscope.out
```

```
else
 cs add /usr/src/linux/cscope.out endif
set csverb
nmap <C-[>s :cs find s <C-R>=expand("<cword>")<cr><cr>
nmap <C-[>g :cs find g <C-R>=expand("<cword>")<cr><cr>
nmap <C-[>c :cs find c <C-R>=expand("<cword>")<cr><cr>
nmap <C-[>t :cs find t <C-R>=expand("<cword>")<cr><cr>
nmap <C-[>e :cs find e <C-R>=expand("<cword>")<cr><cr>
nmap <C-[>f :cs find f <C-R>=expand("<cfile>")<cr><cr>
nmap <C-[>i :cs find i ^<C-R>=expand("<cfile>")<cr>$<cr>
nmap <C-[>d :cs find d <C-R>=expand("<cword>")<cr><cr>

"==<<< http://www.vim.org의 plug-in을 설치하였을 경우 설정 >>>==
nmap #8 :TrinityToggleAll<cr>
nmap #9 :TrinityToggleSourceExplorer<cr>
nmap #11 :TrinityToggleTagList<cr>
nmap #12 :TrinityToggleNERDTree<cr>
```

6.6 vim의 특별한 기능

vi의 클론인 vim에는 원래의 vi에는 없지만 편리하게 사용할 수 있는 많은 기능들이 있다. 문법 강조 기능도 원래의 vi에는 없는 기능이다.

6.6.1 Visual Selection

vim의 기능 중 "Visual Selection"이라는 기능이 있다. 명령 모드에서 "v"를 누른 후 커서를 움직여 보자. 아래아 한글의 "블록"처럼 역상으로 움 직인 범위에 있는 글들이 선택될 것이다. 이 상태에서 "y", "c", "d" 키를 눌러 선택된 범위의 글들을 복사하거나 교체 또는 삭제할 수 있다.

프로그래밍에 편리하게 사용할 수 있는 기능으로 탭을 입력하거나 취소하는 기능이 있다. 만약 커서가 있는 줄에서부터 다섯 줄에 탭을 붙여넣기하려면 다음과 같이 입력한다.

```
5>>
```

이를 취소하려면 다시 다음을 입력한다. 물론 그냥 "u"를 입력해도 된다. 그러나 여기서는 어떻게 동작하는지 보자는 것이므로 "5<<"를 입력한다.

```
5<<
```

Visual Selection 기능과 결합해서 사용하면 좀 더 편리하게 사용할 수 있다. "v"를 눌러 들여쓰기 할 범위를 선택한 다음 ">"를 입력하면 선택된 범위가 들여쓰기 될 것이다.

6.6.2 정규식(Regular Expression)

vi의 검색 및 교체 기능에서 "정규식(Regular Expression)"이라는 특별한 표현을 사용할 수 있는데 이를 사용하면 보다 효과적인 검색/교체를 할 수 있다. 정규식은 "vi" 뿐만 아니라 다른 명령어에서도 많이 쓰이므로 알아두면 편리하다.

우선 정규식에서 많이 쓰이는 기호는 다음과 같다.

^	줄의 처음을 나타낸다.
$	줄의 끝을 나타낸다.
.	아무 글자나 한 글자를 나타낸다.
[...]	'['와 ']' 사이에 있는 글자 중 하나 예) [abc]는 a 또는 b 또는 c 중에 하나를 의미한다.
*	* 앞의 내용이 0번 이상 반복됨
\{min,max\}	min 이상 max 이하의 횟수만큼 반복됨

예를 들어 줄의 맨 처음에 나오는 "linux"만 검색하고 싶다면 다음과 같이 입력한다.

```
/^linux<cr>
```

만약 3~5자리로 이루어진 모든 숫자를 검색하고 싶다면 다음과 같이 입력한다.

```
/[0123456789]\{3,5\}<cr> 혹은 /[0-9]\{3,5\}<cr>
```

만약 'ab'로 시작하는 소문자로 되어 있는 모든 단어를 삭제하려면 다음과 같이 입력한다.

```
:%s/ab[a-z]*//g<cr>
```

만약 "the "라는 단어를 "The "로 바꾸고 싶다면 다음과 같이 한다.

```
:1,$s/the /The /<cr>
```

여기서 "1,$"는 첫 줄부터 마지막 줄까지를 의미한다.

6.7 필자의 당부

vi의 고수가 되기 위해서 위의 내용을 무조건 외우려고 하지 말자. 머리로 외우려고 하지 말고 손으로 익혀야 한다. 한꺼번에 모든 것을 익히려 하지 말고 일단 어떤 기능이 있다는 것 정도만 알아두자. 그리고 직접 문서를 편집하면서 필요할 때마다 사용 방법을 찾아보자. 처음에는 좀 귀찮겠지만, 그러는 동안 실력이 늘 것이다.

07 관리 명령어

7.1 관리 명령어

이번 장에서는 시스템 관리를 위한 고급 명령어를 살펴본다.

7.1.1 파이프로 명령어 조합하기

```
$ cat MyMessage | grep to
```

```
lgbong@coffee-desktop:~$ cat MyMessage | grep to
Nice to meet you
lgbong@coffee-desktop:~$
```

"cat" 명령 수행 결과를 "grep" 명령의 입력 값으로 사용하여 "to"라는 단어를 찾는 명령 조합이다. "grep"은 특정 디렉터리에 있는 여러 파일 가운데 어떤 단어 또는 문장을 찾으려고 할 때 상당히 유용하다.

```
$ grep ISOC99 /usr/include/*.h | grep ctype.h
```

```
lgbong@coffee-desktop:~$ grep ISOC99 /usr/include/*.h | grep ctype.h
/usr/include/ctype.h:#ifdef       __USE_ISOC99
/usr/include/ctype.h:# ifdef  __USE_ISOC99
/usr/include/wctype.h:# ifdef __USE_ISOC99
lgbong@coffee-desktop:~$
```

여기서 사용된 "*"는 모든 문자를 대체한다는 와일드 문자이다. 한 문자를 대체하는 와일드 문자는 "?"를 사용한다. "*.h"의 의미는 모든 문자열을 포함하여 ".h"로 종료되어야 한다는 의미이다.

줄의 선두 위치를 지정하는 와일드 문자는 "^"이고 끝 위치를 지정하는 와일드 문자는 "$"이다. 그러면 루트("/") 디렉터리에 여러 파일과 디렉터리가 있을 경우 디렉터리만 나타나게 하려면 어떻게 명령을 조합하면 될까? 답은 다음과 같다.

```
$ ls -al / | grep "^d"
```

```
lgbong@coffee-desktop:~$ ls -al / | grep "^d"
drwxr-xr-x  22 root root    4096 2010-05-28 17:41 .
drwxr-xr-x  22 root root    4096 2010-05-28 17:41 ..
drwxr-xr-x   2 root root    4096 2010-05-20 17:41 bin
drwxr-xr-x   3 root root    4096 2010-05-20 18:40 boot
drwxr-xr-x   2 root root    4096 2010-05-20 17:29 cdrom
drwxr-xr-x  17 root root    4080 2010-05-28 17:35 dev
drwxr-xr-x 128 root root   12288 2010-05-28 17:09 etc
drwxr-xr-x   4 root root    4096 2010-05-24 17:08 home
drwxr-xr-x  20 root root   12288 2010-05-20 17:56 lib
drwx------   2 root root   16384 2010-05-20 17:22 lost+found
drwxr-xr-x   3 root root    4096 2010-05-20 18:40 media
drwxr-xr-x   3 root root    4096 2010-05-20 18:36 mnt
drwxr-xr-x   2 root root    4096 2010-04-29 21:17 opt
dr-xr-xr-x 168 root root       0 2010-05-28 16:11 proc
drwx------  29 root root    4096 2010-05-28 16:10 root
drwxr-xr-x   2 root root    4096 2010-05-20 18:36 sbin
drwxr-xr-x   2 root root    4096 2009-12-06 06:55 selinux
drwxr-xr-x   2 root root    4096 2010-04-29 21:17 srv
drwxr-xr-x  12 root root       0 2010-05-28 16:11 sys
drwxrwxrwt  23 root root    4096 2010-05-28 17:16 tmp
drwxr-xr-x  10 root root    4096 2010-04-29 21:17 usr
drwxr-xr-x  15 root root    4096 2010-04-29 21:26 var
lgbong@coffee-desktop:~$
```

이와 같이 리눅스/유닉스는 명령어 조합이라는 강력한 기능을 제공한다. 윈도우즈가 차려진 밥상이라면 리눅스/유닉스는 잘 준비된 재료와 같다.

여러분이 요리사라면 차려진 밥상을 그냥 먹을 것인가? 스스로 요리해서 먹을 것인가? 맛이 없더라도, 먹을 수 없는 것이라도 그냥 먹을 수 있을 정도로 귀찮으면 윈도우즈를 사용하는 것이 좋다. 그러나 본인이 좋아하는 것, 먹을 수 있는 것을 만들어 먹기를 원한다면 리눅스/유닉스를 사용하기 권한다.

7.1.2 ls 고급 사용자

"ls"는 누구나 사용하는 기본 명령어이지만 이를 고급스럽게 사용하기 원한다면 해당 옵션을 차근차근히 살펴보아야 한다.

```
ls [-abcdfgiklmnpqrstuxABCFGLNQRSUX1] [-w cols] [-T cols] [-I pattern]
[--all] [--escape] [--directory] [--inode]  [--kilobytes] [--numeric- uid-gid]
[--no-group]  [--hide-control-chars] [--reverse] [--size]
[--width=cols]   [--tabsize=cols]   [--almost-all]   [--ignore-backups]
[--classify] [--file-type] [--full-time] [--ignore=pattern] [--derefer- ence]
[--literal]        [--quote-name] [--recursive]
[--sort={none,time,size,extension}]         [--format={long,verbose,com-
mas,across,vertical,single-column}]
[--time={atime,access,use,ctime,status}]  [--help] [ - - v e r s i o n ]
[--color[={yes,no,tty}]] [--colour[={yes,no,tty}]] [name...]
```

```
root@coffee-desktop:~# ls -aCRF > /
-bash: /: Is a directory
root@coffee-desktop:~# ls -aCRF / > list.txt
ls: /mnt/hgfs/Documents/My Music ◆ ◆ ◆ ◆  ◆  ◆   ◆  ◆ ◆ : Permission denied
ls: /mnt/hgfs/Documents/My Pictures ◆ ◆ ◆ ◆  ◆  ◆  ◆  ◆ ◆ : Permission denied
ls: /mnt/hgfs/Documents/My Videos ◆ ◆ ◆ ◆  ◆  ◆  ◆  ◆ ◆ : Permission denied
root@coffee-desktop:~# ls -al list.*
-rw-r--r-- 1 root root 4502442 2010-06-03 19:10 list.txt
root@coffee-desktop:~#
```

시스템 설치 초기 또는 패키지를 설치한 후 한 번쯤 실행하여 두고 파일들의 변동 상황을 확인하면 매우 유용하다.

7.1.3 ln 고급 사용자

링크를 만드는 명령어이다. 링크는 "하드 링크"와 "심볼릭 링크" 두 가지가 존재한다. 링크의 의미는 디스크에 저장되어 있는 물리적인 자료의 연결 정보이다. 이러한 동일한 연결 정보를 가지는 하나 이상의 파일명을 가리켜 "하드 링크"되었다고 말한다. "심볼릭 링크"는 해당 파일의 경로 정보만 가지고 있는 것이다.

```
$ ln [OPTION]... [-T] TARGET LINK_NAME      (1st form)
  ln [OPTION]... TARGET                     (2nd form)
  ln [OPTION]... TARGET... DIRECTORY        (3rd form)
  ln [OPTION]... -t DIRECTORY TARGET...     (4th form)
```

```
root@coffee-desktop: ~
root@coffee-desktop:~# cat > hello.c
#include <stdio.h>
int main()
{ printf("Hello my name is Igbong\n");
  return 0;
}
root@coffee-desktop:~# ln hello.c myhello.c
root@coffee-desktop:~# ls -al *.c
-rw-r--r-- 2 root root 83 2010-06-11 10:48 hello.c
-rw-r--r-- 2 root root 83 2010-06-11 10:48 myhello.c
root@coffee-desktop:~# cat > myhello.c
#include <stdio.h>
int main() {
    printf("Hello my name is Gwibong, LEE\n");
    return 0;
}
root@coffee-desktop:~# ls -al *.c
-rw-r--r-- 2 root root 95 2010-06-11 10:50 hello.c
-rw-r--r-- 2 root root 95 2010-06-11 10:50 myhello.c
root@coffee-desktop:~# cat hello.c
#include <stdio.h>
int main() {
    printf("Hello my name is Gwibong, LEE\n");
    return 0;
}
root@coffee-desktop:~#
```

위 실행 결과를 살펴보면 "cat 〉 hello.c"로 파일을 생성하였다. 마지막에 Ctrl+D를 입력하였음에 주의하자. 만들어진 "hello.c"를 "myhello.c"로 링크하였다. "ls -al *.c"의 수행 결과를 보면 두 파일의 크기가 동일함을 알 수 있다.

즉, 물리적인 디스크에 저장된 내용은 하나라는 의미가 된다. 이번에는 "cat 〉 myhello. c" 명령으로 "myhello.c"의 내용을 수정하여 본 것이다. 역시 마지막에 Ctrl+D를 입력하여 완료하였다. 수정 후 "ls -al *.c"를 수행한 결과를 보면 "hello.c"가 동시에 바뀌어 있는 것을 알 수 있다. 하드 링크의 개념을 이해하였을 것이다. "심볼릭 링크"는 "-s" 옵션을 주면 된다.

7.1.4 명령어 만들어 사용하기

"alias"는 리눅스 명령어를 조합 또는 옵션을 포함하여 하나의 단축 명령으로 만들어 주는 역할을 한다. 별명이라는 뜻으로 번역되기도 하지만 여기서는 단축 명령어 만들기라고 명명한다.

고급 사용자가 범하는 오류 중 하나가 이 부분이다. alias 설정을 많이 독특하게 하여 시스템 관리는 편할 수 있으나 시스템이 바뀌면 기본 명령어조차 잊어먹고 혼란스러워 하는 경우를 종종 보았다. 독자 여러분은 확실히 알아야 하는 것, 꼭 필요한 사항이 아니라면 애용하지는 말기 바란다.

```
alias [이름[=값] ...]
```

```
root@coffee-desktop: ~
root@coffee-desktop:~# alias ll="ls -alCF"
root@coffee-desktop:~# ll
/                 .gtk-bookmarks      .selected_editor
./                .gvfs/              .sudoku/
.ICEauthority     .lesshst            .synaptic/
```

"alias"는 리눅스 명령어를 조합 또는 옵션을 포함하여 하나의 단축 명령으로 만들어 주는 역할을 한다. 별명이라는 뜻으로 번역되기도 하지만 여기서는 단축 명령어 만들기라고 명명한다.

"alias"는 기존의 명령어에 별명을 붙여서 사용하는 방식이다.

7.1.5 shell 실행 프로그램 만들기

윈도우즈의 배치 파일을 만들어 사용하는 방법과 동일한 리눅스/유닉스의 쉘 스크립트 프로그램을 살펴보자. 우선 간단하게 "vi"로 "Man"이라는 파일을 만들어 보자.

```
root@coffee-desktop: ~
man $1 > /mnt/hgfs/Documents/Ubuntu\ Screenshot/$1.txt
man $1
~
~
"Man" 2 lines, 62 characters
```

인수로 들어오는 명령어에 대하여 매뉴얼의 내용을 파일로 출력을 하고 해당 명령어의 "man" 실행 결과를 화면으로 보이라는 의미의 쉘 스크립트이다. 쉘 스크립트는 "DOS" 배치 파일의 조상에 해당한다. 사용법은 매우 유사하지만 기능이나 명령어는 매우 풍부하다. 웬만한 프로그램 작성도 가능하다.

```
root@coffee-desktop: ~
root@coffee-desktop:~# source Man ls
<standard input>:18: warning [p 1, 2.5i]: cannot adjust line
root@coffee-desktop:~# _
```

실행 권한 "+x"를 부여하지 않았을 경우는 source라는 명령어로 실행하면 된다.

```
root@coffee-desktop: ~
root@coffee-desktop:~# vi Man
root@coffee-desktop:~# chmod +x Man
```

실행 권한을 부여한다.

```
root@coffee-desktop: ~
root@coffee-desktop:~# ./Man ls
<standard input>:18: warning [p 1, 2.5i]: cannot adjust line
root@coffee-desktop:~# _
```

현재 디렉터리에 있는 "Man" 프로그램을 실행하라는 의미로 "./"를 앞에 붙여 실행한다.

7.1.6 Archive(묶기)와 압축하기

```
$ gzip [ -acdfhlLnNrtvV19 ] [-S suffix] [ name ... ]
```

Ubuntu에서 압축 프로그램은 여러 가지가 있다. 가장 많이 사용하는 "gzip"에 대하여 살펴본다. "gzip"은 알집, 빵집, 윈집 등의 압축 관리자와 같다. GNOME에서 사용하는 방법은 마우스 오른쪽 버튼을 사용하여 압축하는 방식으로 윈도우즈와 매우 유사하여 생략한다. 터미널에서 사용하는 명령어로 처리하는 방법은 다음과 같다.

```
root@coffee-desktop: ~
root@coffee-desktop:~# gzip -9 apt.tar
root@coffee-desktop:~# ls -al a*
-rw-r--r-- 1 root root 13126 2010-06-05 00:43 apt.tar.gz
root@coffee-desktop:~# _
```

"-9" 옵션은 압축율을 최상으로 선택한다. "gzip"은 기본적으로 한 번에 하나의 파일을 처리하므로 "tar" 아카이브 프로그램과 함께 사용하는 방법이 일반적이다.

```
root@coffee-desktop: ~
root@coffee-desktop:~# tar cvf - /etc/apt/* | gzip -9c > apt.tar.gz
tar: Removing leading `/' from member names
/etc/apt/apt.conf.d/
/etc/apt/apt.conf.d/20archive
```

"apt.tar" 파일을 파이프를 통하여 gzip으로 보내어 "apt.tar.gz"로 압축된다. "-c"는 압축 결과가 화면으로 출력되므로 리다이렉션(>)을 사용하여야 한다.

```
root@coffee-desktop: ~
root@coffee-desktop:~# gunzip -c apt.tar.gz | tar xvf -
etc/apt/apt.conf.d/
etc/apt/apt.conf.d/20archive
etc/apt/apt.conf.d/00trustcdrom
```

확장자 ".gz"을 지우지 않고 "apt.tar.gz" 파일을 압축 해제한 다음 파이프를 통하여 아카이브 묶음 풀기를 하는 명령이다.

```
$ tar [ - ] A --catenate --concatenate | c --create | d --diff --compare | r --append |
     t --list | u --update | x -extract --get [ --atime-preserve ] [ -b, --block-size N ]
     [ -B, --read-full-blocks ] [ -C, --directory DIR ] [ --checkpoint ]
     [ -f, --file [HOSTNAME:]F ] [ --force-local ]
     [ -F, --info-script F --new-volume-script F ] [ -G, --incremental ]
     [ -g, --listed-incremental F ] [ -h, --dereference ] [ -i, --ignore-zeros ]
     [ -j, --bzip2 ] [ --ignore-failed-read ] [ -k, --keep-old-files ] [ -K, --starting-file F ]
     [ -l, --one-file-system ] [ -L, --tape-length N ] [ -m, --modification-time ]
     [ -M, --multi-volume ] [ -N, --after-date DATE, --newer DATE ]
     [ -o, --old-archive, --portability ] [ -O, --to-stdout ]
     [ -p, --same-permissions, --preserve-permissions ] [ -P, --absolute-names ]
     [ --preserve ] [ -R, --record-number ] [ --remove-files ]
     [ -s, --same-order, --preserve-order ] [ --same-owner ] [ --numeric-owner ]
     [ -S, --sparse ] [ -T, --files-from F ] [ --null ] [ --totals ] [ -v, --verbose ]
     [ -V, --label NAME ] [ --version ] [ -w, --interactive, --confirmation ]
     [ -W, --verify ][ --exclude=FILE ] [ -X, --exclude-from FILE ]
     [ -Z, --compress, --uncompress ] [ -z, --gzip, --ungzip ]
     [ --use-compress-program PROG ] [ --block-compress ]
     [ --rsh- command=CMD ]
     [ -[0-7][lmh] ]
```

"tar"는 여러 개의 파일을 하나로 묶음 처리하는 명령이다. 아카이브 지원 프로그램으로 이해하는 것이 더 정확하다. 가장 일반적으로 사용되는 옵션의 조합은 아카이브를 생성할 때 사용하는 "-cvf" 옵션과 압축을 해제할 때 사용되는 "-xvf", 내용 보기만 할 때 사용하는 "-tvf"라고 할 수 있다. 압축 파일 지원을 위하여 "-z" 옵션과 "-j" 옵션이 있다.

"-z" 옵션은 "gz", "-j" 옵션은 확장자가 "bz2"인 파일의 압축/해제를 지원한다. 이러한 압축 지원은 옵션 조합에 추가하여 사용할 수 있다. "gz" 형식과 "bz2" 형식은 각 압축 지원 프로그램이 설치되어 있어야 하며 생성되는 파일명은 "*.tgz" 또는 "*.bz2"로 지정한다. 즉, 사용되는 옵션은 "-cvfz", "-xvfz", "tvfz", "-cvfj", "-xvfj", "-tvfj" 등으로 쓰인다.

```
root@coffee-desktop: ~
root@coffee-desktop:~# tar cvf apt.tar /etc/apt/*
tar: Removing leading `/' from member names
/etc/apt/apt.conf.d/
/etc/apt/apt.conf.d/20archive
```

묶어지는 파일명이 하나씩 표시된다.

```
root@coffee-desktop: ~
root@coffee-desktop:~# tar cf apt.tar /etc/apt/*
tar: Removing leading `/' from member names
root@coffee-desktop:~# ls -al apt*
-rw-r--r-- 1 root root 61440 2010-06-05 00:15 apt.tar
root@coffee-desktop:~# _
```

"-v" 옵션을 제거하면 화면에 파일명들이 나타나지 않을 것이다.

```
root@coffee-desktop: ~
root@coffee-desktop:~# tar -tvf apt.tar | more
drwxr-xr-x root/root          0 2010-06-03 16:59 etc/apt/apt.conf.d/
-rw-r--r-- root/root         85 2010-04-14 05:45 etc/apt/apt.conf.d/20archive
-rw-r--r-- root/root         40 2010-06-03 15:45 etc/apt/apt.conf.d/00trustcdrom
-rw-r--r-- root/root        108 2010-04-14 05:45 etc/apt/apt.conf.d/15update-stam
```

아카이브 파일 내용을 확인하는 명령이다.

```
root@coffee-desktop: ~
root@coffee-desktop:~# tar xvf apt.tar
etc/apt/apt.conf.d/
etc/apt/apt.conf.d/20archive
etc/apt/apt.conf.d/00trustcdrom
etc/apt/apt.conf.d/15update-stamp
```

현재 디렉터리에 "apt.tar"의 내용을 묶음 해제한다. 이때 나타나는 특징은 "apt.tar" 파일이 생성될 때 만들어진 경로를 그대로 따라간다는 것이다. 절대 경로로 만들어져 있다면 묶음 해제 디렉터리 위치에 관계없이 절대 경로를 따라 그대로 묶음 해제가 되고 파일이 중복 될 경우 "-f" 옵션으로 인하여 말없이 그냥 덮어씌울 것이다.

상대 경로로 묶음 파일을 만들었다면 특별히 압축 해제 디렉터리 위치를 지정하지 않는한 묶음 파일을 해제하는 디렉터리 위치에 하위 디렉터리 구조를 만들면서 묶음 해제가된다.

```
root@coffee-desktop: ~
root@coffee-desktop:~# tar cvfz apt.tar.gz /etc/apt/*
tar: Removing leading `/' from member names
/etc/apt/apt.conf.d/
/etc/apt/apt.conf.d/20archive
/etc/apt/apt.conf.d/00trustcdrom
/etc/apt/apt.conf.d/15update-stamp
/etc/apt/apt.conf.d/10periodic
/etc/apt/apt.conf.d/20dbus
/etc/apt/apt.conf.d/50unattended-upgrades
/etc/apt/apt.conf.d/01autoremove
/etc/apt/apt.conf.d/70debconf
/etc/apt/apt.conf.d/05aptitude
/etc/apt/apt.conf.d/99synaptic
/etc/apt/apt.conf.d/99update-notifier
/etc/apt/apt.conf.d/01ubuntu
/etc/apt/preferences.d/
/etc/apt/secring.gpg
/etc/apt/sources.list
/etc/apt/sources.list.d/
/etc/apt/sources.list.d/cobuntu-ppa-lucid.list.save
/etc/apt/sources.list.d/medibuntu.list.save
/etc/apt/sources.list.d/medibuntu.list
/etc/apt/sources.list.d/tualatrix-ppa-lucid.list
/etc/apt/sources.list.d/tualatrix-ppa-lucid.list.save
/etc/apt/sources.list.d/cobuntu-ppa-lucid.list
/etc/apt/sources.list.save
/etc/apt/trustdb.gpg
/etc/apt/trusted.gpg
/etc/apt/trusted.gpg.d/
/etc/apt/trusted.gpg~
root@coffee-desktop:~# ls -al apt.*
-rw-r--r-- 1 root root 13220 2010-06-07 18:08 apt.tar.gz
root@coffee-desktop:~#
```

"-z" 옵션을 추가하여 "/etc/apt/" 하위 디렉터리의 모든 파일을 아카이빙하고 압축한 경우이다.

```
root@coffee-desktop: ~
root@coffee-desktop:~# ls -al apt.*
-rw-r--r-- 1 root root 61440 2010-06-07 18:10 apt.tar
-rw-r--r-- 1 root root 13220 2010-06-07 18:08 apt.tar.gz
root@coffee-desktop:~#
```

압축 옵션을 사용한 결과와 사용하지 않은 결과에서 크기를 비교하면 압축되었다는 것을 알 수 있다.

```
root@coffee-desktop: ~
root@coffee-desktop:~# ls -al apt.*
-rw-r--r-- 1 root root 61440 2010-06-07 18:10 apt.tar
-rw-r--r-- 1 root root 15729 2010-06-07 18:12 apt.tar.bz2
-rw-r--r-- 1 root root 13220 2010-06-07 18:08 apt.tar.gz
root@coffee-desktop:~# tar cvfj apt.tar.bz2 /etc/apt/*
```

"bz2" 형식을 사용했을 경우와 비교해 보면 "gz" 형식의 압축률이 높다.

7.1.7 mc 파일 관리자

```
$ mc [-abcCdfhPstuUVx] [-l log] [dir1 [dir2]] [-e [file]] [-v file]
```

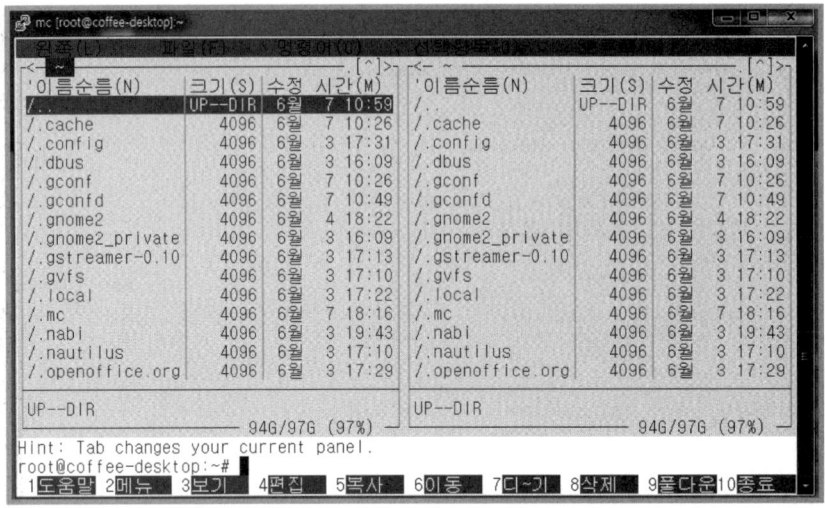

미드나잇 커맨드(Midnight Commander)라는 이름으로 예전 DOS의 노턴 커맨드(nc)와 유사하다. 종료는 F10을 누르면 종료를 할 수 있다. 복사는 F5, 편집은 F4, 즉 하단에 있는 번호에 대응하는 키를 입력하면 된다.

7.1.8 백그라운드 작업 지시하기

```
$ 명령어 &
```

화면을 제어하는 명령어는 백그라운드 작업으로의 사용을 자제하도록 하여야 한다. 모든 명령어에 적용이 가능하며 명령어 뒤에 "&"를 추가하여 엔터를 입력하면 백그라운드(background)로 작업이 진행된다.

일괄 작업이나 시간을 많이 요구하는 명령어를 백그라운드로 실행을 하면 사용자는 그 시간에 다른 작업을 진행할 수 있는 아주 유용한 명령어이다. 포그라운드(foreground)로 나타내는 방법은 "fg" 명령을 내리면 된다.

"fg [작업번호]"를 수행하면 해당 작업이 포그라운드로 진행 중이므로 다른 작업을 할 수 없고 끝날 때까지 기다리거나 다시 백그라운드로 돌려야 한다. 백그라운드로 돌리는 방법은 Ctrl+z 또는 "bg" 명령을 사용한다.

```
root@coffee-desktop: ~
root@coffee-desktop:~# finger &
[1] 7243
root@coffee-desktop:~# Login      Name      Tty      Idle Login Time   Office
    Office Phone
coffee    coffee    pts/2    3:15  Jun  8 10:10 (lgbong-pc.local)
root      root      tty7     4:27  Jun  8 10:09 (:0)
root      root      pts/0    4:26  Jun  8 10:09 (:0.0)
root      root     *pts/1          Jun  8 10:09 (lgbong-pc.local)

[1]+  완료                      finger
root@coffee-desktop:~# ■
```

백그라운드 명령어가 실행을 완료하면 완료 메시지를 보여 준다.

7.1.9 로그인 환영 메시지

> # etc/motd 파일 편집

Ubuntu에서는 "/etc/mod" 파일은 "/var/run/motd" 파일로 링크되어 있다. 이 링크를
해제하고 편집해야 한다.

```
root@coffee-desktop: ~
root@coffee-desktop:~# ls -al /etc/motd*
lrwxrwxrwx 1 root root 13 2010-06-03 15:40 /etc/motd -> /var/run/motd
root@coffee-desktop:~# mv /etc/motd /etc/motd.ubuntu
root@coffee-desktop:~# vi /etc/motd
```

기존의 "/etc/motd" 파일의 이름을 바꾸고 "vi"로 새로 만든다.

```
root@coffee-desktop: ~
Linux coffee-desktop 2.6.32-21-generic #32-Ubuntu SMP Fri Apr 16 08:10:02 UTC 20
10 i686 GNU/Linux
Ubuntu 10.04 LTS

우분투에 오신것을 환영합니다.
 * 참조분서:  https://help.ubuntu.com/

무영이의 IT 강의실도 많이 찾아주세요.
cafe.naver.com/lgbong
오늘도 늘 좋은 날 행복한 날 되시기를 바랍니다.
■




~
~
~
"/etc/motd" [Modified] line 10 of 10 --100%-- col 1
```

작성된 파일을 저장하고 편집을 종료한 후 로그아웃을 수행하고 다시 로그인을 하여 본
다. 이 메시지는 "GNOME" 환경에서는 표시되지 않음을 기억하기 바란다.

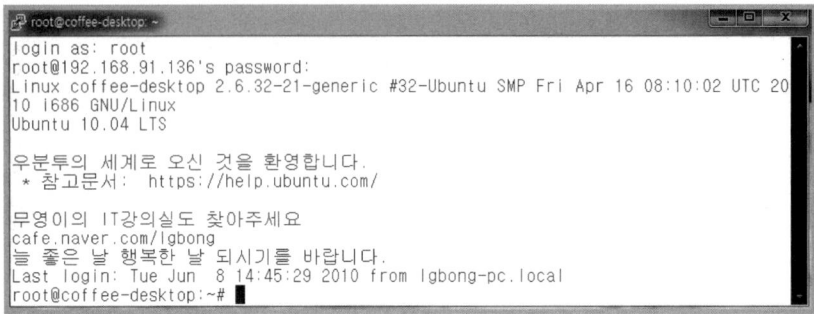

다시 로그인할 경우 작성한 메시지가 나타나는 것을 확인 할 수 있다.

```
# /etc/issue 편집
```

"/etc/issue" 파일은 링크 파일이 아니므로 직접 "vi"로 편집한다. 접속하는 사용자 모두 한글을 지원하는 단말기를 사용한다고 판단할 수 없으므로 가능하면 영문으로 작성하는 것이 바람직하다.

```
Ubuntu lgbong 10.04 LTS coffee-desktop tty1

coffee-desktop login:
```

7.1.10 커널에서 보내는 메시지 보기

```
# dmesg [-c] [-r] [-n level] [-s bufsize]
```

커널에서 보내는 메시지는 시스템의 중요한 정보를 제공한다. 예를 들면 USB가 작동을 안 하거나 잘 사용하던 디스크가 사라졌다거나 하는 모든 정보는 커널 메시지에 있다. "9. 리눅스 부팅 순서 알아보기"에서 다시 한 번 자세히 살펴보자.

7.1.11 커널 버전 확인하기

```
# uname [-snrvma] [--sysname] [--nodename] [--release] [--machine]
[--all] [--help] [--version]
```

"-a" 옵션은 "--all"의 줄임 표시이다.

7.1.12 시스템 정보 확인하기

```
# cat /proc/cpuinfo
```

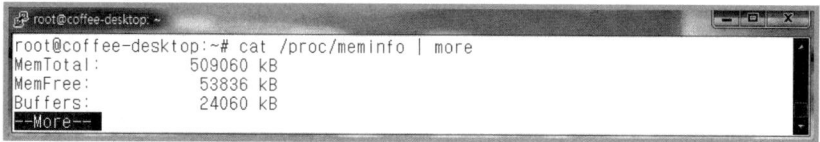

시스템 디렉터리인 /proc에는 다양한 시스템 정보가 실시간으로 작성되어 있다. CPU 정보를 비롯하여 메모리, 디스크 등의 디바이스 상태에 관련한 다양한 정보를 포함한다.

7.1.13 메모리 정보 확인하기

```
# cat /proc/meminfo
```

7.1.14 디스크 정보 확인하기

```
# cat /proc/diskstats
```

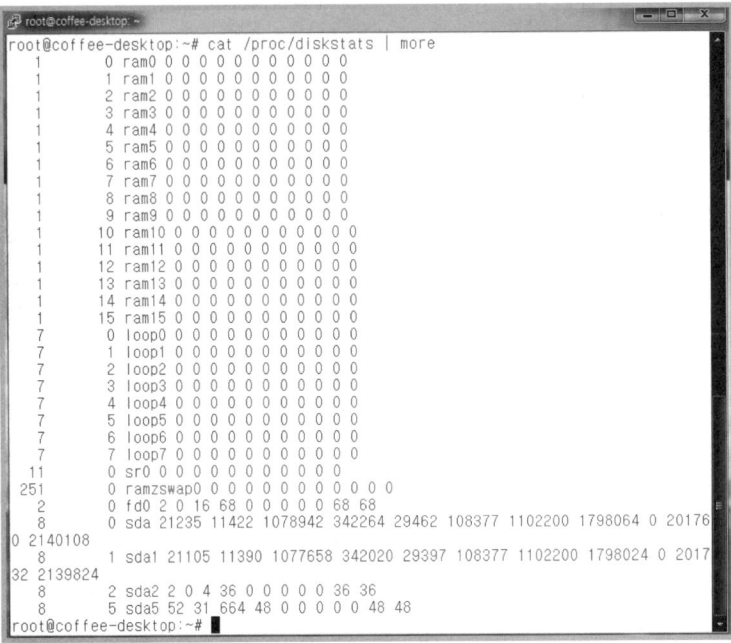

7.1.15 VMware에서 윈도우 폴더와 공유하기

Ubuntu에서 작업한 내용을 윈도우즈로 가져오거나 윈도우즈에 있는 자료를 Ubuntu 에 쉽게 보내고 받기를 하는 방법을 소개하고자 한다. 물론 FTP를 이용해도 되겠지만 VMware Tools를 설치하였다면 아주 효과적인 방법이 있다.

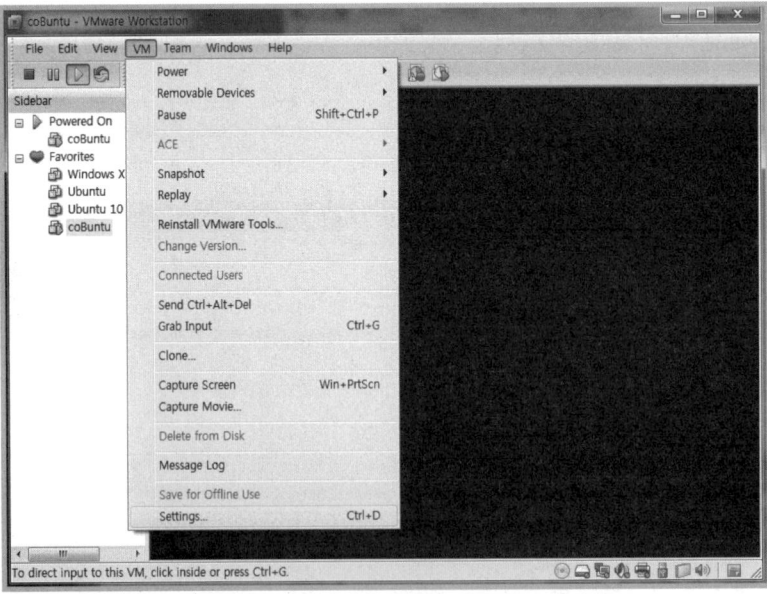

VMware의 메뉴 [VM]→[Settings...]를 선택한다.

[Options] 탭을 선택하면 "Shared Folders" 항목이 세 번째 위치에 있는 것을 볼 수 있다.

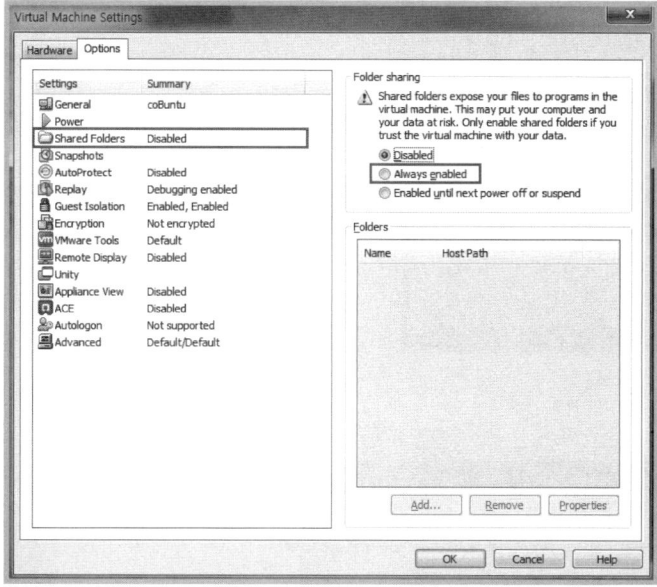

"Always enabled"를 선택하고 [Add…] 버튼을 클릭한다.

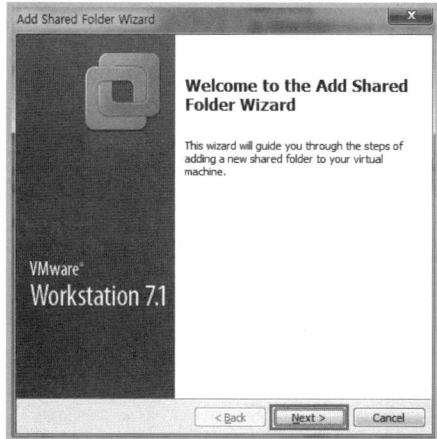

[Next] 버튼을 클릭한다.

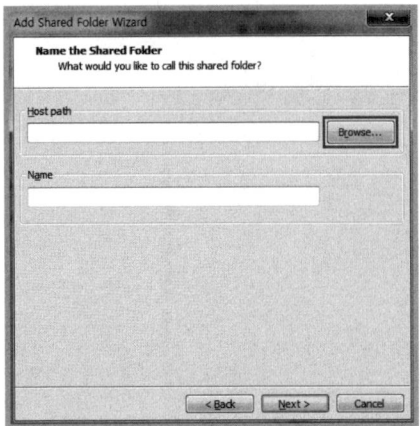

[Browse...] 버튼을 클릭한다.

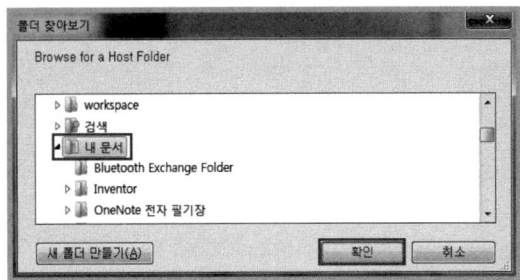

"내 문서" 폴더를 선택하고 [확인] 버튼을 클릭한다.

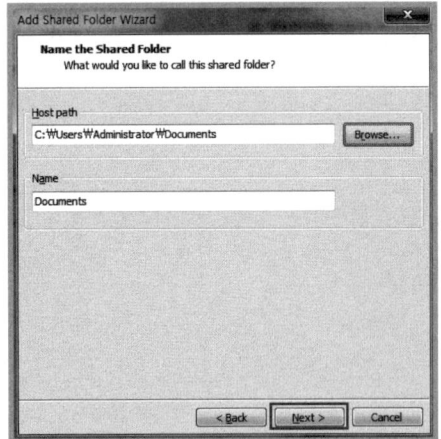

폴더와 이름이 설정되어 있는 것을 확인하고 [Next 〉] 버튼을 클릭한다.

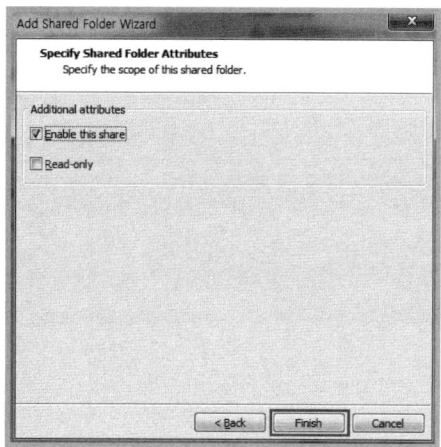

[Finish] 버튼을 클릭하면 설정이 완료된다.

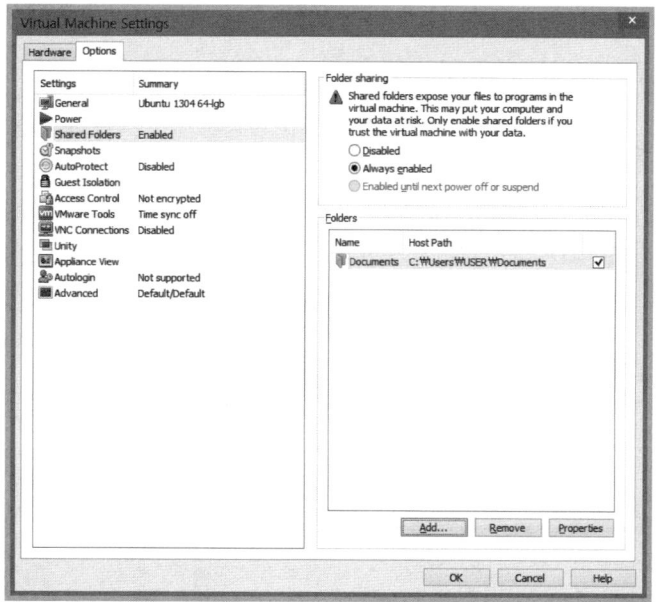

[OK] 버튼을 클릭하고 Ubuntu에서 자동으로 "mount"가 수행되어 있는지 확인하여 보자. 런처에서 [파일]을 클릭하여 실행한다. 내 폴더 창의 왼쪽 위치 목록에서 [컴퓨터]를 클릭하고, 오른쪽에 표시되는 폴더 목록에서 [mnt]-〉[hgfs]를 차례로 열어 "Documents"라는 디렉터리가 있는지 확인하면 된다.

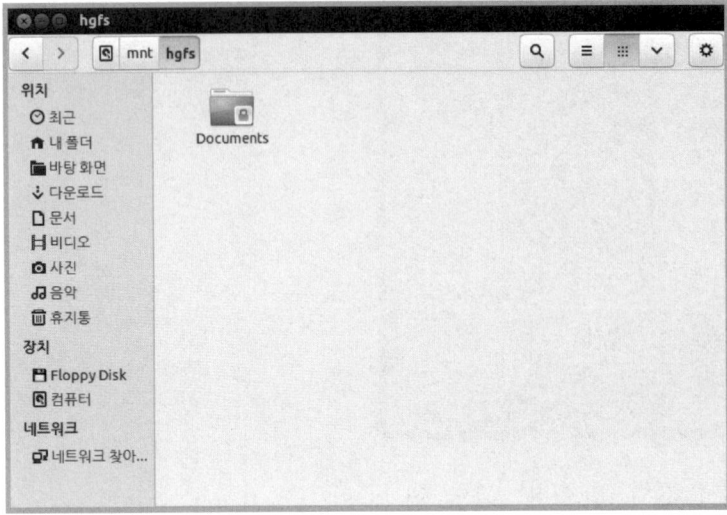

이제 "Document" 디렉터리를 열고 자료를 넣기만 하면 윈도우즈의 "내 문서"에 저장된
다. 즉, 윈도우즈와 공유하는 폴더를 만든 것이다.

7.1.16 윈도우즈에서 PuTTY로 작업하기

"http://www.putty.nl/download.html"에서 "PuTTY" 윈도우즈용 프로그램을 다운로
드한다. 대부분의 오픈 소스들이 그러하듯이 "PuTTY"는 설치 버전이 아니다. 다운로드
하여 바로 실행하여 사용할 수 있는 프로그램이다.

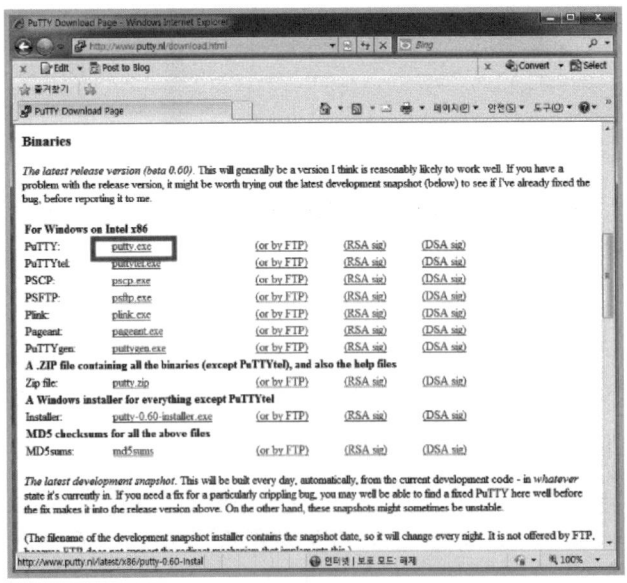

위의 내용에서 "putty.exe"를 클릭하여 다운로드한다.

[저장(S)] 버튼을 클릭한다.

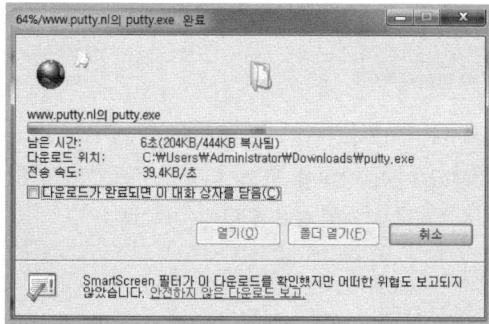

저장되는 과정이다.

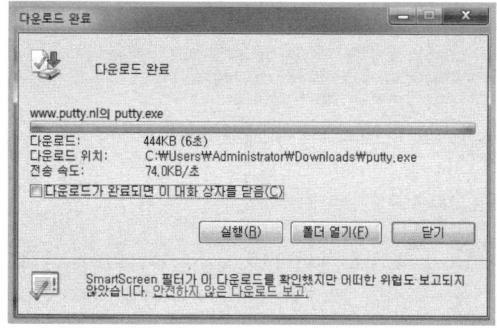

다운로드가 완료되면 [실행(R)] 버튼을 클릭한다.

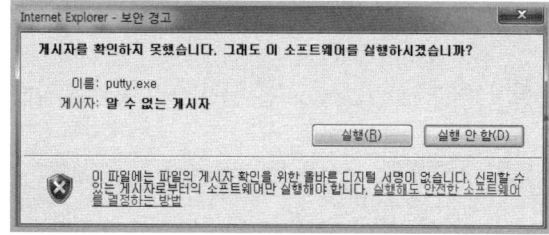

보안 경고 메시지를 무시하여도 좋다. [실행(R)] 버튼을 클릭한다.

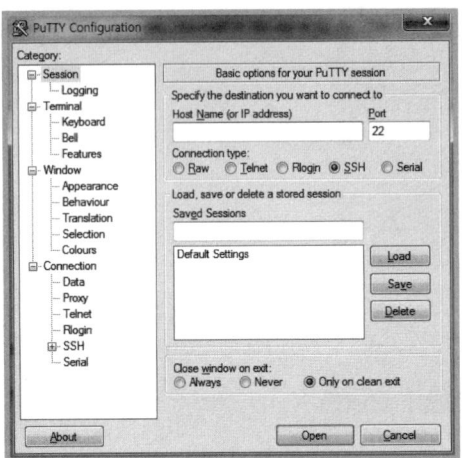

처음 실행하는 경우 설정 화면이다. Ubuntu 시스템의 IP 주소와 Port 번호를 입력하고 [Open] 버튼을 누르면 실행된다. 그러나 아직 서버에 "ssh daemon"을 설치하지 않았으므로 "Network error: Connection refuse"라는 메시지가 나올 것이다.

```
$ sudo apt-get install openssh-server
```

```
root@coffee-desktop:~# apt-get install openssh-server
패키지 목록을 읽는 중입니다... 완료
의존성 트리를 만드는 중입니다
상태 정보를 읽는 중입니다... 완료
다음 새 패키지가 전에 자동으로 설치되었지만 더 이상 필요하지 않습니다:
  linux-headers-2.6.32-21 linux-headers-2.6.32-21-generic
이들을 지우기 위해서는 'apt-get autoremove'를 사용하십시오.
제안하는 패키지:
  rssh molly-guard openssh-blacklist openssh-blacklist-extra
다음 새 패키지를 설치할 것입니다:
  openssh-server
0개 업그레이드, 1개 새로 설치, 0개 지우기 및 44개 업그레이드 안 함.
285k바이트 아카이브를 받아야 합니다.
이 작업 후 778k바이트의 디스크 공간을 더 사용하게 됩니다.
받기:1 http://kr.archive.ubuntu.com/ubuntu/ lucid/main openssh-server 1:5.3p1-3u
buntu3 [285kB]
내려받기 285k바이트, 소요시간 1초 (274k바이트/초)
패키지를 미리 설정하는 중입니다...
전에 선택하지 않은 openssh-server 패키지를 선택합니다.
(데이터베이스 읽는중 ...현재 147814개의 파일과 디렉토리가 설치되어 있습니다.)
openssh-server 패키지를 푸는 중입니다 (.../openssh-server_1%3a5.3p1-3ubuntu3_i38
6.deb에서) ...
ureadahead에 대한 트리거를 처리하는 중입니다 ...
ureadahead will be reprofiled on next reboot
```

Ubuntu에서 "ssh daemon"을 설치한다. "ssh daemon"은 설치 후 자동으로 실행된다.

```
root@coffee-desktop:~# ps -ef | grep ssh
root      1613  1576  0 00:05 ?        00:00:00 /usr/bin/ssh-agent /usr/bin/dbus
-launch --exit-with-session gnome-session
root      2396     1  0 00:23 ?        00:00:00 /usr/sbin/sshd
root      2459  1747  0 00:26 pts/0    00:00:00 grep --color=auto ssh
root@coffee-desktop:~#
```

"ssh daemon"이 실행되고 있는지 확인한다. 만약에 실행되지 않았다면 설치가 실패했을 가능성이 매우 높다. 재설치를 수행하면 된다. 설치 명령을 반복하자. 이제 "PuTTY"를 실행하여 Ubuntu 시스템에 연결해 보자. PuTTY 보안 경고창(PuTTY Security Alert)에서 [예(Y)] 버튼을 눌러 진행한다. 사용자 계정 이름과 비밀번호를 입력하여 로그인한다.

❶ PuTTY를 이용하여 ssh로 접속한 Ubuntu의 쉘 프롬프트 상에서 한글을 확인해 보지만 아래와 같이 글자의 형태만 표시되고 있다.

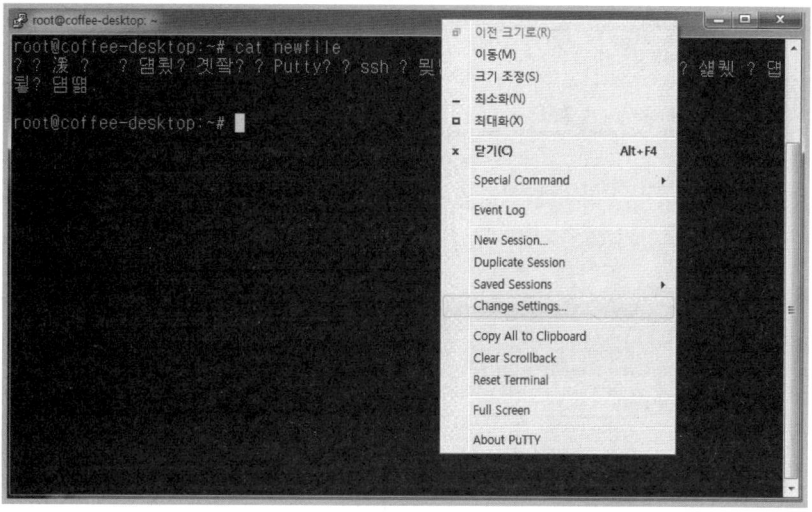

문제 해결을 위하여 아래와 같이 환경 설정을 해야 한다.

"Putty"의 캡션 타이틀에서 마우스 오른쪽 버튼을 클릭하여 나오는 단축 메뉴에서 "Change Settings..."를 선택한다.

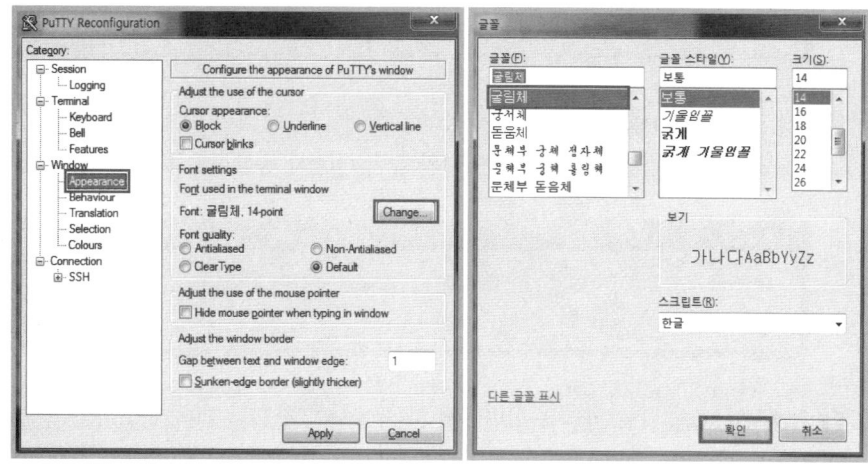

위와 같이 [Window]->[Appearance]->[Font Settings]에서 [Change...] 버튼을 클릭한다. 오른쪽의 그림처럼 글꼴을 "굴림체"로 선택하면 "스크립트(R)"에서 없던 한글 항목이 생긴다. 이 "한글"을 선택하고 [확인] 버튼을 클릭한다. 이제 한글을 입력해 보면 잘 입력된다.

❷ 위와 같이 화면에서도 한글이 잘 보이고, 쉘 프롬프트에서 한글 입력과 표시도 잘 되는데 한글로 입력된 텍스트 파일을 "cat" 명령으로 읽을 경우 글자를 알아 볼 수 없는 경우는 다음과 같이 한다.

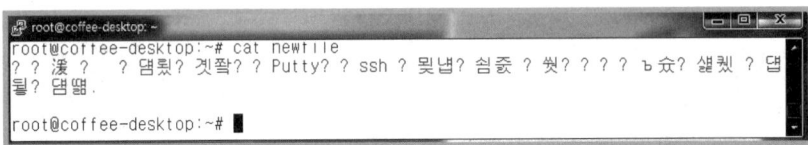

한글로 작성된 내용을 화면에서 읽을 수 없는 것은 저장된 파일이 유니코드 형식(UTF-8)으로 저장되어 있기 때문이다. 다시 PuTTY의 설정 값을 변경해 주자.

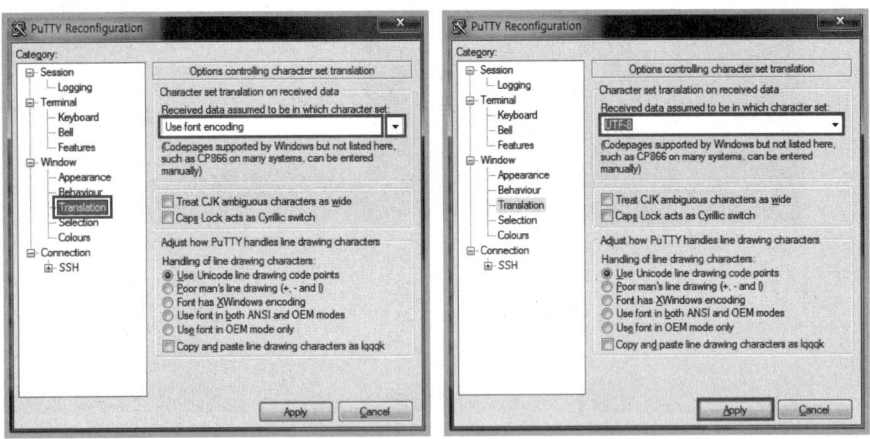

위의 설정은 문자 세트를 유니코드 형식으로 바꾼다는 의미이다. 위와 같이 설정하고 "cat newfile.txt" 명령을 실행하면 아래와 같이 한글이 정상적으로 보인다.

❸ 위에서 newfile.txt 파일을 화면에서 한글 표시가 잘되는 것을 확인하고 "vi newfile.txt"를 실행하면 아래와 같이 화면이 또 깨져서 나오는 경우가 있다.

"vi" 환경 설정 파일(.vimrc)이나 "vi" 실행 후 확장 모드에서 다음과 같이 입력한다.

```
:set enc=utf-8<cr>
```

위 명령어를 실행하면 아래와 같이 한글이 잘 표시된다.

이런 문제는 특히 웹페이지를 편집할 때 자주 겪는다. 어떤 사이트는 유니코드로 작성되어 있고, 어떤 사이트는 "euc-kr"로 작성되어 있어 작업할 때 혼란스러울 때가 있다. 그때마다 환경에 맞게 잘 설정하여 PuTTY를 이용하자.

일일이 "putty"의 환경 설정에서 화면 표시 설정을 "Use font encoding (euc-kr 형식의 경우), utf-8(유니코드)로 변경하기 귀찮다면 "vi" 에디터에서 작업하는 경우 "set tenc=euc-kr" 또는 "set tenc=utf-8" 명령어를 실행하면 해결된다.

7.1.17 비밀번호 조작하기

```
# cat /etc/passwd
```

비밀번호 파일은 한 행이 하나의 사용자 계정에 대응되며, 한 행에서 필드 구분은 ":"이다.

```
root@coffee-desktop:~# cat /etc/passwd
root:x:0:0:root:/root:/bin/bash
daemon:x:1:1:daemon:/usr/sbin:/bin/sh
bin:x:2:2:bin:/bin:/bin/sh
```

"/etc/passwd" 파일의 구조는 다음과 같다.

사용자 이름:비밀번호:사용자번호:그룹번호:설명1,설명2,설명3,...:홈 디렉터리:쉘 프로그램

예전의 유닉스 시스템은 이 파일에서 비밀번호 값을 vi 편집기로 삭제하면 해당 계정의 비밀번호가 없어졌다. "System V 계열"부터 "/etc/shadow" 파일을 만들어 비밀번호를 따로 관리하므로 비밀번호 필드의 "x"는 삭제하면 안 된다. 계정을 사용할 수 없는 사태

가 벌어진다.

다시 말하면 "/etc/shadow" 파일에서 비밀번호를 조작하도록 변경되어 있다. 해킹을 위하여 시스템을 진입할 수 있는 해커가 시스템을 장악하는 순서는 슈퍼바이저 권한 취득을 위하여 주로 "/etc/passwd" 파일의 사용자 계정의 사용자 번호를 root 계정과 동일한 값인 "0"으로 조작하거나 root 계정의 비밀번호를 삭제 또는 임의 수정한다.

임의 수정했다면 어느 누구도 root 계정으로 진입할 수 없다. 이런 경우는 root 계정의 비밀번호를 잊어버린 것과 같다. 만약에 비밀번호를 잊어버렸다면 "12.3 root 비밀번호 복구하기"를 참조하기 바란다. 비밀번호 복구를 하지 못하여 시스템을 재설치하는 관리자를 여럿 보아왔다. 독자 여러분은 그런 바보 같은 행동을 하지 않으리라 믿어 의심치 않는다. 쉘 프로그램 변경은 개발자가 주로 사용하는 "csh" 등으로 수정하기도 한다.

설명 필드는 다시 ','로 필드를 구분하여 사용자 이름, 전화 번호, 사무실 번호 등을 기록하여 finger 등의 사용자 정보 명령을 통하여 확인할 수 있게 하였다. 이는 시스템을 로그아웃하지 않고 장시간 방치하거나 해커의 침입 시 즉시 연락하여 조치 할 수 있는 기능이기도 하다.

```
# vi /etc/shadow
```

```
root@coffee-desktop:~# cat /etc/shadow | more
root:$6$s2BI1HWp$Uvz4IM6w1pWn8DBCELqN3MxH8K3VYurxqL1g1NzhfgcTYyG232aXQSSXo/oH268
ij59taTt8BX5zHYyQQzQTu/:14763:0:99999:7:::
daemon:*:14726:0:99999:7:::
```

역시 사용자 계정에 따른 필드 구분은 다음과 같이 ":"으로 구분된다.

사용자이름:비밀번호:수정일자:유효일수:유효기간:경고기간:불능 기간:불능일자:사용정지

"/etc/passwd" 파일로 보안을 지키는 것보다 많은 보완이 있었다.

7.1.18 사용자 추가하기

```
# adduser [options] [--home DIR] [--shell SHELL] [--no-create-home]
   [--uid ID] [--firstuid ID] [--lastuid ID] [--ingroup GROUP | --gid ID] [--disabled-
   password] [--disabled-login] [--gecos GECOS]
   [--add_extra_groups] [--encrypt-home] user adduser --system [options]
   [--home DIR] [--shell SHELL] [--no-create-home] [--uid ID]
   [--group | --ingroup GROUP | --gid ID] [--disabled-password]
   [--disabled-login] [--gecos GECOS] user addgroup [options] [--gid ID]
   group
```

사용자를 추가하는 방법은 "/etc/passwd" 파일과 "/etc/shadow" 파일을 편집하여 새로운 행을 추가하는 방법이 있고, "adduser" 명령 프로그램을 사용하여 추가하는 방법이 있다.

```
root@coffee-desktop: ~
root@coffee-desktop:~# adduser jinwoomnc
'jinwoomnc' 사용자를 추가 중...
새 그룹 'jinwoomnc' (1002) 추가 ...
새 사용자 'jinwoomnc' (1002) 을(를) 그룹 'jinwoomnc' (으)로 추가 ...
'/home/jinwoomnc' 홈 디렉터리를 생성하는 중...
'/etc/skel'에서 파일들을 복사하는 중...
새 UNIX 암호 입력:
새 UNIX 암호 재입력:
passwd: 암호를 성공적으로 업데이트했습니다
Changing the user information for jinwoomnc
Enter the new value, or press ENTER for the default
        Full Name []: Gwibong-LEE
        Room Number []: 812
        Work Phone []: 8500
        Home Phone []: 4103-1471
        Other []: CTO
정보가 올바릅니까? [Y/n] Y
root@coffee-desktop:~# _
```

"adduser" 명령으로 사용자를 추가하였다.

vi 편집기로 편집하여 사용자를 추가하는 것은 독자 여러분이 vi 훈련을 겸하여 직접 해 보기 바란다. "/etc/passwd"와 "/etc/shadow" 파일의 root 계정의 한 줄 또는 "adduser" 명령을 이용하여 추가된 사용자 계정의 한 줄을 복사하여 맨 아래 줄에 붙여넣고 사용자 이름(계정 이름)과 기타 정보를 변경하면 된다.

7.1.19 예약 실행하기

예약 및 반복 수행이 일상 생활에만 있는 것은 아니다. 예를 들어 모든 사용자가 작업을 종료한 시간에 관리자가 시스템 백업을 받고자 한다면 매일 같이 야근을 할 것인가를 심각히 고민해봐야 한다. 무슨 방법이 없을까? 여기 그 답이 있다. "cron" 명령은 반복적인 작업을 수행하도록 예약하는 것이고 "at" 명령은 일정 시간 이후에 해당 작업을 수행하라는 명령이다.

```
# at [-V] [-q queue] [-f file] [-mldbv] TIME
# at -c job [job...]
```

```
root@coffee-desktop: ~
root@coffee-desktop:~# at 12:30
warning: commands will be executed using /bin/sh
at> banner "HELLO" > /dev/pts/3
at> <EOT>
job 1 at Sat Jun  5 12:30:00 2010
root@coffee-desktop:~# _
```

"/dev/pts/3"은 장치 파일 또는 디바이스 파일로서 "pts"란 이더넷으로 연결된 터미널 3

번을 의미한다. RS-232 Serial로 연결된 디바이스 파일은 "tty"로 번호가 붙는다. 여기서 "at" 명령은 12시 30분에 "banner" 명령으로 "HELLO" 메시지를 "pts/3"번으로 전달하는 내용이다.

"banner" 명령을 사용하기 위해서는 "apt-get install sysbanner"를 실행하여 설치를 해주어야 한다.

```
root@coffee-desktop: ~
root@coffee-desktop:~# #      # ####### #        #       #######
#      # #       #       #       #       # #
#      # #       #       #       #       # #
####### #####    #       #       #       # #
#      # #       #       #       #       # #
#      # #       #       #       #       # #
#      # ####### ####### ####### #######
root@coffee-desktop:~# _
```

명령에서 지정된 시각인 12시 30분에 도착한 "banner" 모습이다.

```
# cron [-f] [-l] [-L loglevel]
```

```
root@coffee-desktop: ~
root@coffee-desktop:~# ls -al /var/spool/cron/crontabs/
합계 8
drwx-wx--T 2 root crontab 4096 2010-06-05 13:14 .
drwxr-xr-x 5 root root    4096 2010-04-27 19:46 ..
root@coffee-desktop:~# _
```

설정된 "cron"은 "/var/spool/cron/crontabs"에서 확인을 해볼 수 있다.

```
# crontab [ -u 사용자ID ] 파일
# crontab [ -u 사용자ID ] { -l | -r | -e }
```

"-e" 옵션은 "crontab" 파일을 편집할 때 사용하고 "-l"은 실행되고 있는 "crontab" 파일 리스트를 보여 준다. crontab은 시스템 crontab과 사용자 crontab으로 나누어진다.

분 시 일 월 요일 실행권한사용자 실행프로그램

각 필드에서 ","를 사용하여 값을 추가 할 수 있다. 최초에 vi 편집기로 "/etc/crontab"을 열어 보면 모든 줄이 주석 처리되어 있다. 마지막 줄로 이동한 다음 편집 모드로 전환하여 다음과 같이 입력한다.

```
0,5,10,15,20,25,30,35,40,45,50,55 * * * * root /usr/bin/rdate -s time.bora.net
0 8 * * * root /sbin/shutdown -r now
```

첫 번째 줄은 "5분마다" "모든 시간"에 "모든 일자"에 "모든 달"에 "모든 요일"에 "root" 계정으로 "/usr/bin/rdate -s time.bora.net" 명령을 실행하고, 두 번째 줄은 "0분" "8시" "모든 일자"에 "모든 달"에 "모든 요일"에 "root" 계정으로 "/sbin/shutdown -r now" 명령을 실행하라는 의미이다. 이 내용은 다음과 같이 입력하여도 같은 작업을 수행한다.

```
5 * * * * root /usr/bin/rdate -s time.bora.net
0 8 * * * root /usr/bin/reboot
```

"crontab"은 사용 권한을 설정할 수 있다. "/etc/cron.allow"에 사용을 허가할 사용자 계정을 추가하면 허용이 되고 "/etc/cron.deny"에 추가하면 사용을 못하게 한다. 이 두 개의 파일이 존재하지 않으면 슈퍼유저(root)만 "cron" 작업을 처리할 수 있다.

우선순위는 "/etc/cron.allow"가 먼저다. "/etc/cron.deny"의 내용이 없다면 모든 사용자가 "cron 작업"이 가능하다. 양쪽 파일 모두에 등록된 사용자는 "cron 작업"을 수행할 수 없다.

"cron"에서 실행 중인 작업이 아무 것도 없다.

```
# crontab [ -u 사용자ID ] { -l | -r | -e }
```

"crontab -e"를 사용하여 등록할 수 있다. 위 화면은 최초 실행으로 아무 작업도 등록되어 있지 않다. 위에서 설정한 값을 입력하여 보자.

주 중에 매시 50분에 "banner"로 "Hello..."를 출력하라는 메시지이다. Ctrl+X를 누를 때 나오는 화면이다. 저장할 것인가를 묻는 내용이다.

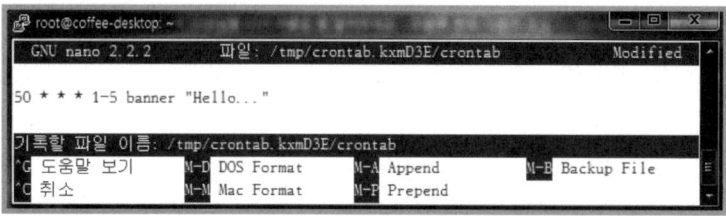

"Y"를 누를 경우 나오는 화면이다. 파일의 저장 위치와 파일명을 보여 준다. 엔터를 입력한다.

저장 후 종료되었다.

"cron"이 실행 중임을 알 수 있다.

조금 더 머리 아프고 싶다면 "https://help.ubuntu.com/community/CronHowto"를 참조하기 바란다.

7.2 네트워크 관련 설정 및 명령어

초보자가 대상인 이 책에서 네트워크 활용을 깊이 있게 다루기는 어렵다. 일반적인 약간의 테크닉을 소개하고 발전은 독자의 몫으로 돌리고자 한다.

7.2.1 네트워킹

```
# ifconfig [-v] [-a] [-s] [interface]
# ifconfig [-v] interface [aftype] options | address ...
```

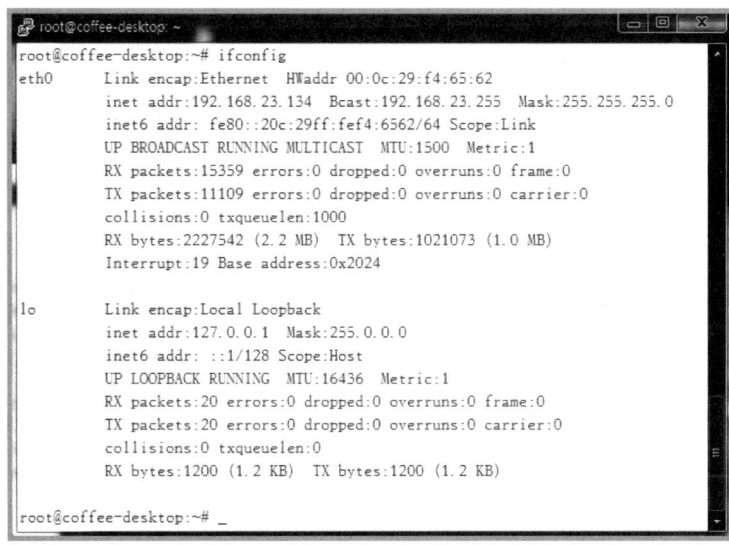

현재 네트워크 연결 상태를 알 수 있는 화면이다 "inet addr(IPv4)", "Mask" 등을 수정할 수 있다. "eth0"과 "lo" 두 개의 이더넷 어댑터를 가지고 있는 것을 알 수 있다. eth0은 현재 시스템에 랜카드가 있고 0번 하나만 있는 것으로 파악할 수 있다.

윈도우즈 계열의 "ipconfig"와 많이 헷갈릴 수 있으니 주의 바란다.

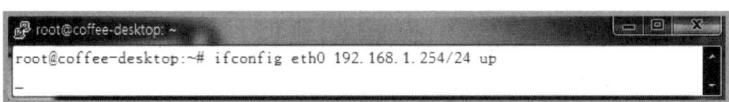

이더넷 0번의 ip 주소를 수정한 경우이다. 이 경우 "PuTTY"로 접속한 단말기들은 다음과 같은 오류 메시지를 보여주고 연결이 종료된다.

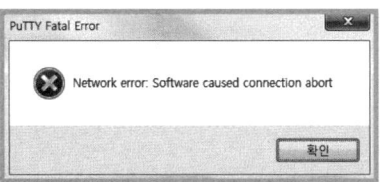

그 이유는 시스템의 IP 주소가 바뀌었기 때문이다. 다시 연결을 하기 위해서는 PuTTY에서 "ip 주소"를 수정하여 일치시켜야 한다.

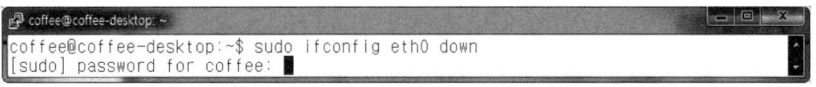

이더넷을 제거한다. 제거 이후는 인터넷을 사용하지 못함은 당연한 것이다. 다시 설치하고자 한다면 IP를 수정하는 명령어 뒤에 "up"을 붙여주면 된다.

7.2.2 ping 테스트

```
$ ping [-LRUbdfnqrvVaAB] [-c count] [-i interval] [-l preload] [-p pattern]
         [-s packetsize] [-t ttl] [-w deadline] [-F flowlabel] [-I  interface]
         [-M hint] [-Q tos] [-S sndbuf] [-T timestamp option] [-W timeout]
         [hop ...] destination
```

```
root@coffee-desktop: ~
root@coffee-desktop:~# ping www.yahoo.co.kr
PING rc.a07.yahoodns.net (68.180.206.184) 56(84) bytes of data.
64 bytes from w2.rc.vip.sp1.yahoo.com (68.180.206.184): icmp_seq=1 ttl=128 time=139 ms
64 bytes from w2.rc.vip.sp1.yahoo.com (68.180.206.184): icmp_seq=2 ttl=128 time=142 ms
64 bytes from w2.rc.vip.sp1.yahoo.com (68.180.206.184): icmp_seq=3 ttl=128 time=140 ms
```

윈도우즈의 "ping" 실행과 내용은 같지만, 윈도우즈의 "ping"은 계속 유지하기 위해서는 "-t" 옵션을 요구하지만 리눅스에서 "ping"은 기본적으로 유지된다.

7.2.3 패킷 전달 과정 확인하기

"apt-get install traceroute" 명령을 이용하여 "traceroute"를 설치 후 사용할 수 있는 명령어이다.

```
$  traceroute [-46dFITUnreAV] [-f first_ttl] [-g gate,...] [-i device] [-m max_ttl]
              [-p port] [-s src_addr] [-q nqueries] [-N squeries] [-t tos]
              [-l flow_label] [-w waittime] [-z sendwait] [-UL] [-P proto]
              [--sport=port] [-M method] [-O mod_options] [--mtu] [--back]
              host [packet_len] traceroute6 [options] lft [options]
```

```
root@coffee-desktop: ~
root@coffee-desktop:~# traceroute www.yahoo.co.kr
traceroute to www.yahoo.co.kr (68.180.206.184), 30 hops max, 60 byte packets
 1  192.168.23.2 (192.168.23.2)  7.733 ms  0.058 ms  0.043 ms
 2  * * *
```

7.2.4 도메인, 검색, 네임 서버 설정

```
coffee@coffee-desktop: ~
coffee@coffee-desktop:~$ cat /etc/resolv.conf
# Generated by NetworkManager
domain localdomain
search localdomain
nameserver 192.168.91.2
coffee@coffee-desktop:~$
```

"vi"로 "/etc/resolv.conf" 파일 편집을 하면 된다. "localdomain"이라는 단어를 원하는 "ip 주소"로 바꿔주면 된다. "ip 주소"가 잘못되면 네트워킹에 제약을 받을 수 있으므로 정확하게 기재하여야 한다.

7.2.5 방화벽 재실행하기

```
# sudo /etc/init.d/networking restart
```

```
coffee@coffee-desktop:~$ sudo /etc/init.d/networking restart
[sudo] password for coffee:
 * Reconfiguring network interfaces...
Ignoring unknown interface eth0=eth0.
                                                            [ OK ]
coffee@coffee-desktop:~$
```

레드햇 계열에서는 "iptables"를 사용하였지만 Ubuntu는 "networking"이라는 스크립트 파일을 제공한다.

7.2.6 머리말 보기

```
# head [OPTION]... [FILE]...
```

```
root@coffee-desktop:~# head -5 /etc/passwd
root:x:0:0:root:/root:/bin/bash
daemon:x:1:1:daemon:/usr/sbin:/bin/sh
bin:x:2:2:bin:/bin:/bin/sh
sys:x:3:3:sys:/dev:/bin/sh
sync:x:4:65534:sync:/bin:/bin/sync
root@coffee-desktop:~#
```

첫 행부터 5행만 출력하도록 하였다.

7.2.7 꼬리말 보기

```
# tail [OPTION]... [FILE]...
```

```
root@coffee-desktop:~# tail -10 /etc/init.d/networking
        ;;

*)
        echo "Usage: /etc/init.d/networking {start|stop|restart|force-reload}"
        exit 1
        ;;
esac

exit 0

root@coffee-desktop:~#
```

마지막 줄에서 계산하여 위로 10줄부터 끝까지 보여주는 명령이다.

7.2.8 페이지 단위로 나누어 보기

```
$ less --version
$ less [-[+]aBcCdeEfFgGiIJKLmMnNqQrRsSuUVwWX~?]
        [-b space] [-h lines] [-j line] [-k keyfile]
        [-{oO} logfile] [-p pattern] [-P prompt] [-t tag]
        [-T tagsfile] [-x tab,...] [-y lines] [-[z] lines]
        [-# shift] [+[+]cmd] [--] [filename]...
```

```
root@coffee-desktop:~# less /etc/passwd
root:x:0:0:root:/root:/bin/bash
daemon:x:1:1:daemon:/usr/sbin:/bin/sh
bin:x:2:2:bin:/bin:/bin/sh
```

상하 방향키 또는 "j", "k" 키를 이용하여 스크롤이 가능하도록 "more" 명령의 기능을 확장하였다. 종료는 "q"를 입력하면 된다.

7.2.9 실행 중인 모듈 확인하기

```
$ lsmod [-hV]
```

```
root@coffee-desktop:~# lsmod
Module                Size  Used by
binfmt_misc           6587  1
vmblock              10225  1
vsock                33964  0
vmmemctl              7998  0
vmhgfs               46918  1
```

현재 시스템에서 실행 중인 모듈 프로그램 리스트를 확인하는 명령어이다.

관련 명령어로는 "insmod", "rmmod" 등이 있다. 리눅스에서의 모듈의 개념은 독립되어 실행되고 제거될 수 있는 커널 프로그램의 일부분이라고 할 수 있다.

7.2.10 사용자 계정 전환하기

```
$ su [-flmp] [-c 명령] [-s 쉘] [--login] [--fast] [--preserve-environment]
     [--command=명령] [--shell=쉘] [-] [--help] [--version] [사용자 [인수...]
```

```
root@coffee-desktop:~# su lgbong
lgbong@coffee-desktop:/root$ cd
lgbong@coffee-desktop:~$ _
```

"su" 명령으로 사용자 계정을 전환할 수 있다. 사용자 계정을 전환하게 되면 디렉터리는

전환 명령을 내린 디렉터리이다. 홈 디렉터리로 이동하고자 하면 "cd〈cr〉"을 입력하면
된다. 유사한 명령으로 "login" 명령이 있다.

```
$ login [ 이름 ]
$ login -p
$ login -h 호스트 이름
$ login -f 이름
```

로그인한 사용자 계정에서 로그아웃을 하면 원래 계정으로 되돌아온다. 즉, "login"이라
는 일반 프로그램이 종료되는 것과 같다.

7.2.11 문자 세트 변환하기

```
$ convmv [options] FILE(S) ... DIRECTORY(S)
```

"apt-get install convmv" 명령으로 설치를 하고 사용하는 명령어이다. 문자 세트라 함
은 "UTF-8", "EUC-KR", "ASCII", "EBCDIC" 등의 문자 구성 코드를 의미한다.

앞서 살펴본 "dd" 명령어로 동일한 기능을 수행할 수 있음을 이미 살펴보았다.

다만 이 명령어에서는 국제 규격 문자 세트를 지원함으로서 "UTF-8"과 "EUC-KR"의
변환을 적용하는데 매우 유용하다.

7.2.12 프로그램 수행 내역 추적하기

```
$ strace [-dffhiqrtttTvxx] [-acolumn] [-eexpr] ... [-ofile] [-ppid] ... [-sstrsize]
        [-uusername] [-Evar=val] ... [-Evar] ... [command [arg ...]]
        [strace -c [-eexpr] ... [-Ooverhead] [-Ssortby] [command [arg ... ]]
```

프로그램 디버깅에 매우 유용한 명령어이다. 리눅스/유닉스 명령어의 대부분이 C 언어
로 작성된 프로그램임을 감안한다면 이 명령어의 가치는 짐작할 수 있을 것이다. 쉘에 포

함되어 있는 내부 명령어는 적용되지 않는다.

```
root@coffee-desktop: ~
root@coffee-desktop:~# strace finger 2> err.log
Login      Name       Tty      Idle  Login Time     Office       Office Phone
root       root       tty8     1:23  Jun 11 10:26  (:0)
root       root       pts/0    1:06  Jun 11 10:26  (:0.0)
root       root      *pts/1          Jun 11 10:29  (192.168.91.1)
root       root      *pts/2    1:05  Jun 11 10:29  (192.168.91.1)
root@coffee-desktop:~# cat err.log | more
execve("/usr/bin/finger", ["finger"], [/* 19 vars */]) = 0
brk(0)                                 = 0x9423000
access("/etc/ld.so.nohwcap", F_OK)     = -1 ENOENT (No such file or directory)
mmap2(NULL, 8192, PROT_READ|PROT_WRITE, MAP_PRIVATE|MAP_ANONYMOUS, -1, 0) = 0xb7
8b7000
access("/etc/ld.so.preload", R_OK)     = -1 ENOENT (No such file or directory)
--More--
```

"strace finger | more" 명령으로 수행을 하면 "finger"의 결과에 대하여 "more" 기능을 적용할 수 없는 작은 분량이므로 "more"의 효과가 나오지 않고 화면으로는 "strace"의 결과와 함께 많은 정보가 표시되어 지나간다. 즉, "strace" 출력 정보는 표준 오류 장치를 파일로 변경하여 출력해야 함을 잊지 말자.

7.2.13 압축 해제한 파일만 골라서 삭제하기

```
$ xargs [-0prtx] [-E eof-str] [-e[eof-str]] [--eof[=eof-str]] [--null] [-d delimiter]
        [--delimiter delimiter] [-I replace-str] [-i[replacestr]]
        [--replace[=replace-str]] [-l[max-lines]] [-L max-lines]
        [--max-lines[=max-lines]] [-n max-args] [--max-args=max-args]
        [-s max-chars] [--max-chars=max-chars] [-P max-procs]
        [--max-procs=max-procs] [--interactive] [--verbose] [--exit]
        [--no-run-if-empty] [--arg-file=file] [--show-limits] [--version] [--help]
        [command [initial-arguments]]
```

매개변수를 활용하여 다른 명령어를 지원하는 명령어이다.

```
$ tar cvf apt.tar /etc/apt/*        압축 파일을 만든다.
$ tar xvf apt.tar                   압축 파일을 임의의 장소에 해제한다.
$ tar tf apt.tar | xargs rm -rf     풀린 파일만 찾아서 삭제한다.
```

주의 사항은 tar 옵션에 "-v"를 사용하지 말아야 한다.

```
root@coffee-desktop: ~
root@coffee-desktop:~# tar cf apt.tar /etc/apt/*  2> err.log
root@coffee-desktop:~# tar xf apt.tar /etc/apt/*  2> err.log
root@coffee-desktop:~# tar tf apt.tar | xargs rm -rf 2> err.log
root@coffee-desktop:~# ls
apt.tar  myhello.c  set.txt   stl7a-2  공개      바탕화면  음악
err.log  newfile    stl11d    stl8a-1  다운로드  비디오    템플릿
hello.c  set.list   stl6a-2   stl9c-1  문서      사진
root@coffee-desktop:~#
```

[압축]->[해제]->[보기]를 통한 삭제를 수행하고 디렉터리의 내용을 확인해 보면 아카이 빙을 해제한 디렉터리가 없음을 확인 할 수 있다.

7.2.14 프로세스 족보 확인하기

```
$ pstree [-a | --arguments] [-c | --compact]
        [-h | --high-light-all | -Hpid | --highlight-pid pid]
        [-l | --long] [-n | --numeric-sort] [-p | --show-pids]
        [-u | --uid-changes] [-Z | --security-context]
        [-A | --ascii | -G | --vt100 | -U | --unicode] [pid | user]
        pstree -V | --version
```

```
root@coffee-desktop:~# pstree -a
init
 ├─NetworkManager
 │   ├─dhclient -d -sf /usr/lib/NetworkManager/nm-dhcp-client.action -pf...
 │   └─{NetworkManager}
 ├─acpid -c /etc/acpi/events -s /var/run/acpid.socket
 ├─atd
 ├─bonobo-activati --ac-activate--ior-output-f
 │   └─{bonobo-activat}
 ├─clock-applet--oaf-activate-iid=OAFIID:GNOME_ClockApplet_Fa
 ├─console-kit-dae --no-daemon
 │   └─63*[{console-kit-da}]
 ├─couchdb -e /usr/bin/couchdb -n -a \\"/etc/couchdb/default.ini\\" -a...
 │   └─couchdb -e /usr/bin/couchdb -n -a \\"/etc/couchdb/default.ini\\" -a...
 │       └─beam -Bd -K true -- -root /usr/lib/erlang-progna
 │           ├─couchjs /usr/share/couchdb/server/main.js
 │           │   └─{couchjs}
 │           └─heart -pid 2255 -ht 11
 ├─cron
 ├─cupsd -C /etc/cups/cupsd.conf
 ├─dbus-daemon --fork --print-pid 5 --print-address 7 --session
 ├─dbus-daemon --system --fork
 ├─dbus-launch --exit-with-session gnome-session
 ├─dbus-launch --exit-with-session
 ├─desktopcouch-se /usr/lib/desktopcouch/desktopcouch-service
 │   └─desktopcouch-se /usr/lib/desktopcouch/desktopcouch-service
 ├─gconfd-2
 ├─gdm-binary
 │   └─gdm-simple-slav --display-id /org/gnome/DisplayManager/Display1
 │       ├─Xorg :0 -br -verbose -auth ...
 │       └─gdm-session-wor
 │           └─gnome-session
 │               ├─bluetooth-apple
 │               ├─evolution-alarm
 │               │   └─{evolution-alar}
 │               ├─gdu-notificatio
 │               ├─gnome-panel
 │               ├─gnome-power-man
 │               ├─gwibber-service /usr/bin/gwibber-service
 │               │   └─4*[{gwibber-servic}]
 │               ├─ibus-daemon --xim
 │                   ├─ibus-engine-han --ibus
```

리눅스/유닉스의 최상위 조상 프로세스는 init임을 알 수 있다.

7.2.15 정렬하기

```
$ sort [OPTION]... [FILE]...
       sort [OPTION]... --files0-from=F
```

```
root@coffee-desktop:~# ls -al | sort | more
-rw-------  1 root root    16 2010-05-20 18:00 .esd_auth
-rw-------  1 root root   256 2010-05-20 17:48 .pulse-cookie
-rw-------  1 root root  3302 2010-06-10 18:24 .recently-used.xbel
--More--
```

기본 정렬 값은 오름차순(Ascending)이다.

7.2.16 프로세스 지속적으로 확인하기

```
$ top -hv | -bcHisS -d delay -n iterations -p pid [, pid ...]
```

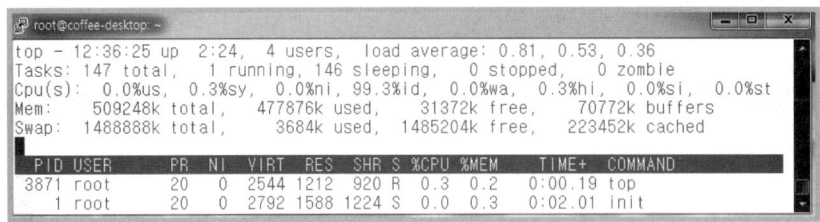

종료하기는 "q"를 입력하면 된다.

7.2.17 ".bashrc"로 로그 환경 설정하기

예제로 작업되어 있는 .bashrc 파일은 행 수가 99라인에 이를 정도로 다양한 설정값을 제시하고 있다. 모든 사용자에게 적용될 수 있는 "/etc/bash.bashrc"에 로그 기록을 남겨 두는 스크립터를 작성한다면 해킹을 시도하는 해커의 일거수일투족을 기록으로 남겨 추적도 가능할 것이다.

```
$ vi .bashrc
1 # ~/.bashrc: executed by bash(1) for non-login shells.
2 # see /usr/share/doc/bash/examples/startup-files (in the package bash-doc)
3 # for examples
4
5 # If not running interactively, don't do anything
6 [ -z "$PS1" ] && return
... 중략 ...
94 # enable programmable completion features (you don't need to enable
95 # this, if it's already enabled in /etc/bash.bashrc and /etc/profile
96 # sources /etc/bash.bashrc).
97 #if [ -f /etc/bash_completion ] && ! shopt -oq posix; then
98 #  . /etc/bash_completion
99 #fi
```

'#'으로 시작되는 줄은 주석 처리이다. 해당 줄의 문장이 사용되도록 하려면 '#'을 제거하면 된다. 기본적인 내용은 쉘 프로그래밍이라고 불리는 강력한 스크립팅 프로그램이 가능하다. 예를 들어 97번 줄의 분기문의 경우 사용 형식은 C 언어와 조금 다르지만 기본 개념은 동일한 것으로 해석해 보면 다음과 같다.

```
97 #if [ -f /etc/bash_completion ] && ! shopt -oq posix; then
  -> 조건 분기 문이 시작으로 만약 /etc/bash_completion이 존재하고,
     shopt -oq posix의 결과 값이 거짓이라면,
98 . /etc/bash_completion
  -> 지정 파일을 불러온다. 즉 수행하는 것이다.
99 fi
  -> 조건 분기 문의 마지막이다.
```

마지막 줄에 다음과 같은 문장을 추가하여 본다.

```
100 alias en='export LANG=en_US.UTF-8'
101 alias ko='export LANG=ko_KR.UTF-8'
```

로그아웃/로그인 또는 "source ~/.bashrc" 명령으로 실행하여도 결과는 같다.

```
root@coffee-desktop: ~
root@coffee-desktop:~# vi .bashrc
root@coffee-desktop:~# source ~/.bashrc
root@coffee-desktop:~# en
root@coffee-desktop:~# echo $LANG
en_US.UTF-8
root@coffee-desktop:~# ko
root@coffee-desktop:~# echo $LANG
ko_KR.UTF-8
root@coffee-desktop:~#
```

PS1과 PS2는 명령 프롬프트를 변경한다. 사용할 수 있는 변수를 먼저 살펴보자.

변수	설명
\u	사용자 계정 이름을 표시한다.
\h	호스명으로 도메인을 제외한 이름을 표시한다.
\w	작업 디렉터리가 병경될 때마다 해당 디렉터리를 표시한다.
\d	요일, 월, 날자를 표시한다.
\t	현재 시간을 24시간 형식으로 "시:분:초"로 표시한다.
\j	쉘에서 실행 중인 작업의 개수를 표시한다.
\$	계정 권한을 표시한다(roo는 #, 일반 사용자는 $)
\n	새로운 라인으로 진행한다.

```
root@coffee-desktop: ~
root@coffee-desktop:~# export PS1="[\t\w\$] "
[17:16:36~$]
```

PS2는 2차 입력 프롬프트로서 1차 명령이 미완성일 때 나타난다. 설정 방법은 동일하니 독자 여러분 스스로 장난감 가지고 놀듯이 응용해 보기 바란다.

7.2.18 리눅스 명령어 정리

Ubuntu에서 리눅스 명령어를 사용하고자 한다면 어떠한 명령어가 있는지를 먼저 알아야 한다. 어떤 종류의 명령이 있는지 알아야 명령 사용 방법을 설명하는 "man"(매뉴얼) 명령을 사용하여 해당 명령의 사용법을 살펴볼 수 있다.

"man" 명령의 사용법은 앞서 설명하였으므로 여기서는 현재 사용하는 Ubuntu에서 어떤 종류의 명령을 지원하는지 살펴볼 필요가 있다. 패키지를 설치하거나 라이브러리를 설치하였을 경우라도 해당 패키지 또는 라이브러리를 설치한 이후에 지원되는 명령어를 포함하여 출력되므로 매우 유용한 방법이다.

다음 명령을 수행하면 현재 사용하는 버전의 Ubuntu에서 지원되는 명령 목록이 출력된다.

```
$ compgen -c | sort -
```

이 명령의 수행 결과를 파일로 저장하여 두고 수시로 찾아보는 방법도 있다. 파일로 저장하기 위해서는 다음과 같이 수행한다.

```
$ compgen -c | sort - > command.txt
$ cat command.txt | sed '1,$ss/^/whatis /' > commant.what
$ sh ./command.what > command.lst
```

"command.txt"라는 문서 파일이 현재 디렉터리에 생긴다. 이 파일을 열어보면 첫 줄부터 문자 기호가 나타나는데 리눅스에서는 명령으로 해석되기 때문이다. 이러한 기호 문자와 커널 관련 명령어 및 시스템에 영향을 줄 수 있는 몇 가지 명령어를 제외하고 "whatis" 명령을 사용하여 어떤 기능의 명령인지 확인하기 위하여 "sed" 명령을 사용하여 수정된 결과를 "command.what" 파일로 작성하였다.

이를 쉘로 실행하여 최종적인 결과를 "command.lst" 파일로 작성하였다. 이 파일을 참고하면 전체적인 명령어 종류와 명령에 대한 간단한 설명을 쉽게 파악할 수 있을 것이다. 출력 순서는 아스키코드 값을 기준으로 정렬하였다.

"command.lst" 파일을 참고할 때 유의할 것은 여기서 보이는 명령어 목록이 독자 여러분의 Ubuntu 시스템과 다를 수 있다는 것이다. 대부분은 "command.lst" 파일의 내용과 같겠지만, 패키지 설치 여부와 라이브러리 설치 여부에 따라 차이가 있음을 밝혀둔다. 또한 "_" 문자로 시작하는 명령, 기호문자로 제시되는 명령은 적절한 사용법을 "whatis" 명령에서 제시하지 않는 명령어로 결과에서 제외된다.

최종 결과 파일은 다음과 같이 "wget" 명령을 이용하여 파일을 다운로드할 수 있다.

```
$ wget http://www.kame.co.kr/ubuntu/command.lst
```

자세한 명령어 사용법은 "man *n*" 명령 또는 "man" 명령을 사용하여 해당 명령어 사용법을 찾아서 활용하여야 할 것이다.

part V

파일 시스템

08 리눅스 파일 시스템

08 리눅스 파일 시스템

8.1 파일 시스템이란

리눅스/유닉스에서의 파일 시스템은 저널링에서 클러스터링과 가상 파일 시스템을 포함하여 암호화까지 다양한 파일 시스템을 지원한다. 이러한 파일 시스템을 먼저 정의하여 보자.

파일 시스템(File System)이란 운영체제가 디스크에 파일을 효율적으로 저장하기 위해 사용하는 방법으로 조직화된 자료 구조이다. 즉, 파일이나 자료를 쉽게 발견 및 접근할 수 있도록 보관 또는 조직화되는 방식이다. 파일 시스템이라는 말은 파일을 저장하는데 사용되는 파티션이나 디스크를 가리킬 때 또는 파일 시스템의 형식을 가리킬 때 사용되기도 한다.

또 다른 정의를 살펴보자. 파일 시스템은 통상 하드 디스크나 CD-ROM 같은 실제 자료 보관 장치를 사용하여 파일의 물리적 소재를 관리하는 것이지만 네트워크 프로토콜(NFS, SMB, 9P 등)을 수행하는 클라이언트를 통하여 파일 서버에 있는 자료로의 접근을 제공하는 방식과 가상의 형태로서 접근을 제공하는 방식(procfs, var, lost+found, 등)도 파일 시스템의 범위에 포함될 수 있다.

파일 시스템의 역할은 파일 관리 측면에서 파일의 저장과 참조를 지원하고 공유 및 보호를 위한 메커니즘을 제공한다.

보조 저장소 관리 측면에서는 저장 공간을 할당하고 가능한 연속성을 보장함으로서 조각화 현상을 억제한다.

파일이 저장될 때 동일한 파일이 2개, 3개 존재한다면 사용자는 어느 파일을 수정하고 관리해야 할지 고민하게 될 것이다. 이러한 고민을 해결하기 위하여 파일의 무결성을 보장하여 사용자가 의도한 파일만 포함하고 있다는 신뢰성을 제공한다.

접근 방법적인 측면으로서는 저장된 데이터에 접근할 수 있는 방법을 제공한다.

장치 독립성 측면에서는 사용자가 물리 장치를 의식하지 않고 관리가 가능하도록 심볼릭 이름을 제공하여 파일을 참조할 수 있게 한다.

그 이외에도 파일 시스템의 역할은 백업 기능과 복구 기능, 암호화 기능, 복호화 기능, 압축하기와 압축 해제 기능을 보함하고 있다.

파일 시스템은 일반적으로 크기가 일정한 블록들의 배열(또는 '섹터'라고도 불리며 일반적으로 512 바이트, 1024 바이트, 2048 바이트 크기의 2를 제곱한 수만큼의 크기를 갖는다.)에 접근할 수 있는 자료 보관 장치 위에 생성되어 이러한 배열들을 조직함으로 파일이나 디렉터리를 만들며 어느 부분이 파일이고 어느 부분이 공백인지를 구분하기 위하여 각 배열에 표시를 해 둔다.

또한 자료를 '클러스터' 또는 '블록'이라고 불리는 일정한 영역에 저장하는데 이것이 바로 파일 하나가 필요로 하는 디스크의 최소 공간이다. 이러한 파일 시스템은 크게 디스크, 네트워크 그리고 특수 용도의 파일 시스템으로 나눌 수 있다.

리눅스/유닉스 파일 시스템의 중요한 특징으로 시스템에서 사용할 수 있는 각각의 파일 시스템이 장치 식별자(드라이브 구분을 위한 숫자 또는 문자, 예를 들어 윈도우즈의 드라이브 구분자)로 접근되는 것이 아니라 하나의 계층적인 트리 구조로 통합하여 전체적으로 여러 가지 다양한 파일 시스템이 마치 하나인 것처럼 보이게 한다는 것이다.

즉, 기존의 파일 시스템에 다른 파일 시스템을 마운트하는 과정을 통하여 하나의 디렉터리 구조로 통합한다. 이러한 마운트 지점의 디렉터리를 마운트 디렉터리 또는 마운트 포인트라고 부른다. 파일 시스템의 마운트가 해제되면 마운트 디렉터리의 내용은 본래의 내용을 보여주는 기능으로 돌아간다.

정확한 세부사항은 약간씩 다르지만, 대부분의 유닉스 파일 시스템은 비슷한 전반적인 구조를 지닌다. 슈퍼 블록(superblock), 아이노드(inode), 데이터 블록(data block), 디렉터리 블록(directory block), 우회 블록(indirection block)이 중심 개념이다. 슈퍼 블록은 파일 시스템 크기가 같은 전체적인 파일 시스템에 대한 정보를 포함한다. 아이노드는 이름을 제외한 파일에 대한 모든 정보를 포함한다. 파일 이름은 아이노드 번호와 함께 디렉터리 안에 저장된다.

디렉터리 구조는 파일 이름과 파일을 나타내는 아이노드 번호로 구성된다. 아이노드는 몇 개의 데이터 블록 번호를 포함하는데, 데이터 블록은 파일에서 데이터를 저장하기 위해 사용된다.

하지만 아이노드에는 오로지 약간의 데이터 블록 번호들을 위한 공간이 있어서, 더 많이 필요하면 데이터 블록을 가리키는 포인터를 위한 더 많은 공간이 동적으로 할당된다. 이런 동적으로 할당된 블록들은 간접적인 블록들이다. 이름은 데이터 블록을 찾기 위해 먼저 간접적인 블록 안에서 블록의 번호를 찾아야 한다고 가리킨다.

파티션이나 디스크가 파일 시스템으로서 사용되려면 초기화가 필요하다. 이러한 디스크 초기화는 파일 정보 기록을 위한 자료구조를 디스크에 만드는 것이다. 이 과정을 파일 시스템 만들기(Making a File System : mkfs)라고 한다.

블록 디바이스란 무엇인가?

블록 디바이스는 자료가 (디스크 섹터와 같은) 블록 단위로 이동하는 디바이스로, 버퍼링과 임의 접근 같은 특징을 지원한다.(블록을 연속적으로 읽어야 한다는 말이 아니고, 언제 어느 블록이라도 접근할 수 있다는 말이다.) 블록 디바이스는 하드 드라이브와 CD-ROM, RAM 디스크를 포함한다. 이는 물리적으로 주소 지정이 가능한 매체를 가질 수 없는 문자 디바이스와 큰 차이가 있다. 문자 디바이스는 시리얼 포트와 테이프 장치를 포함하며, 자료를 문자 단위로 스트리밍 한다.

블록 디바이스 파일은 I/O의 단위가 8Kbyte에서 2의 지수 승으로 증가하는 단위이고, 블록 디바이스를 사용하면 16개, 32개 등의 섹터 단위로 읽고 쓰게 된다. 결과적으로 블록 디바이스 파일을 사용하여 블록 디바이스인 디스크의 내용을 읽게 되면 성능이 좋아진다고 볼 수 있다.

문자 디바이스란 무엇인가?

문자 디바이스는 자료가 문자 단위로 입출력을 제공하는 디바이스이다. 통신과 관련되는 디바이스는 대부분 문자 디바이스이다. 이러한 문자 디바이스의 I/O 단위는 8bit, 16bit, 32bit, 64bit 등으로 시스템 설정값에 따른다. 디스크의 경우는 블록 디바이스의 특징을 가지므로 문자 디바이스를 사용하여 접근하면 512byte로 I/O가 일어난다. 즉, 문자 디바이스 파일을 사용하여 블록 디바이스인 디스크의 내용을 읽게 되면 섹터 단위로 읽고 쓰게 되는 현상이 발생한다.

8.2 풍부한 파일 시스템

Ubuntu에서 지원하는 파일 시스템은 다음과 같이 다양한 파일 시스템을 지원한다. 이 글을 쓰고 있는 시점에서 중요한 파일 시스템은 다음과 같다.

(1) "cat /proc/filesystems"로 파일 시스템 확인하기

```
root@coffee-desktop: ~
root@coffee-desktop:~# cat /proc/filesystems
nodev    sysfs
nodev    rootfs
nodev    bdev
nodev    proc
nodev    cgroup
nodev    cpuset
nodev    tmpfs
nodev    devtmpfs
nodev    debugfs
nodev    securityfs
nodev    sockfs
nodev    pipefs
nodev    anon_inodefs
nodev    inotifyfs
nodev    devpts
         ext3
         ext2
         ext4
nodev    ramfs
nodev    hugetlbfs
nodev    ecryptfs
nodev    fuse
         fuseblk
nodev    fusectl
nodev    mqueue
nodev    vmhgfs
nodev    vmblock
nodev    binfmt_misc
root@coffee-desktop:~# _
```

이들 모두를 설명하기에는 이 책의 목적과 맞지 않다. 많이 알려진 일반적인 파일 시스템 몇 가지와 꼭 알아두어야 할 파일 시스템만 소개한다.

(2) 파일 할당 테이블(File Allocation Table, FAT)

파일 할당 테이블(File Allocation Table, FAT)은 마이크로소프트의 MS-DOS 파일 시스템에서 하드 디스크의 파일의 위치 정보 등을 기록하기 위한 영역을 말한다. 나중에 윈도에도 들어가면서 FAT는 파일 시스템 자체를 가리키게 되었다.

● FAT12
MS-DOS 초기부터 주로 쓰였으며, 플로피 디스크에서는 여전히 이용된다.

● FAT16
32메가 바이트 이상의 하드 디스크를 지원하기 위해 MS-DOS 3.0과 함께 나왔으며 윈도 95까지 주로 이용되었다. 최대 2기가 바이트 파티션을 지원한다. 저용량 이동식 드라이브에서는 여전히 유일한 형식이다.

● FAT32

2기가 바이트 이상의 하드 디스크를 지원하며, 윈도 95 OSR2부터 이 파일 시스템을 사용할 수 있다. FAT32에서는 하나의 파일은 최대 '4기가 바이트 – 1바이트'의 용량을 가질 수 있다. 하나의 파티션이 최대 8테라 바이트의 용량을 가질 수 있고, 최대 268,435,437개의 파일을 담을 수 있다.

윈도 98, 윈도 Me와 같은 운영체제나, 리눅스, OS X와 같은 운영체제에서 윈도와 호환성이 필요할 때 또는 디지털카메라, 게임기 등에서도 이용된다. 윈도 XP 등에 내장된 디스크 관리자 유틸리티에서는 32기가 바이트 이상의 하드 디스크를 파티션 할 때 FAT32를 선택할 수 없고 NTFS만 나오지만, 별도 유틸리티를 이용하거나 다른 운영체제에서 파티션을 설정해 오면 문제없이 사용할 수 있다.

● exFAT

"Extended File Allocation Table"의 약자로 일명 FAT64라고도 한다. 윈도 XP, 윈도 서버 2003의 경우 서비스 팩 2를 설치하면 사용할 수 있고 윈도 비스타의 경우 서비스 팩 1, 윈도 임베디드 CE 6.0부터 지원한다. FAT32의 한계를 극복하고자 개발되었으며 고용량의 플래시 메모리 미디어를 위한 파일 시스템이다.

여유 공간 계산이 빨라졌으며 파일 삭제 또한 빨라졌다. FAT32에서 파일의 최대 크기가 4기가 바이트인 반면, exFAT에서는 16액사 바이트가 파일의 최대 크기가 된다.

FAT는 FAT12, FAT16, FAT32의 3종류가 있다. FAT 뒤의 숫자는 각 파일에 대한 클러스터의 위치와 순서를 기록한 FAT 엔트리의 비트 수를 가리킨다.

(3) NTFS

NTFS는 윈도 NT 계열 운영체제의 파일 시스템으로 Windows 2000, XP, Windows Server 2003, Windows Server 2008, Windows VISTA, Windows 7 등에 포함되어 있다. NTFS의 NT는 윈도 NT와 비슷하게 새로운 기술이라는 뜻의 New Technology의 줄임말로 알려져 있지만 마이크로소프트사는 이에 대하여 함구하고 있다.

MS-DOS와 이전 버전의 윈도에서 쓰였던 마이크로소프트의 FAT 파일 시스템을 대체하였다. NTFS는 FAT와 HPFS(고성능 파일 시스템)를 거쳐 몇 가지 개선이 있다. 이를테면, 메타 데이터의 지원, 고급 데이터 구조의 사용으로 인한 성능 개선, 신뢰성, 추가 확장 기능을 더한 디스크 공간 활용을 들 수 있다.

● 특징

복구성 : 시스템 고장과 디스크 손상을 복구하는 능력이 있다. 손상이 발생하면 NTFS는 디스크 볼륨을 재구성하여 일관성 있는 상태로 복구한다. 파일 시스템을 변경하기 위해 트랜잭션 처리 모델이 적용되어, 각 진행 단계들은 원자적 행위

(atomic action)로 처리된다. 손상된 시점에서 처리 중이었던 각 트랜잭션은 차후에 실행이 완료되거나 파기된다.

다른 한편으로는 중요한 파일 시스템 데이터를 보존하기 위해 중복 저장 장치를 사용한다. 그렇게 함으로써 디스크 섹터의 일부가 파손되더라도 파일 시스템의 구조에 관한 데이터 상실을 방지한다.

보안성 : 보안을 위해 윈도 NT 객체 모델이 적용되었다. 어떤 파일을 열면, 해당 파일은 파일의 보안 속성을 관장하는 보안 서술자를 가진 파일 객체로 구현된다.

(4) minix

가장 오래되었고 가장 믿을 수 있다고 알려져 있다. 특징은 일부 Time Stamp가 유실되는 현상과 파일 이름이 최대 30문자로 제한된다. 또한 파일 시스템 하나의 크기가 최대 64메가 바이트의 제한이 있다. 그러나 Ubuntu에서는 기본적으로 제공하지 않는다.

(5) xia

파일 이름과 파일 시스템 크기 한계를 끌어올린 minix 파일 시스템을 수정한 버전이나, 새로운 특징은 없다. 매우 유명하지는 않으나 매우 잘 작동한다고 보고되어 있다. 그러나 Ubuntu에서는 기본적으로 제공하지 않는다.

(6) Extended File System : 고성능 저널링 파일 시스템

● ext4 : 고성능 저널링 파일 시스템

Ext4(eXtended File System 4)는 현재 가장 많이 사용되는 파일 시스템 가운데 하나로 Ext3 파일 시스템의 한층 강화된 버전이다. Mingming Cao, Andreas Dilger, Alex, Tomas, Dave Kleikamp, Theodore Ts'o, Efic Sandeen 등의 여러 사람에 의해 개발되었다. 2006년 8월 10일 리눅스 2.16.19에서 Unstable 버전이 공개되었으며, 2008년 8월 21일에 Stable 버전이 공개되었다.

주요 특징은 다음과 같다.

① 큰 파일 시스템
   1 EBS까지의 볼륨과 16 TB까지의 파일을 지원한다.

② Extents
   ext2, ext3의 block mapping 방식 대신 extends 방식을 새로 사용한다. 이는 큰 파일 처리를 개선하고 조각화(Fragmentation) 현상을 줄여준다.

③ 호환성

ext2, ext3를 ext4 방식으로 마운트하여 성능이 향상된 상태로 사용할 수 있으며, ext4는 ext3 방식으로 마운트 될 수 있다. 그러나 extends를 사용하는 ext4 파티션은 ext3 방식으로 마운트 될 수 없다.

④ 저널 체크섬

ext3 파일 시스템에 없었던 저널 체크섬 기능이 추가됨으로써 파일 시스템 손상 가능성이 더 줄어들었다.

⑤ 32000개 서브 디렉토리 제한이 깨짐

서브 디렉터리 개수 제한이 32000개에서 64000개로 늘어났다.

⑥ 온라인 조각 모음

ext4는 ext3에서 지원하지 않았던 온라인 조각 모음을 지원할 수 있다.

⑦ 빠른 파일 시스템 검사

ext4는 디스크 검사를 할 때 사용하지 않는 부분은 건너뜀으로써 시스템 검사를 빨리할 수 있다.

⑧ 파일 스탬프 향상

타임 스탬프가 초 단위가 아닌 나노 초 단위로 재어지며, ext2, ext30에서는 1901년 12월 14일 ～ 2038년 1월 18일을 지원했지만, ext4에서는 1901년 12월 14일 ～ 2514년 4월 25일을 지원한다.

⑨ 영속적 선행 할당

디스크 공간을 프로그램이 실제로 사용하기 전에 할당해야 한다면 대부분의 파일 시스템은 아직 사용하지 않은 공간에 0을 기록함으로써 선행 할당을 하지만 ext4는 이렇게 하지 않고도 선행 할당을 할 수 있다.

⑩ 지연 할당

ext4는 디스크 공간 할당을 마지막까지 지연하므로 성능이 향상된다.

⑪ 그 외

Multiblock allocator, 파일 복구 기능, 추후 구현 가능성 등이 있다.

● ext3

ext3는 Stephan Tweedie가 개발하여, 2001년 11월에 Linux 2.4.15에 추가되었다. ext2에 저널링, 온라인 파일 시스템 증대, 큰 디렉터리를 위한 HTree 인덱싱 등의 기능이 추가되었다.

ext2 파일 시스템을 바탕으로 만들어졌기 때문에, ext2 파일 시스템을 자료 손실 없이 ext3 파일 시스템으로 바꿀 수 있지만 상위 버전의 개념이기 때문에 ext2로 마운트 되지는 않는다.

ext3의 저널링은 주파일 시스템을 수정하기 전에 저널에 수정 사항을 먼저 기록해 놓는다. 이렇게 함으로써 전원이 갑자기 나가거나 시스템 충돌이 일어났을 때 데이터 손실을 줄일 수 있다.

ext2 파일 시스템과의 호환을 목표로 설계되어 구조가 ext2 파일 시스템과 비슷하기 때문에 아이노드의 동적 할당, 다양한 블록 크기 등과 같은 기능이 부족하며 Extends 기능도 지원하지 않는다.

또 다른 단점은 디스크 단편화 해결을 위한 조각 모음 프로그램이 없다는 것이다. ext2 파일 시스템에서 사용할 수 있는 디스크 단편화를 위한 조각 모음이 있지만 이를 사용하기 위해서는 ext2 파일 시스템으로 변환시켜야 하며, ext3에서 ext2로 변환 후 조각 모음을 하면 ext3의 새로운 기능을 인식하지 못해 자료가 손상될 수 있다.

왜냐하면 e2defrag는 ext3의 새로운 기능들을 어떻게 다루어야 하는지 잘 알지 못하기 때문이다.

한편으로 ext3는 조각 모음이 필요 없다는 주장이 있다. 이는 FAT 시스템보다 단편화 현상(Defragmentation)이 낮지만 지속적인 사용으로 인해 ext3도 단편화 현상(Defragmentation)이 발생된다.

이는 ext4에서 다시 단편화 제거를 위한 조각 모음 프로그램이 등장하는 계기가 된다. ext3 파일 시스템은 또한 저널링할 때 체크섬을 검사하지 않는다. 한 디렉터리에 서브디렉터리 개수 제한은 31998개이다.

- ○ 장점
  - □ ext2에서 자료 삭제 및 손실 없이 ext3으로 변경할 수 있다
  - □ 저널링
  - □ 온라인 파일 시스템 증대
  - □ 큰 규모의 디렉터리를 위한 Htree(btree의 고급판)

이 밖의 대부분은 ext2와 같다. ext2를 유지하고 복구하기 위해 충분한 테스트를 거쳐 보다 완전해진 파일 시스템 유지보수 유틸리티들을 포함하여 ext2 파일 시스템에서 큰 변화 없이 ext3와 함께 사용될 수 있도록 하였다.

ext2와 ext3 둘 다 e2fsprogs를 사용하며 이 유틸리티는 fsck를 포함하고 있다. 이러한 밀접한 관련으로 이 두 파일 시스템들은 상호 변환이 용이하다.

- ○ 단점
  - □ JFS, ReiserFS, XFS 등에 비해 낮은 처리 속도
  - □ 기능(Functionality)

ext3는 ext2와 대부분 호환이 가능하도록 하는 것을 목표로 하였고, 많은 on-disk 구조들이 ext2의 on-disk와 비슷하다. 이 때문에, ext3는 inode의 동적 할당 및 다양한 블록 크기(frag와 tail)와 같은 최신 파일 시스템 설계의 기능들이 부족하다. ext3 파일 시스템은 쓰기를 위해 마운트되어 있는 동안에는 fsck를 실행할 수 없다.

읽기-쓰기가 마운트되어 있는 동안 수집된 파일 시스템의 덤프 작업은 데이터 손상을 가져올 수 있다. ext3는 JFS, ext4 그리고 XFS와 같은 다른 파일 시스템에서 볼 수 있는 기능인 extents 기능을 지원하지 않는다.

조각 모음 (Defragmentation)이 필요한 이유

사용자 공간에서 이용할 수 있는 Defragmentation 도구에는 shake와 defrag 등이 있다. shake는 전체 파일을 위한 공간을 바로 할당하며 단편화가 많이 되지 않도록 새롭게 파일을 할당하는 역할을 한다. defrag는 각 파일 스스로가 복사할 수 있도록 한다. 하지만 이러한 도구들은 파일 시스템이 비어 있을 때만 작동한다. 실제 조각 모음 도구는 ext3를 위해 존재하는 것이 아니다.

"Linux System Administrator Guide"에서는 "현재의 리눅스 파일 시스템은 연속적인 섹터에 저장될 수 없음에도 불구하고 서로가 파일 상에서 근접하게 모든 블록을 최소한으로 유지함으로써 단편화를 허용한다. 따라서 리눅스 시스템에서 단편화를 걱정할 필요는 없다."라고 기술되어 있다. 앞서 살펴본 내용과는 상관없이, 파일 단편화는 멀티미디어 서버 응용 프로그램에서와 같은 서버 환경에서는 매우 중요한 문제가 될 수 있다. ext3는 FAT 파일 시스템보다는 파일 단편화가 적지만, 그럼에도 불구하고 ext3 파일 시스템은 시간이 지날수록 단편화가 심해진다.

결과적으로 ext3의 다음 버전인 ext4의 경우 파일 시스템 조각 모음 유틸리티를 포함하며 extents 또한 지원하게 된다. 속도가 빠르고, 동시적이며 랜덤한 파일 생성, 업데이트 및 접근이 일어나는 곳에서의 서버 응용 프로그램들은 파일 시스템에 조각 모음 기능이 없어서 큰 문제가 되기도 한다.

이러한 시스템에는 큰 규모의 carrier grade(Voice mail), Multimedia-Messaging Service Centers(MMSCs) 및 SMS/SMSC(Short Message Service Centers) 서버도 포함된다. 규모가 큰 음성 메일과 같은 멀티미디어 서버나 UMS 서버는 거의 실시간 상태로 수많은 사용자에게 음성 및 영상 스트림을 연결해주어야 한다. 이러한 타입의 응용 프로그램들은 파일 단편화가 발생하면 성능에 심각한 타격을 두게 된다. 단편화 현상이 증가함에 따라, CPU 및 I/O 오버헤드 증가로 디스크 thrashing을 일으켰던 단편화를 가져오게 됨으로써 시스템의 서비스 능력이 떨어지게 된다.

압축 (Compression)

ext3의 비공식 패치에서는 투명 압축이 지원된다. 이 패치는 e2compr의 직접적인 포트이며 개발이 더 필요한 상태이며, 업 스트림 커널과 컴파일 및 부팅이 잘 되지만 저널링은 아직 구현되지 않았다. 현재 패치는 e3compr이며 다음 링크에서 확인할 수 있다: http://sourceforge.net/projects/e3compr/

크기 제한 (Size limits)

ext3는 각각의 파일 및 전체 파일 시스템 상의 최대 크기에 제한을 두고 있다. 이러한 제한은 파일 시스템의 블록 사이즈에 따라 결정된다.

블록 크기	파일 최대 크기	파일 시스템 최대 크기
1KB	16GB	2TB
2KB	256GB	8TB
4KB	2TB	16TB
8KB	2TB	32TB

참고 : 8KB 블록 사이즈는 8KB 페이지를 허용하는 아키텍처에서만 가능하다.

Checksum을 검사하지 않는다. (No checksumming in journal)

Ext3는 저널에 기록할 때 checksum 검사를 하지 않는다. 'barrier=1'이 마운트 옵션 (/etc/ fstab)으로써 활성 화되지 않고, 하드웨어가 캐시에 기록이 되지 않을 때. 충돌이 일어나는 동안 심각한 파일 시스템 손상의 위 험을 일으킨다.

이 옵션은 대부분 모든 유명한 리눅스 배포판에는 기본적으로 비활성화 상태로 되어 있는데 이것은 대부분 의 리눅스 배포판들이 이러한 위험에 노출되어 있다는 것을 의미한다.

다음과 같은 시나리오를 생각해 볼 수 있다. 하드 디스크 쓰기 속도를 향상시키기 위한 하드 디스크 캐싱 때문에 제대로 작동하지 않는다면, 하드 디스크는 다른 관련된 블록에 쓰기가 실행되기 전에 하나의 트랜잭 션의 commit 블록을 자주 쓰게 된다.

다른 블록들에 쓰기가 되기 전에 전원이 잘못되거나 커널 패닉이 발생하면, 시스템은 재부팅을 해야만 하는 상태가 된다. 리부팅할 때 파일 시스템은 정상적으로 로그를 읽어 들여와 유효한 commit 블록과 함께 표시되 도록 했던 유효하지 않은 트랜잭션을 포함하여 commit 블록이 있는 모든 트랜잭션을 winners로 재실행한다.

종료되지 않은 디스크 쓰기는 결과적으로 진행될 것이지만 손상된 저널 데이터를 사용하게 된다. 파일 시 스템은 저널을 재실행하는 동안 손상된 데이터와 함께 정상적인 데이터의 중복 쓰기를 실행한다. 만일 checksum이 상호 checksum으로 fake winner 트랜잭션의 블록이 표시가 되어 사용되었더라면 파일 시스 템은 보다 더 잘 알게 되고 디스크 상에서 손상된 데이터를 다시 실행할 필요가 없다.

● ext2

R'emy Card가 1993년 1월에 알파 버전을 공개한 파일 시스템이다. 정식 이름은 Second Extended File System이며, ext의 문제를 해결하기 위해 나왔다. ext2 파일 시 스템은 ext 파일 시스템 코드를 바탕으로 했으며 많은 재구성과 개선이 있었다.

ext2 파일 시스템은 나중에 있을 개선도 고려해 만들어진 파일 시스템이다. ext2 파일 시스템은 점점 많이 쓰이게 되면서 버그 수정과 새로운 기능의 추가로 안정적인 파일 시스템이 구축되었다.

ext2 파일 시스템은 255자까지의 파일 이름을 지원한다. 또 세 개의 타임 스탬프를 지원하며 확장이 쉽다. 그리고 ext에 있었던 분리 접근, 아이노드 수정 등 여러 단점을 개선하였다. 파일 시스템의 최대 크기는 블록 사이즈에 따라 2TB~32TB이며, 서브 디렉터리 개수 제한은 32768개이다

● ext

상위 호환성 기능이 빠진 ext2의 원형이다.

여기에, 다른 운영체제와 파일 교환을 쉽게 하기 위해, 몇 가지 외부의 파일 시스템을 지원한다. 이 외부 파일 시스템들은 유닉스 특징이 부족하다던가, 심각한 제한이 있다던가, 아니면 다른 특별한 점이 있는 경우를 제외하고 리눅스 파티션처럼 작동한다.

● xfs

xfs는 예전 커널에서는 패치를 적용하여 사용할 수 있었지만 2.4.25 이후 버전의 2.4 커널과 2.6대의 커널에서는 정식으로 커널 소스 트리에 포함되었다. Ubuntu에서는 기본적으로 제공하지 않는다.

xfs는 SGI에서 개발한 고성능 저널링 파일 시스템으로 64비트 주소를 지원하며 확장성 있는 자료구조와 알고리즘을 사용한다. xfs의 특징은 다음과 같다.

① 저널링(신속한 복구 기능)

　xfs의 저널링 기법을 사용하여 파일 수에 관계없이 예상치 못한 상황으로부터 신속하게 복구하여 재시작이 가능하다. 기존의 저널링을 사용하지 않는 파일 시스템의 경우에는 이러한 일을 수행하기 위해 오랜 시간에 걸쳐 파일 시스템 체크 프로그램을 수행해야만 했었다. xfs는 이러한 체크 프로그램을 사용하지 않는다.

② 신속한 트랜잭션

　xfs는 저널링 기법의 장점을 제공하면서도 데이터 읽기/쓰기 트랜잭션으로 인한 성능 저하를 최소화한다. xfs의 저널링 구조와 알고리즘은 트랜잭션에 대한 로그 기록을 신속하게 할 수 있도록 최적화되어 있다.

③ 높은 확장성

　xfs는 완전한 64비트 파일 시스템이기 때문에 100만 테라 바이트 크기의 파일도 다룰 수 있다. 100만 테라 바이트는 현재 사용되고 있는 가장 큰 파일 시스템이 처리할 수 있는 것보다 10만 배나 더 큰 것이다. 이것은 극히 큰 주소 공간인 것 같지만 요즘 디스크 크기의 발전 추세에 볼 때 근래에 유용하게 쓰이게 될 것이다.

디스크 공간이 커짐에 따라 단지 주소 공간만이 커질 것이 아니라 그에 따른 자료 구조나 알고리즘도 같이 확장되어야 한다. xfs는 이러한 확장성을 제공하는 준비된 파일 시스템이다.

④ 뛰어난 처리량

xfs는 거의 raw IO 성능에 가까운 성능을 낼 수 있는 파일 시스템이다. xfs는 수 GB/s의 성능을 내는 SGI MIPS 시스템에서 테라바이트 단위의 파일 시스템 확장성을 검증받았다.

리눅스가 엔터프라이즈 영역에서 차지하는 비중이 날로 커지고 있으며, 리눅스 서버의 처리량이 증가함에 따라 xfs이 리눅스에서도 이러한 양의 데이터를 신속히 처리할 수 있게 된다.

(7) 저널링 FS : 저널링 파일 시스템

● 저널링 FS

Ext3을 지원하는 리눅스 시스템에서는 다음과 같은 3단계 저널링을 사용할 수 있다.

○ Journal (리스크 최소)

두 파일 시스템의 메타 데이터와 파일 콘텐츠는 메인 파일 시스템에 전달되기 전에 저널에 기록된다. 저널은 비교적 디스크와 관련이 있어서 어떤 경우에는 성능을 향상시킬 수 있으나, 데이터가 저널에 한 번, 파일 시스템에 한 번, 이렇게 두 번 기록되기 때문에 성능이 저하될 수도 있다.

○ Ordered (리스크 중간)

메타 데이터만 저널에 기록된다. 파일 콘텐츠는 기록되지는 않지만 만일 관련된 메타 데이터가 저널에 기록되면 파일 콘텐츠는 디스크에 반드시 기록된다. 이는 많은 리눅스 배포판에 기본 설정으로 되어 있다.

만일 파일을 읽거나 쓰는 도중에 전원이 갑자기 꺼지거나 커널 패닉 상태가 되면, 저널은 새로운 파일을 가리키게 되거나 추가된 데이터가 넘겨지지 않으며, 삭제 처리된다. 하지만, 중복 쓰기가 된 파일은 원본이 저장되지 않아 파일이 손상될 수 있는 데, 파일을 복구하기 위한 충분한 정보 없이 새 파일과 이전 파일의 중간 상태에서 파일이 종료될 수 있다. 새로운 데이터는 완벽하게 디스크에 저장되지 않으며, 이전 데이터는 어디에도 저장되지 않는다. 심한 경우에는, 중간 상태가 이전 데이터와 새 데이터 사이에 혼란을 줄 수 있다.

○ Writeback (리스크 최고)

메타 데이터만 저널에 기록되며, 파일의 내용은 기록되지 않는다. 파일 내용은 저널이 업데이트된 후에나 아니면 그 이전에 기록될 수 있으며, 결과적으로 충돌 바로 전에 수정된 파일들은 손상될 수 있다.

예를 들어, 추가된 파일이 실제 크기보다 더 큰 파일로 저널에 기록되면, 결국은 "쓰레기(의미 없는 정보)"를 만들게 된다. 오래된 파일일수록 저널이 복구된 후에 예상치 못한 결과가 나타날 수 있다.

데이터와 저널 사이에 동시성이 결여되며 대부분의 경우에서 점점 심해진다. XFS와 JFS는 이러한 저널링 레벨을 사용하지만 데이터를 기록하지 않기 때문에 모든 "쓰레기"는 재부팅 시 완전히 삭제된다.

일부 상황에서는 동적 inode 할당 및 확장과 같은 현대 파일 시스템의 기능 부족이 단점으로 여겨질 수 있지만, 복구의 측면에서는 이러한 사실이 아주 뛰어난 장점이 된다.

파일 시스템의 메타 데이터는 모두 수정되고, 잘 알려진 위치에 존재하며, 데이터 구조에 일부 중복성이 내재되어 있어, 트리 기반의 파일 시스템이 복구되기 어려운 상황에서도 뚜렷한 데이터 손상에도 불구하고 ext2 및 ext3 파일 시스템이 복구될 수 있다.

(8) MS-DOS 파일 시스템 확장

● umsdos

msdos 파일 시스템을 리눅스에서 긴 파일명, 소유자, 접근 권한, 링크와 장치 파일들을 지원하도록 확장한 것이다. umsdos는 보통의 msdos 파일 시스템이 리눅스 파일 시스템처럼 사용되도록 하기 때문에, 리눅스를 위해 파티션을 나눌 필요를 없앤다.

(9) CD-ROM 지원 파일 시스템

● iso9660

CD-ROM 표준 파일 시스템으로 시디롬 표준에 좀 더 긴 파일명을 쓸 수 있는 확장한 유명한 록 릿지(Rock Ridge)가 자동으로 지원된다.

ISO 9660은 국제 표준화 기구(ISO)에서 제정한 CD-ROM 매체를 위한 파일 시스템 표준이다. 이 표준은 마이크로소프트 윈도우, 맥 오에스 텐, 유닉스 계열 운영체제를 비롯한 서로 다른 운영체제에서 작동할 수 있도록 설계되었다. DVD에서도 ISO 9660 파일 시스템을 사용할 수 있으나 실제로는 ISO/IEC 13346 UDF가 큰 데이터에 더 적합하므로 더 많이 사용된다.

ISO 9660 형식으로 저장된 CD-ROM 이미지 파일은 보통 ".iso" 확장자를 사용한다.

(10) 네트워크 파일 시스템

● nfs

네트워크로 연결된 컴퓨터들이 다른 컴퓨터의 파일에 서로 쉽게 접근하기 위해 파일 시스템을 공유하도록 지원하는 파일 시스템(Network File System)을 말한다.

8.3 파일 시스템 선택

파일 시스템의 선택은 상황에 따라 다르다. 호환성과 다른 이유로 리눅스 본래의 파일 시스템이 아닌 것 중 하나가 반드시 필요하고 선택의 자유가 있다면 아마도 ext4를 사용하는 것이 가장 현명할 것이다. ext4는 모든 특성을 가지고 있고 수행 능력이 부족해서 고생하지 않기 때문이다. 이런 이유로 Ubuntu에서는 기본 설치를 하면 ext4가 선택되는 것은 어쩌면 당연한 귀결일 것이다.

앞장에서 살펴본 proc 파일 시스템의 일반적인 접근 경로는 /proc이다. proc 파일 시스템은 일반 파일 시스템과 같이 보이지만 특수 파일 시스템으로 분류된다. proc 파일 시스템(process list file system)은 프로세스 리스트와 같은 일정한 커널 데이터 구조를 보여주고 접근을 높여준다.

proc 파일 시스템은 이러한 데이터 구조를 파일 시스템처럼 만들어 평범한 파일 도구로 다룰 수 있게 처리되어 있다. 예를 들어 모든 프로세스 리스트를 얻는 명령은 다음과 같다.

```
root@coffee-desktop:~# ls -al /proc
합계 4
dr-xr-xr-x 149 root root          0       2010-06-11 20:46 .
drwxr-xr-x  22 root root               4096 2010-05-20 17:59 ..
dr-xr-xr-x   7 root          root  0 2010-06-13 20:11 1
------- 중 략 -------------------------------------
dr-xr-xr-x   7 root          root  0 2010-06-13 20:11 10
dr-xr-xr-x   7 root          root  0 2010-06-13 20:11 870
dr-xr-xr-x   7 root          root  0 2010-06-13 20:11 9
dr-xr-xr-x  10 root          root   0 2010-06-11 20:46 acpi
dr-xr-xr-x   5 root          root  0 2010-06-13 20:11 asound
-r--------   1 root          root  8654848  2010-06-13 20:11 kcore
-r--r--r--   1 root          root  0 2010-06-13 20:11 vmmemctl
-r--r--r--   1 root          root  0 2010-06-11 20:47 vmstat
-r--r--r--   1 root          root  0 2010-06-13 20:11 zoneinfo
root@coffee-desktop:~#
```

파일 시스템이지만 proc 파일 시스템의 어느 것도 디스크를 건드리지 않는다는 것을 유의해야 한다. proc 파일 시스템은 오로지 커널의 상상 속에서만 존재한다. 누군가가 proc 파일 시스템의 어떤 부분을 보려고 한다면, 커널은 실제로 존재하지는 않지만, 마치 어딘가에 존재하는 것처럼 보이게 한다.

/proc/kcore 파일을 예를 들어 보면 파일의 크기는 제시되어 있지만 실제 디스크 공간을 차지하지는 않고 커널 코어가 사용하고 있는 공간을 계산하고 맵핑하여 보여 준다.

8.4 파일 시스템 만들기

파일 시스템은 'mkfs' 명령으로 만들 수 있다. 만들어진 파일 시스템은 초기화된 상태이다. 실제로 각 파일 시스템마다 다른 프로그램이 있다. mkfs는 단지 원하는 파일 시스템의 형식에 따라 적절한 프로그램을 수행하는 구동 프로그램이다. 파일 시스템 형식은 −t fstype 옵션으로 선택된다.

mkfs라 불리는 프로그램들은 약간 다른 명령어 인터페이스를 가진다. 일반적이며 가장 중요한 옵션을 요약하면 다음과 같다.

```
$ mkfs [ -V ] [ -t 형태 ] [ fs-options ] 장치이름 [ 블록 ]
```

−t fstype	: 파일 시스템의 형식을 선택한다.
−c	: 불량 블록을 조사하고 결과에 따라 불량 블록 리스트를 초기화한다.
−l filename	: filename으로부터 초기의 불량 블록 리스트를 읽어 들인다.
−v	: 작업 상태와 결과를 상세하게 보여 준다.

ext2 파일 시스템을 플로피에 만들기 위해 다음과 같은 명령을 내릴 것이다.

```
$ fdformat -n /dev/fd0H1440
Double-sided, 80 tracks, 18 sec/track. Total capacity 1440 kB.
Formatting ... done
```

```
$ badblocks /dev/fd0H1440 1440 $>$ bad-blocks
$ mkfs -t ext2 -l bad-blocks /dev/fd0H1440
mke2fs 0.5a, 5-Apr-94 for EXT2 FS 0.5, 94/03/10
360 inodes, 1440 blocks
72 blocks (5.00%) reserved for the super user
First data block=1
Block size=1024 (log=0)
Fragment size=1024 (log=0)
1 block group
8192 blocks per group, 8192 fragments per group
```

```
360 inodes per group

Writing inode tables: done
Writing superblocks and filesystem accounting information: done
$
```

먼저, 플로피가 포맷된다. (−n 옵션으로 불량 블록의 조사를 막는다.) badblocks 명령으로 불량 블록 정보를 'bad−blocks'라는 이름의 파일에 저장한다. 'bad−blocks' 파일에 저장된 불량 블록 리스트를 이용하여 파일 시스템을 만든다.

badblocks와 불량 블록 리스트 대신에 mkfs의 -c 옵션의 사용으로 대체될 수 있다.

```
$ mkfs -t ext2 -c /dev/fd0H1440
mke2fs 0.5a, 5-Apr-94 for EXT2 FS 0.5, 94/03/10
360 inodes, 1440 blocks
72 blocks (5.00%) reserved for the super user
First data block=1
Block size=1024 (log=0) Fragment size=1024 (log=0)
1 block group
8192 blocks per group, 8192 fragments per group
360 inodes per group

Checking for bad blocks (read-only test): done
Writing inode tables: done
Writing superblocks and filesystem accounting information: done
$
```

badblocks를 따로 사용하는 것보다 '-c' 옵션을 사용하는 것이 더 편리하지만 badblocks 는 파일 시스템이 만들어진 후 불량 블록을 체크하기 위해 필요하다.

포맷하는 것이 불필요한 것을 제외하고는 하드 디스크나 파티션에 파일 시스템을 만드는 과정은 플로피와 같다.

8.5 마운트하기와 마운트 풀기

파일 시스템을 사용하기 전에 반드시 마운트되어 있어야 한다. 마운트되면 운영체제는 모든 것이 잘 작동하는지 확인하기 위해 여러 가지 기록하는 작업을 한다.

리눅스/유닉스 안의 모든 파일들은 단일 디렉터리 트리 구조이므로 마운트 작업은 새로운 파일 시스템의 내용이 마운트 디렉터리의 하위 디렉터리의 내용으로 보이게 한다.

각각 고유의 루트 디렉터리를 지니는 세 개의 다른 파일 시스템이 다음과 같이 있다고 가정하자.

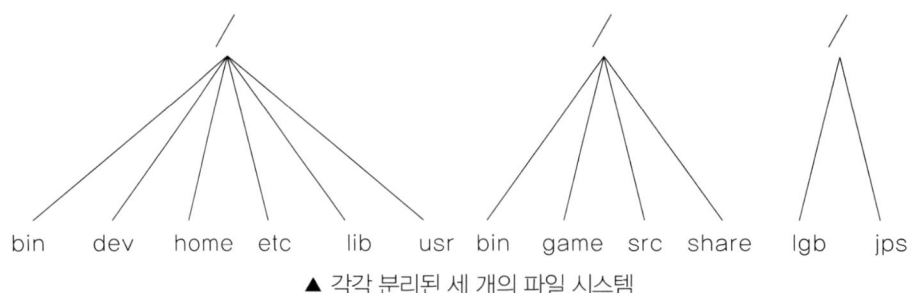

▲ 각각 분리된 세 개의 파일 시스템

오른쪽의 두 파일 시스템이 첫 번째 파일 시스템의 /usr와 /home에 각각 마운트 되었다면 다음과 같은 트리 구조가 생성된다.

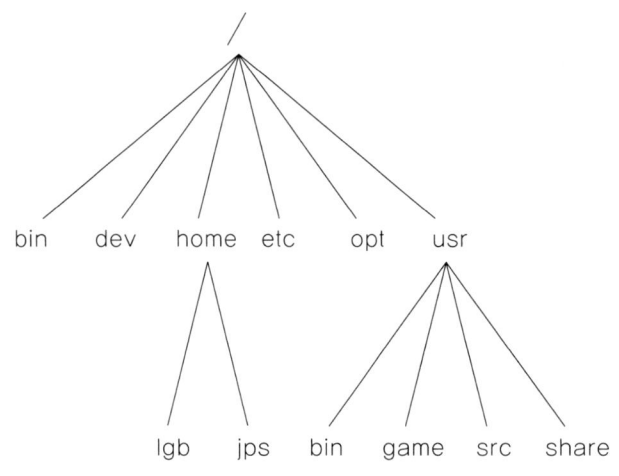

▲ /usr와 /home 마운트되어 하나의 단일 디렉터리 구조 생성

마운트는 다음과 같이 행해질 수 있다.

```
$ mount [-hV]
$ mount -a [-fnrvw] [-t 파일시스템유형]
$ mount [-fnrvw] [-o 옵션 [,...]] 장치 | 디렉토리
$ mount [-fnrvw] [-t 파일시스템유형] [-o 옵션] 장치 디렉토리
```

```
$ mount /dev/hda2 /home
$ mount /dev/hda3 /usr
```

여기서 사용된 mount 명령은 2개의 인수를 취한다. 첫 번째 인수는 파일 시스템을 포함하고 있는 디스크나 파티션에 해당되는 장치 파일이다. 두 번째 인수는 마운트될 디렉터리이다.

이 명령을 수행 한 후 두 파일 시스템의 내용은 각각 /home과 /usr 디렉터리의 디렉터리 내용으로 확인할 수 있다. 즉, '/dev/hda2가 /home에 마운트 된다.'라고 말할 수 있을 것이고, /usr의 경우도 비슷하다.

어느 파일 시스템을 보기 위해서는 파일 시스템이 마운트되어 있는 디렉터리의 내용을 보면 될 것이다. 디바이스 파일 /dev/hda2와 마운트한 디렉터리 /home의 차이점을 알 아야 한다.

디바이스 파일은 디스크의 물리적인 내용을 접근 가능하게 하고 마운트한 디렉터리는 디 스크의 파일에 접근한다. 마운트한 디렉터리를 'mount point' 또는 '마운트 디렉터리'라 고 한다.

리눅스는 많은 파일 시스템 형식을 지원한다. mount는 파일 시스템의 형식을 찾아내려 고 할 경우 시간이 많이 소요된다. 또한 정확하지 않는 경우도 가끔 존재한다. 이럴 때 형식을 바로 지정하기 위해 -t fstype 옵션을 사용할 수 있다.

```
# mount -t iso9660 /dev/cdrom /media/floppy
```

```
root@coffee-desktop: ~
root@coffee-desktop:~# mount -t iso9660 /dev/cdrom /media/floppy
mount: block device /dev/sr0 is write-protected, mounting read-only
root@coffee-desktop:~# _
```

마운트할 디렉터리는 반드시 존재해야 하지만 비어 있을 필요는 없다. 그러나 마운트 디 렉터리에 있던 어떤 파일이라도 파일 시스템이 마운트되어 있는 동안은 이름으로는 접 근할 수 없다.

이미 열려 있던 어떤 파일들이 접근 가능하고 다른 디렉터리에 하드 링크되어 있는 파일 들이 이름으로 접근할 수 있다. 이렇게 접근한다고 오류가 발생되는 것은 아니다. 오히려 필요한 경우도 있다.

만약 파일 시스템에 어떤 것도 기록하지 않는다면 읽기 전용으로 마운트를 하기 위해 mount에 '-r' 스위치를 사용하는 것이 좋다.

읽기 전용 마운트는 파일 시스템에 기록하기 및 inode 안에 있는 파일 접근 시간을 갱신 하는 것을 커널이 제한할 것이다. 읽기 전용 마운트는 쓰기가 불가능한 CD-ROM이나 자료를 보호해야 하는 미디어 등에 필요하다.

한 가지 생각을 해보자. 분명 다른 파일 시스템에 마운트 될 수 없는데, 첫 번째 파일 시 스템(루트 디렉터리를 포함하기 때문에, root 파일 시스템이라 불린다.)은 어떻게 마운트 되는가? 답은 마술에 의해 이루어진다.

루트 파일 시스템은 마술같이 부팅 타임에 마운트되어 루트 파일 시스템이 항상 마운트 될 것이라고 믿을 수 있다. 루트 파일 시스템이 마운트 될 수 없다면, 시스템은 부팅되지 않는다.

루트로 마운트되는 파일 시스템의 이름은 커널에 컴파일되어 저장되어 있거나 LILO, GRUB 또는 rdev를 이용해서 지정한다. 자세한 내용은 리눅스 부팅 순서에서 알아보자

보통 루트 파일 시스템은 처음에 읽기만 되도록 마운트 된다. 그러고 나서, 시작 스크립트는 루트 파일 시스템의 타당성을 검증하기 위해 fsck를 실행할 것이고, 만약 문제가 없다면 시작 스크립트는 루트 파일 시스템을 쓰기가 허용되도록 루트 파일 시스템을 다시 마운트 할 것이다.

fsck는 마운트 된 파일 시스템에서는 행해지면 안 된다. fsck가 돌아가는 동안에 파일 시스템에 어떤 변화가 있으면 문제를 일으킬 것이기 때문이다.

루트 파일 시스템이 체크되는 동안에 루트 파일 시스템은 읽기 전용으로 마운트 되어 있기 때문에, fsck는 걱정 없이 어떤 문제라도 고칠 수 있다. 다시 마운트 하는 작업은 파일 시스템이 메모리에 임시로 저장되어 있는 데이터를 제거한다.

리눅스/유닉스 시스템이 부팅 시간에 자동으로 마운트 해야 할 다른 파일 시스템은 /etc/fstab 파일에 명시되어 있다. 다른 파일 시스템이 마운트 될 때 정확한 세부사항들은 인수에 의해 결정되고 이는 각 관리자에 의해 /etc/fstab 파일에서 설정된다.

파일 시스템이 더 이상 마운트 될 필요가 없을 때, umount라는 명령으로 마운트를 해제할 수 있다. umount의 인수는 장치 파일이나 마운트 된 디렉터리를 지정한다. 예를 들어 전 예에서 마운트 한 디렉터리들의 마운트를 풀고 싶다면, 다음 명령을 사용할 수 있다. 주의할 사항은 누군가 마운트 한 디렉터리에서 작업을 하거나 현재 디렉터리가 마운트 한 디렉터리에 있다면 umount는 사용할 수 없다.

```
# umount /dev/cdrom
# umount /usr
```

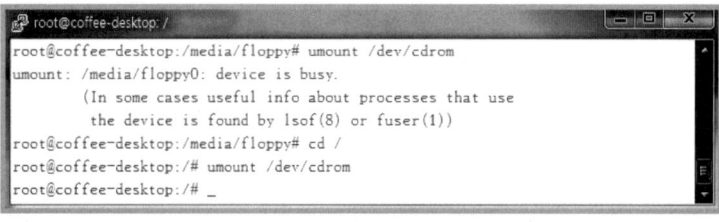

```
root@coffee-desktop:/media/floppy# umount /dev/cdrom
umount: /media/floppy0: device is busy.
        (In some cases useful info about processes that use
        the device is found by lsof(8) or fuser(1))
root@coffee-desktop:/media/floppy# cd /
root@coffee-desktop:/# umount /dev/cdrom
root@coffee-desktop:/# _
```

항상 마운트 된 CD-ROM의 마운트를 풀어야 하는 것(umount)은 안전하게 미디어를 사용하기 위해서는 꼭 해야 할 일이다.

마운트 하기와 마운트 풀기는 슈퍼유저 권한을 필요로 한다. 오로지 root만 할 수 있다. 만약 어떤 유저가 미디어를 어떤 디렉터리에 마운트 할 수 있다면, /bin/sh이나 어떤 때 때로 사용되는 다른 프로그램으로 위장된 트로이의 목마를 넣어 미디어를 만드는 것이

다소 쉬워지기 때문이다. 하지만 때때로 사용자들에게 미디어를 사용하도록 허가하는 것이 필요할 때 사용할 수 있는 몇 가지 방법이 있다.

① 사용자들에게 루트 패스워드를 알려준다. 분명 보안상 나쁘지만 가장 쉬운 방법이다. 어쨌든 보안이 필요 없다면 잘 작동할 것이고 많은 네트워크에 연결이 안 되어 있는 개인 시스템들의 경우 고려할 수 있다.

② 사용자들이 마운트를 할 수 있도록 sudo같은 프로그램을 사용한다. 역시 보안상의 문제로 슈퍼 유저 권한을 모든 사람들에게 직접 주지 않는다.

③ 사용자들에게 mtools를 사용하게 한다. 미디어를 마운트 하지 않고 MS-DOS 파일 시스템을 다루는 패키지이다. 만약 MS-DOS 미디어가 필요하다면 잘 작동하지만, 그렇지 않으면 다른 방법을 고려해야 한다.

④ /etc/fstab 안에 적당한 옵션과 함께 미디어 장치와 허용 가능한 마운트 지점을 함께 적어둔다. 이 방법은 /etc/fstab 파일에 다음과 같은 줄을 추가해서 적용할 수 있다.

```
/dev/cdrom    /media/cdrom       iso9660      user,noauto     0    0
```

이 줄의 내용은 마운트 할 장치 파일, 마운트 할 디렉터리, 파일 시스템 형식, 옵션들, 백업 주기(dump에 의해 사용된다), fsck에 넘겨주는 값(어떤 파일 시스템들이 부팅 시 체크되는지 명시하기 위해, 0은 체크를 안 하는 것을 뜻한다.)이다.

noauto 옵션은 시스템이 시작할 때 마운트가 자동으로 되는 것을 막는다. user 옵션은 어떤 사용자라도 파일 시스템을 마운트 하게 하지만 보안 때문에 프로그램의 실행과 마운트 된 파일 시스템에서 장치 파일들을 해석하는 것을 막는다. 이렇게 하면 어떤 사용자라도 다음 명령으로 msdos 파일 시스템을 가지고 있는 미디어를 마운트 할 수 있다.

```
$ mount /media/cdrom
```

미디어는 umount 명령으로 마운트를 해제 할 수 있다.

만약 몇 가지 형식의 미디어에 접근을 제공하길 원한다면 몇 개의 마운트 지점을 추가하면 된다. 설정은 각 마운트 지점마다 다를 수 있다. 예를 들어 MS-DOS와 ext2 미디어 모두에 접근하게 하려고 한다면 /etc/fstab에 다음과 같이 추가하면 된다.

```
/dev/cdrom    /media/cdrom        msdos    user,noauto 0 0
/dev/cdrom    /media/ext2cdrom    ext2     user,noauto 0 0
```

MS-DOS 파일 시스템에서 미디어가 아닌 경우는 uid, gid, umask 등의 파일 시스템 명령을 이용해서 MS-DOS 파일 시스템에 접근을 제한할 수 있다. 이렇게 조심하지 않는다면 MS-DOS 파일 시스템을 무조건 마운트 하는 것은 다른 사용자가 미디어 안에 있는 코드를 잘못 이해하고 실행함으로 시스템 오동작을 일으킬 수 있다.

8.6 fsck로 파일 시스템 완전성(integrity) 체크하기

파일 시스템은 복잡한 창조물이고, 창조물이 그렇듯이, 어딘지 문제를 일으키는 경향이 있다. 파일 시스템의 정확성과 타당성은 'fsck' 명령을 통해 체크할 수 있다. fsck가 발견하는 어떤 작은 문제들을 해결하고, 수리할 수 없는 어떤 문제가 있으면 사용자에게 경고하기 위해 명령을 내릴 수 있다.

파일 시스템을 이루는 코드는 효율적으로 작성되어서 문제가 발생하지 않는다. 전원이 꺼진다던가, 하드웨어가 잘못되었던가, 운영자가 실수했다던가 하는 이유로는 문제가 발생한다. 예를 들어 시스템을 적절히 종료시키지 않으면 문제가 발생한다.

대부분의 시스템들은 fsck를 부팅할 때 자동적으로 실행하도록 설정되어 시스템이 사용되기 전에 오류가 발견되고 수정된다. fsck는 큰 파일 시스템에서 돌아가는데 약간 시간이 걸릴 수 있으며, 만약 시스템이 적절히 종료되었다면 문제는 거의 절대 일어나지 않기 때문에, 다음과 같은 경우에 체크를 피하기 위해 트릭이 사용된다.

① /etc/fastboot라는 파일이 있다면, 체크를 하지 않는다.

② ext2 파일 시스템은 파일 시스템의 슈퍼블록 안에 파일 시스템이 이전 마운트 후에 적절히 마운트를 해제하였는지 알려주는 플래그를 가지고 있다. 만약 플래그가 마운트가 해제되었음의 값을 가지고 있다면 e2fsck(ext2 파일 시스템을 위한 fsck 버전)가 파일 시스템을 점검하지 않게 한다. /etc/fastboot 방법이 시스템에서 작동하는지 안하는지는 시작 스크립트에 달려있지만 ext2 방법은 e2fsck를 사용하는 모든 경우에 작동한다.

자동 체크는 부팅 시에 자동으로 마운트 되는 파일 시스템에서만 작동한다. 다른 파일 시스템들, 예를 들어 미디어를 체크하려면 fsck를 직접 사용해야 한다.

만약 fsck가 복구할 수 없는 문제를 발견하면, 파일 시스템이 일반적으로 동작하는 방법과 특히 망가진 파일 시스템의 형식에 대한 깊은 지식이 필요하거나, 백업을 잘 하는 것이 필요하다. 후자는 해결하기 쉽고, 전자는 만약 당신 자신이 하는 방법을 모른다면, 때때로 친구, 리눅스 뉴스그룹, 메일링 리스트나 다른 지원책을 통해 해결될 수 있다.

fsck는 마운트가 안 된 파일 시스템에서만 행해져야 하고, 마운트 된 파일 시스템에서는 해서는 안 된다. fsck가 원시 디스크를 건드려서 운영체제의 인지 없이 파일 시스템을 수정할 수 있기 때문이다.

8.7 badblocks로 디스크 에러를 검사하기

주기적으로 오류 블록을 검사하는 것은 좋은 방법이다. 오류 블록 검사는 'badblocks' 명령으로 행해진다.

badblocks는 찾아낼 수 있는 모든 오류 블록의 번호 리스트를 결과로 보여준다. 오류 블록 리스트는 파일 시스템 데이터 구조 안에 저장되기 위해 fsck로 입력될 수 있어서 운영체제는 데이터를 저장하기 위해 오류 블록을 사용하려고 하지 않을 것이다.

```
$ badblocks /dev/fd0H1440 1440 > bad-blocks
$ fsck -t ext2 -l bad-blocks /dev/fd0H1440
Parallelizing fsck version 0.5a (5-Apr-94)
e2fsck 0.5a, 5-Apr-94 for EXT2 FS 0.5, 94/03/10
Pass 1: Checking inodes, blocks, and sizes
Pass 2: Checking directory structure Pass 3: Checking directory connectivity
Pass 4: Check reference counts.
Pass 5: Checking group summary information.
/dev/fd0H1440: ***** FILE SYSTEM WAS MODIFIED *****
/dev/fd0H1440: 11/360 files, 63/1440 blocks
$
```

만약 badblocks가 이미 사용되고 있는 블록을 보고한다면, e2fsck는 해당 블록을 다른 곳으로 옮기려고 할 것이다. 만약 그 블록이 단지 부분적이 아니라 정말 망가졌다면, 파일의 내용들은 아마 훼손되었을 것이다.

8.8 디스크 fragment와 싸우기

디스크에 한 파일이 쓰일 때, 파일이 항상 연속되는 블록에 쓰일 수는 없다. 연속적인 블록에 저장되지 않은 파일은 조각난(fragmented) 파일이라고 한다. 조각난 파일을 읽는 것은 시간이 더 걸린다. 디스크의 읽기/쓰기 헤드가 더 많이 움직여야 할 것이기 때문이다. 미리 읽기 기능을 가진 좋은 버퍼 캐시를 지닌 시스템 안에서는 문제가 작아지지만 조각나는 것을 피하는 것이 바람직하다.

블록들이 연속되는 섹터 안에 저장되지 못할지라도, 파일 안의 모든 블록이 같이 가까이 있도록 하면서, ext2 파일 시스템은 조각나는 것을 최소로 유지하려고 시도할 것이다. ext2는 효율적으로 항상 파일의 다른 블록에 가장 가까운 여분의 블록을 할당할 것이다. 그래서 ext2를 위해선 좀처럼 조각나는 것에 대해 걱정할 필요가 없다.

조각난 블록들을 제거하기 위해 파일 시스템을 재정리하는 많은 MS-DOS 조각 모으기 프로그램들이 있다. 다른 파일 시스템을 위해서는 조각 모으기는 파일 시스템을 백업하고 조각 모음하기 이후 다시 복원하는 과정을 통해 이루어지는 것이 좋다. 조각 모으기 전에 파일 시스템을 백업하는 것이 최선이다.

8.9 모든 파일 시스템들을 위한 다른 도구들

약간의 다른 도구들 역시 파일 시스템들을 다루는데 쓸모 있다. 'df' 명령은 하나 혹은 더 많은 파일 시스템들의 여분의 디스크 공간을 보여준다. 'du' 명령은 디스크 공간이 얼마나 많은 디렉터리와 디렉터리 안에 파일들을 포함하고 있는가를 보여준다. 이런 것들은 디스크 공간을 낭비하는 것들을 잡아낼 때 사용할 수 있다. 사용법 및 사용 예제는 리눅스 명령어 편을 참고하기 바란다.

'sync'는 버퍼 캐시 안의 모든 기록되지 않은 블록들이 디스크에 기록되도록 한다. 수동으로 하는 것은 좀처럼 필요치 않다. 데몬 작업인 update가 자동으로 해준다. 큰 문제가 있을 경우, 예를 들어 update나 update를 도와주는 작업인 bdflush가 종료 되었거나, 전원을 당장 꺼야 하는데 update가 돌아갈 시간까지 기다릴 수 없다면, 쓸모 있을 것이다.

직접적 혹은 파일 시스템 형식에 독립적인 전위 프로그램을 통해서 접근할 수 있는 파일 시스템 만드는 도구(mke2fs)와 파일 시스템을 검사하는 도구(e2fsck) 외에도 ext2 파일 시스템은 사용할 수 있는 약간의 추가되는 도구를 가지고 있다.

tune2fs는 파일 시스템을 튜닝 할 때 사용한다. 중요한 매개변수는 다음과 같다.

```
# tune2fs [-l] [-c 최대 마운트 횟수] [-e 에러 발생 시 반응] [-i 각 점검 간의 간격]
[ -m 예약 블럭 퍼센트 ] [ -r 예약 블럭 갯수 ] [ -u 사용자 ] [ -g 그룹 ] 장치명
```

e2fsck는 이전에 수행된 마운트가 정상적으로 해제되어 슈퍼 블록에 있는 표시가 깨끗하더라도 파일 시스템이 너무 많이 마운트 되었으면 검사하도록 한다. 개발이나 시스템을 테스트하기 위해 사용되는 시스템이라면 이 제한을 줄이는 것이 좋을지도 모른다.

```
# dumpe2fs 장치명
```

'dumpe2fs' 명령은 대개 슈퍼 블록으로부터, ext2 파일 시스템에 대한 정보를 보여 준다. 실행 결과의 어떤 정보는 기술적이고 파일 시스템이 어떻게 작동하는지에 대한 이해가 필요하다.

dumpe2fs가 보여 주는 출력의 한 예

```
dumpe2fs 0.5b, 11-Mar-95 for EXT2 FS 0.5a, 94/10/23
Filesystem magic number:        0xEF53
Filesystem state:               clean
Errors behavior:                Continue
Inode count:                    360
Block count:                    1440
Reserved block count:           72
Free blocks:                    1133
Free inodes:                    326
First block:                    1
Block size:                     1024
Fragment size:                  1024
Blocks per group                8192
Fragments per group:            8192
Inodes per group:               360
Last mount time:                Tue Aug 8 01:52:52 1995
Last write time:                Tue Aug 8 01:53:28 1995
Mount count:                    3
Maximum mount count:            20
Last checked:                   Tue Aug 8 01:06:31 1995
Check interval:                 0
Reserved blocks uid:            0 (user root)
Reserved blocks gid:            0 (group root)

Group 0:
        Block bitmap at 3, Inode bitmap at 4, Inode table at 5
        1133 free blocks, 326 free inodes, 2 directories
        Free blocks: 307-1439
        Free inodes: 35-360
```

'debugfs' 명령은 파일 시스템 디버거이다. 디스크에 저장된 파일 시스템 데이터 구조에 직접 접근하여 fsck가 자동으로 수정할 수 없는 디스크를 수정하는데 사용된다. 지워진 파일들을 복구하는 데에도 사용되는 것으로도 알려져 있다. 그러나 debugfs는 사용자의 높은 이해력을 요구한다. 이해 없이 접근하는 것은 모든 데이터를 파괴할 수 있어 주의해야 한다.

```
# debugfs [ [ -w ] 장치명 ]
```

'dump'와 'restore' 명령은 ext2 파일 시스템을 백업하는데 사용될 수 있다. dump와 restore는 전통적인 UNIX 백업 툴들의 ext2 특유의 버전들이다.

8.10 파일 관리 심층 분석

파일은 리눅스/유닉스 시스템에서 매우 중요하다. 일반적으로 설명하고 있는 파일은 물론이고 특수 파일을 비롯하여 각종 장치도 파일로 처리되기 때문이다. 다른 시스템과 통신하기, 미디어 장치 제어하기 등도 모두 파일 관리를 통하여 접근이 가능한 특징이 있다.

이러한 파일은 데이터의 집합체에 인식표가 붙여진 것으로 정의될 수 있다.

디스크나 외부 저장 장치에 주로 기록되며 커널에서 메모리에 사상한 것도 파일의 확장이라고 이해하면 접근하기 쉽다.

● 비트

정보 표현의 단위를 살펴보면 가장 낮은 단계는 비트이다. 비트는 2진수로 표현이 되므로 있다 없다 또는 "예"와 "아니오"로 표현하며 숫자로는 "0"과 "1"이다. 진수의 개념은 어떤 수에 "1"씩 더하기를 하여 진행하다가 해당 진수에 도달하면 자리 올림이 발생하고 자신은 초기값(0)이 되는 것을 말한다.

즉, 2진수는 0에서 출발하여 1을 더하면(0 + 1 = 1) 1이 되고 다시 1을 더하면(1 + 1 = 10) 2가 되어야 하지만, 2진수라는 정의에 따라 자리 올림이 발생하여 "10"이 된다. 자리 올림이란 또 다른 표현 장소가 필요하다는 것을 의미하므로 표현 장소가 없다면 1을 더할 때마다 1과 0으로 계속 변하기만 할 것이다.

● 니블

비트 저장소를 4개 연속하여 표현 장소를 사용하는 것이다. 즉, 자리 올림을 3번이나 더 사용할 수 있다. "1111 + 1 = 0"이다. 이 부분이 이해가 되는 독자는 진수의 개념을 이해할 수 있을 것이다. 이를 10진수, 8진수, 16진수로 표현은 다음 방법을 참고하면 쉽다.

곱하기 ↓	비트(2진수)				합계	8진수	10진수	16진수
	$1 \times 2^3=$	$1 \times 2^2=$	$1 \times 2^1=$	$1 \times 2^0=$		$17_{(8)}$	$15_{(10)}$	$F_{(16)}$
	8	4	2	1				
	더하기 →							

여기서 8진수는 비트 3개씩 끊어서 왼쪽에 남는 1비트는 가상으로 2개가 더 있다고 상상하여 계산하면 된다. 상상으로 만든 2개는 무조건 0으로 설정하여야 한다.

● 바이트

"니블+니블" 또는 비트를 8개 합쳐서 정보를 표현하는 데이터 표현의 최소 단위이다. 니블의 표를 살펴보자. 니블이 4개의 비트이면서 마지막 비트는 24-1으로 23이 됨을 알 수 있다. 최대 표현 값은 모두 영인 경우에서 모두 1까지로 이를 계산하여 보면 0에서 15까지 표현할 수 있다.

이를 바이트에 적용하면 $2^8-1=2^7$이 되므로 0에서 255까지 표현 가능하다. 이해가 빠른 독자라면 비트가 하나씩 증가할 때마다 더욱 큰 수로 확대됨을 알 수 있을 것이다. 그럼 16비트를 계산하여 보자. 즉각적으로 2^0에서 2^{15}까지 임을 떠올릴 것이다. 이를 10진수로 계산하는 것은 수에 대한 감각이 빠르지 않다면 난감해질 것이다.

필자가 강의실에서 알려주는 비법은 "1, 2, 4, 8, 16, 32, 64, 128, 256, 512, 1024, 2048, 4096, 8192, 16384, 32768"을 기억하였다가 비트의 0의 위치는 빼고 1이 되는 위치 값만 모두 더하라는 것이다. 진법 변환이 의외로 쉽게 된다. 숫자를 모두 기억할 필요는 없다. 2배씩 증가하는 법칙만 기억하면 언제나 계산으로 숫자를 나열 할 수 있다.

● 문자

문자는 인간이 정보를 인식할 수 있는 기본 단위라고 할 수 있다. 컴퓨터에서도 문자는 파일 시스템의 기본이 된다. 1바이트로 표현하는 문자는 ASCII(일명 아스키) 코드, EBCDIC(일명 엡시딕 코드) 등이 대표적으로 군림하여 왔다.

이는 영문 표현만 생각하는 미국 중심으로 만들어진 결과이다. 좀 더 많은 문자를 표현하기 위하여, 또는 정보처리 속도를 빠르게 하기 위하여 문자 표현 단위를 16비트, 즉 2바이트로 표현하기 시작한 것이 유니코드로 "EUC-KR" 코드, "UTF-8" 코드 등이 만들어져 사용되고 있다.

● 워드(WORD)

일반적으로 바이트를 하나 이상 묶어서 정보를 표현하는 단위이다. 때로는 2바이트가 1워드가 되기도 하고 4바이트가 1워드가 되기도 한다. 이는 시스템마다 다르므로 추상적으로 바이트보다는 크다고 정의된다.

● 더블워드(DOUBLE WORD)

워드를 2개 합쳐서 표현하는 정보 단위의 하나이다.

● 필드

개념상으로는 문자들의 집합이다. 어떠한 정보를 표현하기 위하여 모여 있는 문자로서 다른 정보를 표현하기 위한 문자들의 집합과 구분하기 위한 정보 표현 단위이다. 워드 또는 더블워드로 구성될 수 있고 바이트로도 구성될 수 있다.

● 라인(LINE) 또는 레코드(RECORD)

데이터베이스에서는 레코드(RECORD)라고 부르고 조직화되지 않은 파일에서는 라인이

라고 한다. 필드의 집합이다. 이러한 레코드는 크게 두 가지로 구분되는데 물리 레코드와
논리 레코드이다.

　ㅇ 물리 레코드

　　저장 장치를 대상으로 실제로 읽고 쓰는 정보의 단위이다.

　ㅇ 논리 레코드

　　소프트웨어에서 다루는 데이터의 집합을 말한다.

● **파일(FILE) 또는 테이블(TABLE)**

레코드의 집합이다. 데이터베이스에서는 테이블이라 부르고 조직화되지 않는 경우는 파
일이라고 부른다.

● **디렉터리 또는 데이터베이스**

파일의 집합 또는 테이블의 집합으로 데이터베이스는 DBMS라는 관리 프로그램이 지원
된다. 디렉터리 속에 데이터베이스가 포함된다. 그러나 데이터베이스는 파일 시스템의
확장으로 별도로 분류하는 것이 보다 정확할 것이다. 물론 디렉터리 속에 데이터베이스
파일이 있다고 하여 데이터베이스를 파일로 분류할 수 없는 것처럼 말이다.

리눅스에서 디렉터리의 역할은 파일 시스템에서 파일을 빨리 찾을 수 있도록 구성하고
파일들의 이름과 위치 정보를 담고 있다.

디렉터리 필드의 목록은 다음과 같다.

디렉터리 필드	상세 설명
이름	inode에 대응하는 이름을 나타내는 문자열이다.
위치	파일 시스템에서 파일의 물리 블록 혹은 논리적 위치 정보이다. 경로명이 대표적인 예이다.
크기	파일이 디스크상에 저장되어 있는 바이트 수이다.
유형	파일의 용도를 표시한다. 문자 파일, 디렉터리 파일, 디바이스 파일, 블록 파일, 특수 파일 등
접근 권한	drwx-r-xr-x로 표현되어 사용자의 접근을 통제하여 시스템을 보호하는 기능이다.
접근 시각	파일을 마지막으로 접근한 날짜 및 시간 정보를 가지고 있다.
수정 시각	파일을 마지막으로 수정한 날짜 및 시간 정보를 가지고 있다.
생성 시각	파일을 최초로 만든 날짜 및 시간 정보를 가지고 있다.
소유자	파일의 소유자 정보를 문자열로 제공한다.
그룹	파일의 소유자가 속한 그룹 정보를 문자열로 제공한다.
추가 속성	파일의 추가적인 속성 정보를 비트열로 가지고 별도 정보로 제공한다.

리눅스 디렉터리 구조는 계층 구조 파일 시스템이다. 파일 이름은 디렉터리 내에서만 유일성을 가지고 다른 디렉터리에 동일한 파일이 존재할 수 있게 한다.

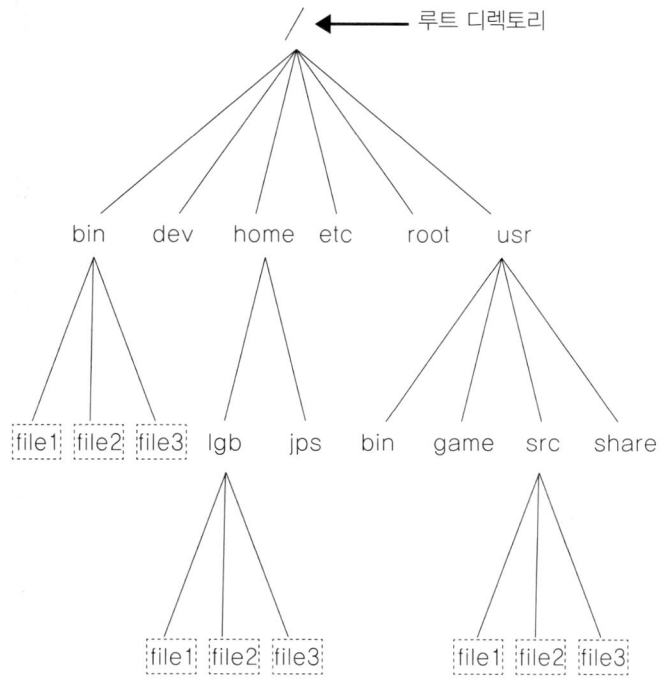

디렉터리에 있는 파일의 경로는 절대 경로와 상대 경로가 있다. 명령어 소개 부분의 'cd' 명령을 소개하면서 설명한 내용이다. 현재 작업을 하고 있는 디렉터리를 워킹 디렉터리 (working directory)라고 할 때 워킹 디렉터리를 기본으로 위치 정보를 제공하는 것이 상대 경로이다. 절대 경로는 루트 디렉터리부터 시작하는 것을 말한다. 루트 디렉터리란 "root"로 명명된 디렉터리가 아닌 "/"로 시작하는 최상위 디렉터리를 말한다.

모든 디렉터리는 /(루트) 디렉터리를 제외하면 부모 디렉터리에 대한 참조성을 유지하여 경로 이동을 자유롭게 한다. 루트 디렉터리는 부모 디렉터리가 없다. 그 스스로 조상, 시조가 되는 디렉터리인 셈이다. 절대 경로를 사용하게 되면 현재 워킹 디렉터리의 정보는 무시된다.

디렉터리의 전체 구조를 확인하는 명령어로 'tree'가 있다. 이 명령어는 "apt-get install tree"로 설치를 해주어야 한다.

```
# apt-get install tree
# tree
```

'tree'를 설치하여 현재 디렉터리에서 실행하면 다음과 같다.

```
root@coffee-desktop: ~
root@coffee-desktop:~# tree
.
├── aa
├── apt.tar
├── err.log
├── hello.c
├── myhello.c
├── newfile
├── set.list
├── set.txt
├── stl11d
├── stl6a-2
├── stl7a-2
├── stl8a-1
├── stl9c-1
├── \352\263\265\352\260\234
├── \353\213\244\354\232\264\353\241\234\353\223\234
│   ├── apt.tar
│   ├── err.log
│   ├── etc
│   │   └── apt
│   ├── nateon_1.0.1-277-lucid0_i386.deb
│   └── sidetrac.zip
├── \353\254\270\354\204\234
├── \353\260\224\355\203\225\355\231\224\353\251\264
├── \353\271\204\353\224\224\354\230\244
├── \354\202\254\354\247\204
├── \354\235\214\354\225\205
└── \355\205\234\355\224\214\353\246\277

10 directories, 17 files
root@coffee-desktop:~#
```

"\351\263\265\352\260\234" 등으로 나오는 것은 한글을 'tree' 명령에서 인식을 하지 못하여 아스키 코드를 그대로 표현한 것이다.

Ubuntu에서 제시하는 일반적인 디렉터리 목록은 다음과 같다.

- /bin : 중요한 바이너리(binary) 프로그램들
- /boot : 부트(boot) 설정 파일들
- /dev : 장치(device) 파일들
- /etc : 설정 파일, 시작 스크립터, 기타(etc)...
- /home : 사용자의 홈(home) 디렉터리
- /lib : 시스템 라이브러리(libraries)
- /lost+found : 루트(/) 디렉터리에 존재하는 파일을 위한 lost+found 시스템을 제공
- /media : 마운트 된(읽혀진) CD, USB, SSD 기타 등등의 이동 미디어
- /mnt : 마운트(mount)된 파일 시스템
- /opt : 선택적인(optional) 프로그램이 설치될 위치 제공
- /proc : 현재 실행 중인 프로세스(processes)를 포함하는 시스템의 상태에 관한 정보를 관리할 수 있는 특별한 동적 디렉터리
- /root : "슬래시-루트"라고 발음되는 root 사용자의 홈 디렉터리
- /sbin : 중요한 시스템 바이너리(system binaries) 파일들
- /sys : 시스템(system) 파일들
- /tmp : 임시(temporary) 파일들
- /usr : 모든 사용자(users)가 쓸수 있는 프로그램과 파일들
- /var : 시스템 로그와 데이터베이스 같은 가변(variable) 파일들

● 파일 시스템

데이터 저장 계층의 최상단으로 볼 수 있으며 파일을 효과적으로 관리하기 위한 체계적인 시스템이다.

○ 정리

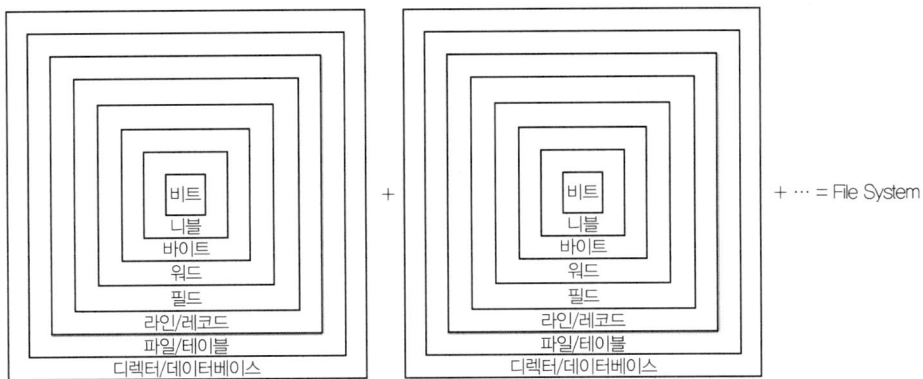

데이터베이스를 일부 언급한 것은 파일 시스템의 이해를 돕기 위해서이다.

데이터베이스 개념을 잘 이해하는 독자라면 리눅스/유닉스 파일 시스템 개념에 대한 이해가 더욱 빠를 것이다.

● 링크

링크는 다른 디렉터리에 존재하는 파일 또는 디렉터리를 참조하는 엔트리이다. 즉, 현재 디렉터리에 없는 파일에 대하여 현재 디렉터리에 존재하는 것처럼 지원하는 것으로 PATH와 링크를 들 수 있다.

PATH는 파일 참조를 위해서 찾기를 수행할 때 PATH에 설정된 모든 디렉터리를 조사 대상에 포함하는 의미이고 링크는 실제 파일은 다른 디렉터리에 존재하지만 현재 디렉터리에 포함되어 있는 것처럼 이름을 추가하는 것이다. 이러한 링크는 하드 링크와 소프트 링크로 나누어진다.

○ 하드 링크 : 저장 장치에 있는 파일의 블록 번호에 해당하는 위치 정보를 명시하는 디렉터리 엔트리를 가리킨다. 파일의 물리적 위치를 저장하고 파일 시스템은 해당 파일에 대한 링크 수를 파악하여 임의 삭제로 인한 불완전한 시스템이 되는 것을 방어한다.

○ 소프트 링크 : 다른 위치에 존재하는 파일에 대한 경로명을 담고 있는 디렉터리 엔트리를 가리킨다. 해당 파일에 대한 논리적 위치를 저장하고 파일 데이터의 변경 사항이 발생할 경우 직접적인 변경이 가능하여 갱신 작업이 필요 없다.

그러나 링크 파일을 삭제할 경우는 실제 파일에 대한 삭제는 일어나지 않고 실제 파일이 삭제될 경우 링크 파일은 오류 정보를 그대로 유지하고 무효 처리된다. 실제 파일이 재생성되면 해당 파일을 다시 링크할 필요가 없이 자동적으로 해당 파일에 대한 정보를 접근할 수 있게 한다.

디렉터리	
이름	위치
lgbong	113
jps	610
⋮	⋮
lgbong_hard	113
lgbong_soft	./lgbong

lgbong에 대한 하드 링크
lgbong에 대한 소프트 링크

● **구성 스키마**

파일을 구성하는 스키마는 순차 접근 방식과 직접 접근 방식이 있고 확장하여 인덱스 접근 방식으로 살펴 볼 수 있다.

○ 순차 접근 방식 : 첫 번째 레코드부터 순차적으로 접근하여 해당 레코드를 찾는 방식이다. 건너 뛸 수 없고 뒤돌아 갈 수도 없다.

○ 직접 접근 방식 : 시작은 첫 번째 레코드부터 이지만 해당 레코드 접근을 위하여 건너 뛸 수 있고 뒤돌아 갈 수도 있다. 즉, 원하는 위치의 레코드로 직접 접근이 가능하다.

○ 인덱스 접근 방식 : 각 레코드별 인덱스를 따로 모아 인덱스 값에 의한 직접 접근을 제공하는 파일이다. 인덱스 접근 방식에는 ISAM, VSAM 등의 확장된 접근 방식을 제공한다.

8.11 파일의 속성

파일은 기본적으로 다양한 연산(Operation)으로 접근이 가능하다. open, close, create, purge, copy, rename, list, access mode, inode 등으로 파일의 조작이 가능하도록 지원하고 있다. 내부 항목에 대한 연산으로는 read, write, update, insert, delete로 파일의 내용에 대한 조작이 가능하다. 이를 지원하기 위해서 필요한 내용이 속성이다.

일반적인 파일 시스템에서의 속성은 다음과 같은 정보를 포함하고 있다.

크기, 위치, 접근성, 유형, 변동성, 활성도, 기타

이러한 속성을 다루는 리눅스 명령은 다음과 같다.

```
# chattr [ -RVf ] [ -vf 버전 ] [ +-=모드 ] 파일들...
```

속성을 지정하는 명령이다.

```
# lsattr [ -Radv ] [ 파일들... ]
```

속성의 내용을 확인할 수 명령이다.

리눅스의 chattr 명령에서 다룰 수 있는 주요 속성을 살펴보면 다음과 같다.

> a 속성 : 해당 파일을 추가만 할 수 있다. 당연히 root만이 속성 변경이 가능하다. 파일 보안을 위해 주로 사용하는 속성이다.
>
> c 속성 : 이 속성이 설정된 파일은 커널에 의해 디스크 상에 자동적으로 압축된 상태로 저장되어 있다. 파일을 읽을 경우에는 압축을 해제한 상태로 되돌려주며 쓰기 때에는 디스크에 저장하기 전에 파일을 압축한다.
>
> d 속성 : 파일이 dump로 백업이 되지 않는다.
>
> i 속성 : 해당 파일의 변경, 삭제, 이름 변경뿐 아니라 파일 추가 및 링크 파일도 만들 수 없다. 변경 추가가 거의 없는 부팅 관련 파일들에 설정하면 부팅이 되지 않는 문제로 인한 시스템 장애를 줄일 수 있다.
>
> s 속성 : 파일이 삭제가 될 경우에 해당 블록이 모두 0으로 되어 버리고 디스크에 다시 쓰기가 발생한다. s 속성이 설정된 파일은 변경될 경우에 디스크 동기화가 일어나는 효과를 그대로 누릴 수 있다.
>
> u 속성 : 이 속성을 가진 파일이 삭제되었을 경우에는 그 내용이 저장되며 삭제되기 전의 데이터로 복구가 가능하다. 따라서 chattr로 파일과 디렉터리의 속성을 지정하는 주된 이유는 허가되지 않은 사용자가 파일의 변경을 못하게 하는 설정을 하여 파일 보안을 하기 위한 것이다.

자, 그러면 마법을 한번 부려 보자.

```
root@coffee-desktop: ~
root@coffee-desktop:~# ps -eaf > 11
root@coffee-desktop:~# chattr +a 11
root@coffee-desktop:~# rm -rf 11
rm: `11'를 지울 수 없음: Operation not permitted
root@coffee-desktop:~#
```

"chattr +a filename" 명령은 해커가 침입하였다면 해커가 만든 파일을 시스템 관리자가 파일을 지울 수 없도록 하기 위하여 속성을 걸어두는 방법이다. 대부분 초보 관리자는 "rm -rf filename" 명령에서 오류가 나올 경우 매우 당황하게 된다.

```
root@coffee-desktop: ~
root@coffee-desktop:~# chattr +i 11
root@coffee-desktop:~# lsattr 11
----ia-------e- 11
root@coffee-desktop:~# _
```

속성을 확인하여 보면 19개의 속성이 존재함을 알 수 있다. 이 중에서 11개를 사용자가 지정할 수 있다. 이렇게 속성이 지정되면 "rm" 명령으로 파일을 삭제할 수 없다. 삭제하기 전에 먼저 속성을 제거하여야 한다.

```
root@coffee-desktop: ~
root@coffee-desktop:~# chattr -ai 11
root@coffee-desktop:~# lsattr 11
----------------e- 11
root@coffee-desktop:~# ls -al 11
-rw-r--r-- 1 root root 11129 2010-06-20 17:46 11
root@coffee-desktop:~#
```

이렇게 속성을 제거하고 나면 파일을 삭제할 수 있다.

```
root@coffee-desktop: ~
root@coffee-desktop:~# rm -rf 11
root@coffee-desktop:~# _
```

이 마법에서 사용된 "-ai" 옵션은 필자가 자주 사용하는 애용품이다.

## part VI

리눅스 부팅 순서

09 리눅스 부팅순서 알아보기

09 리눅스 부팅순서 알아보기

Ubuntu Linux

9.1 부팅이란?

운영체제가 활성화되는 과정을 부팅이라고 한다. 컴퓨터가 부팅되는 20 단계는 다음과
같다.

1) 컴퓨터에 전원 넣기

2) ROM—BIOS에 저장되어 있는 BIOS 프로그램을 메모리로 적재

3) CPU가 메모리에 사전 지정된 프로그램을 읽어서 실행

4) 로드된 BIOS 프로그램이 시스템 하드웨어 검사("POST" : Power On Self Test)

5) 하드웨어 검사가 성공하면 디스크 MBR[13]의 부트 로더를 메모리에 적재 후 BIOS 종료

6) 부트 로더가 운영체제에 필요한 커널 프로그램 검사 및 환경 설정에 따른 실행

7) 운영체제 선택 화면 표시 후 대기 카운트 동작. 선택 화면이 없으면 기본 커널 적재

8) 커널이 "swapper" 프로세스를 호출[14]하여 각종 드라이버를 초기화 한다.

9) PID[15]가 0번인 "swapper"가 PID 1번인 "/sbin/init"를 실행하고 "swapping" 기능 수행

10) "init" 프로세스는 "/etc/init.d/rcS"에 정의된 스크립터를 순차적으로 실행

11) "init" 프로세스가 "/sbin/mingetty"를 실행하여 가상 터미널을 생성한다.

12) "init" 프로세스가 "/bin/login"을 실행하여 가상 터미널에 로그인 프롬프트를 표시

13) 사용자 입력에 따라 "/etc/passwd" 파일에서 계정 확인 후 쉘 프로그램 호출

14) 쉘 프로그램이 "/etc/profile" 및 홈 디렉터리의 환경 설정 파일 실행

15) 쉘 프로그램이 사용자 명령어 입력 대기 프롬프트 표시

16) 쉘 프로그램이 사용자 명령어를 해석하여 내부/외부 명령어 분류

17) 내부 명령어는 자체 처리하고 외부 명령어는 경로 설정에 따른 프로그램 호출

18) 로그아웃("exit", "logout") 명령을 만나면 로그아웃 스크립트 실행 후 쉘 종료

19) 시스템 종료 명령을 만나면 시스템 종료를 위한 각 프로세스 종료

20) 로그아웃일 경우 쉘 프로그램만 종료하여 "login" 프로그램 다시 활성

1단계에서 3단계까지는 하드웨어 분야이므로 논외로 하고 4단계 이후부터 Ubuntu의
부팅 순서에 따른 내용을 살펴보고자 한다.

---

13) Master Boot Record로 디스크 파티션의 첫 번째 섹터이며 시동 코드를 담고 있다.

14) 호출은 프로그램 코드를 메모리 로드하여 실행하고 그 실행 결과를 얻을 수 있다.

15) Process Identification으로 프로세스 식별 번호이다.

9.1.1 부트로더(GRUB)

● 부트로더(bootloader)

부트로더란 권총으로 말하면 총알의 뇌관과 같은 것이다. 노리쇠에 의하여 격발된 공이가 총알의 뇌관을 때리므로 인하여 뇌관이 터지고 뇌관이 터짐으로 인하여 화약이 터지면서 발생하는 압력으로 총알이 날아가듯이 깡통인 컴퓨터가 인간에게 유용한 도구가 되기 위한 소프트웨어적인 시작점이 부트로더이다.

즉, 부트로더는 CMOS에 의해 메모리에 로드되어 실행되고 이 부트로더가 운영체제를 선택하여 실행하는 것이다. 이러한 부트로더의 종류로는 윈도우즈 계열의 "NTloader", 리눅스 계열의 "LILO", "GRUB" 등이 있다.

윈도우즈 계열에서 사용되는 부트로더는 윈도우 부팅 시 나타나는 로고 화면 직전이 된다. 개인용 컴퓨터에 운영체제가 하나만 설치되어 있는 경우가 대부분이어서 이러한 부트로더를 보여주지 않는 것이다.

그러나 윈도우즈에도 분명히 존재하고 있다. 만약 윈도우즈가 설치된 개인용 컴퓨터에 "Wubi"를 통하여 "Ubuntu"를 설치하였다면 윈도우즈 부트로더가 먼저 여러분에게 운영체제 선택을 요구한다.

만약 선택을 하지 않고 일정 시간이 지나거나 Ubuntu를 선택하였을 경우에는 리눅스 부트로더가 다시 나타나서 운영체제 선택을 요구한다.

```
시작할 운영 체제를 선택하십시오:

 Microsoft Windows 7 Professional
   Ubuntu

위 아래 화살표를 사용하여 시작하려는 운영 체제로 이동하십시오.
ENTER키를 누르면 선택됩니다.

선택된 운영 체제가 시작될 때까지 남은 시간(초): 29




Windows 문제 해결 및 고급 시작 옵션을 보려면, F8키를 누르십시오.
```

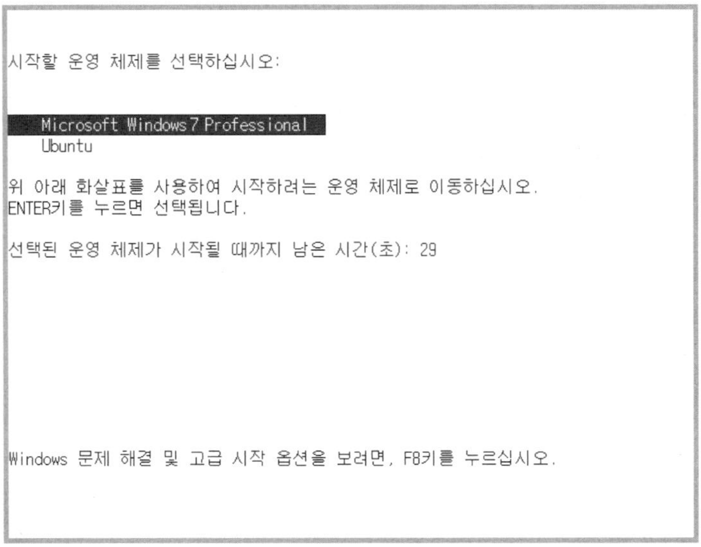

위 그림은 윈도우 부트로더의 동작 화면이다.

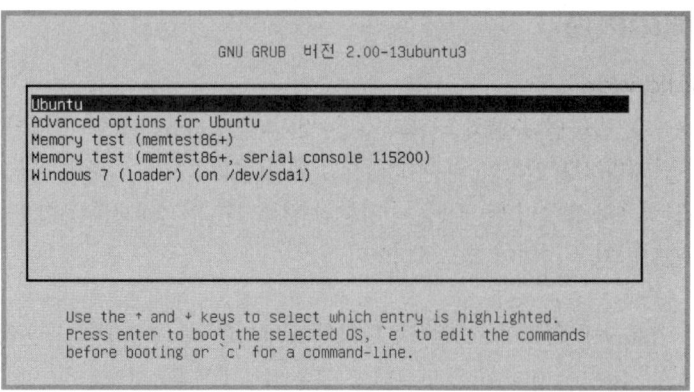

Ubuntu의 GRUB 부트로더 화면이다.

부트로더의 공통점은 운영체제가 한 컴퓨터에 2개 이상 설치되어 있을 경우 사용자에게 선택할 수 있는 기회와 시간을 준다는 것이다. 키보드의 방향키를 움직이면 예정된 카운트가 사라지고 선택된 운영체제로 부팅을 위하여 엔터키가 입력되기를 무한정 대기한다.

해당 운영체제 부팅을 위하여 편집할 수 있는 기능("e" 키를 입력), 부팅을 할 수 있는 기능("c" for "a")을 사용할 수 있다.

9.1.2 /etc/init.d/rcS

init 프로세스는 "/etc/init.d/rcS"에서 "/etc/default/rcS"를 호출하고 다시 "/etc/rcS.d" 디렉터리의 'S'로 시작되는 파일을 읽어 들인 후 순차적으로 코딩되어 있는 스크립트(명령어)들을 순서대로 실행한다.

레드햇 계열에서 "inittab"을 이용한 실행 레벨의 변경은 Ubuntu에서는 지원하지 않는다. 다만 명령어로 실행 레벨을 조정하는 방법을 제공할 뿐이다.

```
# runlevel [OPTION]...  [UTMP]
```

또는

```
# who [OPTION]... [ FILE | ARG1 ARG2 ]
```

```
root@coffee-desktop:/etc/rcS.d
root@coffee-desktop:/etc/rcS.d# runlevel
N 2
root@coffee-desktop:/etc/rcS.d# who -r
         실행-수준 2 2010-06-28 10:14
root@coffee-desktop:/etc/rcS.d#
```

레벨 0번 : 시스템 종료

레벨 1번 : 싱글 모드(콘솔로서만 접근 가능하며, 수퍼유저(root)만이 사용할 수 있다

레벨 2번 : NFS를 지원하지 않는 멀티유저 실행 모드

레벨 3번 : NFS를 지원하는 멀티유저 실행 모드

레벨 4번 : 사용하지 않는 실행 레벨(사용자가 지정하여 사용할 수 있음)

레벨 5번 : X-Windows 환경으로 실행된 멀티유저 실행 모드

레벨 6번 : 시스템을 재부팅하는 모드

실행 레벨을 변경하는 방법은 다음과 같다.

```
# telinit [OPTION]...   RUNLEVEL
```

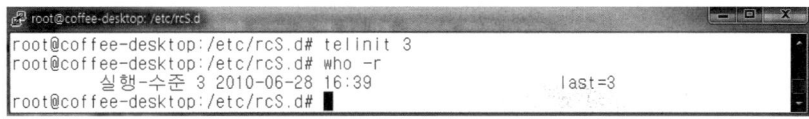

```
root@coffee-desktop: /etc/rcS.d
root@coffee-desktop:/etc/rcS.d# telinit 3
root@coffee-desktop:/etc/rcS.d# who -r
      실행-수준 3 2010-06-28 16:39                    last=3
root@coffee-desktop:/etc/rcS.d#
```

실행 레벨이 변경되었음을 확인할 수 있다.

9.1.3 자동 로그인(respawn)

Ubuntu 자동 로그인 지원 기능은 root 사용자 계정에서는 사용할 수 없다. 그러나 일반 사용자 계정에서는 자동 로그인 설정이 가능하다. 우선 X-Windows에서 설정을 살펴보자.

메뉴의 "시스템 설정" 또는 런처의 [시스템 설정]->[사용자 계정]을 선택한다.

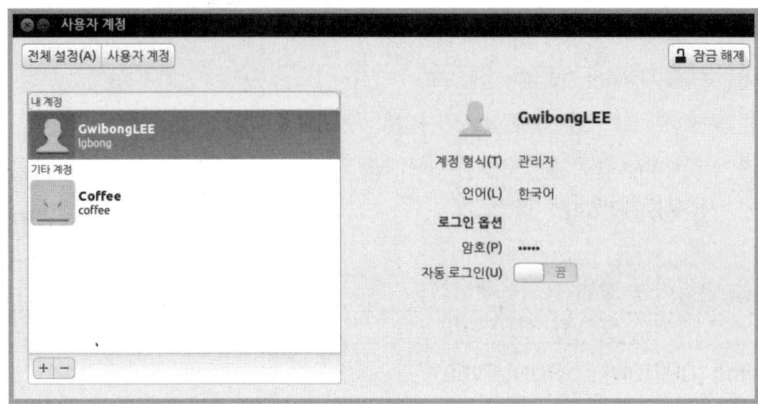

우측 상단의 [잠금 해제] 버튼을 클릭한다.

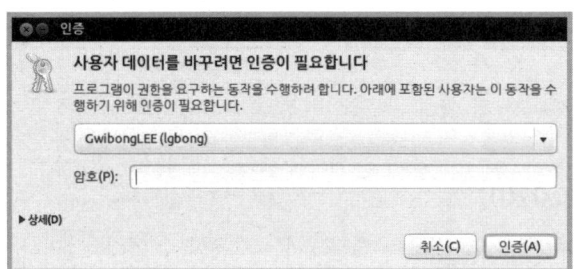

현재 사용자의 비밀번호를 입력하고 [인증] 버튼을 누른다.

계정 목록에 "root"가 없는 것을 보았다면 자동 로그인이 "root" 계정에는 지원되지 않음을 확인할 수 있다.

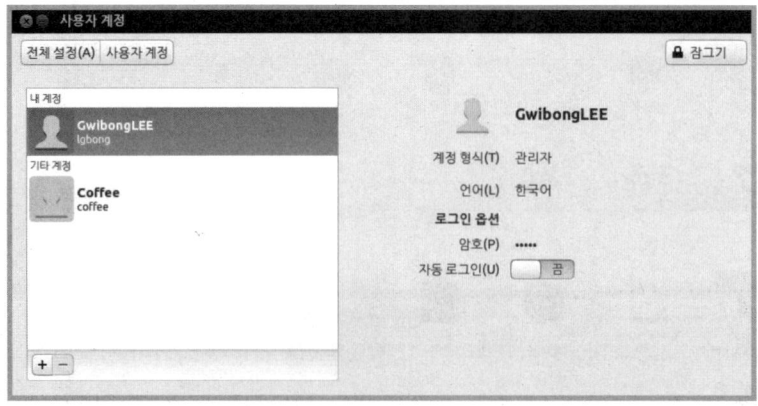

로그인 방법을 변경하려는 계정을 선택하고 우측 하단의 [자동 로그인] 버튼이 "끔"으로 되어 있는 부분을 마우스를 이용하여 버튼을 우측으로 이동하면 "켬"으로 바뀐다.

[암호]를 클릭하면 기존 암호를 새로운 암호로 바꾸는 화면이 나타난다. 현재 암호와 새 암호를 입력하고 [바꾸기] 버튼을 누르면 비밀번호가 변경된다.

9.1.4 로그인에 사용되는 파일들

로그인 프로그램은 "/etc/issue" 파일을 활용하여 로그인 프롬프트를 표시하고 입력을 대기한다. 사용자가 계정 및 비밀번호를 입력하면 "/etc/passwd" 파일의 계정과 비교하여 같은 계정이 존재하고 "/etc/shadow" 파일과 비교하여 비밀번호가 맞으면 로그인 절차를 시작한다.

```
root@coffee-desktop:~# cat /etc/issue
Ubuntu 10.04 LTS \n \l

root@coffee-desktop:~#
```

"/etc/issue" 파일의 내용이다. 이는 관리자가 수정하여 사용할 수 있다.

"/etc/passwd" 파일의 내용이다. 필드 구분은 앞에서 설명하였으니 참고하기 바란다.

"/etc/shadow" 파일의 내용이다. 계정에 따른 비밀번호가 암호화되어 저장되어 있다.

Tip

root 계정의 비밀번호 필드를 복사하여 다른 사용자 계정에 붙여넣기 한 다음 그 사용자 계정으로 로그인 할 때 root 계정 비밀번호를 입력하면 정상적으로 입력이 됨을 알 수 있다. 즉, 암호 및 복호가 계정에 상관 없이 동일한 체계를 유지하고 있음을 알 수 있다.

로그인 절차 진행에서 먼저 보이는 것이 "/etc/motd" 파일이다.

```
root@coffee-desktop: ~
root@coffee-desktop:~# cat /etc/motd
Linux coffee-desktop 2.6.32-22-generic #33-Ubuntu SMP Wed Apr 28 13:27:30 UTC 20
10 i686 GNU/Linux
Ubuntu 10.04 LTS

Welcome to Ubuntu!
 * Documentation:  https://help.ubuntu.com/

Your CPU appears to be lacking expected security protections.
Please check your BIOS settings, or for more information, run:
  /usr/bin/check-bios-nx --verbose

151 packages can be updated.
38 updates are security updates.

root@coffee-desktop:~#
```

원래 목적은 관리자가 시스템을 사용하는 사용자가 로그인할 때 사용자에게 메시지를 전달하려는 기능으로 만들어진 파일이다. 다음으로 모든 계정 사용자에게 동일하게 적용되는 스크립트 실행 내용은 "/etc/profile" 파일이다. 프롬프트를 비롯하여 기본적으로 설정되어야 하는 명령어 디렉터리 경로를 설정하고 사용자 터미널 타입 및 사용 언어를 정의하기도 한다.

```
root@coffee-desktop: ~
if [ "$BASH" ]; then
  PS1='\u@\h:\w\$ '
  if [ -f /etc/bash.bashrc ]; then
    . /etc/bash.bashrc
  fi
else
  if [ "`id -u`" -eq 0 ]; then
    PS1='# '
  else
    PS1='$ '
  fi
fi
fi

umask 022
root@coffee-desktop:~# cat /etc/profile
```

"/etc/profile" 파일의 내용은 쉘 스크립트 언어로 작성되어 있다. 리눅스/유닉스의 쉘 스크립트는 매우 강력하여 웬만한 프로그램 언어와 같은 수준의 절차를 구현할 수도 있다.

개별 사용자 환경 설정을 위한 안배로 홈 디렉터리를 살펴보면 "."으로 시작하는 숨은 파일이 상당히 많이 있다.

```
root@coffee-desktop: ~
root@coffee-desktop:~# ls -a
                  .gstreamer-0.10    .qt                set.list
                  .gtk-bookmarks     .recently-used.xbel  set.txt
.ICEauthority     .gvfs              .sudoku            stl11d
.bash_history     .icons             .synaptic          stl6a-2
.bashrc           .kde               .themes            stl7a-2
.cache            .knateon.lock      .thumbnails        stl8a-1
.config           .local             .wapi              stl9c-1
.dbus             .messagebox.lock   .xsession-errors   공개
.esd_auth         .mission-control   .xsession-errors.old  다운로드
.evolution        .mozilla           aa                 문서
.exrc             .nautilus          apt.tar            바탕화면
.gconf            .profile           err.log            비디오
.gconfd           .pulse             hello.c            사진
.gnome2           .pulse-cookie      myhello.c          음악
.gnome2_private   .purple            newfile            템플릿
root@coffee-desktop:~#
```

이 중에서 로그인에 관계되는 파일은 ".profile"과 ".bashrc" 정도이고 "csh"를 사용할 경우 적용되는 ".login" 파일이 있다. 화면에서는 ".login" 파일이 보이지 않지만 만들어 주면 로그인 프로그램이 자동으로 인식하여 처리한다. ".profile" 파일은 기본적으로 로그인할 때 실행되는 스크립트를 포함하고 있는 파일이다. ".bashrc" 파일은 "su" 명령으로 계정을 전환하거나 쉘에서 원격 로그인하는 경우 적용되는 스크립트 파일이다.

여기까지가 사용자가 리눅스 시스템을 사용하기 위하여 로그인할 때 진행되는 내용을 정리한 것이다. 물론 상세 정리를 하면 책 한권 분량이 나오겠지만 여기서는 이 정도만 상식으로 알아 두어도 될 것이다. 이제 리눅스 명령어를 마음껏 사용할 수 있다. 물론 슈퍼 유저 계정일 경우이다. 일반 사용자는 제약 사항이 당연히 따르지 않겠는가... 그래야 시스템을 효율적으로 안정적으로 사용할 수 있을 것이다.

9.1.5 운영체제 선택기 조정하기

운영체제 선택기로 부트로더를 앞에서 살펴보았다. 여기서는 부트로더 중 하나인 "GRUB"를 수정하고 편집하여 사용하기 편하게 만들어 보자. 우선 "GRUB"는 "/boot" 디렉터리에 마운트 되어 있는 하나의 파일 시스템이다. "/boot" 파일 시스템은 디스크의 MBR을 포함하고 있다. 즉, GRUB는 MBR에 위치하고 있는 운영체제 선택기로 "/boot/grub/ grub.cfg" 파일의 내용을 사용한다.

```
root@coffee-desktop: /boot/grub
root@coffee-desktop:/boot/grub# ls -al gru*
-r--r--r-- 1 root root 4339 2010-05-27 13:43 grub.cfg
-rw-r--r-- 1 root root 1024 2010-06-29 10:07 grubenv
root@coffee-desktop:/boot/grub#
```

설정 파일 이름은 많은 변화를 겪었지만 현재 Ubuntu에서는 "grub.cfg" 파일이다. 텍스트 형식으로 저장되어 있으므로 vi 편집기를 이용하여 수정이 가능하다.

"LILO"라는 부트로더는 환경 설정 파일을 수정하면 컴파일 과정을 거쳐야 하지만 "GRUB"는 컴파일이 필요 없다. 리눅스 초창기 사용자들은 "LILO" 사용에 많은 어려움을 극복하고 나름 도사가 된 사용자들이 많았다.

그렇다고 "LILO"가 처음부터 컴파일 방법을 사용한 것은 아니다. "LILO" 역시 초창기에
는 환경 설정 파일을 수정하고 다시 시작하면 정상 동작을 하였으나 보안 문제 때문인지
는 정확하지 않지만 컴파일을 해야 적용이 되는 형태로 발전을 하였다. 오히려 이 부분이
초보 사용자로 하여금 "LILO"를 기피하고 "GRUB"를 선호하는 계기가 된 것은 아닐까
싶다. "vi /boot/grub/grub.cfg" 명령으로 설정 파일을 수정해 보자.

```
# vi /boot/grub/grub.cfg
```

파일을 절대 경로를 이용하여 열어 보았다. 현재 디렉터리가 "/boot/grub"이면 경로를
생략해도 된다.

어떠한 수정도 하지 않은 상태라면 화면의 13번 줄의 내용을 수정할 수 있다.

```
13 set default="0"
```

윈도우즈와 같이 설치한 경우는 행 번호가 다를 수도 있다. 이 내용의 의미는 "GRUB"에
서 나타나는 메뉴 중에서 몇 번째 메뉴가 기본적으로 선택된 상태로 보일 것인가를 설정
하고, 사용자 입력이 없을 경우 해당 메뉴에서 지정된 운영체제로 시작을 한다는 의미이
다. "0"이 의미하는 것은 menuentry가 적혀져 있는 순서이다.

즉, 첫 번째가 0번이다. 필요한 메뉴가 몇 번째 적혀 있는지 헤아려 보고 해당 번호를 적
으면 해당 운영체제가 기본 선택으로 된다.

vi 편집기의 탐색 기능을 사용하여 "timeout"이라는 키워드를 찾아보자.

```
/timeout
```

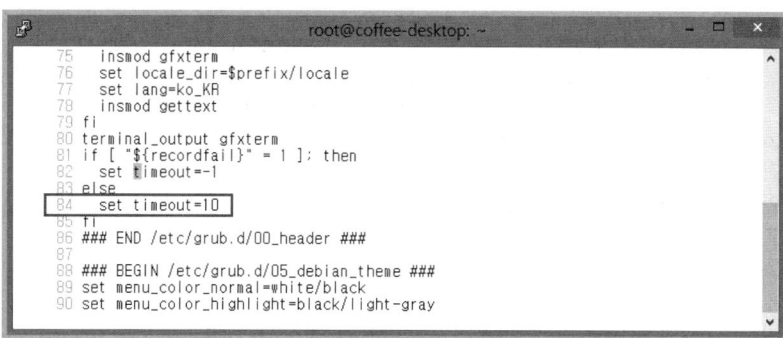

화면에 보이는 84번 줄의 timeout이 대부분 "10"으로 되어 있다. 필자는 키보드 반응 속도가 높지 못하여 이 수치를 50으로 늘려 놓았다. 즉, 50초 동안 운영체제를 선택할 수 있도록 대기한다는 의미이다.

다시 vi 편집기의 탐색 기능을 사용하여 "menuentry"라는 키워드를 찾아보자.

```
/menuentry
```

```
121 fi
122 export linux_gfx_mode
123 menuentry 'Ubuntu' --class ubuntu --class gnu-linux --class gnu --class os $men
uentry_id_option 'gnulinux-simple-44418cf6-b9f7-42ba-8fb8-bf3e5a3f994d' {
124 recordfail
125         load_video
126         gfxmode $linux_gfx_mode
127         insmod gzio
128         insmod part_msdos
129         insmod ext2
130         set root='hd0,msdos1'
131         if [ x$feature_platform_search_hint = xy ]; then
132             search --no-floppy --fs-uuid --set=root --hint-bios=hd0,msdos1 --hint
-efi=hd0,msdos1 --hint-baremetal=ahci0,msdos1  44418cf6-b9f7-42ba-8fb8-bf3e5a3f994d
133         else
134             search --no-floppy --fs-uuid --set=root 44418cf6-b9f7-42ba-8fb8-bf3e5
a3f994d
135         fi
136         linux   /boot/vmlinuz-3.8.0-19-generic root=UUID=44418cf6-b9f7-42ba-8fb
8-bf3e5a3f994d ro   quiet splash $vt_handoff
137         initrd  /boot/initrd.img-3.8.0-19-generic
138 }
```

위와 같이 나올 것이다. 첫 번째 메뉴이다. 13번 줄에서 0번이라고 한 내용이 GRUB 메뉴에서 이 부분을 밝게 처리하고 기본 선택되도록 하라는 의미이다. 가만히 살펴보면 낯익은 글자가 보일 것이다.

```
123 menuentry 'Ubuntu' --class ubuntu --class gnu-linux --class gnu
        --class os $menuentry_id_option
        'gnulinux-simple-44418cf6-b9f7-42ba-8fb8-bf3e5a3f994d' {
124 recordfail
125       load_video
126       gfxmode $linux_gfx_mode
127       insmod gzio
128       insmod part_msdos
129       insmod ext2
130       set root='hd0,msdos1'
131       if [ x$feature_platform_search_hint = xy ]; then
132         search --no-floppy --fs-uuid --set=root
              --hint-bios=hd0,msdos1 --hint-efi=hd0,msdos1
              --hint-baremetal=
            ahci0,msdos1  44418cf6-b9f7-42ba-8fb8-bf3e5a3f994d
133       else
134         search --no-floppy --fs-uuid --set=root
              44418cf6-b9f7-42ba-8fb8-bf3e5a3f994d
135       fi
136       linux   /boot/vmlinuz-3.8.0-19-generic
          root=UUID=44418cf6-b9f7-42ba-8fb8-bf3e5a3f994d
            ro   quiet splash $vt_handoff
137       initrd  /boot/initrd.img-3.8.0-19-generic
138 }
```

123번 줄의 "Ubuntu"는 "GRUB" 메뉴에 나타나는 글자이다. 이 내용은 독자 여러분이 "Ubuntu, lgbong 전용"으로 바꿔도 문제되지 않는다. 다만 GRUB 화면에 표시되는 메뉴 내용만 바뀔 뿐이다.

주의할 점은 '' ''(따옴표)를 없애지 않아야 한다. 다음으로 수정을 자주하는 것이 136번 줄이다. 첫 번째 필드의 "linux"는 리눅스 운영체제임을 알리는 것이고 두 번째 필드의 "/boot/vmlinuz-3.8.0-19-generic"은 절대 경로를 포함하는 커널 프로그램의 파일 이름이다.

```
                         root@coffee-desktop: /boot                    _ □ ×
root@coffee-desktop:/boot# ls -al /boot/vm*
-rw-r--r-- 1 root root 5355936 10월  2 13:31 /boot/vmlinuz-3.8.0-19-generic
root@coffee-desktop:/boot#
```

세 번째 단어는 "root=UUID=44418cf6-b9f7-42ba-8fb8-bf3e5a3f994d"은 커널이 인식하는 리눅스 운영체제 인식 번호이다. 네 번째 필드의 "ro" 는 읽기 전용(read only) 속성을 부여한다는 의미이다. 다섯 번째 필드인 "quiet"는 화면에 메시지를 표시하지 않을 것을 지정한 것이다.

여섯 번째 필드의 "splash"는 보호 모드를 지원하는 의미로 부팅 과정의 메시지를 보여주지 않고 그림으로 처리하는 것이다. 커널 프로그램 개발자라면 주로 수정하는 대상이 두 번째 필드의 커널 파일 이름 변경이고, 네 번째와 다섯 번째를 많이 수정한다. 일반 사용자는 아하 이러한 내용으로 구성되어 있구나! 정도만 생각하고 수정하지 않는 것이 건강에 이롭다.

그래도 수정해서 테스트하고 싶다면 안전장치를 취하는 것을 몇 가지 명심하고 시작하자.

첫 번째 "menuentry" 블록을 복사하여 새로운 메뉴 엔트리를 만들어 사용하자. 일반적으로 "menuentry ... {" 에서 "}" 까지이다.

두 번째 "set default="0""에서 0으로 시작하지 말고 수정하지 않는 "menuentry"의 복구모드를 선택하도록 반드시 수정하자. 0번부터 1씩 증가하면서 "menuentry" 개수를 카운트해 보면 알 수 있다. 이는 "GRUB"의 오류가 시스템 전체를 먹통으로 만드는 막강한 기능을 가지고 있기 때문이다.

세 번째 반드시 "grub.cfg" 파일을 "grub.cfg.org" 등으로 복사하여 두자. 시스템이 먹통이 되었을 때 정상적인 리눅스의 파일 시스템으로 마운트하여 복원이 가능하기 때문이다.

거듭 강조하지만 GRUB 수정은 조심 또 조심하여 정확하고 확실하게 수정하여야 한다. 그렇지 않으면 매우 곤란한 처지를 당하거나 시스템을 재 설치해야 하는 불상사를 초래할 수 있다.

137번 줄의 "initrd"는 커널 컴파일을 성공하였을 경우 생성되는 SCSI 또는 IDE 디스크 이미지 지원 파일이다. 대부분 커널 프로그램과 이름을 같이 하므로 큰 어려움 없이 수정하면 된다. 가장 중요한 136번 줄은 원하는 상황에 맞게 수정하여야 한다.

이와 관련하여 다음 절의 "9.2 Ubuntu 커널 컴파일"을 참고하기 바란다.

GRUB를 통하여 운영체제 선택을 조절할 수 있음을 살펴보았다. 다음으로 운영체제가 부팅을 하면서 온갖 메시지를 관리자에게 보낸다는 것을 알 것이다. 우리는 이러한 메시지를 보지 않기 위해서 이미지 한 장으로 모든 메시지를 보기 싫다고 덮고 있지만 말이다. 그렇다면 덮고 있는 메시지를 보는 방법은 없을까? 정답은 Yes이다.

9.1.6 커널 메시지 보기

커널이 부팅 과정에서부터 실행하고 있는 동안에 생성한 메시지를 확인하는 명령어는 dmesg이다. 이는 insmod, rmmod, lsmod 등의 모듈 관련 작업을 할 때 원하는 모듈이 커널에 정상적으로 작동하는지를 알아보는 유용한 도구이다.

```
# dmesg [-c] [-r] [-n level] [-s bufsize]
```

[0.000000] Initializing cgroup subsys cpuset

[0.000000] Initializing cgroup subsys cpu

[0.000000] Linux version 2.6.32-22-generic (buildd@rothera) (gcc version 4.4.3

(Ubuntu 4.4.3-4ubuntu5)) #33-Ubuntu SMP Wed Apr 28 13:27:30 UTC 2010 (Ubuntu

2.6.32-22.33-generic 2.6.32.11+drm33.2)

[0.000000] KERNEL supported cpus: [0.000000] Intel GenuineIntel

[0.000000] AMD AuthenticAMD [0.000000] NSC Geode by NSC

[0.000000] Cyrix CyrixInstead

[0.000000] Centaur CentaurHauls

[0.000000] Transmeta GenuineTMx86 [0.000000] Transmeta TransmetaCPU

[0.000000] UMC UMC UMC UMC

[0.000000] BIOS-provided physical RAM map:

[0.000000] BIOS-e820: 0000000000000000 - 000000000009f800 (usable)

---------------------------중략---------------------------

[0.000000] BIOS-e820: 00000000fffe0000 - 0000000100000000 (reserved) [0.000000] DMI
present.

[0.000000] Phoenix BIOS detected: BIOS may corrupt low RAM, working around it.

[0.000000] e820 update range: 0000000000000000 - 0000000000010000 (usable) ==>
(reserved)

[0.000000] last_pfn = 0x20000 max_arch_pfn = 0x100000

[0.000000] MTRR default type: uncachable

[0.000000] MTRR fixed ranges enabled:

[0.000000] 00000-9FFFF write-back

[0.000000] A0000-BFFFF uncachable

[0.000000] C0000-CBFFF write-protect

[0.000000] CC000-EFFFF uncachable

[0.000000] F0000-FFFFF write-protect

[0.000000] MTRR variable ranges enabled:

[0.000000] 0 base 0000000000 mask FFE0000000 write-back

[0.000000] 1 disabled

[0.000000] 2 disabled

[0.000000] 3 disabled

[0.000000] 4 disabled

[0.000000] 5 disabled

[0.000000] 6 disabled

[0.000000] 7 disabled

[0.000000] x86 PAT enabled: cpu 0, old 0x0, new 0x7010600070106
[0.000000] Scanning 0 areas for low memory corruption
[0.000000] modified physical RAM map:
[0.000000] modified: 0000000000000000 - 0000000000010000 (reserved)
---------------------------중 략----------------------------------
[0.000000] modified: 00000000fffe0000 - 0000000100000000 (reserved)
[0.000000] initial memory mapped : 0 - 00c00000
[0.000000] init_memory_mapping: 0000000000000000-0000000020000000
[0.000000] Using x86 segment limits to approximate NX protection
[0.000000] 0000000000 - 0000400000 page 4k
[0.000000] 0000400000 - 0020000000 page 2M
[0.000000] kernel direct mapping tables up to 20000000 @ 10000-14000
[0.000000] RAMDISK: 177d9000 - 17f73f12
[0.000000] ACPI: RSDP 000f6940 00024 (v02 PTLTD)
[0.000000] ACPI: XSDT 1fef0804 0004C (v01 INTEL 440BX   06040000 VMW 01324272)
[0.000000] ACPI: FACP 1fefee98 000F4 (v04 INTEL 440BX   06040000 PTL 000F4240)
[0.000000] ACPI: DSDT 1fef09bc 0E4DC (v01 PTLTD Custom 06040000 MSFT 03000001)
[0.000000] ACPI: FACS 1fefffc0 00040
[0.000000] ACPI: BOOT 1fef0994 00028 (v01 PTLTD $SBFTBL$ 06040000 LTP 00000001)
[0.000000] ACPI: APIC 1fef0944 00050 (v01 PTLTD ? APIC 06040000 LTP 00000000)
[0.000000] ACPI: MCFG 1fef0908 0003C (v01 PTLTD $PCITBL$ 06040000 LTP 00000001)
[0.000000] ACPI: SRAT 1fef0888 00080 (v02 VMWARE MEMPLUG 06040000 VMW 00000001)
[0.000000] ACPI: Local APIC address 0xfee00000 [0.000000] 0MB HIGHMEM available.
[0.000000] 512MB LOWMEM available.
[0.000000] mapped low ram: 0 - 20000000
[0.000000] low ram: 0 - 20000000
[0.000000] node 0 low ram: 00000000 - 20000000
[0.000000] node 0 bootmap 00010000 - 00014000
[0.000000] (8 early reservations) ==> bootmem [0000000000 - 0020000000]
[0.000000] #0 [0000000000 - 0000001000] BIOS data page ==> [0000000000 - 0000001000]
[0.000000] #1 [0000001000 - 0000002000]   EX TRAMPOLINE ==> [0000001000 - 0000002000]
[0.000000] #2 [0000006000 - 0000007000]   TRAMPOLINE ==> [0000006000 - 0000007000]
[0.000000] #3 [0000100000 - 00008d9e98] TEXT DATA BSS ==> [0000100000 - 00008d9e98]
[0.000000] #4 [00177d9000 - 0017f73f12]   RAMDISK ==> [00177d9000 - 0017f73f12]
[0.000000] #5 [000009f800 - 0000100000] BIOS reserved ==> [000009f800 -0000100000]
[0.000000] #6 [00008da000 - 00008dd1c0]   BRK ==> [00008da000 - 00008dd1c0]
[0.000000] #7 [0000010000 - 0000014000]   BOOTMAP ==> [0000010000 - 0000014000]
[0.000000] found SMP MP-table at [c00f69b0] f69b0 [0.000000] Zone PFN ranges:
[0.000000] DMA   0x00000010 -> 0x00001000
[0.000000] Normal 0x00001000 -> 0x00020000
[0.000000] HighMem 0x00020000 -> 0x00020000 [0.000000] Movable zone start PFN for each node
[0.000000] early_node_map[3] active PFN ranges
[0.000000] 0: 0x00000010 -> 0x0000009f
[0.000000] 0: 0x00000100 -> 0x0001fef0
[0.000000] 0: 0x0001ff00 -> 0x00020000
[0.000000] On node 0 totalpages: 130943
[0.000000] free_area_init_node: node 0, pgdat c0798720, node_mem_map c1001200
[0.000000] DMA zone: 32 pages used for memmap
[0.000000] DMA zone: 0 pages reserved

```
[  0.000000] DMA zone: 3951 pages, LIFO batch:0
[  0.000000] Normal zone: 992 pages used for memmap
[  0.000000] Normal zone: 125968 pages, LIFO batch:31
[  0.000000] Using APIC driver default
[  0.000000] ACPI: PM-Timer IO Port: 0x1008
[  0.000000] ACPI: Local APIC address 0xfee00000
[  0.000000] ACPI: LAPIC (acpi_id[0x00] lapic_id[0x00] enabled)
[  0.000000] ACPI: LAPIC_NMI (acpi_id[0x00] high edge lint[0x1])
[  0.000000] ACPI: IOAPIC (id[0x01] address[0xfec00000] gsi_base[0])
[  0.000000] IOAPIC[0]: apic_id 1, version 17, address 0xfec00000, GSI 0-23
[  0.000000] ACPI: INT_SRC_OVR (bus 0 bus_irq 0 global_irq 2 high edge)
[  0.000000] ACPI: IRQ0 used by override.
[  0.000000] ACPI: IRQ2 used by override.
[  0.000000] ACPI: IRQ9 used by override.
[  0.000000] Using ACPI (MADT) for SMP configuration information
[  0.000000] SMP: Allowing 1 CPUs, 0 hotplug CPUs
[  0.000000] nr_irqs_gsi: 24
[  0.000000] PM: Registered nosave memory: 000000000009f000 - 00000000000a0000
--------------------------중 략----------------------------
[  0.000000] PM: Registered nosave memory: 000000001feff000 - 000000001ff00000
[  0.000000] Allocating PCI resources starting at 20000000  (gap: 20000000:c0000000)
[  0.000000] Booting paravirtualized kernel on bare hardware
[  0.000000] NR_CPUS:8 nr_cpumask_bits:8 nr_cpu_ids:1 nr_node_ids:1
[  0.000000] PERCPU: Embedded 14 pages/cpu @c1800000 s36024 r0 d21320 u4194304
[  0.000000] pcpu-alloc: s36024 r0 d21320 u4194304 alloc=1*4194304
[  0.000000] pcpu-alloc: [0] 0
[  0.000000] Built 1 zonelists in Zone order, mobility grouping on.  Total pages: 129919
[  0.000000] Kernel command line: BOOT_IMAGE=/boot/vmlinuz-2.6.32-22-generic
root=UUID=ad0cc9c1-9e21-4d4c-b7d7-951e00e33028 ro quiet splash
[  0.000000] PID hash table entries: 2048 (order: 1, 8192 bytes)
[  0.000000] Dentry cache hash table entries: 65536 (order: 6, 262144 bytes)
[  0.000000] allocated 2621120 bytes of page_cgroup
[  0.000000] please try 'cgroup_disable=memory' option if you don't want memory cgroups
[  0.000000] Initializing HighMem for node 0 (00000000:00000000)
[  0.000000] Memory: 500276k/524288k available (4673k kernel code, 22988k reserved,
2121k data, 656k init, 0k highmem)
[  0.000000] virtual kernel memory layout:
[  0.000000] fixmap : 0xfff1d000 - 0xfffff000 ( 904 kB)
[  0.000000] pkmap : 0xff800000 - 0xffc00000 (4096 kB)
[  0.000000] vmalloc : 0xe0800000 - 0xff7fe000 ( 495 MB)
[  0.000000] lowmem : 0xc0000000 - 0xe0000000 ( 512 MB)
[  0.000000]   .init : 0xc07a3000 - 0xc0847000 ( 656 kB)
[  0.000000]   .data : 0xc0590653 - 0xc07a2e48 (2121 kB)
[  0.000000]   .text : 0xc0100000 - 0xc0590653 (4673 kB)
[  0.000000] Checking if this processor honours the WP bit even in supervisor mode...Ok.
[  0.000000] SLUB: Genslabs=13, HWalign=64, Order=0-3, MinObjects=0, CPUs=1, Nodes=1
[  0.000000] Inode-cache hash table entries: 32768 (order: 5, 131072 bytes)
[  0.000000] Enabling fast FPU save and restore... done.
[  0.000000] Enabling unmasked SIMD FPU exception support... done.
[  0.000000] Initializing CPU#0
```

```
[  0.000000] Hierarchical RCU implementation.
[  0.000000] NR_IRQS:2304 nr_irqs:256
[  0.000000] Extended CMOS year: 2000
[  0.000000] Console: colour VGA+ 80x25
[  0.000000] console [tty0] enabled
[  0.008000] TSC freq read from hypervisor : 1596.330 MHz
[  0.008000] Detected 1596.330 MHz processor.
[  0.000007] Calibrating delay loop (skipped), value calculated using timer frequency..
3192.66 BogoMIPS (lpj=6385320)
[  0.000198] Security Framework initialized
[  0.000394] AppArmor: AppArmor initialized
[  0.000408] Mount-cache hash table entries: 512
[  0.006620] Initializing cgroup subsys ns
[  0.006647] Initializing cgroup subsys cpuacct
[  0.006650] Initializing cgroup subsys memory
[  0.006708] Initializing cgroup subsys devices
[  0.006712] Initializing cgroup subsys freezer
[  0.006716] Initializing cgroup subsys net_cls
[  0.006810] CPU: Physical Processor ID: 0
[  0.006819] CPU: L1 I cache: 32K, L1 D cache: 32K
[  0.006821] CPU: L2 cache: 256K
[  0.006838] CPU: L3 cache: 6144K
[  0.006848] mce: CPU supports 0 MCE banks
[  0.006936] Performance Events: Nehalem/Corei7 events, Intel PMU driver.
[  0.007108] ... version:        3
[  0.007110] ... bit width:        48
[  0.007112] ... generic registers:    4
[  0.007133] ... value mask:        0000ffffffffffff
[  0.007138] ... max period:        000000007fffffff
[  0.007140] ... fixed-purpose events:  3
[  0.007146] ... event mask:        000000070000000f
[  0.007171] Checking 'hlt' instruction... OK.
[  0.028196] SMP alternatives: switching to UP code
[  0.060656] Freeing SMP alternatives: 19k freed
[  0.060664] ACPI: Core revision 20090903
[  0.086078] ftrace: converting mcount calls to 0f 1f 44 00 00
[  0.086173] ftrace: allocating 21771 entries in 43 pages
[  0.146792] Enabling APIC mode: Flat. Using 1 I/O APICs
[  0.148866] ..TIMER: vector=0x30 apic1=0 pin1=2 apic2=-1 pin2=-1
[  0.189113] CPU0: Intel(R) Core(TM) i7 CPU        Q 720 @ 1.60GHz stepping 05
[  0.296657] Brought up 1 CPUs
[  0.296676] Total of 1 processors activated (3192.66 BogoMIPS).
[  0.298020] devtmpfs: initialized
[  0.299056] regulator: core version 0.5
[  0.299221] Time: 6:06:53  Date: 06/30/10
[  0.299326] NET: Registered protocol family 16
[  0.299608] EISA bus registered
[  0.299615] ACPI: bus type pci registered
[  0.300198] PCI: MCFG configuration 0: base e0000000 segment 0 buses 0 - 255
[  0.300201] PCI: MCFG area at e0000000 reserved in E820
```

```
[  0.300202] PCI: Using MMCONFIG for extended config space
[  0.300203] PCI: Using configuration type 1 for base access
[  0.329889] bio: create slab <bio-0> at 0
[  0.334838] ACPI: EC: Look up EC in DSDT
[  0.445707] ACPI: BIOS _OSI(Linux) query ignored
[  0.465455] ACPI: Interpreter enabled
[  0.465463] ACPI: (supports S0 S1 S4 S5)
[  0.465500] ACPI: Using IOAPIC for interrupt routing
[  0.690875] ACPI: No dock devices found.
[  0.693948] ACPI: PCI Root Bridge [PCI0] (0000:00)
[  0.699847] pci 0000:00:07.1: reg 20 io port: [0x1080-0x108f]
[  0.701623] pci 0000:00:07.3: quirk: region 1000-103f claimed by PIIX4 ACPI
[  0.701660] pci 0000:00:07.3: quirk: region 1040-104f claimed by PIIX4 SMB
[  0.705521] pci 0000:00:0f.0: reg 10 io port: [0x1090-0x109f]
[  0.705682] pci 0000:00:0f.0: reg 14 32bit mmio: [0xd0000000-0xd7ffffff]
[  0.705811] pci 0000:00:0f.0: reg 18 32bit mmio: [0xd8000000-0xd87fffff]
[  0.706301] pci 0000:00:0f.0: reg 30 32bit mmio pref: [0x000000-0x007fff]
[  0.708564] pci 0000:00:10.0: reg 10 io port: [0x1400-0x14ff]
[  0.709708] pci 0000:00:10.0: reg 14 64bit mmio: [0xd8820000-0xd883ffff]
[  0.710992] pci 0000:00:10.0: reg 1c 64bit mmio: [0xd8800000-0xd881ffff]
[  0.711234] pci 0000:00:10.0: reg 30 32bit mmio pref: [0x000000-0x003fff]
[  0.716734] pci 0000:00:15.0: PME# supported from D0 D3hot D3cold
[  0.716855] pci 0000:00:15.0: PME# disabled
[  0.719295] pci 0000:00:15.1: PME# supported from D0 D3hot D3cold
[  0.719398] pci 0000:00:15.1: PME# disabled
--------------------------중 략 ----------------------------------
[  0.766351] pci 0000:00:17.7: PME# supported from D0 D3hot D3cold
[  0.766408] pci 0000:00:17.7: PME# disabled
[  0.769558] pci 0000:02:00.0: reg 20 io port: [0x20c0-0x20df]
[  0.771090] pci 0000:02:01.0: reg 10 io port: [0x2000-0x207f]
[  0.771894] pci 0000:02:01.0: reg 30 32bit mmio pref: [0x000000-0x00ffff]
[  0.773900] pci 0000:02:02.0: reg 10 io port: [0x2080-0x20bf]
[  0.775716] pci 0000:02:03.0: reg 10 32bit mmio: [0xd8900000-0xd8900fff]
[  0.777226] pci 0000:00:11.0: transparent bridge
[  0.777292] pci 0000:00:11.0: bridge io port: [0x2000-0x3fff]
[  0.777359] pci 0000:00:11.0: bridge 32bit mmio: [0xd8900000-0xd9cfffff]
[  0.777499] pci 0000:00:11.0: bridge 64bit mmio pref: [0xdcd00000-0xdd2fffff]
--------------------------중 략 ----------------------------------
[  0.813604] ACPI: PCI Interrupt Routing Table [\_SB_.PCI0._PRT]
[  1.395848] ACPI: PCI Interrupt Link [LNKA] (IRQs 3 4 5 6 7 *9 10 11 14 15)
[  1.396247] ACPI: PCI Interrupt Link [LNKB] (IRQs 3 4 5 6 7 9 10 *11 14 15)
[  1.396578] ACPI: PCI Interrupt Link [LNKC] (IRQs 3 4 5 6 7 9 *10 11 14 15)
[  1.396923] ACPI: PCI Interrupt Link [LNKD] (IRQs 3 4 *5 6 7 9 10 11 14 15)
[  1.397468] vgaarb: device added: PCI:0000:00:0f.0,decodes=io+mem,owns=io+m
em,locks=none
[  1.398334] SCSI subsystem initialized
[  1.398953] libata version 3.00 loaded.
[  1.399111] usbcore: registered new interface driver usbfs
[  1.399121] usbcore: registered new interface driver hub
[  1.399277] usbcore: registered new device driver usb
```

[1.399637] ACPI: WMI: Mapper loaded
[1.399638] PCI: Using ACPI for IRQ routing
[1.401619] NetLabel: Initializing
[1.401622] NetLabel: domain hash size = 128
[1.401624] NetLabel: protocols = UNLABELED CIPSOv4
[1.401652] NetLabel: unlabeled traffic allowed by default
[1.401694] Switching to clocksource tsc
[1.408352] AppArmor: AppArmor Filesystem Enabled
[1.408376] pnp: PnP ACPI init
[1.408385] ACPI: bus type pnp registered
[1.555014] pnp: PnP ACPI: found 13 devices
[1.555018] ACPI: ACPI bus type pnp unregistered
[1.555040] PnPBIOS: Disabled by ACPI PNP
[1.555075] system 00:01: ioport range 0x1000-0x103f has been reserved
[1.555077] system 00:01: ioport range 0x1040-0x104f has been reserved
[1.555079] system 00:01: ioport range 0xcf0-0xcf1 has been reserved
[1.555104] system 00:0c: ioport range 0x1060-0x107f has been reserved
[1.555107] system 00:0c: iomem range 0xe0000000-0xefffffff has been reserved
[1.555109] system 00:0c: iomem range 0xd9e00000-0xd9ffffff has been reserved
[1.606482] pci 0000:00:15.4: BAR 13: can't allocate I/O resource [0x10000-0xffff]
---------------------------중 략 -----------------------------------
[1.607174] pci 0000:00:17.7: BAR 13: can't allocate I/O resource [0x10000-0xffff]
[1.607199] pci 0000:00:01.0: PCI bridge, secondary bus 0000:01
[1.607201] pci 0000:00:01.0: IO window: disabled
[1.607917] pci 0000:00:01.0: MEM window: disabled
[1.607976] pci 0000:00:01.0: PREFETCH window: disabled
[1.608637] pci 0000:00:11.0: PCI bridge, secondary bus 0000:02
[1.608668] pci 0000:00:11.0: IO window: 0x2000-0x3fff
[1.608720] pci 0000:00:11.0: MEM window: 0xd8900000-0xd9cfffff
[1.608769] pci 0000:00:11.0: PREFETCH window: 0x000000dcd00000- 0x000000dd2fffff
---------------------------중 략 -----------------------------------
[1.621126] pci 0000:00:17.7: PCI bridge, secondary bus 0000:1b
[1.621128] pci 0000:00:17.7: IO window: disabled
[1.621214] pci 0000:00:17.7: MEM window: 0xdc800000-0xdc8fffff
[1.621255] pci 0000:00:17.7: PREFETCH window: 0x000000df400000- 0x000000df4fffff
[1.621501] pci 0000:00:01.0: setting latency timer to 64
---------------------------중 략 -----------------------------------
[1.625795] pci 0000:00:17.7: setting latency timer to 64
[1.625860] pci_bus 0000:00: resource 0 io: [0x00-0xffff]
---------------------------중 략 -----------------------------------
[1.626234] pci_bus 0000:1a: resource 2 pref mem [0xdf100000-0xdf1fffff]
[1.626254] pci_bus 0000:1b: resource 1 mem: [0xdc800000-0xdc8fffff]
[1.626256] pci_bus 0000:1b: resource 2 pref mem [0xdf400000-0xdf4fffff]
[1.626329] NET: Registered protocol family 2
[1.626489] IP route cache hash table entries: 4096 (order: 2, 16384 bytes)
[1.627005] TCP established hash table entries: 16384 (order: 5, 131072 bytes)
[1.627263] TCP bind hash table entries: 16384 (order: 5, 131072 bytes)
[1.627500] TCP: Hash tables configured (established 16384 bind 16384)
[1.627503] TCP reno registered
[1.627620] NET: Registered protocol family 1

```
[ 1.627632] pci 0000:00:00.0: Limiting direct PCI/PCI transfers
[ 1.627691] pci 0000:00:0f.0: Boot video device
[ 1.628753] Simple Boot Flag at 0x36 set to 0x1
[ 1.629134] cpufreq-nforce2: No nForce2 chipset.
[ 1.629199] Scanning for low memory corruption every 60 seconds
[ 1.629433] audit: initializing netlink socket (disabled)
[ 1.629556] type=2000 audit(1277878013.360:1): initialized
[ 1.647506] Trying to unpack rootfs image as initramfs...
[ 1.666459] HugeTLB registered 4 MB page size, pre-allocated 0 pages
[ 1.673771] VFS: Disk quotas dquot_6.5.2
[ 1.673860] Dquot-cache hash table entries: 1024 (order 0, 4096 bytes)
[ 1.678250] fuse init (API version 7.13)
[ 1.678407] msgmni has been set to 978
[ 1.681625] alg: No test for stdrng (krng)
[ 1.681718] Block layer SCSI generic (bsg) driver version 0.4 loaded (major 253)
[ 1.681721] io scheduler noop registered
[ 1.681723] io scheduler anticipatory registered
[ 1.681725] io scheduler deadline registered
[ 1.681790] io scheduler cfq registered (default)
[ 1.683465] alloc irq_desc for 24 on node -1
[ 1.683468] alloc kstat_irqs on node -1
[ 1.683598] pcieport 0000:00:15.0: irq 24 for MSI/MSI-X
[ 1.683746] pcieport 0000:00:15.0: setting latency timer to 64
[ 1.689925] alloc irq_desc for 25 on node -1
[ 1.689928] alloc kstat_irqs on node -1
-------------------------중 략------------------------------------
[ 1.813721] pcieport 0000:00:17.6: irq 46 for MSI/MSI-X
[ 1.813856] pcieport 0000:00:17.6: setting latency timer to 64
[ 1.816614] alloc irq_desc for 47 on node -1
[ 1.816618] alloc kstat_irqs on node -1
[ 1.816783] pcieport 0000:00:17.7: irq 47 for MSI/MSI-X
[ 1.816977] pcieport 0000:00:17.7: setting latency timer to 64
[ 1.821624] pci_hotplug: PCI Hot Plug PCI Core version: 0.5
-------------------------중 략------------------------------------
[ 1.873790] pciehp 0000:00:17.7:pcie04: service driver pciehp loaded
[ 1.873821] pciehp: PCI Express Hot Plug Controller Driver version: 0.4
[ 1.874351] ACPI: AC Adapter [ACAD] (on-line)
[ 1.874617] input: Power Button as /devices/LNXSYSTM:00/LNXPWRBN:00/input/input0
[ 1.874637] ACPI: Power Button [PWRF]
[ 1.881871] processor LNXCPU:00: registered as cooling_device0
[ 2.157368] isapnp: Scanning for PnP cards...
[ 2.173756] Serial: 8250/16550 driver, 4 ports, IRQ sharing enabled
[ 2.175332] serial8250: ttyS0 at I/O 0x3f8 (irq = 4) is a 16550A
[ 2.176605] serial8250: ttyS1 at I/O 0x2f8 (irq = 3) is a 16550A
[ 2.177561] 00:09: ttyS0 at I/O 0x3f8 (irq = 4) is a 16550A
[ 2.230498] 00:0a: ttyS1 at I/O 0x2f8 (irq = 3) is a 16550A
[ 2.238880] brd: module loaded
[ 2.240277] loop: module loaded
[ 2.240539] input: Macintosh mouse button emulation as /devices/virtual/input/input1
[ 2.240820] ata_piix 0000:00:07.1: version 2.13
```

```
[ 2.246186] scsi0 : ata_piix
[ 2.246379] scsi1 : ata_piix
[ 2.246566] ata1: PATA max UDMA/33 cmd 0x1f0 ctl 0x3f6 bmdma 0x1080 irq 14
[ 2.246569] ata2: PATA max UDMA/33 cmd 0x170 ctl 0x376 bmdma 0x1088 irq 15
[ 2.247120] Fixed MDIO Bus: probed
[ 2.247162] PPP generic driver version 2.4.2
[ 2.247285] tun: Universal TUN/TAP device driver, 1.6
[ 2.247287] tun: (C) 1999-2004 Max Krasnyansky <maxk@qualcomm.com>
[ 2.247473] ehci_hcd: USB 2.0 'Enhanced' Host Controller (EHCI) Driver
[ 2.247583] alloc irq_desc for 17 on node -1
[ 2.247585] alloc kstat_irqs on node -1
[ 2.247592] ehci_hcd 0000:02:03.0: PCI INT A -> GSI 17 (level, low) -> IRQ 17
[ 2.247694] ehci_hcd 0000:02:03.0: EHCI Host Controller
[ 2.247757] ehci_hcd 0000:02:03.0: new USB bus registered, assigned bus number 1
[ 2.248296] ehci_hcd 0000:02:03.0: cache line size of 32 is not supported
[ 2.248330] ehci_hcd 0000:02:03.0: irq 17, io mem 0xd8900000
[ 2.257277] ehci_hcd 0000:02:03.0: USB 2.0 started, EHCI 1.00
[ 2.257772] usb usb1: configuration #1 chosen from 1 choice
[ 2.257901] hub 1-0:1.0: USB hub found
[ 2.258025] hub 1-0:1.0: 6 ports detected
[ 2.258542] ohci_hcd: USB 1.1 'Open' Host Controller (OHCI) Driver
[ 2.258578] uhci_hcd: USB Universal Host Controller Interface driver
[ 2.258700] alloc irq_desc for 18 on node -1
[ 2.258704] alloc kstat_irqs on node -1
[ 2.258731] uhci_hcd 0000:02:00.0: PCI INT A -> GSI 18 (level, low) -> IRQ 18
[ 2.258835] uhci_hcd 0000:02:00.0: UHCI Host Controller
[ 2.258971] uhci_hcd 0000:02:00.0: new USB bus registered, assigned bus number 2
[ 2.259877] uhci_hcd 0000:02:00.0: irq 18, io base 0x000020c0
[ 2.260842] usb usb2: configuration #1 chosen from 1 choice
[ 2.261010] hub 2-0:1.0: USB hub found
[ 2.261130] hub 2-0:1.0: 2 ports detected
[ 2.932735] ata2.00: ATAPI: VMware Virtual IDE CDROM Drive, 00000001, max UDMA/33
[ 2.933412] ata2.00: configured for UDMA/33
[ 3.130139] Freeing initrd memory: 7787k freed
[ 3.316675] isapnp: No Plug & Play device found
[ 3.317171] scsi 1:0:0:0: CD-ROM        NECVMWar VMware IDE CDR10 1.00 PQ: 0 ANSI: 5
[ 3.319657] sr0: scsi3-mmc drive: 1x/1x xa/form2 cdda tray
[ 3.319662] Uniform CD-ROM driver Revision: 3.20
[ 3.319745] sr 1:0:0:0: Attached scsi CD-ROM sr0
[ 3.319804] sr 1:0:0:0: Attached scsi generic sg0 type 5
[ 3.320142] serio: i8042 KBD port at 0x60,0x64 irq 1
[ 3.320150] serio: i8042 AUX port at 0x60,0x64 irq 12
[ 3.320297] mice: PS/2 mouse device common for all mice
[ 3.320792] rtc_cmos 00:04: rtc core: registered rtc_cmos as rtc0
[ 3.321081] rtc0: alarms up to one month, y3k, 114 bytes nvram
[ 3.321140] device-mapper: uevent: version 1.0.3
[ 3.321659] device-mapper: ioctl: 4.15.0-ioctl (2009-04-01) initialised: dm-devel@redhat.com
[ 3.322211] device-mapper: multipath: version 1.1.0 loaded
[ 3.322217] device-mapper: multipath round-robin: version 1.0.0 loaded
```

```
[  3.322926] EISA: Probing bus 0 at eisa.0
[  3.323003] Cannot allocate resource for EISA slot 1
[  3.323023] Cannot allocate resource for EISA slot 2
[  3.323027] Cannot allocate resource for EISA slot 3
[  3.323030] Cannot allocate resource for EISA slot 4
[  3.323034] Cannot allocate resource for EISA slot 5
[  3.323053] Cannot allocate resource for EISA slot 6
[  3.323057] Cannot allocate resource for EISA slot 7
[  3.323061] Cannot allocate resource for EISA slot 8
[  3.323064] EISA: Detected 0 cards.
[  3.323291] input: AT Translated Set 2 keyboard as /devices/platform/i8042/serio0/input/
input2
[  3.324189] cpuidle: using governor ladder
[  3.324210] cpuidle: using governor menu
[  3.324446] TCP cubic registered
[  3.324564] NET: Registered protocol family 10
[  3.324896] lo: Disabled Privacy Extensions
[  3.324955] NET: Registered protocol family 17
[  3.325014] Using IPI No-Shortcut mode
[  3.325131] PM: Resume from disk failed.
[  3.325194] registered taskstats version 1
[  3.339393] Magic number: 14:951:115
[  3.359644] rtc_cmos 00:04: setting system clock to 2010-06-30 06:06:57 UTC (1277878017)
[  3.359667] BIOS EDD facility v0.16 2004-Jun-25, 0 devices found
[  3.359669] EDD information not available.
[  3.359728] Freeing unused kernel memory: 656k freed
[  3.359846] Write protecting the kernel text: 4676k
[  3.359905] Write protecting the kernel read-only data: 1840k
[  3.379545] udev: starting version 151
[  3.405978] VMware vmxnet virtual NIC driver
[  3.406044] alloc irq_desc for 19 on node -1
[  3.406046] alloc kstat_irqs on node -1
[  3.406072] vmxnet 0000:02:01.0: PCI INT A -> GSI 19 (level, low) -> IRQ 19
[  3.408390] Found vmxnet/PCI at 0x2024, irq 19.
[  3.439008] features:
[  3.439047] numRxBuffers = 100, numRxBuffers2 = 1
[  3.524490] Floppy drive(s): fd0 is 1.44M
[  3.525423] Fusion MPT base driver 3.04.12
[  3.525445] Copyright (c) 1999-2008 LSI Corporation
[  3.542627] FDC 0 is a post-1991 82077
[  3.580015] Fusion MPT SPI Host driver 3.04.12
[  3.580109] mptspi 0000:00:10.0: PCI INT A -> GSI 17 (level, low) -> IRQ 17
[  3.593741] mptbase: ioc0: Initiating bringup
[  3.664714] ioc0: LSI53C1030 B0: Capabilities={Initiator}
[  3.825563] scsi2 : ioc0: LSI53C1030 B0, FwRev=01032920h, Ports=1, MaxQ=128, IRQ=17
[  3.937130] scsi 2:0:0:0: Direct-Access     VMware,  VMware Virtual S 1.0 PQ: 0 ANSI: 2
[  3.937158] scsi target2:0:0: Beginning Domain Validation
[  3.938393] scsi target2:0:0: Domain Validation skipping write tests
[  3.938412] scsi target2:0:0: Ending Domain Validation
[  3.938476] scsi target2:0:0: FAST-40 WIDE SCSI 80.0 MB/s ST (25 ns, offset 127)
[  3.941661] sd 2:0:0:0: [sda] 209715200 512-byte logical blocks: (107 GB/100 GiB)
```

[3.941745] sd 2:0:0:0: [sda] Write Protect is off

[3.941748] sd 2:0:0:0: [sda] Mode Sense: 5d 00 00 00

[3.941857] sd 2:0:0:0: [sda] Cache data unavailable

[3.941859] sd 2:0:0:0: [sda] Assuming drive cache: write through

[3.942191] sd 2:0:0:0: [sda] Cache data unavailable

[3.942193] sd 2:0:0:0: [sda] Assuming drive cache: write through

[3.942212] sda:

[3.942550] sd 2:0:0:0: Attached scsi generic sg1 type 0

[3.968149] sda1 sda2 < sda5 >

[3.976601] sd 2:0:0:0: [sda] Cache data unavailable

[3.976603] sd 2:0:0:0: [sda] Assuming drive cache: write through

[3.976606] sd 2:0:0:0: [sda] Attached SCSI disk

[4.079934] EXT4-fs (sda1): mounted filesystem with ordered data mode

[23.730131] Adding 1488888k swap on /dev/sda5. Priority:-1 extents:1 across:1488888k

[23.988074] udev: starting version 151

[24.351857] lp: driver loaded but no devices found

[24.383514] shpchp: Standard Hot Plug PCI Controller Driver version: 0.4

[24.545875] ACPI: resource piix4_smbus [0x1040-0x1047] conflicts with ACPI region SMB_ [0x1040-0x104b]

[24.545877] ACPI: If an ACPI driver is available for this device, you should use it instead of the native driver

[24.793518] Linux agpgart interface v0.103 [24.793902] vga16fb: initializing

[24.793906] vga16fb: mapped to 0xc00a0000

[24.794143] fb0: VGA16 VGA frame buffer device

[24.860226] agpgart-intel 0000:00:00.0: Intel 440BX Chipset

[25.122958] agpgart-intel 0000:00:00.0: AGP aperture is 256M @ 0x0

[25.521153] parport_pc 00:08: reported by Plug and Play ACPI

[25.522061] parport0: PC-style at 0x378, irq 7 [PCSPP,TRISTATE]

[26.245280] lp0: using parport0 (interrupt-driven).

[26.262701] ppdev: user-space parallel port driver

[26.993057] psmouse serio1: ID: 10 00 64

[27.000047] alloc irq_desc for 16 on node -1 [27.000054] alloc kstat_irqs on node -1

[27.000073] ENS1371 0000:02:02.0: PCI INT A -> GSI 16 (level, low) -> IRQ 16

-------------------------중 략 --------------------------------

[28.864868] type=1505 audit(1277878043.021:11): operation="profile_load" pid=754 name="/usr/bin/evince-thumbnailer"

[32.500975] acpiphp: ACPI Hot Plug PCI Controller Driver version: 0.5

32.502973] acpiphp: Slot [33] registered

[32.504921] acpiphp: Slot [34] registered

-------------------------중 략 --------------------------------

[32.587197] acpiphp: Slot [95] registered

[32.587851] acpiphp_glue: Slot 160 already registered by another hotplug driver

-------------------------중 략 --------------------------------

[32.589430] acpiphp_glue: Slot 231 already registered by another hotplug driver

[34.786622] VMware memory control driver initialized

[34.793800] vmmemctl: started kernel thread pid=1045

[35.402614] VMCI: Major device number is: 251

[38.690981] eth0: no IPv6 routers present

[38.690981] eth0: no IPv6 routers present

[57.968619] end_request: I/O error, dev fd0, sector 0

[58.008530] end_request: I/O error, dev fd0, sector 0

dmesg의 결과물을 이 책에 쓰는 이유는 여러분의 시스템을 자주 점검하라는 의미이다. 각종 장치 점검 및 프로그램 오류를 검사할 수 있으며 심지어 해커가 시스템을 무력화 시키려는 시도까지 감지할 수 있다.

중략 부분은 반복 검사를 하는 관계로 앞뒤만 남기고 생략하였다. 마지막 2줄의 오류는 필자의 컴퓨터에 플로피 드라이버가 없다는 것을 확인하고 있는 것임을 알 수 있다.

9.2 Ubuntu 커널 컴파일

Ubuntu에서는 기본적으로 루트 사용자(root 계정)가 비활성화 되어 있으므로 "su" 명령을 사용하여 루트 권한을 받고 시작하여야 한다.

```
lgbong@coffee-desktop:~# su root
Password: <비밀번호 입력>
```

커널 컴파일 작업을 수행할 디렉터리로 이동한 다음 현재 커널의 버전을 확인한다. 현재 버전보다 낮은 커널을 컴파일 한다는 것은 어리석은 일이지 않을까?

```
root@coffee-desktop:~# cd /usr/src
root@coffee-desktop:/usr/src# uname -a
Linux coffee-desktop 3.8.0-27-generic #40-Ubuntu SMP Wed Jul 28
13:27:30 UTC 2013 i686 i686 i686 GNU/Linux
```

커널 컴파일에 필요한 패키지 설치를 한다.

```
root@coffee-desktop:/usr/src# apt-get install build-essential bin86 kernel-
package libncurses5-dev
```

필요한 패키지는 "build-essential", "bin86", "kernel-package", "libncurses5-dev"이다. 최신 커널을 다운받아서 압축을 풀어 준다.

```
root@coffee-desktop:/usr/src# wget -P /usr/src wget https://www.kernel.
org/ pub/linux/kernel/v3.x/linux-3.10.7.tar.xz
```

항상 "http://www.kernel.org/" 사이트로 가서 최신 커널을 확인하는 것이 현명하다. 리누즈 토발즈가 만드는 커널과 배포판 커널 버전은 약간씩 차이가 나는 것이 현실이다. 2013년 8월 기준으로 우분투 13.04의 기본 커널 버전은 3.8.0이지만, 리누즈 토발즈의 커널은 3.10.7이었으며, 2013년 10월에는 3.11.0로 우분투 13.10에 반영되어 있다. 이 명령에서 /usr/src에 파일을 저장하라고 지정했으므로 /usr/src에서 다운로드가 완료된 파일은 확장자가 "*.xz"이다. "xz -d" 명령으로 압축을 해제하고 아카이브 파일을 풀어야 한다.

```
root@coffee-desktop:/usr/src# xz -d linux-3.10.7.tar.xz
root@coffee-desktop:/usr/src# tar xvf linux-3.10.7.tar
```

만약에 tar 아카이브 파일의 압축이 "bz2"일 경우는 "xvf"에 "j"를 추가하고 "gz"라면 "z"를 추가한다. 이러한 옵션은 "gunzip"이나 "bz2unpack" 프로그램을 사용하지 않아도 압축이 해제되면서 아카이빙이 풀어지는 것을 돕는다.

커널 패키지는 문제가 없지만 일반적으로 아카이빙에서 주의할 사항은 아카이빙 되어 있는 tar 파일의 경로가 절대 경로인지 상대 경로인지를 확인할 필요가 있다. 만약에 "/"가 맨 앞쪽에 붙어 있는 아카이빙 파일이라면 풀어질 때 절대 경로로 풀어지므로 기존 파일을 훼손할 수 있다.

즉, 다른 시스템에 없을 것이라고 가정을 하고 만든 경로가 우연하게 겹친다면 그대로 덮어쓸 것이기 때문이다. 이러한 방법을 이용하는 것도 생각해 볼 수 있다. 내가 만든 프로그램이고 항상 내가 지정한 디렉터리에서 실행되어야 한다고 설정되어 있다면 절대 경로로 배포하고 패치 또는 업그레이드를 절대 경로로 배포하면 최종 사용자의 실수로 프로그램이 실행되지 않는 현상을 최소화할 수도 있다.

```
root@coffee-desktop:/usr/src# cd linux-3.10.7
root@coffee-desktop:/usr/src/linux/linux-3.10.7# ln -s /usr/src/linux-3.10.7 /
usr/src/linux
```

심볼릭 링크를 설정하여 리눅스 시스템이 기본적으로 찾는 "/usr/src/linux" 파일을 만들어 준다. 실수로 잘못 만들었다면 "/usr/src/linux" 파일을 지워야 한다.

```
root@coffee-desktop:~# cd /usr/src/linux
root@coffee-desktop:/usr/src/linux# cp /boot/config-`uname -r`.config
```

이전 커널에서 사용한 설정 파일을 복사하여 온다. "`uname -r`"은 실행 결과를 문자열로 반환 받아서 사용한다는 의미이다. 즉, "`uname -r`"에서 얻어지는 결과값이 "linux-3.8.0-19-generic"이라고 하면 "/boot/config-linux-3.8.0-19-generic"이라는 파일을 현재 디렉터리의 ".config" 파일로 복사한다는 의미이다. 주의할 점은 "`"이다. 키보드 Tab 키 위에 있는 "~" 표시 키이다. 자칫 다른 키를 누르면 제대로 수행되지 않는다.

사용자 환경에 맞게 필요 없는 모듈이나 설정들을 비활성화시켜 준다.

```
root@coffee-desktop:/usr/src/linux# make menuconfig
```

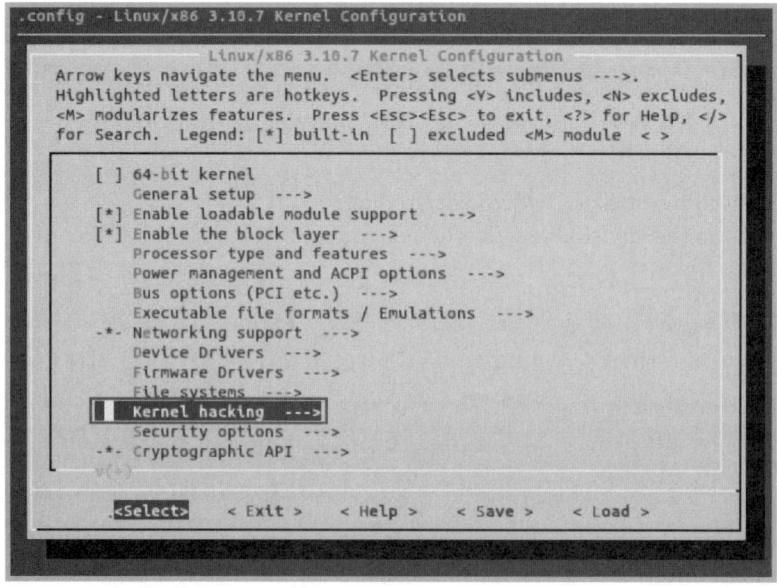

```
.config - Linux/x86 3.10.7 Kernel Configuration
         Linux/x86 3.10.7 Kernel Configuration
  Arrow keys navigate the menu.  <Enter> selects submenus --->.
  Highlighted letters are hotkeys.  Pressing <Y> includes, <N> excludes,
  <M> modularizes features.  Press <Esc><Esc> to exit, <?> for Help, </>
  for Search.  Legend: [*] built-in  [ ] excluded  <M> module  < >

     [ ] 64-bit kernel
         General setup  --->
     [*] Enable loadable module support  --->
     [*] Enable the block layer  --->
         Processor type and features  --->
         Power management and ACPI options  --->
         Bus options (PCI etc.)  --->
         Executable file formats / Emulations  --->
    -*- Networking support  --->
         Device Drivers  --->
         Firmware Drivers  --->
         File systems  --->
         Kernel hacking  --->
         Security options  --->
    -*- Cryptographic API  --->

       <Select>   < Exit >   < Help >   < Save >   < Load >
```

만약에 위와 같은 화면 제어가 되지 않는다면 "libncurses5-dev" 패키지가 설치되지 않았다는 의미이다. "libncurses5-dev" 패키지를 새로 설치를 해주면 된다. "Kernel hacking --->"에서 "[*] Kernel debugging" 옵션을 비활성화 하는 것은 커널 용량이 작아지므로 꼭 해주는 것이 좋다. 디스크 공간이 넉넉하고 커널 파일의 크기가 다소 크더라도 디버깅을 위하여 필요하다면 제거하지 않아도 된다.

```
.config - Linux/x86 3.10.7 Kernel Configuration
         Linux/x86 3.10.7 Kernel Configuration
  Arrow keys navigate the menu.  <Enter> selects submenus --->.
  Highlighted letters are hotkeys.  Pressing <Y> includes, <N> excludes,
  <M> modularizes features.  Press <Esc><Esc> to exit, <?> for Help, </>
  for Search.  Legend: [*] built-in  [ ] excluded  <M> module  < >

     [ ] 64-bit kernel
         General setup  --->
     [*] Enable loadable module support  --->
     [*] Enable the block layer  --->
         Processor type and features  --->
         Power management and ACPI options  --->
         Bus options (PCI etc.)  --->
         Executable file formats / Emulations  --->
    -*- Networking support  --->
         Device Drivers  --->
         Firmware Drivers  --->
         File systems  --->
         Kernel hacking  --->
         Security options  --->
    -*- Cryptographic API  --->

       <Select>   < Exit >   < Help >   < Save >   < Load >
```

엔터를 눌러서 세부 항목을 표시한다.

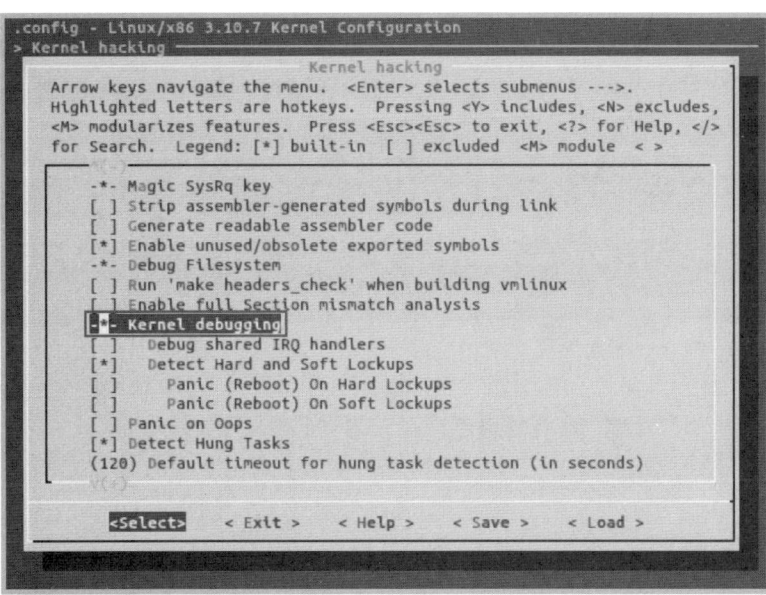

이 작업을 우분투의 ".config" 파일을 복사하지 않고 처음부터 설정을 한다면 수많은 시행 착오를 거쳐야 할 것이다.

이전 버전에서 방향키로 이 부분까지 내려서 스페이스 바를 한 번 누르면 체크가 해제되었지만, 현재 버전에서는 설정 변경이 불가능하다. 아마도 돌이킬 수 없는 오류를 방지하기 위함으로 보인다. 아래 화면은 이전 버전이다. 현재 버전은 수정할 내용이 없다. 우측으로 가는 화살표를 눌러 〈Exit〉를 선택한 다음 엔터를 누른다.

이렇게 커널 빌드를 성공하고 난 다음에 "config" 파일을 다양하게 수정하여 최적화 하여보는 연습을 게을리 하지 말아야 고수가 된다.

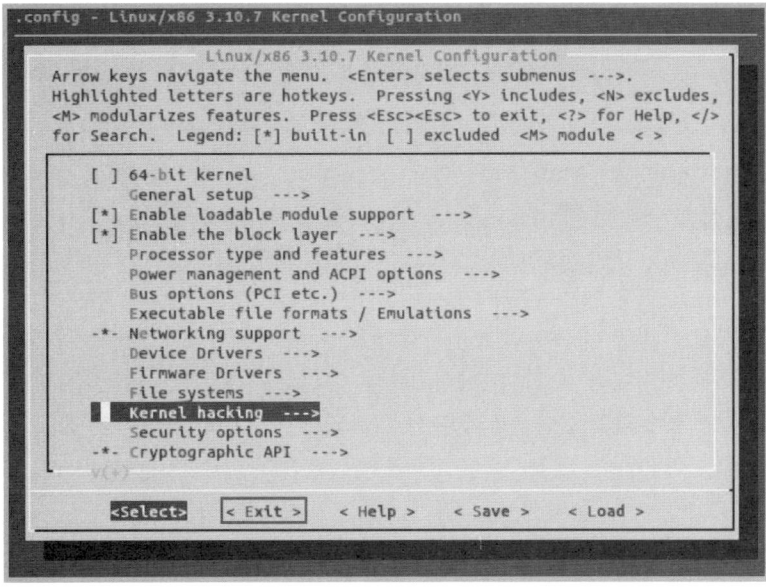

한 번 더 〈Exit〉에서 엔터를 누른다.

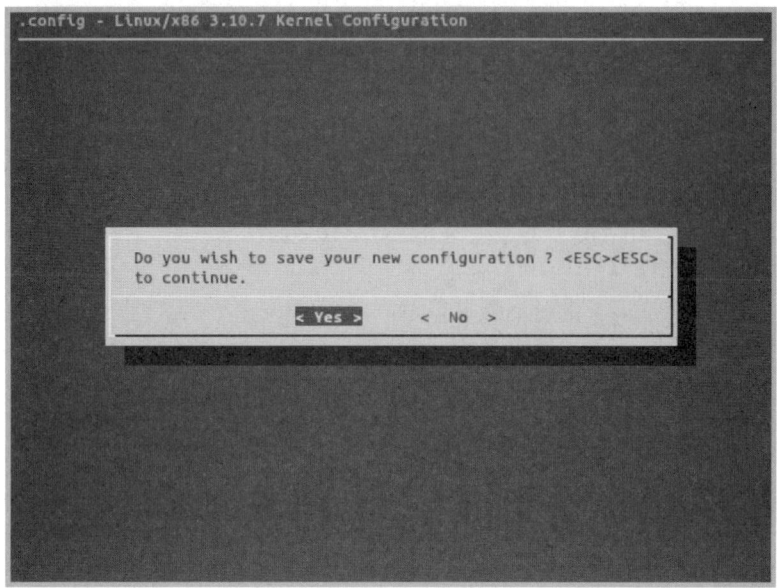

저장 여부를 묻는다. 여기서 〈No〉를 하면 당연히 안 되지 않겠는가? 〈Yes〉가 선택되어
있는 상태에서 엔터를 눌러야 된다는 의미이다.

```
root@Coffee-VirtualBox: /usr/src/linux
root@Coffee-VirtualBox:/usr/src/linux# make menuconfig
  HOSTCC   scripts/basic/fixdep
  HOSTCC   scripts/kconfig/conf.o
  HOSTCC   scripts/kconfig/lxdialog/checklist.o
  HOSTCC   scripts/kconfig/lxdialog/inputbox.o
  HOSTCC   scripts/kconfig/lxdialog/menubox.o
  HOSTCC   scripts/kconfig/lxdialog/textbox.o
  HOSTCC   scripts/kconfig/lxdialog/util.o
  HOSTCC   scripts/kconfig/lxdialog/yesno.o
  HOSTCC   scripts/kconfig/mconf.o
  SHIPPED  scripts/kconfig/zconf.tab.c
  SHIPPED  scripts/kconfig/zconf.lex.c
  SHIPPED  scripts/kconfig/zconf.hash.c
  HOSTCC   scripts/kconfig/zconf.tab.o
  HOSTLD   scripts/kconfig/mconf
scripts/kconfig/mconf Kconfig
.config:566:warning: symbol value 'm' invalid for ACPI_PCI_SLOT
.config:715:warning: symbol value 'm' invalid for HOTPLUG_PCI_ACPI
.config:4716:warning: symbol value 'm' invalid for FB_VESA
configuration written to .config

*** End of the configuration.
*** Execute 'make' to start the build or try 'make help'.

root@Coffee-VirtualBox:/usr/src/linux#
```

저장하고 종료를 하면 나오는 안내 메시지 "make"는 리누즈 토발즈가 순수 리눅스 원본
을 사용한다는 가정에서 제공하는 메시지이다. 그러나 우리는 Ubuntu라는 배포판을 사
용하고 있으므로 컴파일을 다음과 같이 해주고 커널 이미지와 모듈 이미지의 "deb" 파일
을 생성한다.

```
root@coffee-VirtualBox:/usr/src/linux# make-kpkg clean
```

"make clean"과 같은 의미로 이전 또는 다운로드한 커널에 존재하고 있을지 모르는 불필요한 오브젝트 파일들을 제거한다.

```
root@Coffee-VirtualBox: /usr/src/linux
root@Coffee-VirtualBox:/usr/src/linux# make-kpkg clean
exec make kpkg_version=12.036+nmu3 -f /usr/share/kernel-package/ruleset/minimal.
mk clean
====== making target minimal_clean [new prereqs: ]======
This is kernel package version 12.036+nmu3.
test ! -f .config || cp -pf .config config.precious
test ! -e stamp-building || rm -f stamp-building
test ! -f Makefile || \
          make      ARCH=i386 distclean
make[1]: Entering directory `/usr/src/linux-3.10.7'
  CLEAN    scripts/basic
  CLEAN    scripts/kconfig
  CLEAN    include/config include/generated
  CLEAN    .config .config.old
make[1]: Leaving directory `/usr/src/linux-3.10.7'
test ! -f config.precious || mv -f config.precious .config
rm -f modules/modversions.h modules/ksyms.ver scripts/cramfs/cramfsck scripts/cr
amfs/mkcramfs
root@Coffee-VirtualBox:/usr/src/linux#
```

clean 스크립트가 정상적으로 수행되었음을 알 수 있다. 내용이 적은 것은 지울 내용이 별로 없기 때문이다. 커널 컴파일을 실패하였을 경우는 이 명령을 다시 수행하고 재 컴파일하는 것을 추천하는데 그때는 메시지의 양이 매우 많아진다.

```
root@coffee-desktop:/usr/src/linux# make-kpkg --initrd --revision=3107
kernel_image kernel_headers linux_source modules_image
```

"make install bzImage"와 같은 명령으로 Ubuntu에서 커널을 컴파일 하는 명령이다. 자, 이제 커널을 컴파일 하면 시스템에 따라 차이는 나겠지만 약 2시간에서 2시간 30분 정도 기다려야 한다.

이전 책에서 "-revision=lgb1"으로 지정해서 커널 컴파일을 진행하였지만 현재 커널 컴파일에서는 "-revision"에 digit, 즉 숫자만 적을 것을 요구하고 있다. 이것을 컴파일해 보고 난 후에야 오류 메시지를 통해서 발견하였다. 두 시간을 허공에 날린 느낌은 아직 공부를 더해야겠다는 것이다. "lgb1"대신에 "3107"을 넣은 것은 버전 번호를 임의로 조합한 것이다.

빠른 컴퓨터라면 1시간에도 완료될 것이다. 커피를 좋아한다면 따뜻한 커피를, 녹차를 좋아한다면 시원한 녹차를 한잔하면서 컴파일 진행 내용이 스크롤 되는 것을 보면서 즐기면 된다.

```
● ● ●  root@Coffee-VirtualBox: /usr/src/linux
                            KPKG_MAINTAINER="Unknown Kernel Package Maintainer"
       \
                    KPKG_EXTRAV_ARG=""           \
                    ARCH="i386"          \
                    KDREV="3107" kdist_image; then      \
              echo "Module $module processed fine";           \
          else                                                \
               echo "Module $module failed.";                 \
               if [ "X" != "X" ]; then            \
                  echo "Perhaps $module does not understand --rootcmd?";  \
                  echo "If you see messages that indicate that it is not"; \
                  echo "in fact being built as root, please file a bug "; \
                  echo "against $module.";                     \
               fi;                                             \
               echo "Hit return to Continue";                 \
             read ans;                                         \
          fi;                                                  \
          );                                                   \
       else                                                    \
             echo "Module $module does not exist";             \
             echo "Hit return to Continue?";                   \
       fi;                                                     \
     done
root@Coffee-VirtualBox:/usr/src/linux# ▮
```

커널 설치가 성공적으로 끝났다. 필자의 컴퓨터 성능으로는 약 2시간을 조금 넘겼다. 이제 생성된 커널 이미지를 설치한다.

```
root@coffee-desktop:/usr/src/linux# cd /usr/src
root@coffee-desktop:/usr/src# dpkg -i linux-image-3.10.7_3107_i386.deb
```

설치 과정에서 오류가 발생하면 "--force-all" 옵션을 추가하여 강제로 실행하여 설치를 진행해도 된다.

```
root@coffee-desktop:/usr/src# dpkg -i --force-all linux-image-3.10.7_3107_
i38 6.deb
```

```
● ● ●  root@Coffee-VirtualBox: /usr/src
root@Coffee-VirtualBox:/usr/src# dpkg -i linux-image-3.10.7_3107_i386.deb
Selecting previously unselected package linux-image-3.10.7.
(데이터베이스 읽는중 ...현재 190435개의 파일과 디렉터리가 설치되어 있습니다.)
linux-image-3.10.7 패키지를 푸는 중입니다 (linux-image-3.10.7_3107_i386.deb에서)
 ...
Done.
linux-image-3.10.7 (3107) 설정하는 중입니다 ...
Running depmod.
Examining /etc/kernel/postinst.d.
run-parts: executing /etc/kernel/postinst.d/apt-auto-removal 3.10.7 /boot/vmlinu
z-3.10.7
run-parts: executing /etc/kernel/postinst.d/initramfs-tools 3.10.7 /boot/vmlinuz
-3.10.7
update-initramfs: Generating /boot/initrd.img-3.10.7
run-parts: executing /etc/kernel/postinst.d/pm-utils 3.10.7 /boot/vmlinuz-3.10.7
run-parts: executing /etc/kernel/postinst.d/update-notifier 3.10.7 /boot/vmlinuz
-3.10.7
run-parts: executing /etc/kernel/postinst.d/zz-update-grub 3.10.7 /boot/vmlinuz-
3.10.7
Generating grub.cfg ...
Found linux image: /boot/vmlinuz-3.10.7
Found initrd image: /boot/initrd.img-3.10.7
Found linux image: /boot/vmlinuz-3.8.0-27-generic
Found initrd image: /boot/initrd.img-3.8.0-27-generic
Found linux image: /boot/vmlinuz-3.8.0-19-generic
Found initrd image: /boot/initrd.img-3.8.0-19-generic
Found memtest86+ image: /boot/memtest86+.bin
done
root@Coffee-VirtualBox:/usr/src# ▮
```

가끔 시스템 설정 상태에 따라 의존성 문제로 설치시 오류 나는 경우가 있다. 강제로 설치할 경우 이러한 의존성이 있는 다른 패키지의 동작 여부를 꼼꼼히 검사하는 것을 잊지 않도록 해야 한다.

주의할 내용을 몇 가지 살펴보면 다음과 같다. 첫째로 firmware 드라이버 파일은 대부분 중복이 되므로 일반적 옵션으로는 설치가 안 될 수 있다. 둘째로 커널 설치 후에는 NVIDIA나 ATI는 그래픽 드라이버를 제조사에서 다운로드하여 추가로 설치해야 할 경우가 발생한다. 새로운 커널에서는 기존 우분투에서 패키지로 제공하는 드라이버의 동작이 신뢰성을 보장하기 어렵기 때문이다. 셋째로 Vmware나 Virtualbox 사용 시엔 해당 모듈이 동작을 하지 않을 경우 커널 모듈로 새로 올려야 한다는 점이다.

이러한 주의사항은 Ubuntu 13.04에서 모두 해소되어 정상 동작함을 확인하였다. 즉, 추가로 드라이버나 모듈을 설치하지 않아도 유니티(Unity)를 비롯하여 컴피즈(Compiz)가 정상 동작하는 것으로 확인하였다.

컴파일된 커널이 안전하게 동작을 하는지 확인하기 위하여 시스템을 다시 시작하기 전에 꼭 해야 할 일이 있다. 커널 설치가 완료되면 자동으로 "/boot/grub/grub.cfg"에 새 버전의 커널이 0번 위치인 맨 앞쪽 menuentry에 추가된다. 커널 컴파일은 고도의 주의력을 요구한다. 또한 실패할 확률도 높다. 새롭게 빌드한 커널에 약간의 오류라도 있다면 시스템을 다시 설치해야 하는 부담이 있다. 무엇보다 최고의 부담은 시간이다. 커널을 컴파일하는데 소요되는 시간을 또 투자해야 한다는 것은 분명히 부담스럽고 힘든 일이다.

이러한 부담을 줄이고자 grub를 수정한다. 즉, set timeout="n" 부분을 모두 30으로 바꿔준다. 이는 새로 설치한 커널로 부팅이 되지 않는다면, 시스템을 예전 커널로 다시 시작하여 커널 컴파일 오류를 수정할 기회를 가지기 위함이다.

```
root@coffee-desktop:/usr/src# vi /boot/grub/grub.cfg
```

Ubuntu를 다시 시작하면 grub에 새로운 커널이 올라와 있는 것을 볼 수 있으며 새로운 커널이 기본적으로 부팅이 된다. 만약 부팅이 제대로 되지 않고 panic이 되거나 비정상 동작을 한다면 시스템을 다시 시작하여 grub 부팅 메뉴 조정으로 오류가 발생하지 않는 메뉴를 선택하여 부팅해야 한다.

우리가 수정한 커널은 GRUB 메뉴에서 키보드 방향키로 선택하여 볼 것이다. 이렇게 해서 커널이 정상 부팅을 하지 않는다면 원래 배포판으로 들어가서 다시 커널을 빌드하여 보고 오류를 검사할 수 있다.

예전 커널에서 set default="0"을 수정하지 않고 그대로 다시 시작하였을 경우 커널이 오동작을 하게 되면 자체적으로는 복구할 방법이 없었지만 Ubuntu 13.04에서는 깔끔하게 해소되었다.

이러한 이유로 반드시, 반드시, 반드시 set timeout="30"으로 수정하여 재시작하기 바란
다. 커널 빌드는 항상 0번 위치에 menuentry를 추가하는 것을 기억하자.

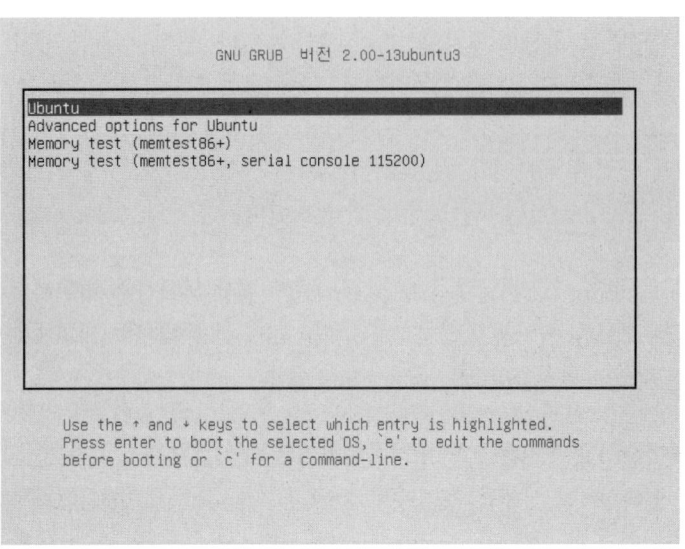

GRUB에서 대기하거나 30초 이내에 엔터키를 입력하면 부팅이 진행된다. 30초 이내에
엔터키가 아닌 임의의 키(방향키)를 입력하면 메뉴를 선택할 수 있다. 새로 컴파일한 커
널에 오류가 발생한다면 "Advanced options for Ubuntu"를 선택하여 나타나는 화면에
서 복구 메뉴로 시작하면 된다.

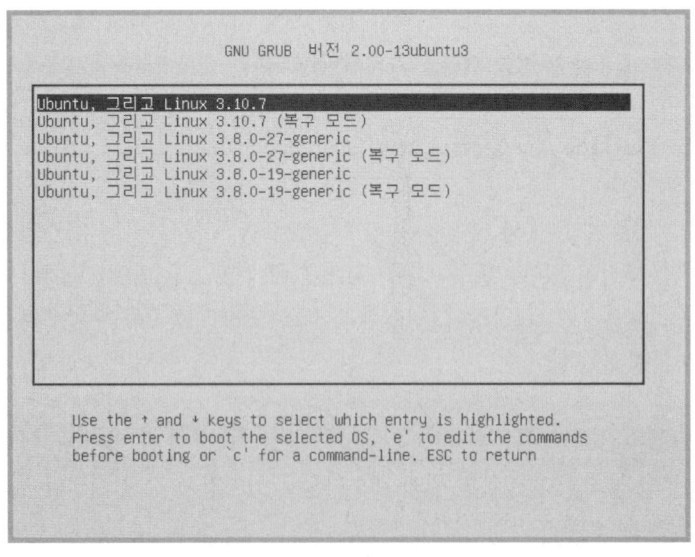

GRUB에서 새로 빌드한 메뉴를 선택하여 부팅을 시도한다. 새로운 커널 버전으로 부팅
이 성공하면 커널 버전을 확인하고 만세를 불러도 좋다.

```
root@coffee-desktop:/usr/src# uname -a
Linux coffee-desktop 3.10.7 #1 SMP Sat Aug 17 18:32:21 KST 2013  i686 i686
i686 GNU/Linux
```

```
😵😑🔲 lgbong@Coffee-VirtualBox: ~
lgbong@Coffee-VirtualBox:~$ uname -a
Linux Coffee-VirtualBox 3.10.7 #1 SMP Sat Aug 17 18:32:21 KST 2013 i686 i686 i68
6 GNU/Linux
lgbong@Coffee-VirtualBox:~$
```

버전 숫자 뒤에 있는 "#1"은 첫 번째 커널 빌드에서 성공한 버전이라는 뜻이다. 커널 빌
드를 반복한 횟수만큼 번호가 올라간다. 커널 빌드까지 성공하였으면 당신은 드디어 초
보 탈출이다.

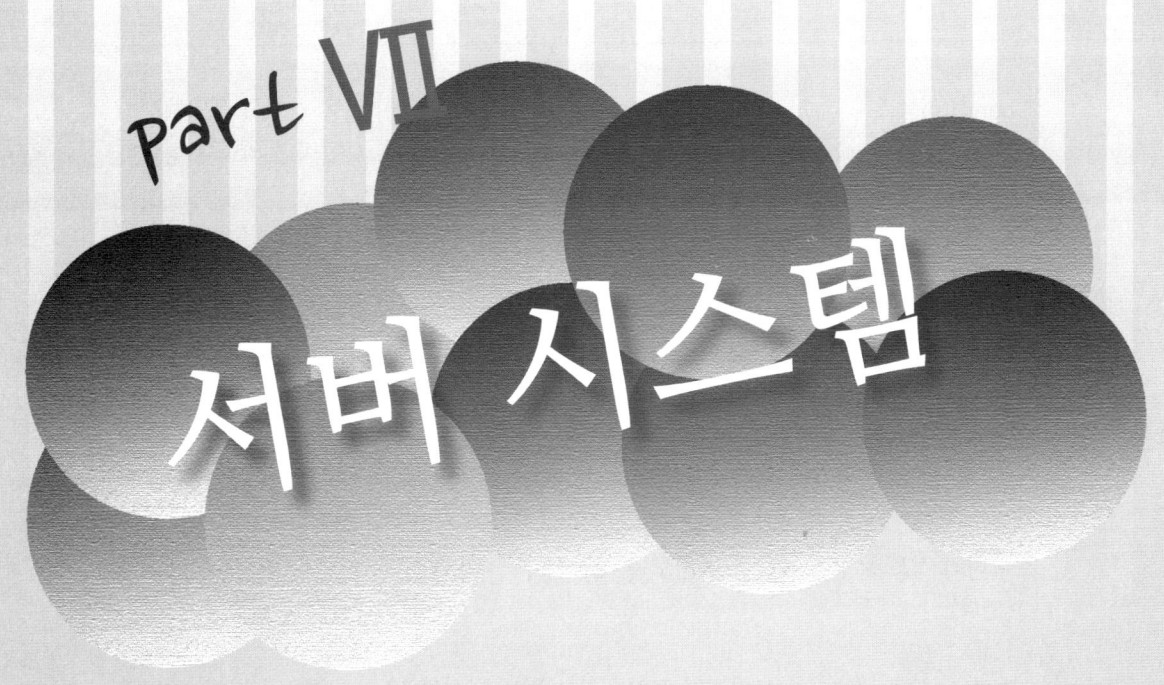

part VII

서버 시스템

10 서버 시스템 구성

Ubuntu Linux

Ubuntu 리눅스를 데스크톱 환경으로만 사용하기에는 아쉬움이 많은 강력한 운영체제이다. 서버란 클라이언트의 반대편에 서 있는 컴퓨터를 가리킨다. 사전적인 의미를 정의하자면 정보 또는 자료를 가공하여 제공하는 시스템을 말한다.

즉, 서비스를 제공하는 컴퓨터를 서버라고 말하고 서비스를 제공받는 컴퓨터를 클라이언트라고 한다. 그러면 데스크톱 환경을 사용한다는 것은 클라이언트로 사용한다는 의미가 된다. 자료를 제공하는 것이 아니라 서버 기능의 컴퓨터에 접속하여 각종 자료 및 정보를 제공받아 사용자에게 전달하는 역할이 클라이언트 컴퓨터이다.

좁은 의미에서 살펴보면 운영체제를 서버로 정의하고 일반 프로그램을 클라이언트로 정의할 수 있다. 즉, 운영체제가 시스템 자원을 가공하고 정리하여 사용자가 만든 일반 프로그램의 정보 요청에 대응하여 정보를 제공한다면, 이 역시 서버 클라이언트로 정의할 수 있다.

리눅스가 서버 컴퓨터의 운영체제로 사용되고 있는 것처럼 Ubuntu를 서버라고 정의하는 우를 범해서는 안 된다. 서버와 클라이언트의 분류는 반드시 그 역할에 따른 분류만 가능한 것이다. 이렇게 강력한 배경을 가진 Ubuntu를 클라이언트 컴퓨터로 한정하여 사용하는 것은 좋은 성능의 자동차를 운전하지 않고 감상만 하는 것과 같다.

서버는 하드웨어 측면과 소프트웨어 측면으로 나눌 수 있는데 대부분의 서버라고 하면 서버 기능을 하는 소프트웨어를 실행하고 있는 컴퓨터가 된다. 서버 기능을 수행하는 소프트웨어는 많은 종류가 있다.

서버 종류	역할
웹 서버	웹 페이지를 제공하기 위한 다양한 지원
파일 서버	파일을 분류, 저장하고 검색 및 다운로드 지원
메일 서버	이메일 전송, 수신 및 저장을 지원
DNS 서버	도메인 이름을 IP와 연결 지원
네트워크 서버	각 네트워크 관련 프로토콜 지원
데이터베이스 서버	오라클, MySQL 등의 데이터베이스 지원
SSH 서버	암호 처리된 원격 접속 지원
Telnet 서버	원격 접속 지원
FTP 서버	파일 전송 기능을 지원
NFS 서버	파일 연동을 위한 서버
기타	프린터 서버, 게임 서버 등의 다양한 서버 존재

10.1 웹 서버 설치하기

"LAMP(Linux, Apache, MySQL, PHP)"란 리눅스 시스템에서 웹 페이지를 만들어 서비스 할 수 있는 홈페이지 지원 프로그램 패키지이다.

10.1.1 LAMP 설치하기

```
#  apt-get install phpmyadmin mysql-client mysql-server php5-common
apache2 php5-mysql
```

설치 명령은 의외로 간단하다. Ubuntu에서 "apt-get" 명령의 장점은 파일을 다운로드하고 압축을 해제하고 설치하기를 한 번의 명령으로 처리한다는 것이다. 설치 도중에 "MySQL"의 관리자 비밀번호의 입력을 요구하면 적당한 비밀번호를 입력하면 된다.

필자의 경우는 계정 비밀번호와 동일하게 입력하였다.

```
root@coffee-desktop:~# apt-get install phpmyadmin mysql-client mysql-server php5
-common apache2 php5-mysql
패키지 목록을 읽는 중입니다... 완료
의존성 트리를 만드는 중입니다
상태 정보를 읽는 중입니다... 완료
다음 새 패키지가 전에 자동으로 설치되었지만 더 이상 필요하지 않습니다:
  linux-headers-2.6.32-21 linux-headers-2.6.32-21-generic
이들을 지우기 위해서는 'apt-get autoremove'를 사용하십시오.
다음 패키지를 더 설치할 것입니다:
  apache2-mpm-prefork apache2-utils apache2.2-bin apache2.2-common
  dbconfig-common javascript-common libapache2-mod-php5 libapr1 libaprutil1
  libaprutil1-dbd-sqlite3 libaprutil1-ldap libdbd-mysql-perl libdbi-perl
  libhtml-template-perl libjs-mootools libmcrypt4 libmysqlclient16
  libnet-daemon-perl libplrpc-perl libt1-5 mysql-client-5.1
  mysql-client-core-5.1 mysql-common mysql-server-5.1 mysql-server-core-5.1
  php5-gd php5-mcrypt wwwconfig-common
제안하는 패키지:
  apache2-doc apache2-suexec apache2-suexec-custom php-pear dbishell
  libipc-sharedcache-perl libmcrypt-dev mcrypt tinyca mailx php5-suhosin
  postgresql-client apache apache-ssl
다음 새 패키지를 설치할 것입니다:
  apache2 apache2-mpm-prefork apache2-utils apache2.2-bin apache2.2-common
  dbconfig-common javascript-common libapache2-mod-php5 libapr1 libaprutil1
  libaprutil1-dbd-sqlite3 libaprutil1-ldap libdbd-mysql-perl libdbi-perl
  libhtml-template-perl libjs-mootools libmcrypt4 libmysqlclient16
  libnet-daemon-perl libplrpc-perl libt1-5 mysql-client mysql-client-5.1
  mysql-client-core-5.1 mysql-common mysql-server mysql-server-5.1
  mysql-server-core-5.1 php5-common php5-gd php5-mcrypt php5-mysql phpmyadmin
  wwwconfig-common
0개 업그레이드, 34개 새로 설치, 0개 지우기 및 161개 업그레이드 안 함.
35.4M바이트 아카이브를 받아야 합니다.
이 작업 후 95.6M바이트의 디스크 공간을 더 사용하게 됩니다.
계속 하시겠습니까 [Y/n]?
```

"Y"를 입력하여 계속 진행한다.

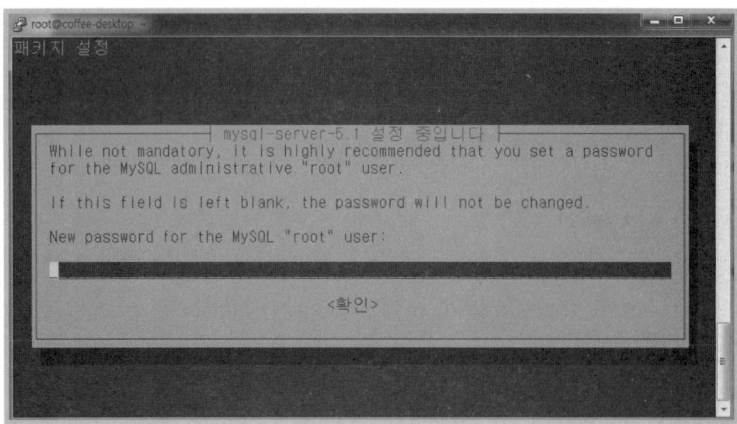

MySQL 데이터베이스의 관리자(root) 암호를 입력한다.

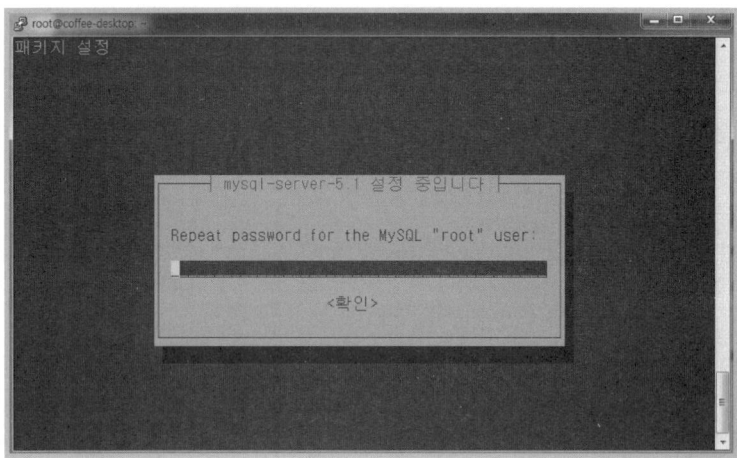

다시 한 번 더 관리자(root) 암호를 똑같이 입력한다. 앞서 입력한 암호와 서로 다르다면
암호 설정을 처음부터 다시 할 것을 요구한다.

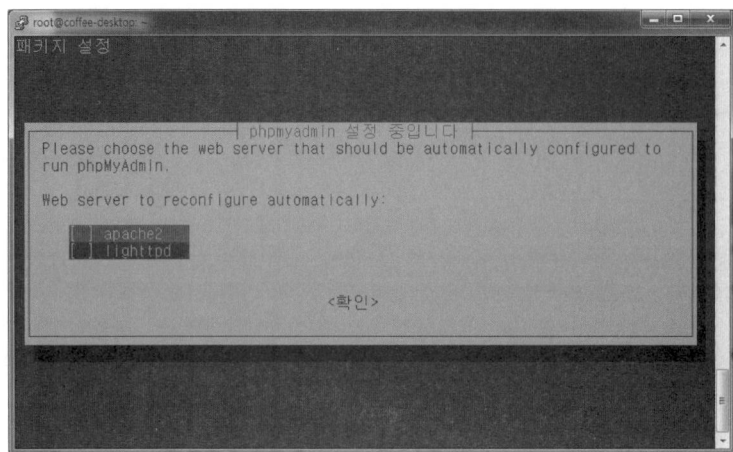

"apache 2"에 빨간색이 있는 상태에서 스페이스 바를 누르면 "*"이 표시된다. 즉, 선택하였다는 뜻이다. 선택하였으면 엔터를 누른다. 계속하여 패키지 설치가 진행된다.

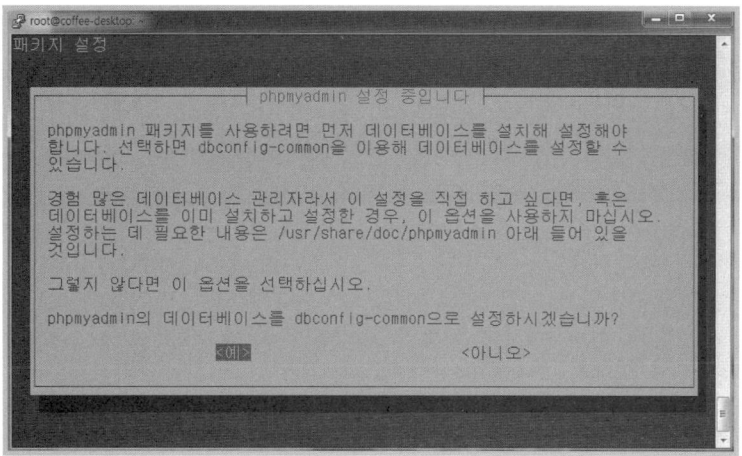

"〈예〉"가 선택되어 있는 상태에서 엔터를 누른다.

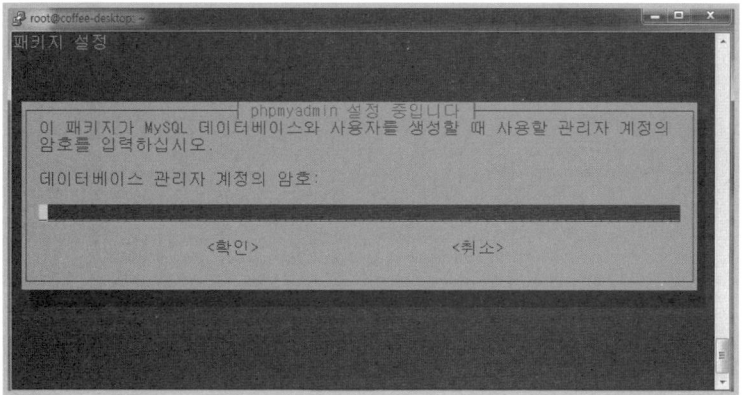

앞에서 입력한 암호를 동일하게 입력한다. 만약 다르게 입력했다면 암호를 항상 기억해야 하고 접속할 때마다 암호를 찾아야 할 것이다.

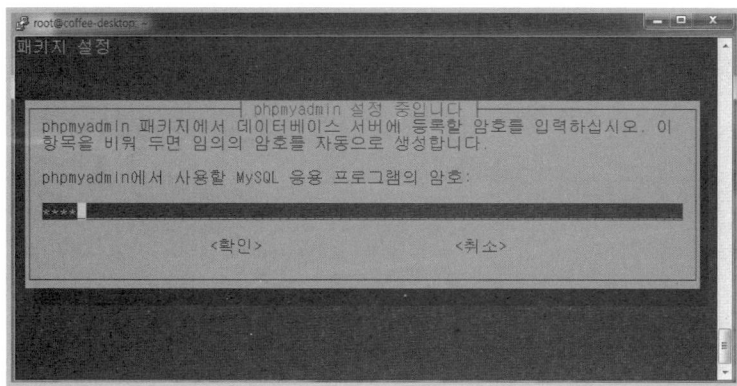

"phpadmin" 패키지에서 데이터베이스 서버에 등록할 암호를 입력한다. 역시 앞서와 같은 암호를 입력한다.

암호를 다시 확인한다. 같은 암호를 다시 입력한다.

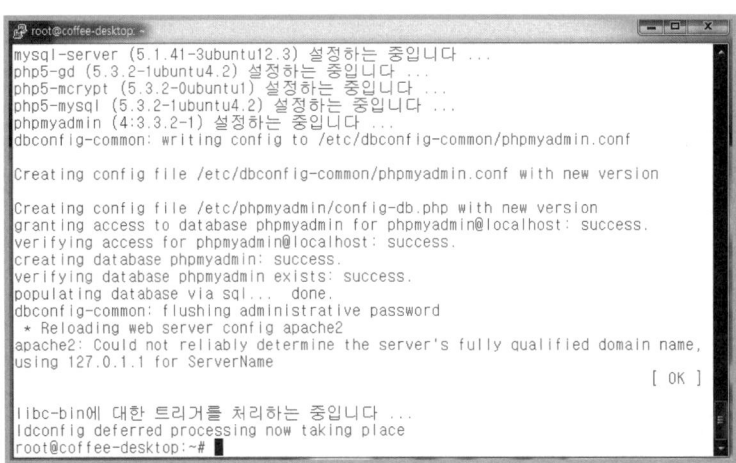

짧은 시간에 설치가 완료되었다. 아파치 웹 서비스가 시작되어 웹 서비스를 바로 확인할수 있지만 몇 가지 추가 설정을 한다.

10.1.2 아파치에서 한글 설정

"/etc/apache2/apache2.conf"의 적당한 부분(관리하기 편하게 맨 마지막 부분)에

```
  235 # Include the virtual host configurations:
  236 Include /etc/apache2/sites-enabled/
  237 AddDefaultCharset utf-8
"/etc/apache2/apache2.conf" line 237 of 237 --100%-- col 1
```

"AddDefaultCharset utf-8"를 추가한다. "utf-8"은 한글을 사용하기 위한 한글 코드 방식(인코딩)으로 Ubuntu의 한국 언어 코드(로케일)가 "UTF-8"이다.

10.1.3 "~(틸드)"로 사용자별 홈페이지에 접속하기

아파치 서버에서는 각 사용자들이 외부에 공개하고자 하는 html 파일을 저장하기 위한 용도로 각 사용자 계정의 홈 디렉터리 밑에 폴더를 만들고 외부에서 사용자 계정의 홈 디렉터리 표시인 "~(틸드)"를 이용해서 접속할 수 있다. 이런 역할을 하는 디렉터리는 아파치 설정 파일에 "UserDir" 항목으로 적어주면 된다.

예를 들어 서버의 도메인 주소가 "coffee.com"이고 사용자 계정 이름이 "lgbong"이고 "UserDir"이 "public_html"일 때 웹 페이지 접속 URL인 "www.coffee.com/~lgbong"은 "/home/lgbong/public_html" 디렉터리로 접속이 된다. 그러나 데비안에서는 아무 설정 없이 "~(틸드)"를 사용하면 "UserDir"이 인정되지 않으므로 사용자의 홈페이지로 접속할 수 없다.

다음 명령들을 차례로 수행한다.

```
# cd /etc/apache2/mods-enabled
# ln -s /etc/apache2/mods-available/userdir.load .
# ln -s /etc/apache2/mods-available/userdir.conf .
```

"/etc/apache2/mods-enabled/userdir.conf" 파일을 확인한다. 특별한 편집을 추가하지 않았다면 두 번째 줄에 "UserDir" 항목이 존재한다(기본 값은 public_html).

```
# vi /etc/apache2/mods-enabled/userdir.conf
```

개략적인 내용은 "root" 계정은 "UserDir"을 사용할 수 없고 각 사용자 계정의 홈 디렉터리의 "public_html" 디렉터리를 만들어서 웹 페이지를 만들면 사용자 홈 계정의 웹 페이지를 서비스한다는 뜻이다.

10.1.4 아파치 서비스를 다시 시작하기

```
# /etc/init.d/apache2 restart
```

```
root@coffee-desktop: /etc/apache2/mods-enabled
root@coffee-desktop:/etc/apache2/mods-enabled# /etc/init.d/apache2 restart
 * Restarting web server apache2
apache2: Could not reliably determine the server's fully qualified domain name,
using 127.0.1.1 for ServerName
apache2: Could not reliably determine the server's fully qualified domain name,
using 127.0.1.1 for ServerName
                                                                         [ OK ]
root@coffee-desktop:/etc/apache2/mods-enabled#
```

10.1.5 웹 서비스 확인하기

"lgbong" 사용자 계정으로 로그인하여 작업을 진행하기 바란다. "root" 계정으로 "/home/lgbong"로 바꿔서 작업을 할 경우 생성 권한 문제로 실제 "lgbong" 사용자 계정으로 작업하기가 어려워진다.

```
$ mkdir public_html
$ cd ~/public_html
$ cp /var/www/index.html .
```

```
lgbong@coffee-desktop: ~/public_html
lgbong@coffee-desktop:~$ mkdir public_html
lgbong@coffee-desktop:~$ cd ~/public_html
lgbong@coffee-desktop:~/public_html$ cp /var/www/index.html .
lgbong@coffee-desktop:~/public_html$
```

웹 서비스를 볼 수 있도록 페이지 제작까지 완성하였다고 판단하면 된다. 뭐 복사하는 것이 미덥지 않다면 직접 "vi"를 이용하여 파일을 작성하여도 된다. 단, "index.html"이라는 파일명은 유지하여야 한다. 그 이유는 웹 서비스를 시작하는 예약 파일명이기 때문이다.

```
lgbong@coffee-desktop: ~/public_html
lgbong@coffee-desktop:~/public_html$ ifconfig | grep "inet addr"
          inet addr:192.168.91.153  Bcast:192.168.91.255  Mask:255.255.255.0
          inet addr:127.0.0.1  Mask:255.0.0.0
lgbong@coffee-desktop:~/public_html$
```

"ifconfig" 명령을 이용하여 IP 주소를 확인한다.

동일한 도메인 네트워크의 다른 컴퓨터에서 웹 브라우저를 실행하여 IP 주소를 이용하여 접근해 본다. 도메인 이름은 설정되지 않았으므로 도메인 이름으로는 접근할 수 없다.

```
http://192.168.91.153/~lgbong
```

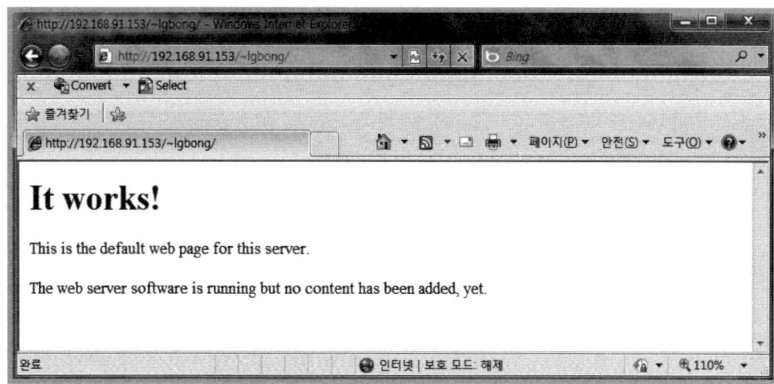

정상적으로 웹 서비스를 하고 있음을 알 수 있다. 이로써 웹 서버 구축이 완료되었다.

APM(Apache + PHP + MySQL)을 사용하는 웹 페이지를 만들어 나가면 개인 웹 서비스를 시작할 수 있다. 이 부분은 오로지 독자 여러분의 몫이다.

10.2 FTP 서버 설치하기

FTP 서버(File Transfer Protocol)는 파일 전송 프로토콜을 지원하는 서버이다.

```
# apt-get install vsftpd
```

```
root@coffee-desktop: /etc/apache2/mods-enabled
root@coffee-desktop:/etc/apache2/mods-enabled# apt-get install vsftpd
패키지 목록을 읽는 중입니다... 완료
의존성 트리를 만드는 중입니다
상태 정보를 읽는 중입니다... 완료
다음 새 패키지가 전에 자동으로 설치되었지만 더 이상 필요하지 않습니다:
  linux-headers-2.6.32-21 linux-headers-2.6.32-21-generic
이들을 지우기 위해서는 'apt-get autoremove'를 사용하십시오.
다음 새 패키지를 설치할 것입니다:
  vsftpd
0개 업그레이드, 1개 새로 설치, 0개 지우기 및 161개 업그레이드 안 함.
141k바이트 아카이브를 받아야 합니다.
이 작업 후 471k바이트의 디스크 공간을 더 사용하게 됩니다.
받기:1 http://kr.archive.ubuntu.com/ubuntu/ lucid/main vsftpd 2.2.2-3ubuntu6 [14
1kB]
내려받기 141k바이트, 소요시간 3초 (41.2k바이트/초)
패키지를 미리 설정하는 중입니다.
전에 선택하지 않은 vsftpd 패키지를 선택합니다.
(데이터베이스 읽는중 ...현재 157865개의 파일과 디렉터리가 설치되어 있습니다.)
vsftpd 패키지를 푸는 중입니다 (.../vsftpd_2.2.2-3ubuntu6_i386.deb에서) ...
man-db에 대한 트리거를 처리하는 중입니다 ...
ureadahead에 대한 트리거를 처리하는 중입니다 ...
vsftpd (2.2.2-3ubuntu6) 설정하는 중입니다 ...
vsftpd start/running, process 10904

root@coffee-desktop:/etc/apache2/mods-enabled#
```

FTP 서버 설치가 성공되었고 서비스가 시작된다.

웹 서비스 테스트와 동일한 방법으로 동일 도메인 네트워크의 다름 컴퓨터인 윈도우즈에서 ALFTP(또는 ALDrive)를 설치하여 테스트하여 본다.

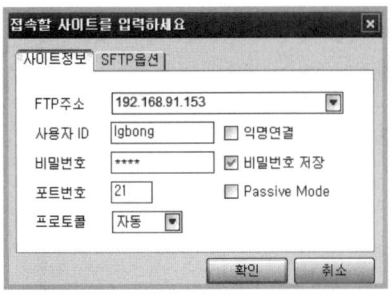

'lgbong' 계정으로 파일을 업로드하거나 다운로드할 수 있다.

10.3 NFS 서버 구축 및 운영

NFS는 네트워크 상의 다른 사용자 컴퓨터의 디렉터리와 파일을 공유할 수 있도록 시스템을 구성한다. NFS를 사용하는 것으로, 사용자와 프로그램은 원격지 컴퓨터의 파일을 자신의 컴퓨터에 있는 파일을 사용하는 것처럼 쉽게 접근할 수 있다. NFS가 제공하는 가장 주목할 만한 특징은 다음과 같다.

1. 공통적으로 사용되는 데이터가 단일 시스템에 저장되고 네트워크 상의 다른 컴퓨터에 접근할 수 있기 때문에 저장 공간을 절약할 수 있다.
2. 사용자가 모든 네트워크 컴퓨터들에 대응하는 각각의 홈 디렉터리를 가질 필요가 없다.
3. 홈 디렉터리를 NFS 서버 상에 만들 수 있고 네트워크를 통하여 접근할 수 있다.
4. 플로피 디스크, CD-ROM 드라이브, 그리고 USB 드라이브와 같은 저장 장치들도 네트워크 상의 다른 컴퓨터에서 사용될 수 있다. 이는 네트워크 전체의 착탈식 미디어 드라이브의 숫자를 줄일 수도 있다.

10.3.1 NFS(Network File System) 설치하기

NFS 서버를 설치하기 위하여 다음의 명령을 터미널 프롬프트에서 입력한다.

```
lgbong@coffee-desktop:~$ su -
root@coffee-desktop:~# apt-get install rpcbind nfs-kernel-server
```

```
😶😶 root@coffee-desktop: ~
lgbong@coffee-desktop:~$ su -
암호:
root@coffee-desktop:~# apt-get install rpcbind nfs-kernel-server
패키지 목록을 읽는 중입니다... 완료
의존성 트리를 만드는 중입니다
상태 정보를 읽는 중입니다... 완료
다음 패키지를 더 설치할 것입니다:
  nfs-common
제안하는 패키지:
  open-iscsi watchdog
다음 새 패키지를 설치할 것입니다:
  nfs-common nfs-kernel-server rpcbind
0개 업그레이드, 3개 새로 설치, 0개 제거 및 42개 업그레이드 안 함.
403 k바이트 아카이브를 받아야 합니다.
이 작업 후 1,433 k바이트의 디스크 공간을 더 사용하게 됩니다.
계속 하시겠습니까 [Y/n]?
```

10.3.2 NFS(Network File System) 서버 설정

"/etc/exports" 파일에 공유할 디렉터리 목록을 추가한다. 예로 아래와 같이 기술하면 NFS 서버의 "/home" 디렉터리와 "/usr/local" 디렉터리를 공유하도록 설정하는 것이다.

```
/home 192.168.247.130(rw,sync,no_subtree_check)
/usr/local 192.168.247.130(rw,sync,no_subtree_check)
```

```
😶😶 lgbong@coffee-desktop: ~
# /etc/exports: the access control list for filesystems which may be exported
#               to NFS clients.  See exports(5).
#
# Example for NFSv2 and NFSv3:
# /srv/homes       hostname1(rw,sync,no_subtree_check) hostname2(ro,sync,no_subt
ree_check)
#
# Example for NFSv4:
# /srv/nfs4        gss/krb5i(rw,sync,fsid=0,crossmnt,no_subtree_check)
# /srv/nfs4/homes  gss/krb5i(rw,sync,no_subtree_check)
#
#/home @mclients(rw,sync,no_subtree_check)
#/usr/local @myclients(rw,sync,no_subtree_check)

/home 192.168.247.130(rw,sync,no_subtree_check)
/usr/local 192.168.247.130(rw,sync,no_subtree_check)
~
```

정해진 IP 주소를 갖는 NFS 클라이언트에 디렉터리를 공유할 수 있도록 허용한 것이다.

주의할 것은 "/etc/exports" 파일이 수정될 때마다 수정된 내용을 공유할 수 있도록 다음과 같은 명령을 실행해야 한다.

```
lgbong@coffee-desktop:~$ sudo exportfs -ra
```

또한, NFS 서버를 다시 시작해야 한다.

```
lgbong@coffee-desktop:~$ sudo service nfs-kernel-server restart
```

```
lgbong@coffee-desktop: ~
lgbong@coffee-desktop:~$ sudo exportfs -ra
[sudo] password for lgbong:
lgbong@coffee-desktop:~$ sudo service nfs-kernel-server restart
 * Stopping NFS kernel daemon                            [ OK ]
 * Unexporting directories for NFS kernel daemon...      [ OK ]
 * Exporting directories for NFS kernel daemon...        [ OK ]
 * Starting NFS kernel daemon                            [ OK ]
lgbong@coffee-desktop:~$
```

10.3.3 NFS(Network File Systen) 클라이언트 설정

NFS 서버에서 허용한 공유 디렉터리를 사용자가 연결하여 사용하려면 NFS 클라이언트로 설정되어야 한다. NFS 클라이언트 기능을 설정하기 위하여 패키지를 설치한다.

```
lgbonga@Coffee-Virtual:~$ sudo apt-get install rpcbind nfs-common
```

이제 NFS 서버에서 공유를 허용한 디렉터리를 클라이언트의 파일 시스템으로 연결하기 위하여 다음과 같이 명령을 입력한다.

```
lgbonga@Coffee-Virtual:~$ sudo mount 192.168.247.131:/home/lgbong/
home/lgbong/nfs-dir
lgbonga@Coffee-Virtual:~$ mount
```

NFS 서버(192.168.247.131)의 IP 주소와 함께 NFS 서버에서 공유를 허용한 "/home" 디렉터리의 하위 디렉터리인 "lgbong" 디렉터리를 클라이언트의 "/home/lgbong/nfs-dir" 디렉터리에 연결(mount)한 것이다. 연결된 결과를 확인하기 위하여 "mount" 명령을 추가로 사용하였다.

```
 ⊗ - □  root@Coffee-Virtual: ~
root@Coffee-Virtual:~#
root@Coffee-Virtual:~# mount  192.168.247.131:/home/lgbong /home/lgbong/nfs-dir
root@Coffee-Virtual:~# mount
/dev/sda1 on / type ext4 (rw,errors=remount-ro)
proc on /proc type proc (rw,noexec,nosuid,nodev)
sysfs on /sys type sysfs (rw,noexec,nosuid,nodev)
none on /sys/fs/cgroup type tmpfs (rw)
none on /sys/fs/fuse/connections type fusectl (rw)
none on /sys/kernel/debug type debugfs (rw)
none on /sys/kernel/security type securityfs (rw)
udev on /dev type devtmpfs (rw,mode=0755)
devpts on /dev/pts type devpts (rw,noexec,nosuid,gid=5,mode=0620)
tmpfs on /run type tmpfs (rw,noexec,nosuid,size=10%,mode=0755)
none on /run/lock type tmpfs (rw,noexec,nosuid,nodev,size=5242880)
none on /run/shm type tmpfs (rw,nosuid,nodev)
none on /run/user type tmpfs (rw,noexec,nosuid,nodev,size=104857600,mode=0755)
vmware-vmblock on /run/vmblock-fuse type fuse.vmware-vmblock (rw,nosuid,nodev,de
fault_permissions,allow_other)
gvfsd-fuse on /run/user/lgbong/gvfs type fuse.gvfsd-fuse (rw,nosuid,nodev,user=l
gbong)
rpc_pipefs on /run/rpc_pipefs type rpc_pipefs (rw)
192.168.247.131:/home/lgbong on /home/lgbong/nfs-dir type nfs (rw,vers=4,addr=19
2.168.247.131,clientaddr=192.168.247.130)
root@Coffee-Virtual:~# █
```

NFS 서버에서 공유된 디렉터리인 "/home/lgbong" 디렉터리에 새로운 파일을 넣고 NFS 클라이언트에서 변경된 내용을 확인해 본다. 또는 반대로 NFS 클라이언트의 연결된 디렉터리인 "/home/lgbong/nfs-dir" 디렉터리에 새로운 내용을 작성하고 NFS 서버의 "/home/lgbong" 디렉터리에서 변경된 내용을 확인해 볼 수 있다.

10.4 와인(wine) 한잔하기

Ubuntu에서 윈도우즈용 프로그램을 사용하고자 하면 VMware 같은 가상머신을 사용하거나 윈도우로 재부팅하여야 한다. 하지만 "wine"을 설치하면 익스플로러 등, 간단한 윈도우용 프로그램을 Ubuntu에서 곧바로 사용할 수 있다.

"wine"은 "우분투 소프트웨어 센터"에서 검색하면 바로 나온다. 예전에는 시냅틱 패키지 관리자에 있었던 내용이다.

"빠른 검색"에서 "wine"을 입력하여 찾아본다.

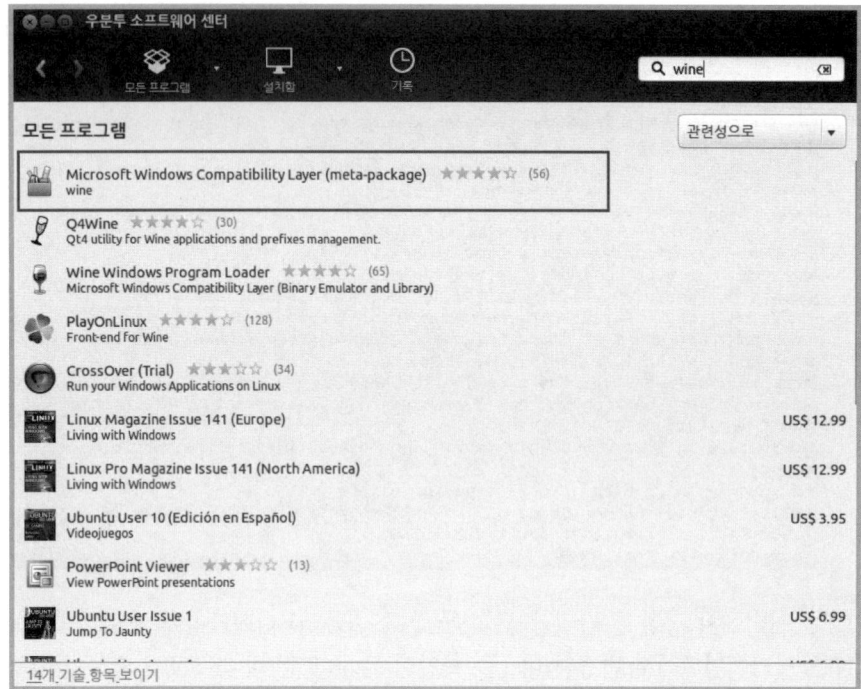

"Ubuntu 13.04"에서 지원하는 "wine"은 두 가지로 보인다. 위 목록에서 첫 번째 (Microsoft Windows compatibility Layer)와 세 번째(Wine Windows Program Loader) 프로그램이다. 이러한 목록은 인기도와 신뢰도가 높은 것을 먼저 제시하므로 설치는 첫 번째 것으로 설치한다.

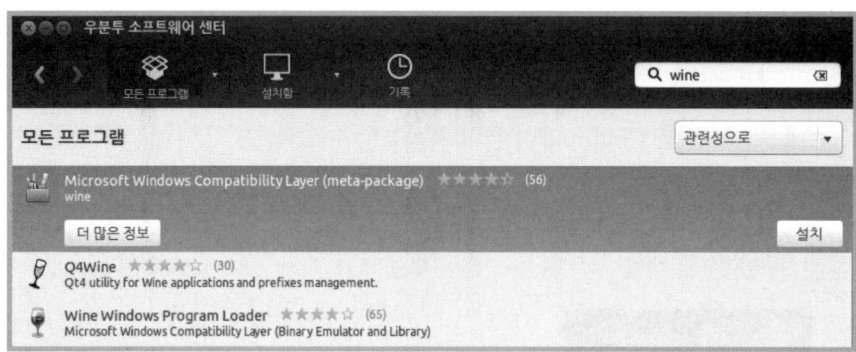

해당 목록을 선택하면 우측에 [설치] 버튼이 보인다. [설치] 버튼을 클릭하면 권한을 획득하기 위한 인증 화면이 나온다.

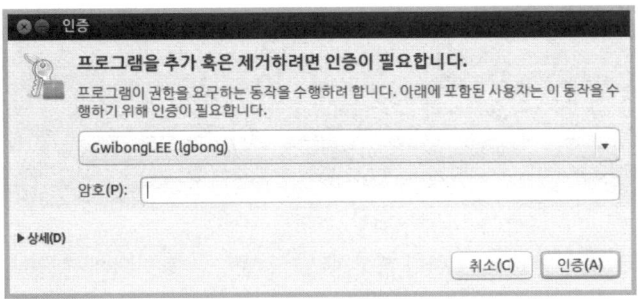

자신의 계정 비밀번호를 입력하면 된다.

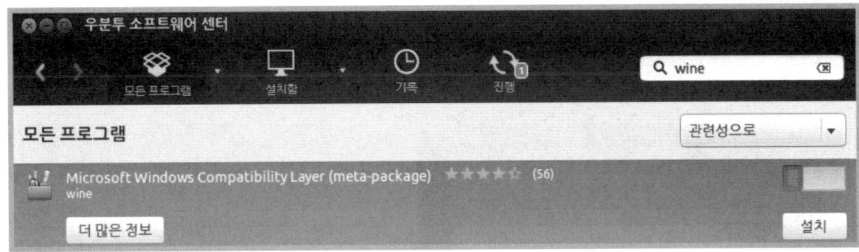

상단 메뉴에 진행 아이콘이 나타나고 1이라는 번호가 붙는다 이는 1개의 프로그램이 설치 진행 중이라는 뜻이다. 또한 [설치] 버튼 위에 진행율이 표시되어 설치에 필요한 예상 시간을 가늠해 볼 수 있도록 하고 있다.

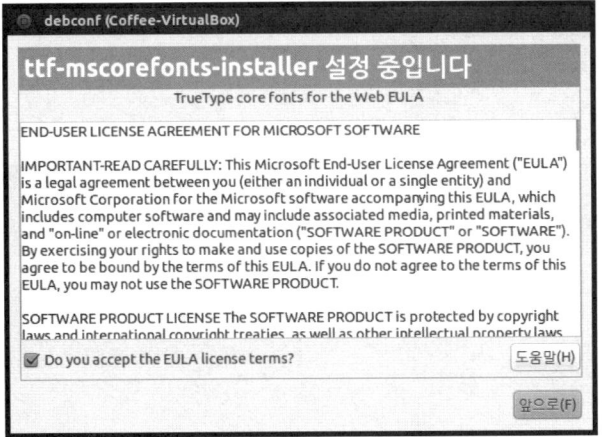

설치에 필요한 라이브러리들은 설치 진행 과정에서 추가 설치 안내를 하고 있다. 설치가 완료되면 [설치] 버튼이 [제거] 버튼으로 바뀐다. 설치와 제거가 매우 간결하게 발전하였다. 와인 설치가 완료되었다.

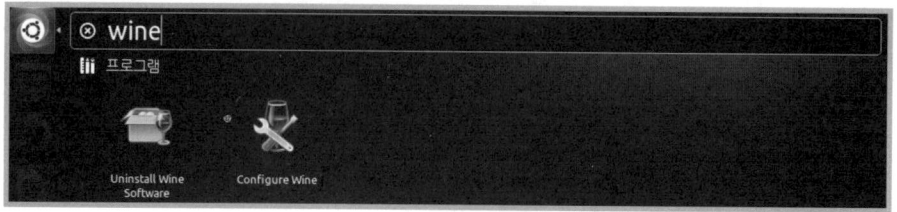

실행을 하기 위해서는 "대쉬 홈"을 사용한다. "대쉬 홈"의 프로그램 검색에서 "wine"을 입력하면 설치되어 있는 프로그램 2개가 나타난다. "Configure Wine"을 선택하면 환경 설정 화면이 보인다.

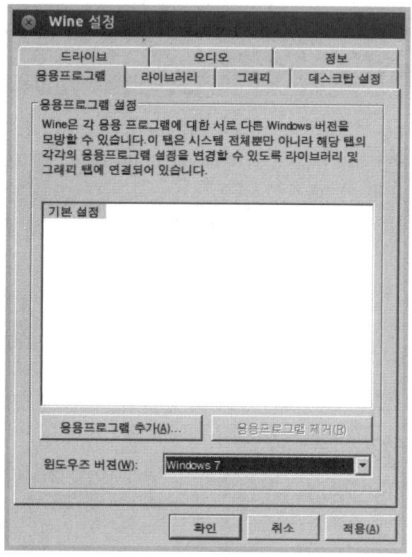

Ubuntu 13.04에서 설치되는 "wine"은 윈도우즈 7을 지원한다. 또한 이전 버전에서 문제가 되었던 한글 폰트 또한 깔끔하게 해결된 모습이다.

와인 설정 화면을 보면 윈도우즈 7까지 지원하는 것을 알 수 있다. 응용 프로그램을 추가하여 두면 유용하게 사용할 수 있고, 라이브러리 특히 DLL 파일들을 등록하면 윈도우즈의 거의 모든 프로그램을 실행할 수 있다.

글꼴은 알아보기 편하고 윈도우즈 분위기를 느낄 수 있도록 개선되었다. 한글 폰트를 별도로 설치할 필요가 없어졌다. 그래도 다른 폰트라도 설치를 원하는 독자를 위하여 폰트 설치 방법을 남겨둔다. 우선 윈도우즈 7의 다음 경로에 굴림 폰트 파일이 있을 것이다.

```
C:\Windows\winsxs\x86_microsoft-windows-font-truetype-gulim_31bf3856a
d364e35_6.1.7600.16385_none_4562c090bde2ca1a\gulim.ttc
```

위 경로의 "gulim.ttc" 파일을 Ubuntu에 넣을 수 있는 방법을 고민해보기 바란다. 여러분이 선택한 방법으로 복사하여 붙여넣기에 성공하였다면 그 방법이 정답이다. 필자는

VMware에서 Ubuntu를 설치하였으므로 공유 폴더를 통하여 Ubuntu에 넣었다.

즉, 윈도우즈에서 위 경로의 "gulim.ttc" 파일을 Ubuntu 공유 폴더로 복사한다. 필자의 경우는 "내 문서" 폴더를 공유 폴더로 설정하였다. 이 부분은 "VMware 설치하기" 편을 참고하기 바란다.

이제 Ubuntu 환경에서 터미널 창을 열어 다음 명령을 수행한다.

```
# cd ~/.wine/drive_c/windows/Fonts/
# cp /mnt/hgfs/Documents/Ubuntu\ Screenshot/gulim.ttc .
```

윈도우즈의 내문서 폴더 아래 "Ubuntu Screenshot" 폴더 아래 있는 "gulim.ttc" 파일을 Ubuntu 사용자 계정의 "wine" 설정 디렉터리 아래 폰트 디렉터리로 복사한다.

```
# wine regedit
```

와인에서 복사한 폰트를 사용하기 위하여 레지스트리를 수정한다. 윈도우즈의 레지스트리 수정과 동일한 인터페이스 구조이다.

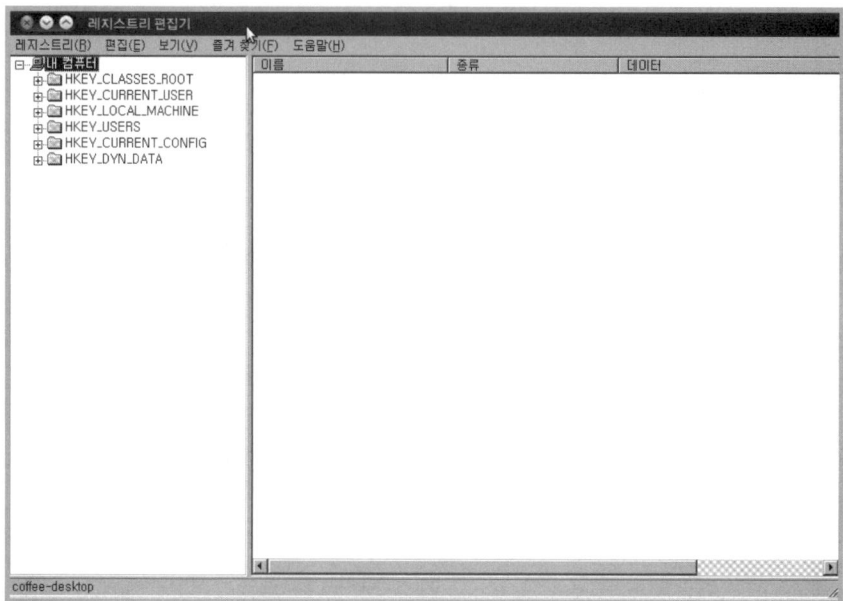

"HKEY_LOCAL_MACHINE\Software\Microsoft\Windows NT\CurrentVersion \FontSubstitutes"를 찾는다.

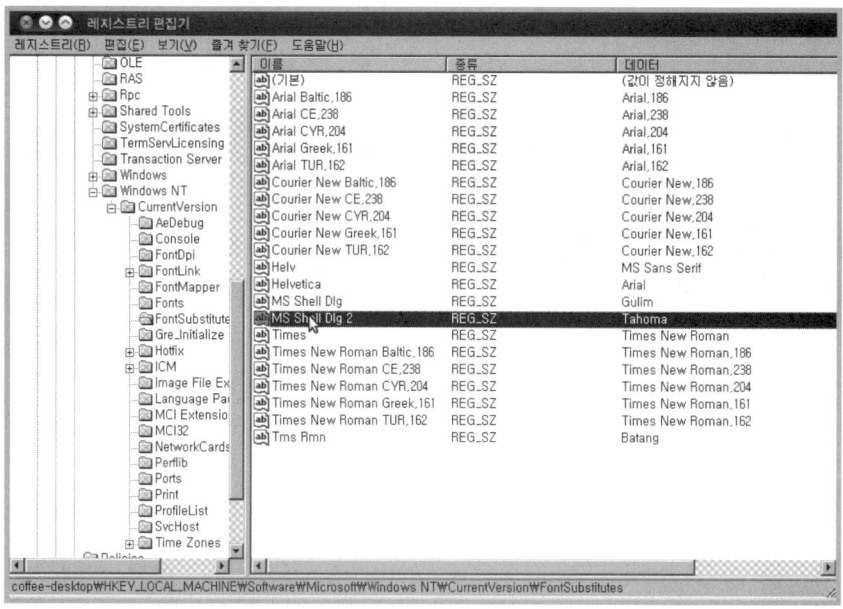

"MS shell Dlg 2" 항목의 "Tahoma"를 "Gulim"으로 수정하고 레지스트리 편집기를 닫는다.

10.5 인터넷 익스플로러 사용하기

윈도우 프로그램을 우분투에서 사용하기 위해서는 해당 프로그램을 우분투에 맞추어 둔 파일을 찾아서 하나씩 설치하던 방법에서 발전하여 "PlayOnLinux"라는 유용한 툴이 제공되고 있다. 이 툴을 사용하면 별도의 우분투용 파일을 찾아 다닐 필요 없이 대부분의 윈도우 프로그램을 우분투에 설치하여 실행 할 수 있다. 조건은 와인이 먼저 설치되어 있어야 한다는 것으로 우리는 이미 와인을 설치하였으므로 문제 될 것이 없다. 와인에서 지원되는 프로그램의 목록을 확인하고자 한다면 다음 주소로 접근하여 보면 확인할 수 있다. 수시로 업데이트 되므로 확인을 자주 하면 큰 도움이 된다.

http://appdb.winehq.org/objectManager.php?sClass=application&iId=25

여기서는 인터넷 익스플로러 지원 가능 버전에 대하여 확인하였다.

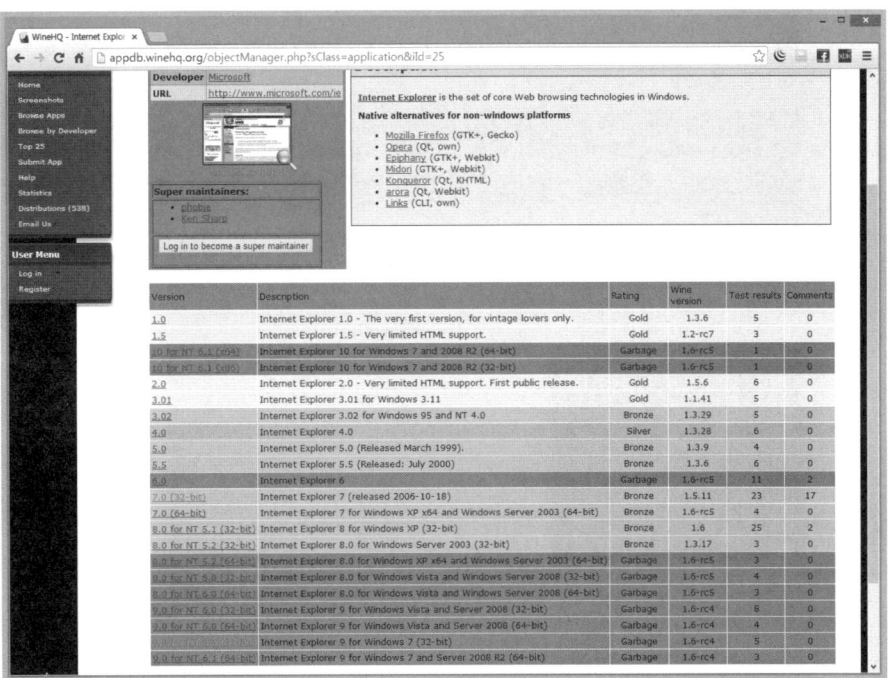

익스플로러 9까지 지원함을 알 수 있다. 익스플로러는 대한민국에서 살아가고 있는 한 어쩔 수 없는 선택이다. ActiveX를 사용하는 금융기관을 포함하여 관공서에서는 신처럼 떠받드는 실정이다보니 ActiveX가 없으면 인터넷 지원을 기대하기 어렵다.

우분투를 비롯한 대부분의 리눅스는 ActiveX를 지원하지 않는다. MS사가 이를 허락하지 않기 때문이다. 이러한 환경은 국내 리눅서들을 참으로 힘들게 하고 있지만 그 대안으로 와인을 설치하고 윈도우 프로그램 설치를 도와주는 "PlayOnLinux"를 사용하는 방법을 제시하여 이제는 리눅스로 금융기관과 관공서를 자유롭게 다닐 수 있게 되었다.

지금부터 "PlayOnLinux"의 화려한 세계로 진입하여 보자. 설치는 매우 쉽다. 우선 우분투 소프트웨어 센터에서 "PlayOnLinux"를 검색하여 보자.

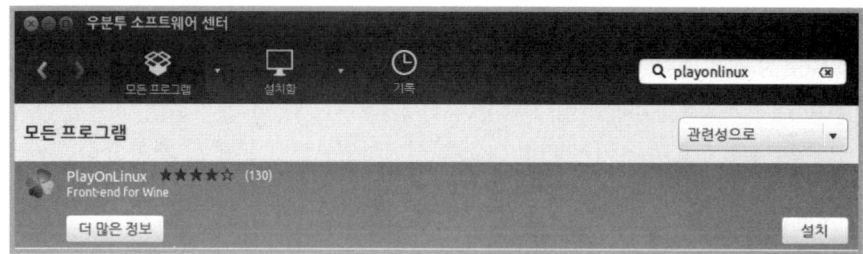

검색된 항목을 선택하면 [설치] 버튼이 오른쪽에 나타난다. [설치] 버튼을 클릭하고 설치가 완료되기를 기다리면 [설치] 버튼이 [제거] 버튼으로 변경된다.

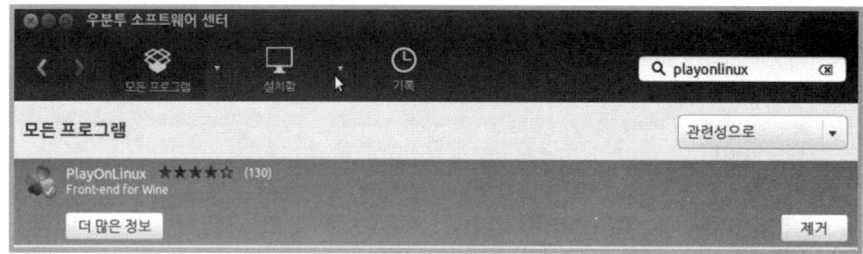

이로서 "PlayOnLinux" 설치가 완료되었다. 시간은 2~3분 소요된다. 이제 런처에서 "PlayOnLinux"를 검색하여보자.

런처에서 검색된 PlayOnLinux를 더블클릭하여 실행한다.

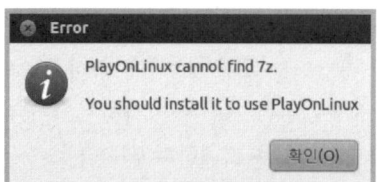

"PlayOnLinux"에서 필요로 하는 "7z"라는 압축 파일을 찾을 수 없다는 메시지이다. 이는 무시하고 [확인] 버튼을 클릭하여 다음 과정으로 진행한다

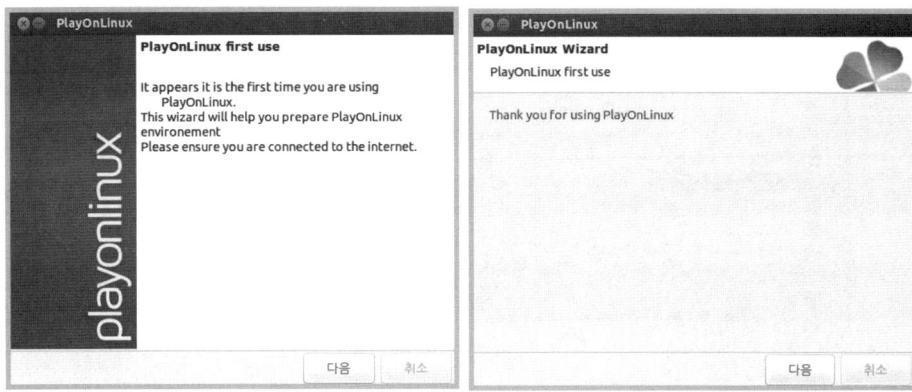

PlayOnLinux를 처음 실행 할 때 나오는 화면으로 이후는 만날 수 없는 화면이다. [다음] 버튼을 클릭하여 진행한다.

처음 만나는 "PlayOnLinux" 실행 화면이다. 가운데 흰색 바탕에 설치된 프로그램 목록이 나타나는 곳으로 아직은 어떤 프로그램도 설치되지 않아서 목록이 나타나지 않는다.

이제 프로그램을 설치하기 위해 [설치] 버튼을 클릭하여 보자.

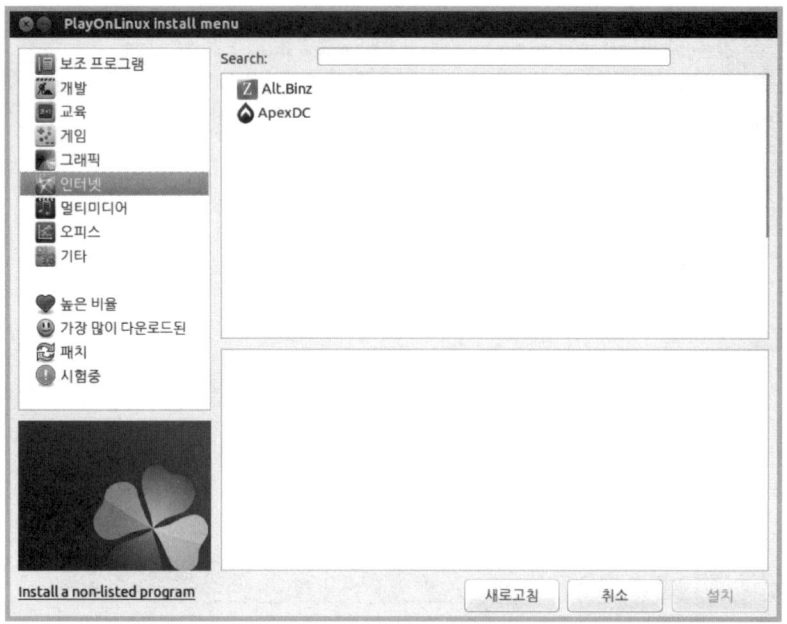

[설치] 버튼을 클릭하여 보면 설치할 수 있는 윈도우 프로그램을 분야별로 구분하여 정리
해서 제시하고 있다. 우리가 찾는 프로그램의 종류가 "인터넷"이므로 "인터넷" 항목을 클
릭하여 보면 익스플로러가 없다. 기본으로 다운로드된 윈도우용 익스플로러가 없어서이
다. 윈도우용 익스플로러는 "PlayOnLinux"가 온라인 계정에 등록한 사용자에게만 제공
한다. 이는 "PlayOnLinux"의 온라인에서 찾아볼 수 있다. 설치과정 화면에서 [취소] 버
튼을 클릭하여 창을 닫는다.

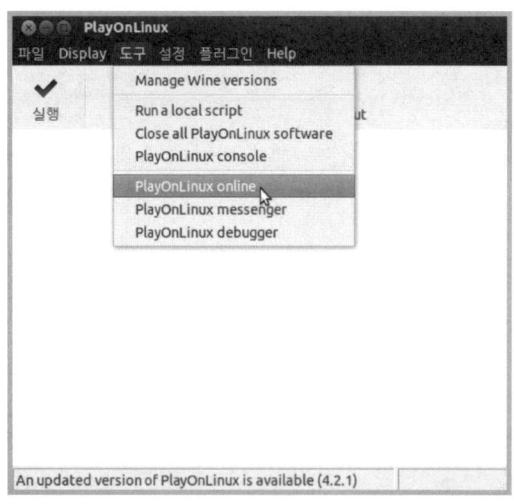

온라인 계정을 사용하기 위해서 메뉴의 [도구]→[PlayOnLinux online]을 선택한다.

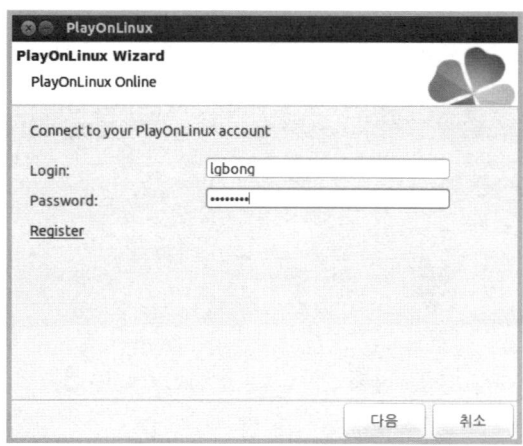

온라인 계정이 있다면 로그인을 한다. 대부분의 독자들은 계정이 없을 것이므로 [Register] 링크를 클릭하여 회원가입을 한다.

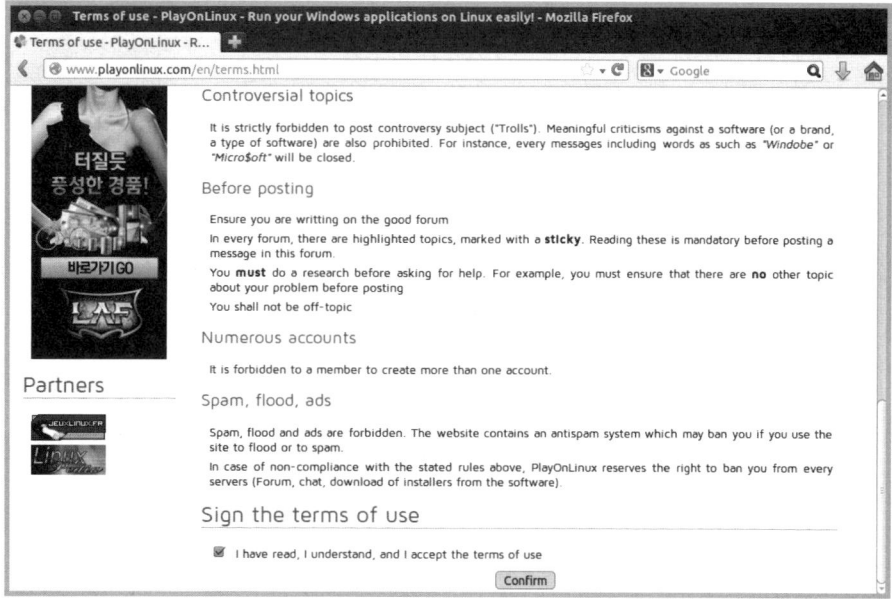

라이선스 동의를 요구하는 내용이다. 체크를 하고 [Confirm] 버튼을 클릭한다.

무료 회원가입이고 별도의 금액을 요구하지 않는다. 또한 한 번 계정을 등록하였다면 두 번 다시 로그인을 요구하지 않는다. 즉, 우분투를 삭제하고 다시 설치하는 경우라도 우분투 시스템에 등록하는 계정이 PlayOnLinux에 등록한 계정과 동일하다면 로그인을 과정을 거치지 않고 자동으로 로그인된다.

계정을 등록하는 웹 페이지 화면이다. 원하는 아이디와 비밀번호를 입력하고 자동가입을 방지하는 문자를 입력한다. 맨 아래 있는 "Check your email address"를 클릭하면 이메일 계정으로 등록 코드를 동봉한 메일이 온다.

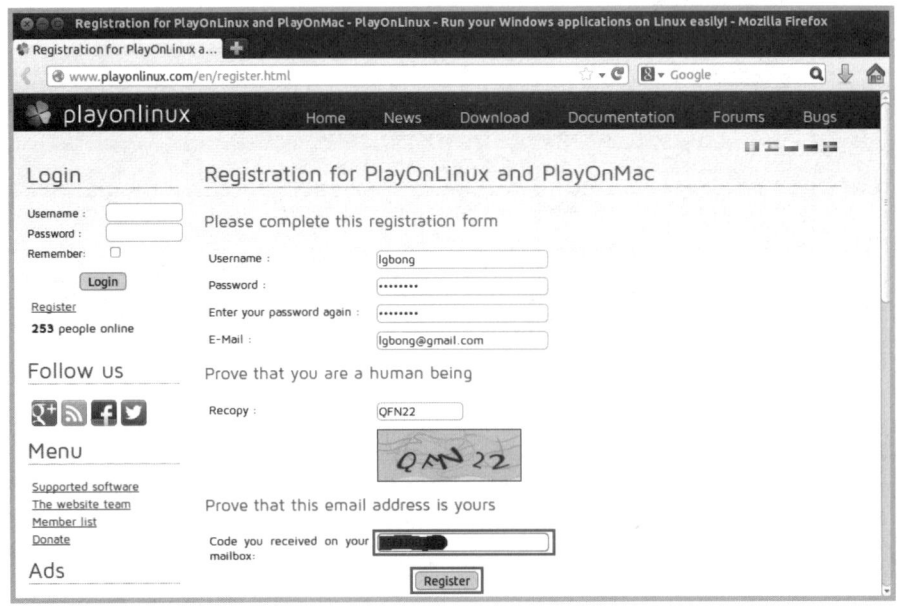

도착한 메일에서 등록 코드를 확인하고 등록 페이지 내부의 코드 입력 창에 입력을 하고 [Register] 버튼을 클릭하는 것으로 계정 등록은 끝난다. 웹 페이지 화면을 닫고

"PlayOnLinux" 화면으로 돌아와서 확인을 하면 "인터넷" 연결을 시작한다.

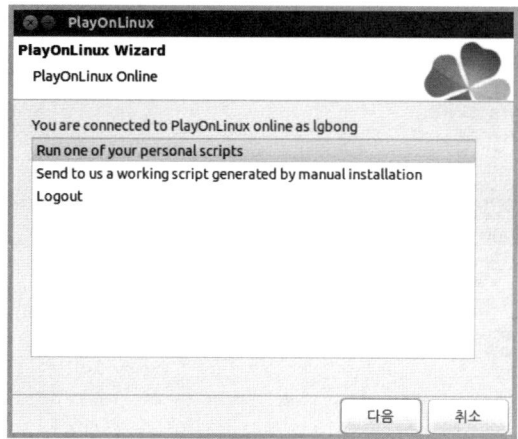

온라인 계정을 연결하고 설치 항목을 자동으로 설정할 것이므로 [다음] 버튼을 클릭한다.

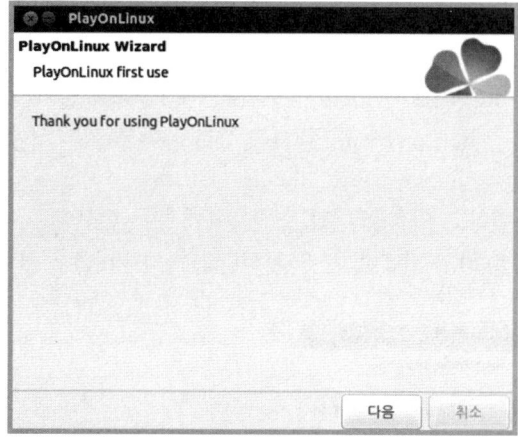

"PlayOnLinux"를 사용하는 것을 환영한다는 화면이다. [다음] 버튼을 클릭하여 화면을 닫는다.

다시 [설치] 버튼을 클릭하면 "익스플로러 8"까지 지원하는 목록이 나타난다.

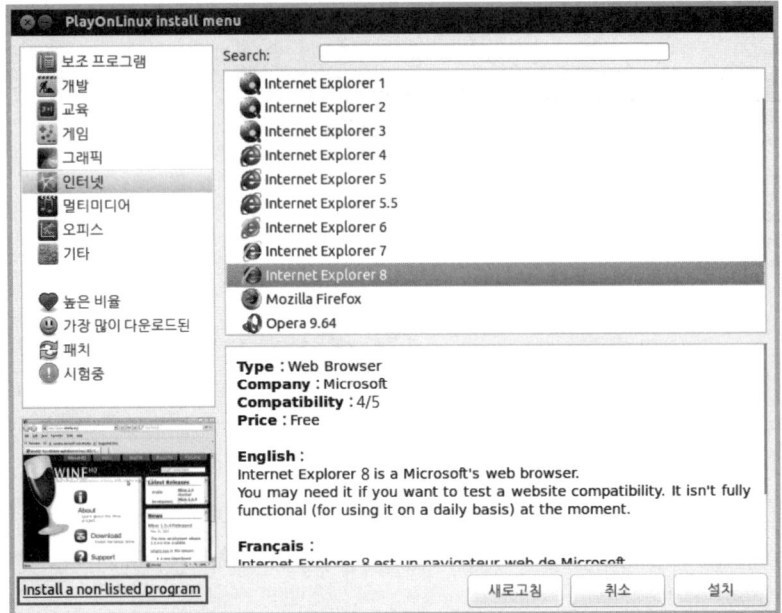

"Wine"은 익스플로러 9까지 지원하지만, "PlayOnLinux"는 익스플로러 8까지만 지원하고 있다. 익스플로러 9를 설치하거나 아래아한글(한컴오피스 HWP) 등을 설치하고자 한다면 좌측 하단의 "Install a non-listed program" 링크를 클릭하면 설치할 수 있다.

검증이 완료되어 안정적으로 지원하고 있을 것이라는 믿음하에 "PlayOnLinux"에서 제공하는 "Explorer 8"을 설치하기로 하고 선택한다. 우측 하단의 [설치] 버튼을 클릭한다.

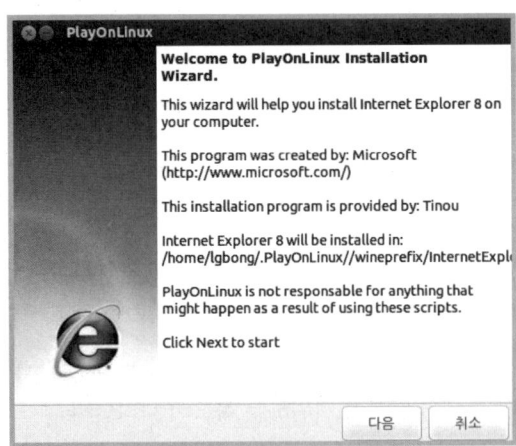

설치를 환영한다는 익스플로러 메시지이다.

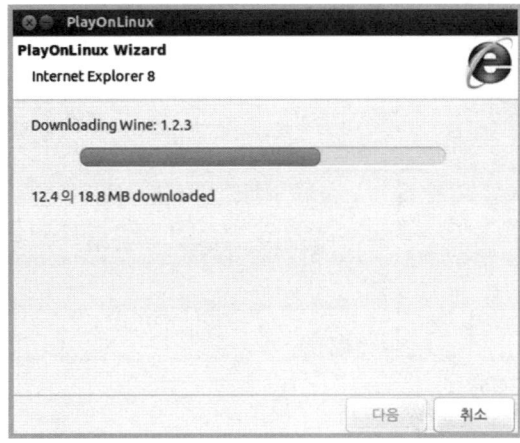

필요한 파일들의 다운로드가 진행된다.

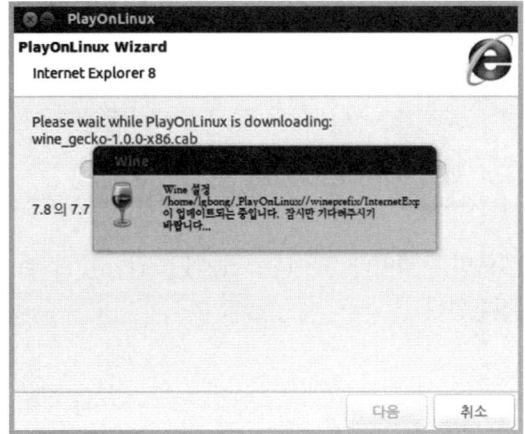

익스플로러 8을 설치하는데 필요한 "개코(gecko)" 캐비닛을 설치한다는 화면이다.

이외에도 여러 가지 필요한 요소들이 자동으로 설치된다.

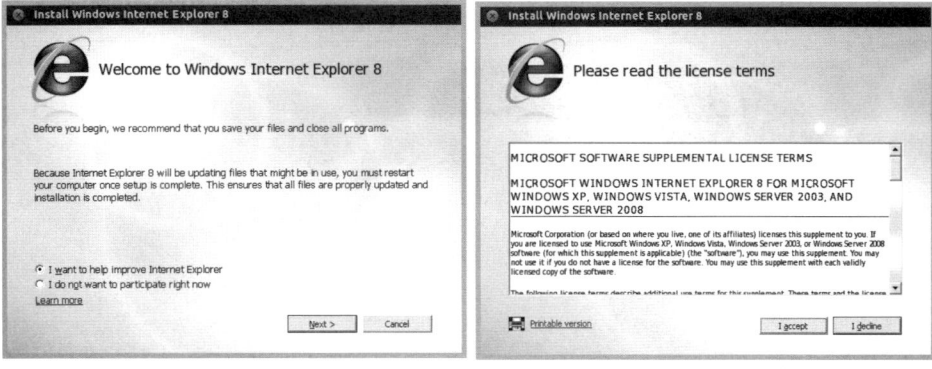

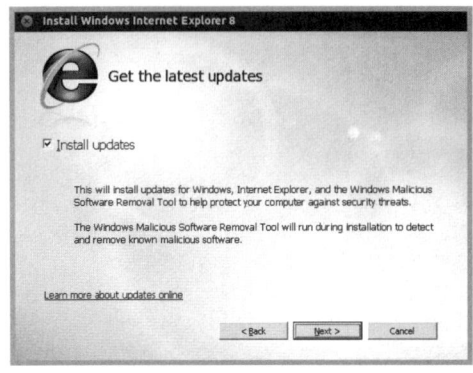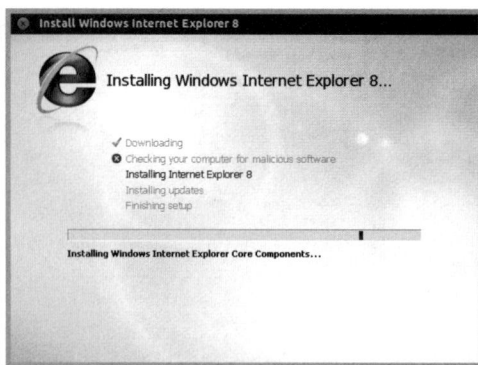

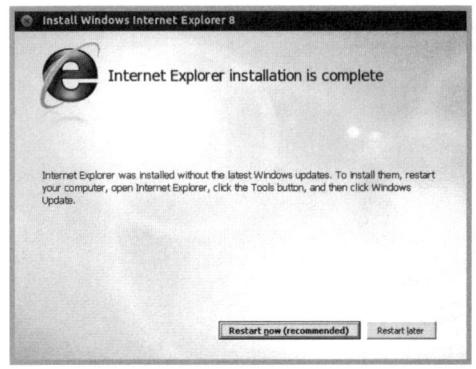

익스플로러 설치 과정에서 나오는 화면 순서이다. 라이선스 동의를 위한 [I accept] 버튼
과 [Next] 버튼을 계속 클릭하여 진행한다.

마지막 [Restart now(recommended)] 버튼을 클릭하면 우분투 바탕 화면에 익스플로러
아이콘이 생성된다. 바탕 화면의 '인터넷 익스플로러(Internet Explorer 8)' 아이콘을 더
블클릭하여 실행한다.

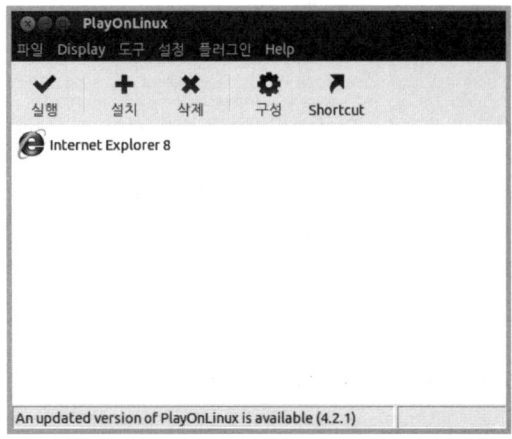

"PlayOnLinux"에 설치된 항목으로 익스플로러가 표시된다.

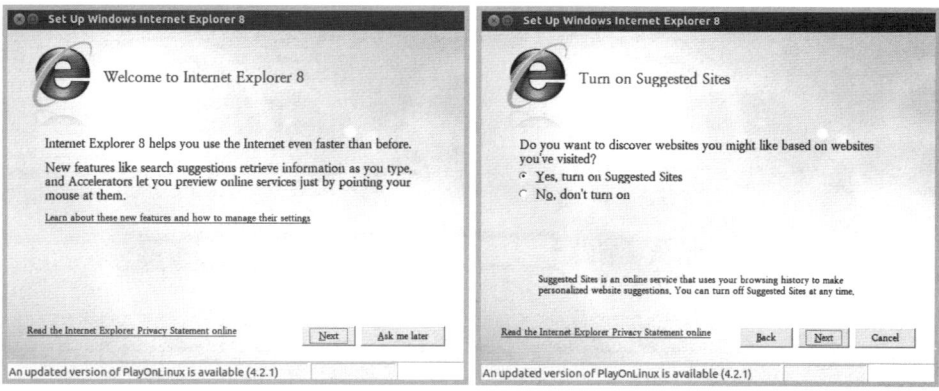

[Next] 버튼을 클릭하여 설치 과정의 마무리를 진행한다.

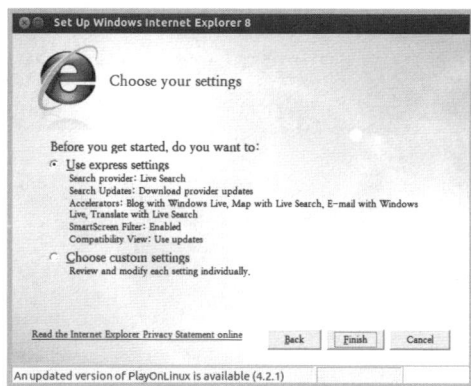

[Finish] 버튼을 클릭하면 인터넷 익스플로러가 실행되고 기본 페이지가 표시된다. 우분투에서 실행되는 익스플로러에는 기본으로 '와인(WINE HQ)' 웹 페이지가 표시된다.

주소 창에서 "http://www.naver.com"을 입력하면 네이버가 실행된다.

와인으로 실행되는 익스플로러는 느리고 한글 폰트 역시 미려하지 않다. 또한 사용하다 보면 불편함을 수반하지 않을 수 없다. 하루빨리 ActiveX가 사라져서 크롬이나 파이어폭스로 인터넷 사용이 자유로워지기를 기다려 본다.

10.6 안드로이드 개발 환경 설치

안드로이드 개발 환경을 리눅스에 설치하여 안드로이드 앱을 개발할 수 있다. 이를 위한 설치 과정을 소개한다. 물론 더 많은 공부는 안드로이드 관련 서적을 참고하기 바란다.

우선 안드로이드 개발 툴을 설치하기 위해서는 JAVA Developer ToolKit이 먼저 설치되어 있어야 한다. JDK는 가장 많이 설치하는 버전이 JDK6, JDK7, JDK8로 구분할 수 있다. JDK8은 아직은 베타 버전이고 JDK6은 과거 버전으로 호환성을 염두에 두는 경우 설치를 많이 한다. 그러나 여기서는 호환성보다는 현실성을 감안하여 JDK7을 사용하도록 하겠다.

불행하게도 JDK는 우분투에서 라이선스 문제로 인하여 기본으로 포함되지 않고 우분투에는 OpenJDK가 제공되고 있다. OpenJDK는 Eclipse에서 지원되지 않는다. 결국 우리는 오라클의 JDK를 직접 설치할 수밖에 없다. 이럴 경우 기존의 OpenJDK와 충돌 문제가 발생할 수 있다고 알려져 있으므로 OpenJDK를 제거하고 오라클 JDK7을 설치하여야 한다.

10.6.1 JDK7 설치

우선 OpenJDK를 제거한다.

```
lgbong@coffee-desktop:~$ sudo apt-get purge openjdk*
```

```
lgbong@coffee-desktop: ~
lgbong@coffee-desktop:~$ sudo apt-get purge openjdk*
패키지 목록을 읽는 중입니다... 완료
의존성 트리를 만드는 중입니다
상태 정보를 읽는 중입니다... 완료
주의, 정규식 'openjdk*'에 대해 'openjdk-7-dbg'을(를) 선택합니다
주의, 정규식 'openjdk*'에 대해 'openjdk-7-doc'을(를) 선택합니다
주의, 정규식 'openjdk*'에 대해 'openjdk-jre'을(를) 선택합니다
주의, 정규식 'openjdk*'에 대해 'openjdk-6-demo'을(를) 선택합니다
주의, 정규식 'openjdk*'에 대해 'openjdk-7-jdk'을(를) 선택합니다
주의, 정규식 'openjdk*'에 대해 'openjdk-7-jre'을(를) 선택합니다
주의, 정규식 'openjdk*'에 대해 'openjdk-7'을(를) 선택합니다
주의, 정규식 'openjdk*'에 대해 'uwsgi-plugin-jvm-openjdk-6'을(를) 선택합니다
주의, 정규식 'openjdk*'에 대해 'openjdk-6-source'을(를) 선택합니다
주의, 정규식 'openjdk*'에 대해 'openjdk-6-jre-lib'을(를) 선택합니다
주의, 정규식 'openjdk*'에 대해 'uwsgi-plugin-jwsgi-openjdk-6'을(를) 선택합니다
주의, 정규식 'openjdk*'에 대해 'openjdk-6-jre-headless'을(를) 선택합니다
주의, 정규식 'openjdk*'에 대해 'openjdk-7-jre-zero'을(를) 선택합니다
주의, 정규식 'openjdk*'에 대해 'openjdk-7-source'을(를) 선택합니다
주의, 정규식 'openjdk*'에 대해 'openjdk-7-demo'을(를) 선택합니다
주의, 정규식 'openjdk*'에 대해 'openjdk-6-jre-zero'을(를) 선택합니다
주의, 정규식 'openjdk*'에 대해 'openjdk-7-jre-lib'을(를) 선택합니다
주의, 정규식 'openjdk*'에 대해 'openjdk-6-dbg'을(를) 선택합니다
주의, 정규식 'openjdk*'에 대해 'openjdk-6-doc'을(를) 선택합니다
주의, 정규식 'openjdk*'에 대해 'openjdk-6-jdk'을(를) 선택합니다
주의, 정규식 'openjdk*'에 대해 'openjdk-6-jre'을(를) 선택합니다
주의, 정규식 'openjdk*'에 대해 'openjdk-7-jre-headless'을(를) 선택합니다
Package 'openjdk-7' is not installed, so not removed
Package 'openjdk-jre' is not installed, so not removed
Package 'uwsgi-plugin-jvm-openjdk-6' is not installed, so not removed
Package 'uwsgi-plugin-jwsgi-openjdk-6' is not installed, so not removed
Package 'openjdk-7-dbg' is not installed, so not removed
Package 'openjdk-7-demo' is not installed, so not removed
```

위의 그림은 OpenJDK가 설치되지 않아 지울 내용이 없다는 내용이다. 이는 우분투 설치 후 웹 브라우저를 한 번도 사용하지 않았을 경우이다. 네이버 등의 JDK를 필요로 하는 사이트를 한 번이라도 방문했을 경우는 자동으로 설치되어 있게 된다. JDK7이 설치되면 더 이상 OpenJDK는 설치되지 않으므로 이후에는 OpenJDK를 제거하는 작업을 수행할 필요가 없다. OpenJDK가 설치되어 있는 경우에는 삭제 여부를 묻는 질문에 [Y]를 입력하여 삭제한다.

다음은 패키지 저장소를 추가하기 위한 기본 패키지를 먼저 설치한다.

```
lgbong@coffee-desktop:~$ sudo apt-get install software-properties-common
```

```
lgbong@coffee-desktop: ~
lgbong@coffee-desktop:~$ sudo apt-get install software-properties-common
패키지 목록을 읽는 중입니다... 완료
의존성 트리를 만드는 중입니다
상태 정보를 읽는 중입니다... 완료
software-properties-common 패키지는 이미 최신 버전입니다.
0개 업그레이드, 0개 새로 설치, 0개 제거 및 42개 업그레이드 안 함.
lgbong@coffee-desktop:~$
```

다음은 "ppa"로 명명된 패키지 저장소(repository)를 추가한다.

```
lgbong@coffee-desktop:~$ sudo add-apt-repository ppa:webupd8team/java
```

```
⊗ ⊜ ⊕  lgbong@coffee-desktop: ~
lgbong@coffee-desktop:~$ sudo add-apt-repository ppa:webupd8team/java
다음 PPA를 시스템에 추가합니다:
 Oracle Java (JDK) Installer (automatically downloads and installs Oracle JDK6 /
 JDK7 / JDK8). There are no actual Java files in this PPA. More info: http://www
.webupd8.org/2012/01/install-oracle-java-jdk-7-in-ubuntu-via.html

Debian installation instructions: http://www.webupd8.org/2012/06/how-to-install-
oracle-java-7-in-debian.html
 더 많은 정보: https://launchpad.net/~webupd8team/+archive/java
계속하려면 [엔터] 키를 누르시고 추가를 취소하려면 컨트롤+C 키를 눌러주십시오

gpg: keyring `/tmp/tmp4h6rnf/secring.gpg' created
gpg: keyring `/tmp/tmp4h6rnf/pubring.gpg' created
gpg: requesting key EEA14886 from hkp server keyserver.ubuntu.com
gpg: /tmp/tmp4h6rnf/trustdb.gpg: trustdb created
gpg: key EEA14886: public key "Launchpad VLC" imported
gpg: Total number processed: 1
gpg:               imported: 1  (RSA: 1)
OK
lgbong@coffee-desktop:~$
lgbong@coffee-desktop:~$ █
```

패키지 저장소(repository)가 추가되었다. 다음은 추가된 저장소의 정보를 반영하기 위하여 업데이트한다.

```
lgbong@coffee-desktop:~$ sudo apt-get update
```

```
⊗ ⊜ ⊕  lgbong@coffee-desktop: ~
무시http://kr.archive.ubuntu.com raring/restricted Translation-ko_KR
무시http://kr.archive.ubuntu.com raring/universe Translation-ko_KR
무시http://kr.archive.ubuntu.com raring-updates/main Translation-ko_KR
무시http://kr.archive.ubuntu.com raring-updates/main Translation-ko
무시http://kr.archive.ubuntu.com raring-updates/multiverse Translation-ko_KR
무시http://kr.archive.ubuntu.com raring-updates/multiverse Translation-ko
무시http://kr.archive.ubuntu.com raring-updates/restricted Translation-ko_KR
무시http://kr.archive.ubuntu.com raring-updates/restricted Translation-ko
무시http://kr.archive.ubuntu.com raring-updates/universe Translation-ko_KR
무시http://kr.archive.ubuntu.com raring-updates/universe Translation-ko
무시http://kr.archive.ubuntu.com raring-backports/main Translation-ko_KR
무시http://kr.archive.ubuntu.com raring-backports/main Translation-ko
무시http://kr.archive.ubuntu.com raring-backports/multiverse Translation-ko_KR
무시http://kr.archive.ubuntu.com raring-backports/multiverse Translation-ko
무시http://kr.archive.ubuntu.com raring-backports/restricted Translation-ko_KR
무시http://kr.archive.ubuntu.com raring-backports/restricted Translation-ko
무시http://kr.archive.ubuntu.com raring-backports/universe Translation-ko_KR
무시http://kr.archive.ubuntu.com raring-backports/universe Translation-ko
내려받기 929 k바이트, 소요시간 2분 27초 (6,299 바이트/초)
패키지 목록을 읽는 중입니다... 완료
lgbong@coffee-desktop:~$
lgbong@coffee-desktop:~$ █
```

이 책의 갈무리 화면에서는 보이지 않지만 설치된 소프트웨어의 새로운 버전이 없는 경우는 무시하고 새로운 버전이 있으면 정보를 갱신한다.

다음은 본격적으로 JDK7을 설치하는 일이다. 패키지를 갱신하였으므로 의존성 문제는 나오지 않을 것이다.

```
lgbong@coffee-desktop:~$ sudo apt-get install oracle-java7-installer
```

이 명령 한 줄을 입력하기 위하여 사전 작업을 수행한 것이다. 명령 수행 도중에 나오는

질문에 "Y"를 입력하면 설치를 진행한다.

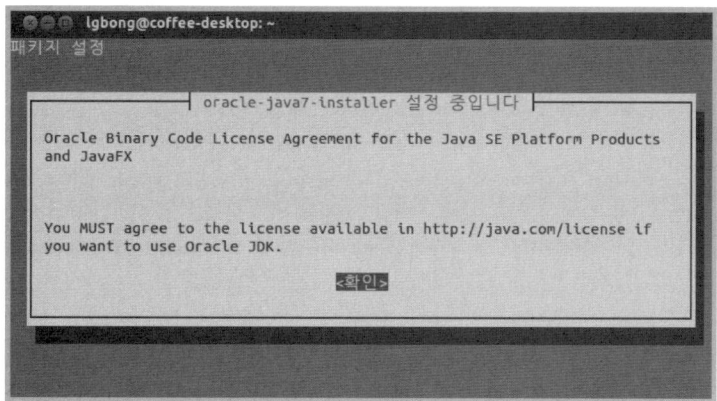

라이선스 동의 화면이다. 여기서는 동의하는 [〈확인〉] 버튼을 누르는 방법 이외는 다른 마땅한 방법이 안 보인다. 엔터키를 한번 입력하면 된다.

다음은 바이너리 코드 라이선스를 한번 더 확인한다. 이 패키지를 제공하는 팀의 라이선스 요구 화면이다.

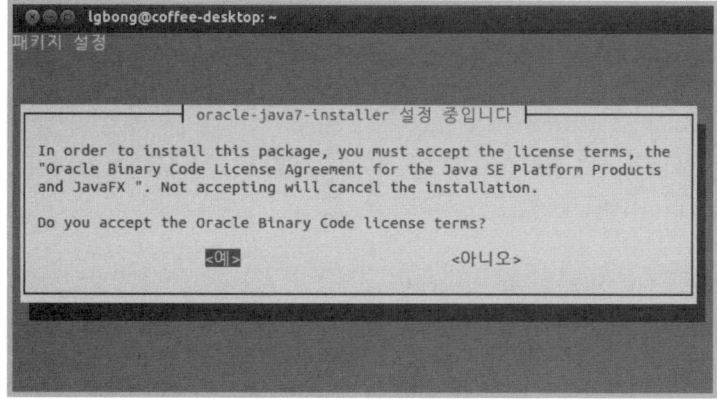

여기서는 [〈아니오〉]가 선택되어 있지만 방향키를 사용하여 [〈예〉]로 바꾸어 준 후 엔터 키를 입력한다. 이제 설치가 완료될 때까지 기다리면 JDK7 최신 버전이 다운로드되어 설치가 진행된다. 사용한 버전은 jdk-7u45-linux-i586.tar.gz이다.

```
⊗⊜⊚  lgbong@coffee-desktop: ~
usr/bin/jvisualvm (jvisualvm) in 자동 모드
update-alternatives: using /usr/lib/jvm/java-7-oracle/bin/native2ascii to provid
e /usr/bin/native2ascii (native2ascii) in 자동 모드
update-alternatives: using /usr/lib/jvm/java-7-oracle/bin/rmic to provide /usr/b
in/rmic (rmic) in 자동 모드
update-alternatives: using /usr/lib/jvm/java-7-oracle/bin/schemagen to provide /
usr/bin/schemagen (schemagen) in 자동 모드
update-alternatives: using /usr/lib/jvm/java-7-oracle/bin/serialver to provide /
usr/bin/serialver (serialver) in 자동 모드
update-alternatives: using /usr/lib/jvm/java-7-oracle/bin/wsgen to provide /usr/
bin/wsgen (wsgen) in 자동 모드
update-alternatives: using /usr/lib/jvm/java-7-oracle/bin/wsimport to provide /u
sr/bin/wsimport (wsimport) in 자동 모드
update-alternatives: using /usr/lib/jvm/java-7-oracle/bin/xjc to provide /usr/bi
n/xjc (xjc) in 자동 모드
Oracle JDK 7 installed
update-alternatives: using /usr/lib/jvm/java-7-oracle/jre/lib/amd64/libnpjp2.so
to provide /usr/lib/mozilla/plugins/libjavaplugin.so (mozilla-javaplugin.so) in
자동 모드
Oracle JRE 7 browser plugin installed
gsfonts-x11 (0.22) 설정하는 중입니다 ...
lgbong@coffee-desktop:~$ █
```

설치가 정상적으로 잘 이루졌는지 확인해 본다.

```
lgbong@coffee-desktop:~$ java -version
lgbong@coffee-desktop:~$ javac -version
```

```
⊗⊜⊚  lgbong@coffee-desktop: ~
lgbong@coffee-desktop:~$ java -version
java version "1.7.0_45"
Java(TM) SE Runtime Environment (build 1.7.0_45-b18)
Java HotSpot(TM) 64-Bit Server VM (build 24.45-b08, mixed mode)
lgbong@coffee-desktop:~$ javac -version
javac 1.7.0_45
lgbong@coffee-desktop:~$
```

버전 번호가 맞게 나온다면 설치가 성공적으로 잘 된 것이다. 이제는 Eclipse나 안드로이드 개발자 도구를 설치해도 문제가 발생하지 않는다.

10.6.2 안드로이드 개발자 도구 설치

자바 개발자 도구가 설치되어 있다면 안드로이드 개발자 도구를 다운로드하여 적당한 디렉터리에 압축을 해제하고, 하위 디렉터리에 있는 "eclipse" 실행 프로그램을 더블클릭하여 실행하면 된다. 명령 창에서는 실행 프로그램 이름을 입력하고 엔터키를 입력하는 것으로 안드로이드 개발자 도구를 윈도우즈에서와 동일한 환경으로 작업을 수행할 수 있다.

http://developer.android.com/sdk/index.html

안드로이드 개발자 도구는 위의 URL에서 다운로드 받을 수 있다. 리눅스용은 32-bit와 64-bit 두 가지를 제공하고 있다.

ADT Bundle 목록에서 자신의 운영체제와 일치하는 플랫폼의 패키지 이름을 선택하면 라이선스 동의 화면이 나오고, 이를 체크하여 주면 [다운로드] 버튼이 활성화 된다. [다운로드] 버튼을 클릭한다.

[확인] 버튼을 클릭하면 기본 저장소인 사용자 계정의 "다운로드" 디렉터리에 저장된다.

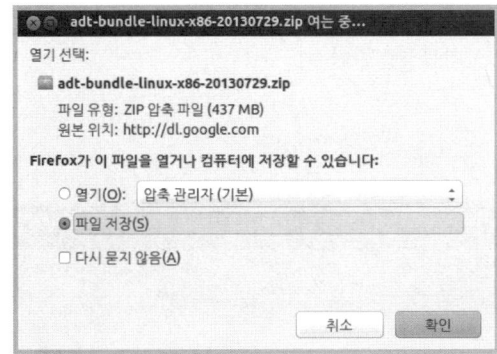

다운로드 디렉터리를 열어 "adt-bundle-linux-x86-20130729" 파일에서 마우스 우측 버튼을 클릭하여 나타나는 메뉴에서 [여기에 풀기]를 선택하고 압축을 해제한다.

압축 파일 이름과 동일한 디렉터리가 생성되고, 압축 해제가 완료되면 해당 디렉터리를 열어본다.

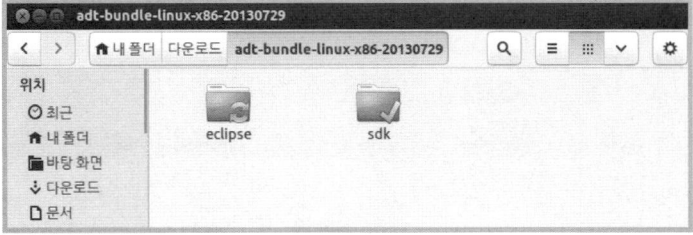

eclipse와 sdk 디렉터리가 있다. eclipse 디렉터리를 연다.

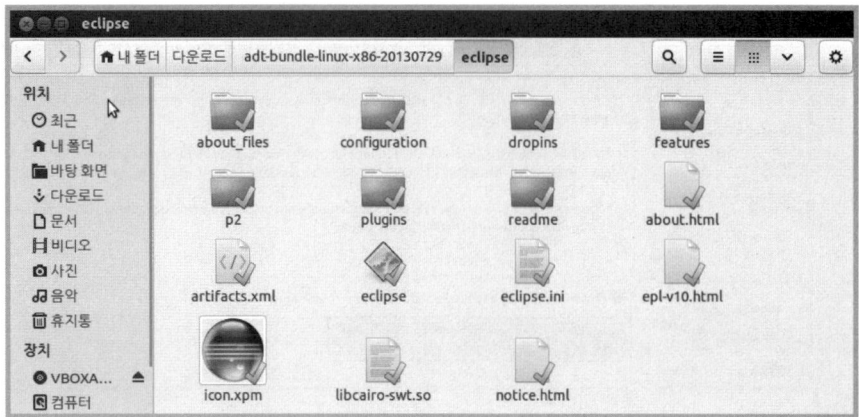

'eclipse'라고 되어 있는 실행 프로그램이 있다. 윈도우즈 환경에서 흔히 볼 수 있는 이클립스 아이콘(icon.xpm)을 실행 프로그램이라고 착각하지 말자. 리눅스의 실행 프로그램 아이콘은 다이아몬드 형상이다. 이를 더블클릭한다.

이후는 윈도우즈에서 이클립스를 사용하는 것과 동일하다.

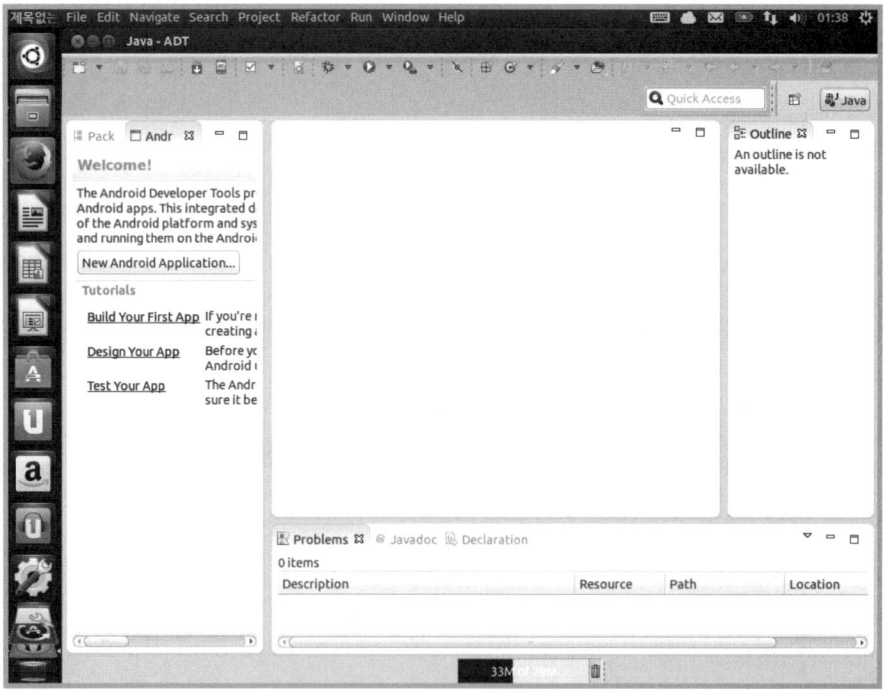

이후의 안드로이드 개발자 도구 사용법은 안드로이드 교재를 참고하기 바란다.

Oracle(오라클) 11g Release 2 설치하기

오라클을 Ubuntu 환경에 설치하는 것은 조금은 복잡하다. 그 이유는 두 회사의 라이선스 관계가 원만하게 타결되지 못하여 서로가 지원을 하지 않는다는 데 문제가 있다. 하루빨리 두 회사가 화해할 수 있기를 바랄 뿐이다. 앞서 Ubuntu 환경에 JDK를 우회하여 설치하였듯이 Ubuntu 환경에 오라클을 설치하는 것도 약간의 트릭이 필요하다. 즉, 페도라 및 CentOS 등은 오라클에서 지원하고 있으므로 우분투의 설정값을 약간 변경하여 오라클에게 우분투가 아닌 줄 알게 속이는 일이다. 자존심이 상하지만 현재로서는 이 방법이 차선책이다.

설치 방법이 약간은 까다롭다. 그러나 걱정할 필요는 없다. 독자 여러분이 주의할 것은 글자 하나 띄워쓰기 하나 틀리지 않고 꼼꼼하게 따라 하면 무난히 설치될 것이다. 또 하나 이 책에서 다루는 오라클 관련 내용은 순수하게 설치 및 시작까지만 여러분을 인도할 것이다. 오라클을 관리하고 SQL을 사용하는 방법은 오라클 관련 서적을 활용하기 바란다.

11.1 Oracle 11g Release 2 설치를 위한 준비 사항

오라클 다운로드

"http://www.oracle.com/technetwork/database/enterprise-edition/downloads/index.html"

"Accept License Agreement" 항목에 클릭하고, Ubuntu 64비트인 경우에는 "Oracle Database 11g Release 2" 버전 영역에서 "Linux x86-64"의 File1과 File2를 모두 클릭하여 두 개의 파일을 다운로드한다. Ubuntu 32비트인 경우에는 "Oracle Database 11g Release 2" 버전 영역에서 "Linux x86"의 File1과 File2를 다운로드한다. 파일 다운로드는 오라클 사이트에 회원가입 또는 로그인이 가능해야 다운로드할 수 있다.

설치 매뉴얼 및 설치가이드 다운로드

"http://www.oracle.com/pls/db121/portal.portal_db?selected=11&frame=" 페이지 좌측의 메뉴 폴더에서 [Installing and Upgrading] 메뉴를 클릭하여 중앙의 두 번째 블록인 "Linux Installation Guides" 항목에서 x86 관련 자료 다운로드 영문 자료이므로 적당한 번역기를 준비하여 해석하면서 비교 검토하는 것도 훌륭한 방법이다.

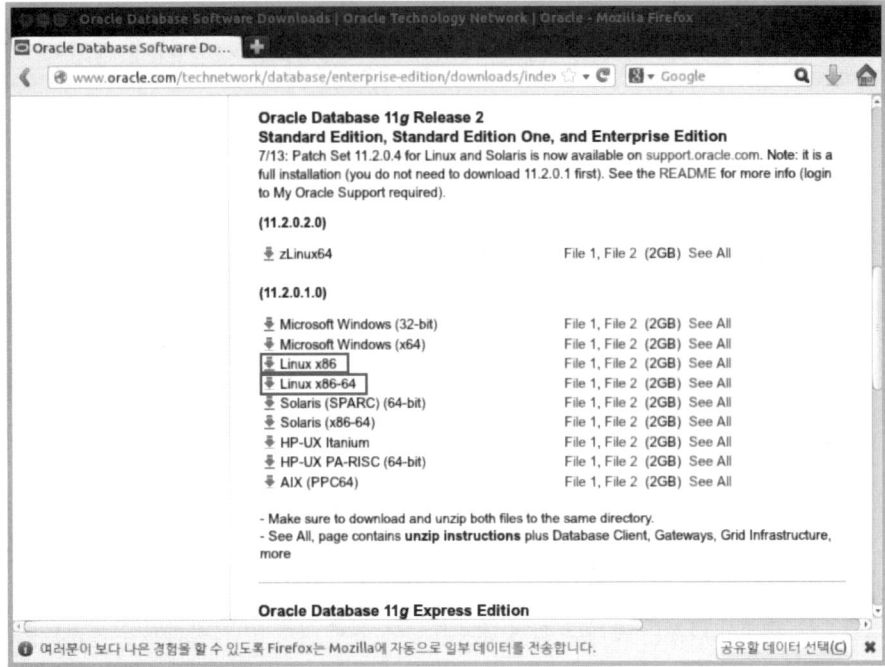

파일을 다운로드하기 위해서 오라클 다운로드 페이지에 접속한다. 현재 '12c Release 1' 버전까지 지원하고 있으나 우분투에 설치하여 본 결과 아직은 조금 더 안정성이 필요하다고 판단되었다. '12c Release 1' 버전을 설치하고자 하는 독자가 있다면 "OTN Community"를 참조하기 바란다.

필자는 불안정한 '12c Release 1'보다는 안정적인 '11g Resease 2'를 선택하여 진행한다.

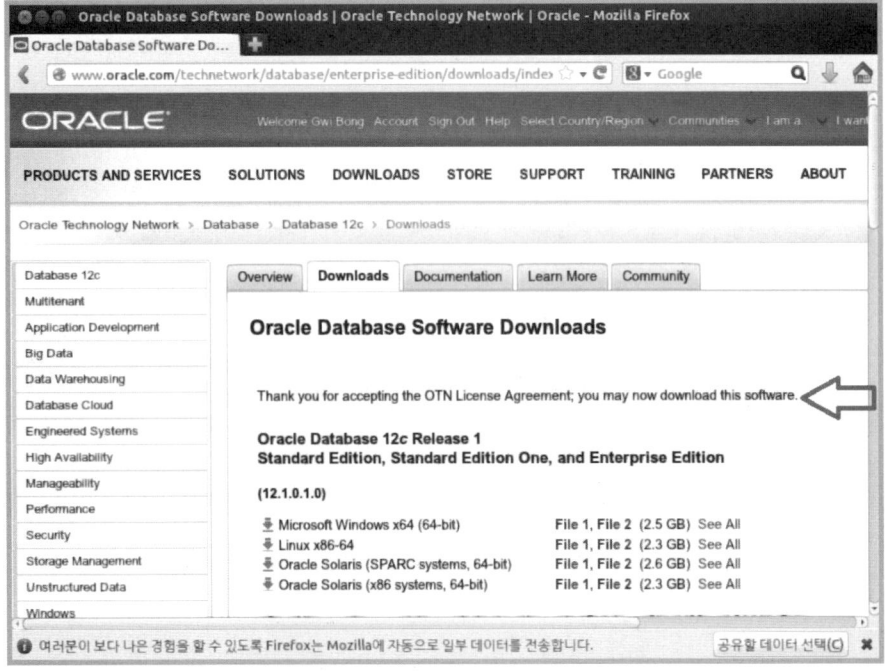

'Accept License Agreement'를 선택해야 다운로드가 가능하다.

'Linux x86-64'에 해당하는 파일 2개를 모두 다운로드 받아야 한다. 'File1'을 클릭하면 오라클 계정에 로그인을 요구한다.

계정의 비밀번호가 없거나 비밀번호가 생각나지 않는다면 신규 가입 또는 비밀번호 재설정을 이메일로 시도할 수 있다. 만약 이미 로그인 되어 있다면 즉시 다운로드가 진행된다.

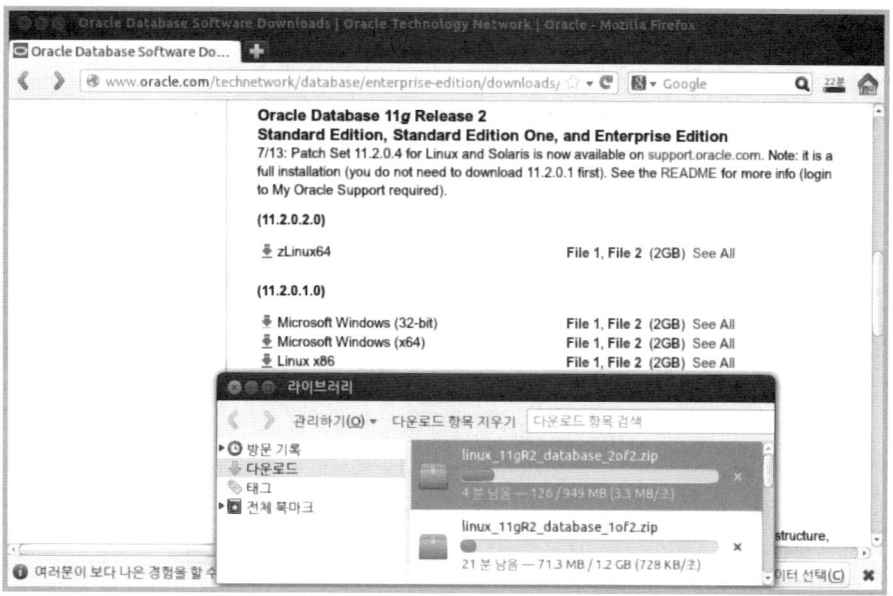

11.2 오라클 설치 준비하기

root 사용자 권한이 필요하므로 root 계정으로 로그인하기 위해 터미널 창을 열어 현재 사용중인 Ubuntu의 버전을 확인한다.

```
# uname -r
```

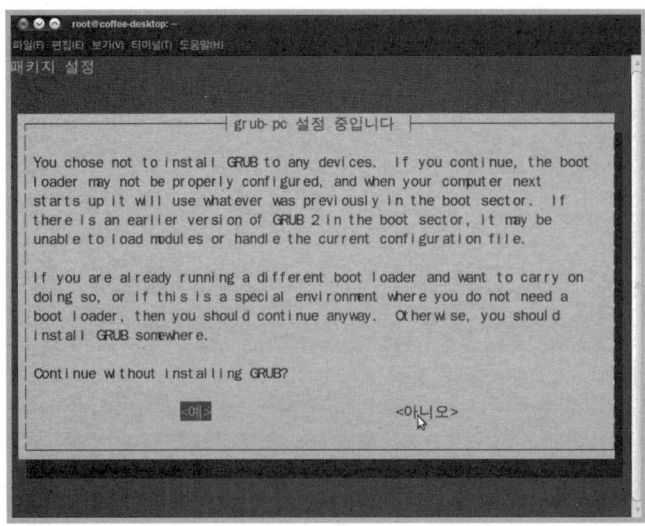

현재 설치되어 있는 모든 패키지를 업데이트하고 패키지의 버전을 업그레이드 한다.

```
# apt-get update
# apt-get upgrade
```

'apt-get' 명령의 수행은 패키지의 최신 버전이 이미 설치되어 있는 경우 빠른 수행이 가능하다.

upgrade를 진행할 경우 VMware에서 단독 운영체제로 Ubuntu를 설치하였다면 grub를 추가적으로 설치한다. 이때 grub를 설치하여 두면 Ubuntu 운영이 편리하다.

다음은 오라클 설치에 필요한 의존성 패키지를 설치하는 명령이다.

```
$ sudo apt-get install gcc make binutils gawk x11-utils rpm build-essential
libaio1 libaio-dev libmotif4 libtool expat alien ksh pdksh unixODBC
unixODBC-dev sysstat elfutils libelf-dev lesstif2 lsb-cxx libstdc++5
```

이 명령은 한 줄로 입력해야 하는 명령임을 명심하기 바란다.

```
😑😑🔲  root@coffee-desktop: ~
root@coffee-desktop:~# apt-get install gcc make binutils gawk x11-utils rpm buil
d-essential libaio1 libaio-dev libmotif4 libtool expat alien ksh pdksh unixODBC
unixODBC-dev sysstat elfutils libelf-dev lesstif2 lsb-cxx libstdc++5
패키지 목록을 읽는 중입니다... 완료
의존성 트리를 만드는 중입니다
상태 정보를 읽는 중입니다... 완료
alien 패키지는 이미 최신 버전입니다.
binutils 패키지는 이미 최신 버전입니다.
build-essential 패키지는 이미 최신 버전입니다.
gawk 패키지는 이미 최신 버전입니다.
gcc 패키지는 이미 최신 버전입니다.
libaio-dev 패키지는 이미 최신 버전입니다.
libaio1 패키지는 이미 최신 버전입니다.
libelf-dev 패키지는 이미 최신 버전입니다.
libtool 패키지는 이미 최신 버전입니다.
make 패키지는 이미 최신 버전입니다.
pdksh 패키지는 이미 최신 버전입니다.
sysstat 패키지는 이미 최신 버전입니다.
unixodbc 패키지는 이미 최신 버전입니다.
unixodbc-dev 패키지는 이미 최신 버전입니다.
x11-utils 패키지는 이미 최신 버전입니다.
elfutils 패키지는 이미 최신 버전입니다.
expat 패키지는 이미 최신 버전입니다.
ksh 패키지는 이미 최신 버전입니다.
lesstif2 패키지는 이미 최신 버전입니다.
libstdc++5 패키지는 이미 최신 버전입니다.
libmotif4 패키지는 이미 최신 버전입니다.
lsb-cxx 패키지는 이미 최신 버전입니다.
rpm 패키지는 이미 최신 버전입니다.
0개 업그레이드, 0개 새로 설치, 0개 제거 및 0개 업그레이드 안 함.
root@coffee-desktop:~#
```

"Y"를 입력하면 upgrade를 계속 진행한다. 해당 패키지가 설치되어 있는지 확인하는 명령은 다음과 같다.

```
apt-cache [-hvsn] [-o=config string] [-c=file] {[add file...] | [gencaches] |
            [showpkg pkg...] | [showsrc pkg...] | [stats] | [dump]
            | [dumpavail] |
            [unmet] | [search regex] | [show pkg...] | [depends pkg...] |
            [rdepends pkg...] | [pkgnames prefix] | [dotty pkg...]
            | [xvcg pkg...] |
            [policy pkgs...] | [madison pkgs...]}
```

```
# apt-cache showpkg binutils | more
```

```
😣⊖⊕   root@coffee-desktop: ~
root@coffee-desktop:~# apt-cache showpkg binutils | more
Package: binutils
Versions:
2.23.2-2ubuntu1 (/var/lib/apt/lists/kr.archive.ubuntu.com_ubuntu_dists_raring_ma
in_binary-amd64_Packages) (/var/lib/dpkg/status)
 Description Language:
                File: /var/lib/apt/lists/kr.archive.ubuntu.com_ubuntu_dists_rar
ing_main_binary-amd64_Packages
                 MD5: fde49b4cfeaad346a6e094f973da28d7
 Description Language: en
                File: /var/lib/apt/lists/kr.archive.ubuntu.com_ubuntu_dists_rar
ing_main_i18n_Translation-en
                 MD5: fde49b4cfeaad346a6e094f973da28d7
 Description Language: ko
                File: /var/lib/apt/lists/kr.archive.ubuntu.com_ubuntu_dists_rar
ing_main_i18n_Translation-ko
                 MD5: fde49b4cfeaad346a6e094f973da28d7


Reverse Depends:
  apport-valgrind,binutils
  python3.3,binutils
  python2.7,binutils
  lsb-core,binutils
  linux-source-3.8.0,binutils
  linux-source-3.8.0,binutils
  linux-source-3.8.0,binutils
  linux-source-3.8.0,binutils
  linux-source-3.8.0,binutils
root@coffee-desktop:~# █
```

또 다른 방법으로 설치된 패키지를 개별적으로 확인하기 위해서는 다음과 같이 명령어를
입력한다.

```
😣⊖⊕   root@coffee-desktop: ~
root@coffee-desktop:~# apt-cache pkgnames | grep glibc
clisp-module-bindings-glibc
eglibc-source
glibc-doc-reference
glibc-doc
root@coffee-desktop:~#
```

필요한 대부분의 패키지들이 설치되어 있을 것이다. 제시된 리스트보다 현재 설치되어
있는 패키지의 빌드 번호가 크다면 상위 버전으로 오라클을 무난히 설치할 수 있다.

다음은 추가적인 작업으로 오라클 설치에 반드시 필요한 라이브러리 및 명령을 준비한다.

```
# ln -s /usr/bin/awk /bin/awk
# ln -s /usr/bin/rpm /bin/rpm
# ln -s /usr/bin/basename /bin/basename
# ln -s /usr/lib/i386-linux-gnu/libpthread_nonshared.a /usr/lib/libpthread_nonshared.a
# ln -s /usr/lib/i386-linux-gnu/libc_nonshared.a /usr/lib/libc_nonshared.a
# ln -s /lib/i386-linux-gnu/libgcc_s.so.1 /lib/libgcc_s.so.1
# ln -s /usr/lib/i386-linux-gnu/libstdc++.so.6 /usr/lib/libstdc++.so.6
```

만약 64bit 운영체제라면 오라클을 64bit용으로 다운로드했을 것이다. 그렇다면 위 명령
어의 'i386'을 'x86_64'로 경로 이름을 바꾸어 주어야 한다. 또한 '/usr/lib64' 디렉터리
를 만들고 대상 디렉터리 이름을 'lib'에서 'lib64'로 수정해야 한다. 32bit 운영체제이고
32bit 오라클이라면 다음 명령어는 필요가 없다.

```
# mkdir /usr/lib64
# ln -s /usr/lib/x86_64-linux-gnu/libpthread_nonshared.a  /usr/lib64/libpthread_nonshared.a
# ln -s /usr/lib/x86_64-linux-gnu/libc_nonshared.a  /usr/lib64/libc_nonshared.a
# ln -s /lib/x86_64-linux-gnu/libgcc_s.so.1    /lib64/libgcc_s.so.1
# ln -s /usr/lib/x86_64-linux-gnu/libstdc++.so.6   /usr/lib64/libstdc++.so.6
```

다음으로 오라클 데이터베이스 운영에 필요한 그룹 및 사용자를 추가한다.

```
# addgroup dba
```

```
⊗⊜⊙  root@coffee-desktop: ~
root@coffee-desktop:~# addgroup dba
그룹 `dba' (GID 1001) 추가 ...
완료.
root@coffee-desktop:~# ▮
```

```
# addgroup oinstall
```

```
⊗⊜⊙  root@coffee-desktop: ~
root@coffee-desktop:~# addgroup oinstall
그룹 `oinstall' (GID 1002) 추가 ...
완료.
root@coffee-desktop:~# ▮
```

```
# addgroup nobody
```

```
⊗⊜⊙  root@coffee-desktop: ~
root@coffee-desktop:~# addgroup nobody
addgroup: `nobody' 그룹은 이미 존재합니다.
root@coffee-desktop:~# ▮
```

```
# useradd -g oinstall -G dba -m -d /home/oracle -s /bin/bash oracle
```

```
⊗⊜⊙  root@coffee-desktop: ~
root@coffee-desktop:~# useradd -g oinstall -G dba -m -d /home/oracle -s /bin/bas
h oracle
root@coffee-desktop:~# ▮
```

```
# useradd -g nobody nobody
# usermod -g nobody nobody
```

```
⊗⊜⊙  root@coffee-desktop: ~
root@coffee-desktop:~# useradd -g nobody nobody
useradd: 'nobody' 사용자가 이미 있습니다
root@coffee-desktop:~# usermod -g nobody nobody
usermod: 바뀐 점이 없음
root@coffee-desktop:~# ▮
```

오라클 데이터베이스 운영에 필요한 사용자가 이미 등록되어 있는 경우는 "usermod -g nobody nobody" 명령만 실행하면 된다.

사용자가 있는지 "cat /etc/passwd | grep nobody"로 확인하여도 되지만 없는 경우 만드는 명령을 한번 더 실행해야 하므로 이 방법이 더 빠르다.

```
# passwd oracle
# chown -R oracle:dba /home/oracle
```

```
😣⊖◎  root@coffee-desktop: ~
root@coffee-desktop:~# passwd oracle
새 UNIX 암호 입력:
새 UNIX 암호 재입력:
passwd: 암호를 성공적으로 업데이트했습니다
root@coffee-desktop:~# chown -R oracle:dba /home/oracle
root@coffee-desktop:~# █
```

오라클 데이터베이스 설치를 위한 디렉터리를 만들고 접근 모드를 변경한다.

```
# mkdir /etc/rc.d
# for i in 0  1  2  3  4  5  6  S
> do ln -s /etc/rc$i.d /etc/rc.d/rc$i.d
> done
```

```
😣⊖◎  root@coffee-desktop: ~
root@coffee-desktop:~# mkdir /etc/rc.d
root@coffee-desktop:~# for i in 0 1 2 3 4 5 6 S
> do ln -s /etc/rc$i.d /etc/rc.d/rc$i.d
> done
root@coffee-desktop:~# █
```

시작 스크립트 설치를 위한 디렉터리 준비로 기존 내용을 하나의 디렉터리에 심볼릭 링크를 하여 묶어두는 작업이다.

다음으로 오라클 데이터베이스의 과다 트래픽으로 인한 시스템 성능이 떨어지는 것을 막기 위하여 "/etc/security/limits.conf" 파일을 다음과 같이 수정한다.

```
# sh  -c  'cat  >>  /etc/security/limits.conf  <<  EOF
> # Settings for Oracle Database Installation
> oracle soft nproc 2048
> oracle hard nproc 16384
> oracle soft nofile 1024
> oracle hard nofile 65536
> EOF'
```

```
⊗⊖⊕  root@coffee-desktop: ~
root@coffee-desktop:~# sh -c 'cat >> /etc/security/limits.conf << EOF
> #Settings for Oracle Database Installation
> oracle soft nproc 2048
> oracle hard nproc 16384
> oracle soft nofile 1024
> oracle hard nofile 65536
> EOF'
root@coffee-desktop:~# ▮
```

오라클 서버의 시스템 전역 영역 (SGA : System Global Area) 메모리를 수용하도록 Ubuntu의 "Kernel IPC(Interprocess communication)" 파라미터를 수정해야 한다.

파라미터	권장 값	설명
SHMMAX	2147483648	공유 메모리 세그먼트의 최대 크기 (바이트 단위, 2GB 의미)
SHMMIN	1	공유 메모리 세그먼트의 최소 크기(바이트 단위)
SHMMNI	100	공유 메모리 식별자의 개수
SHMSEG	4096	한 개의 프로세스에 연결될 수 있는 공유 메모리 세그먼트의 최대 값
SEMMNS	256	시스템 내 세마포어의 개수
SEMMNI	100	시스템 내 세마포어 set 식별자의 개수. SEMMNI는 어느 한 순간에 동시 사용될 수 있는 세마포어의 개수를 결정한다.
SEMMSL	Processes 파라미터 값 보다 같거나 크게 설정	한 개의 세마포어 세트에 존재 할 수 있는 세마포어의 최대 개수. 오라클 프로세스의 최대 개수에 10개를 더한 값으로 설정한다.
SEMOPM	100	Semop call 당 operations의 최대 개수
SEMVMX	32767	세마포어의 최댓값을 결정한다.

오라클 데이터베이스의 파라미터 설정은 vi 편집기로 "/etc/sysctl.conf" 파일을 열어 파일의 마지막에 다음 내용을 추가해도 되지만, 다음과 같이 명령어 입력 방식으로 수정한다.

```
# sh -c 'cat >> /etc/sysctl.conf << EOF
> # Settings for Oracle Database Installation
> fs.aio-max-nr=1048576
> fs.file-max=6815744
> kernel.shmall=2097152
> kernel.shmmni=4096
> kernel.sem=250 32000 100 128
> net.ipv4.ip_local_port_range=1024 65500
> net.core.rmem_default=262144
> net.core.rmem_max=4194304
> net.core.wmem_default=262144
> net.core.wmem_max=1048586
> kernel.shmmax=1073741824
> EOF'
```

```
😵☕◉  root@coffee-desktop: ~
root@coffee-desktop:~# sh -c 'cat >> /etc/sysctl.conf << EOF
# Settings for Oracle Database Installation
fs.aio-max-nr=1048576
fs.file-max=6815744
kernel.shmall=2097152
kernel.shmmni=4096
kernel.sem=250 32000 100 128
net.ipv4.ip_local_port_range=1024 65500
net.core.rmem_default=262144
net.core.rmem_max=4194304
net.core.wmem_default=262144
net.core.wmem_max=1048586
kernel.shmmax=1073741824
EOF'
root@coffee-desktop:~# █
```

"/etc/sysctl.conf" 파일의 맨 뒤쪽에 커널 파라미터 및 리소스 범위를 지정하는 내용을 추가하는 작업이다. 주의할 것은 한 줄씩 입력한 내용이고 "cat" 앞에는 단일 인용부호(')를 붙이고 마지막 행의 EOF 뒤에 역시 단일 인용부호(')를 붙여야 한다. 그리고 기존 파일에 내용을 추가하는 것이므로 '>>'와 '<<' 기호 사용에 주의해야 한다.

잘 등록되었는지 확인하는 명령은 다음과 같다.

```
# sysctl -p
```

```
😵☕◉  root@coffee-desktop: ~
root@coffee-desktop:~# sysctl -p
fs.aio-max-nr = 1048576
fs.file-max = 6815744
kernel.shmall = 2097152
kernel.shmmni = 4096
kernel.sem = 250 32000 100 128
net.ipv4.ip_local_port_range = 1024 65500
net.core.rmem_default = 262144
net.core.rmem_max = 4194304
net.core.wmem_default = 262144
net.core.wmem_max = 1048586
kernel.shmmax = 1073741824
root@coffee-desktop:~# █
```

다음 명령은 Oracle 데이터베이스 설치 메시지에서 rpm 파일 권한 오류를 인정하지 않겠다는 의미이다. 즉, 권한을 모두 인정하므로 인하여 오류가 나오더라도 정상적인 수행을 가능하게 한다.

```
# chmod ago+w /usr/lib/rpm/*
# chmod ago+w /usr/lib/rpm/.
```

```
😵☕◉  root@coffee-desktop: ~
root@coffee-desktop:~# chmod ago+w /usr/lib/rpm/*
root@coffee-desktop:~# chmod ago+w /usr/lib/rpm/.
root@coffee-desktop:~#
```

파일 수정이 정상적으로 이루어졌다면, 시스템을 다시 시작하여 oracle 사용자 계정으로 로그인한다.

그놈(GNOME) 윈도우를 사용한다면 oracle 사용자 계정으로 로그인하고, Putty를 사용한다면 root 사용자 계정으로 로그인하여 작업을 한다. 오라클 파라미터 설정 적용은 다음 명령으로 수행한다.

```
# sysctl -a 2> error.log | grep shmmax
```

```
😮😑🗗  root@coffee-desktop: ~
root@coffee-desktop:~# sysctl -a 2>error.log | grep shmmax
kernel.shmmax = 1073741824
root@coffee-desktop:~#
root@coffee-desktop:~# █
```

시스템 오류 메시지는 "error.log" 파일로 저장하고 출력 결과만 취하는 명령이다.

"/etc/pam.d/login" 파일의 마지막 줄 뒤에 다음 내용을 추가하고 라이브러리를 심볼릭 링크하여 둔다.

```
#  vi /etc/pam.d/login
```

```
session required /lib64/security/pam_limits.so
session required pam_limits.so
```

```
😮😑🗗  root@coffee-desktop: /lib64
   112 # for Oracle
   113 session required /lib64/security/pam_limits.so
   114 session required pam_limits.so
"/etc/pam.d/login" line 113 of 115 --98%-- col 23
```

편집이 끝나면 라이브러리를 만들어야 한다. "lib/security/pam_limits.so" 파일의 심볼릭 링크를 생성하여 둔다.

```
😮😑🗗  root@coffee-desktop: /lib64
root@coffee-desktop:/lib64# ln -s /lib/x86_64-linux-gnu/security/pam_limits.so /
lib64/security/pam_limits.so
root@coffee-desktop:/lib64#
root@coffee-desktop:/lib64# █
```

디렉터리 심볼릭 링크가 다른 위치에 존재하기 때문에 "dpkg -S 패키지명" 명령을 이용하여 패키지의 설치 위치를 알아본다. 심볼릭 링크를 잘못 만들었을 때는 "-sf" 옵션을 주면 된다.

심볼릭 링크에서 오류 메시지가 나온다면 패키지 설치가 되지 않았다는 의미이므로 앞에서 제시된 "apt-get install gcc make binutils gawk x11-utils rpm build-essential libaio1 libaio-dev libmotif4 libtool expat alien ksh pdksh unixODBC unixODBC-dev sysstat elfutils libelf-dev lesstif2 lsb-cxx libstdc++5"를 실행하여 패키지를 설치하면 된다.

11.3 설치 시작하기

다운로드한 오라클 압축 파일을 /home/oracle로 옮긴 다음 소유자를 "oracle:dba"로 바꾼다.

```
# mv /home/사용자/linux.x64_11gR2_database_* /home/oracle
# chown oracle:dba/home/oracle/linux.x64_11gR2_database_*
```

```
☒ ⊜ ⊟   root@coffee-desktop: /home/oracle
root@coffee-desktop:/home/oracle# mv /home/lgbong/linux.x64_11gR2_database_* /ho
me/oracle/
root@coffee-desktop:/home/oracle# chown oracle:dba /home/oracle/linux.x64_11gR2_
database_*
root@coffee-desktop:/home/oracle# ▮
```

다음 압축 파일의 해제를 위해 'unzip' 명령어로 두 개 압축 파일의 내용을 모두 풀어둔다. 이는 oracle 사용자 계정으로 터미널을 열어 명령을 실행해야 한다.

```
$ unzip linux.x64_11gR2_database_1of2.zip
$ unzip linux.x64_11gR2_database_2of2.zip
```

```
☒ ⊜ ⊟   root@coffee-desktop: /home/oracle
root@coffee-desktop:/home/oracle# unzip linux.x64_11gR2_database_1of2.zip ▮
     ☒ ⊜ ⊟   root@coffee-desktop: /home/oracle
     root@coffee-desktop:/home/oracle# unzip linux.x64_11gR2_database_2of2.zip ▮
```

만약에 root 사용자 계정으로 로그인하였다면 "xhost +"를 실행하거나, 로그아웃하여 다시 oracle 사용자 계정으로 로그인하여 오라클 설치를 진행한다. 그러나 여기서는 오라클 계정으로 로그인하였으므로 생략한다.

즉, "xhost +"는 root 사용자 계정으로 로그인 한 사용자에게 "X-Windows" 환경을 사용할 수 있도록 상속하는 명령이다. "export DISPLAY=:0.0"는 그놈(GNOME) 데스크톱 환경을 사용하는 오라클에게 윈도우 크기의 제약을 두지 말라는 의미이다. 또한 root 사용자 계정으로 로그인 하여 압축을 해제하였다면, 계정 권한을 다음 명령으로 설정하여 소유자 권한을 바꿔야 한다.

root 사용자 계정으로 압축을 해제하였다면 "./database" 디렉터리의 모든 파일과 하위 디렉터리 및 파일의 소유자를 'oracle:oinstall'로 지정한다.

```
# chown -R oracle:oinstall ./database
```

```
😕😑🗖  root@coffee-desktop: /home/oracle
root@coffee-desktop:/home/oracle# chown -R oracle:oinstall ./database
root@coffee-desktop:/home/oracle#
```

root 사용자 계정으로 로그인하였다면 이 명령을 실행하고, oracle 계정으로 로그인하여 압축을 해제하였다면 필요하지 않은 명령이다.

만약에 Ubuntu 서버 버전을 설치하였다면 다음과 같이 데스크톱 환경을 설치하여야 한다.

```
# apt-get install ubuntu-desktop
```

이제 준비 작업이 모두 끝났다. 설치를 진행하여 보자. 다시 한 번 더 강조하지만 오라클 데이터베이스 설치는 "X-windows" 환경에서 시작해야 한다. Ubuntu의 "GNOME(그놈)" 환경에서 "oracle" 계정으로 로그인하고 터미널 창을 실행하여 설치 작업을 진행한다.

한글이 표시되지 않으므로 "export LANG=C" 명령을 입력하여 영문 전용으로 언어 환경을 바꾸고 "./database/runInstaller"를 실행한다.

```
$ export LANG=C
$ ./database/runInstaller
```

```
😕😑🗖  oracle@coffee-desktop: ~
oracle@coffee-desktop:~$ ./database/runInstaller
Starting Oracle Universal Installer...

Checking Temp space: must be greater than 120 MB.    Actual 77381 MB    Passed
Checking swap space: must be greater than 150 MB.    Actual 8188 MB    Passed
Checking monitor: must be configured to display at least 256 colors.    Actual 1
6777216    Passed
Preparing to launch Oracle Universal Installer from /tmp/OraInstall2013-10-17_11
-50-36AM. Please wait ...oracle@coffee-desktop:~$
```

잠시 기다리면 오라클 데이터베이스 설치 화면이 나온다.

앞의 화면은 잠시 나타났다가 사라지고 다음 설치를 진행하는 화면이 나온다.

오라클에서 제공하는 정보를 받기 원한다면 이메일 주소를 입력하라는 내용이다. 자신이 사용하는 이메일 계정을 입력하는 것이 여러모로 좋다. 계정에 이메일 주소와 비밀번호는 오라클 기술 지원 계정이 없다면 입력하지 않아도 된다. 설치를 진행하는 데는 문제가 없다.

[Next] 버튼을 클릭하면 "Proxy Server Information" 창이 나올 수 있다. 개인 네트워크 환경이므로 프록시 서버가 없다. 무시한다는 체크박스를 선택하고 [Continue] 버튼을 클릭하여 설치를 계속 진행한다.

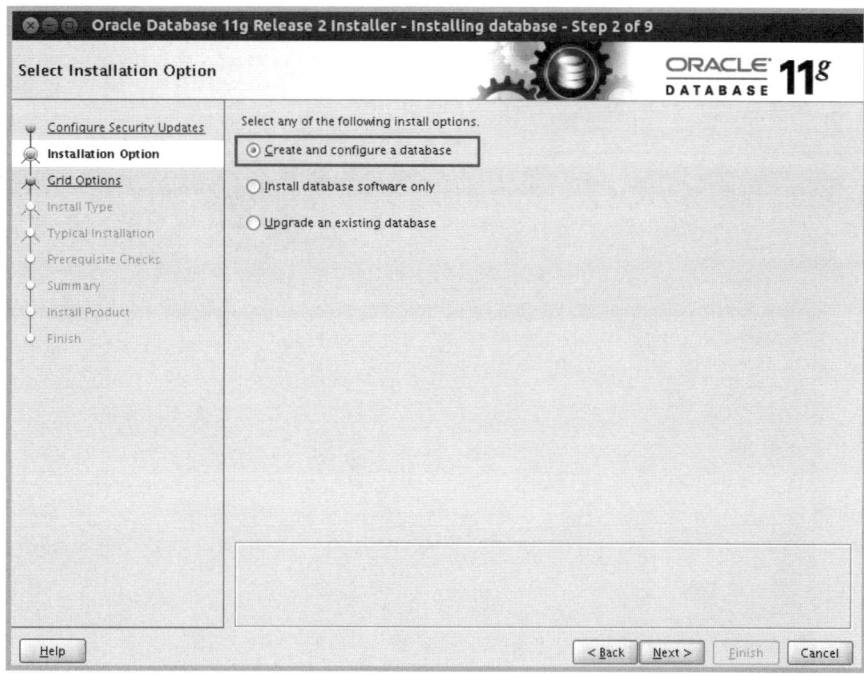

설치 옵션을 선택하는 화면이다. 실행 환경과 데이터베이스를 생성한다. [Next] 버튼을 클릭한다.

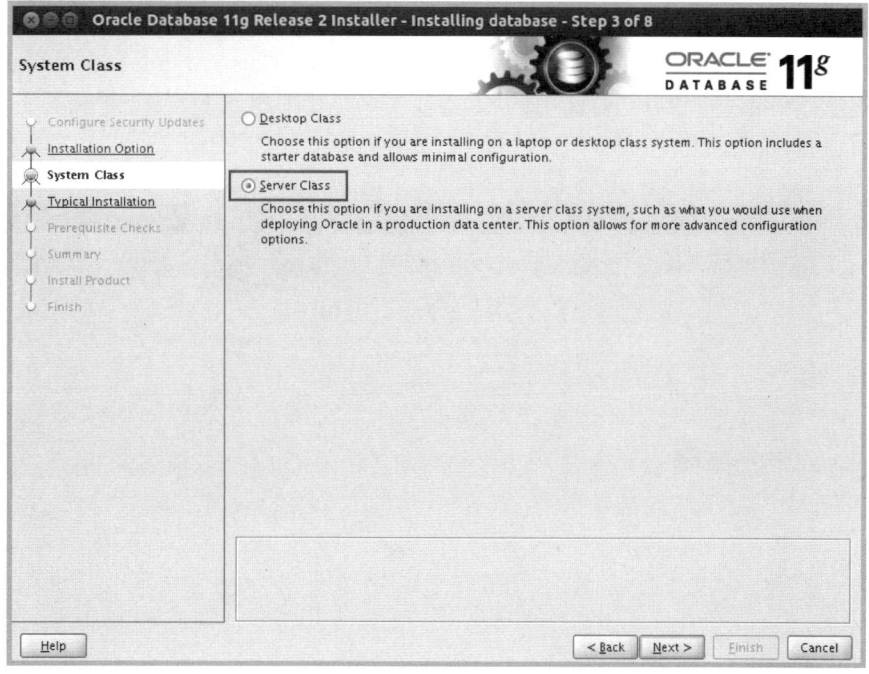

설치 유형을 'Desktop Class(데스크톱 유형)'으로 사용할 것인지 'Server Class(서버 유형)'으로 사용할 것인지를 선택하는 화면이다. 데스크톱 유형으로 설치를 한다면 최소 사양으로 설치가 진행된다. 필자는 데스크톱 유형보다는 서버 유형을 선택하였다.

이는 나중에 오라클 서버를 활용할 수 있도록 하기 위한 선택이다. 자체적으로 오라클 데이터베이스를 독립적으로 사용하고자 한다면 데스크톱 클래스를 선택하는 것이 현명하다. 가볍고 빠른 사용 환경을 지원하기 때문이다.

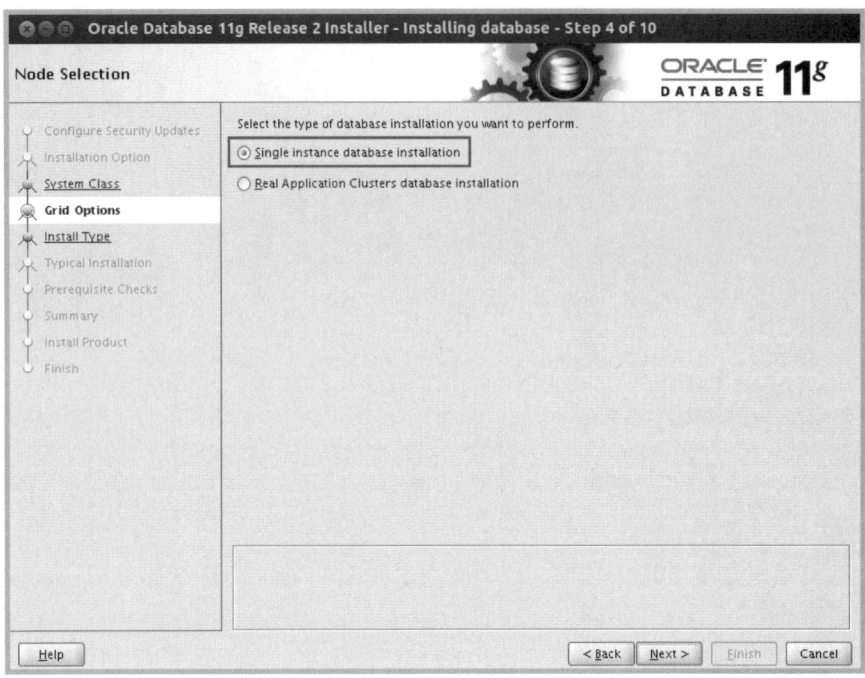

실제 환경에서 운영이 필요하다면 "Real Application Clusters database installation"을 선택하여야 한다. 필자는 개발 환경을 구축하고자 싱글 인스턴스(Single Instance database installation)를 사용하도록 선택하였다.

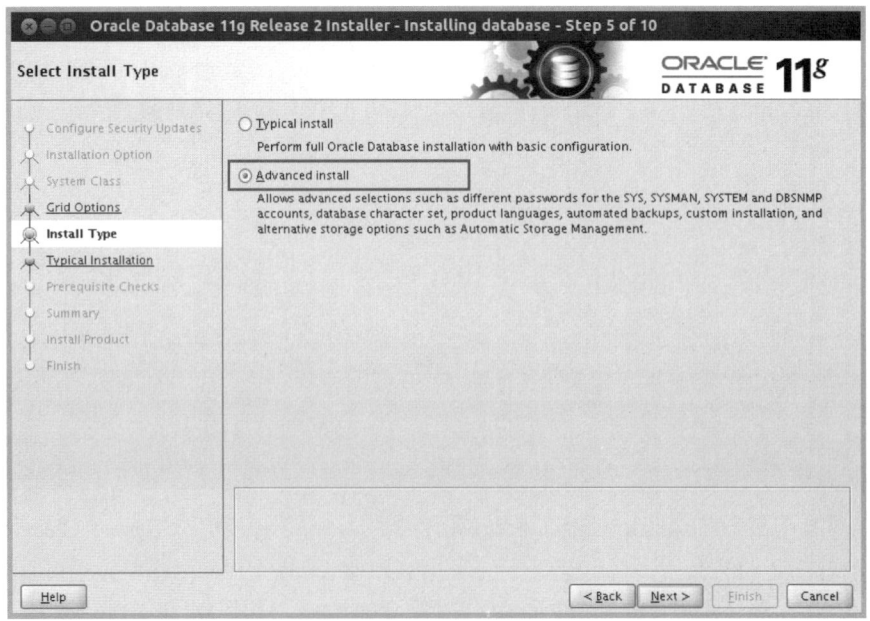

앞서 선택한 설치 유형에서 데스크톱 유형을 선택하면 설치 경로를 선택하는 단계로 바로 넘어가지만, 서버 유형을 선택하면 하위 설치 유형을 선택하도록 한다. 'Typical install(기본형)'을 선택하면 설치 경로를 지정하는 화면으로 진행하고, 'Advanced install(고급형)'을 선택하면 설치 항목에 대하여 보다 자세하게 설정할 수 있다. 'Advanced install(고급형)'을 선택하고 [Next] 버튼을 클릭하여 다음으로 진행한다.

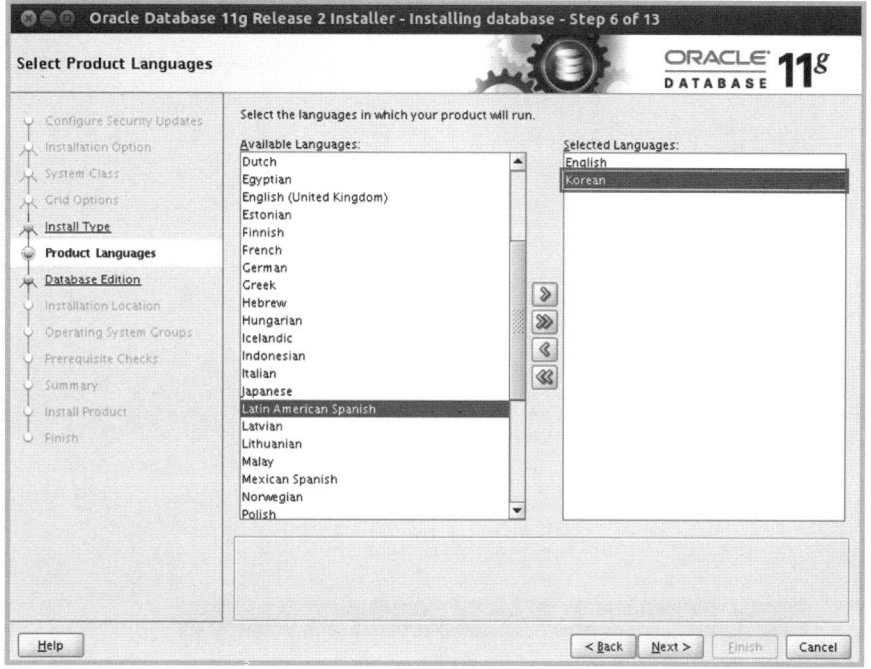

데이터베이스에서 사용할 언어를 선택하는 단계이다. 당연히 'Korean(한국어)'를 찾아서 추가하고 [Next] 버튼을 클릭한다. 다른 국가 언어가 필요하다면 하나씩 찾아서 추가하는 것이 좋다. 화면 중앙에 우측으로 가는 화살표 하나짜리를 클릭하면 'Korean(한국어)'가 추가된다.

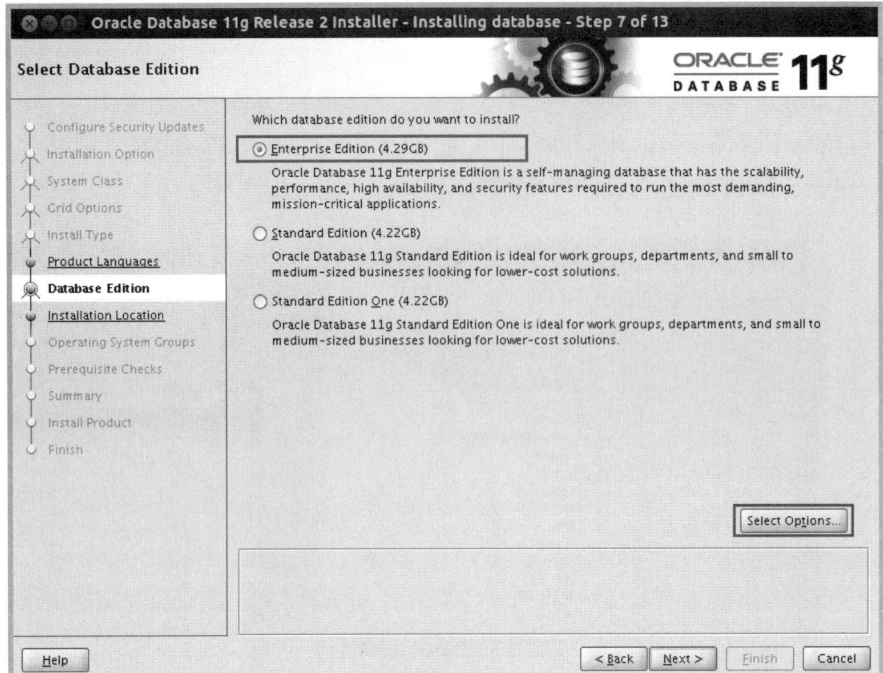

설치될 데이터베이스의 유형으로 유형별로 데이터베이스의 크기가 조금씩 차이가 있다.
"Enterprise Edition (4.29GB)"을 선택한다.

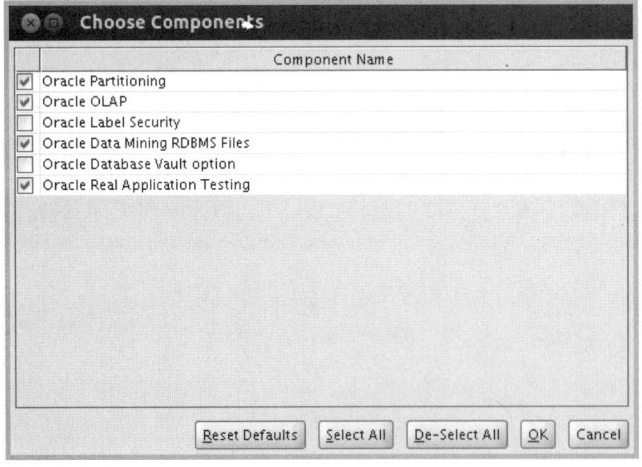

데이터베이스 유형을 선택할 때 [Select Options] 버튼을 클릭하면 추가로 위와 같은 옵
션을 선택할 수 있다. 선택 사항을 확인하고 [OK] 버튼을 클릭한다. 데이터베이스 유형
을 선택하는 창에서 [Next] 버튼을 클릭하여 설치를 진행한다.

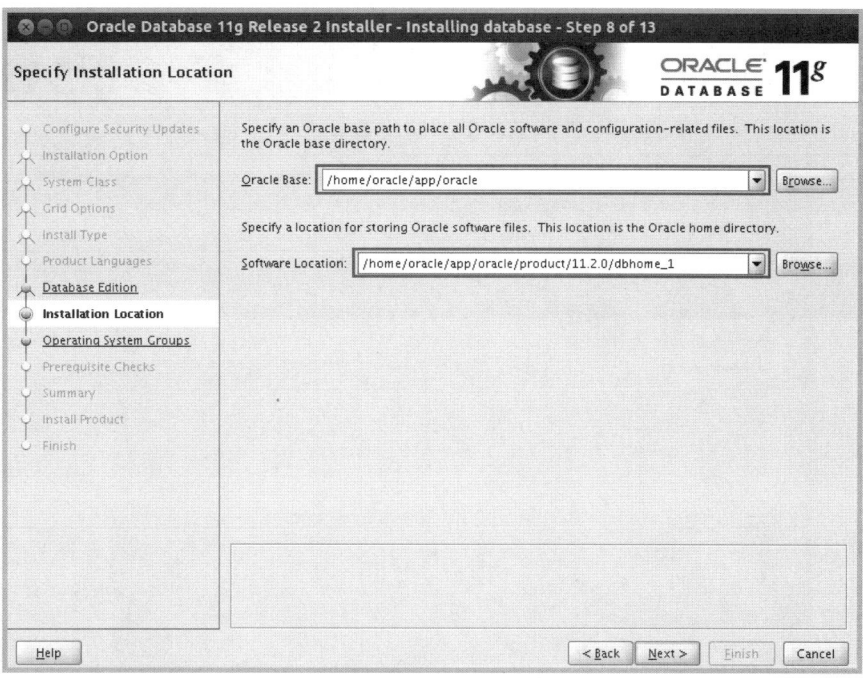

설치할 폴더 위치는 위의 그림과 같이 설정하고 [Next] 버튼을 클릭하여 설치를 계속한
다. 필자의 경험에 따르면 가능한 설치 경로는 수정하지 않는 것이 나중에 도움이 된다.

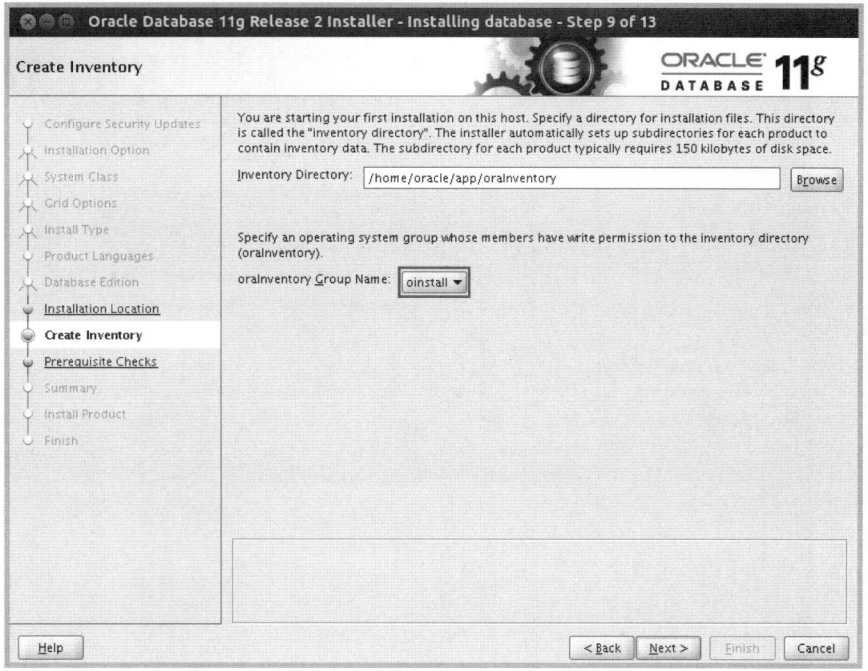

인벤토리 디렉토리와 인벤토리를 사용할 그룹 이름으로 "oinstall"을 그대로 유지하고
[Next] 버튼을 클릭한다.

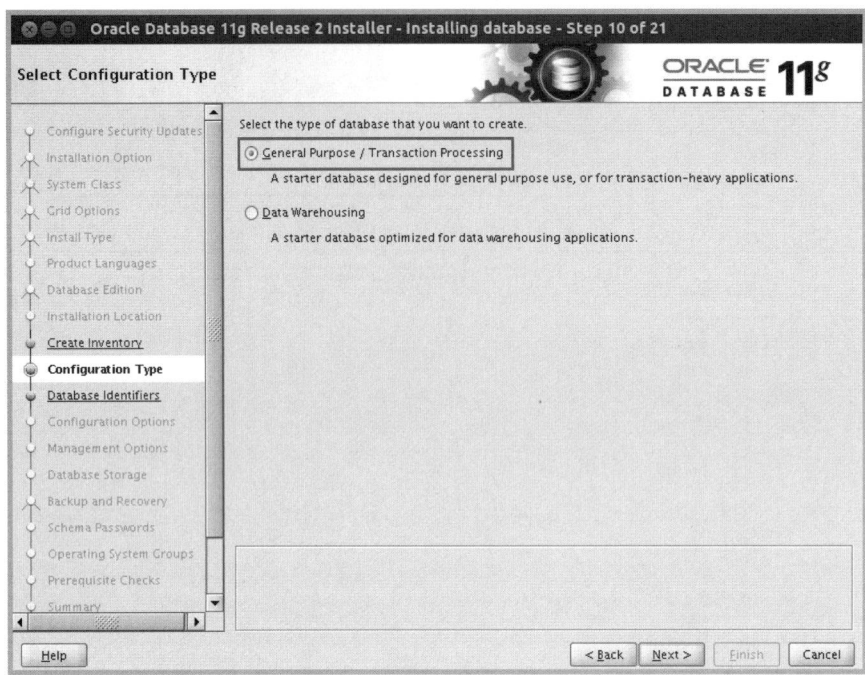

환경 설정 유형을 선택하는 화면이다. "General Pupoose / Transaction Processing"을
선택하고 [Next] 버튼을 클릭하여 진행한다.

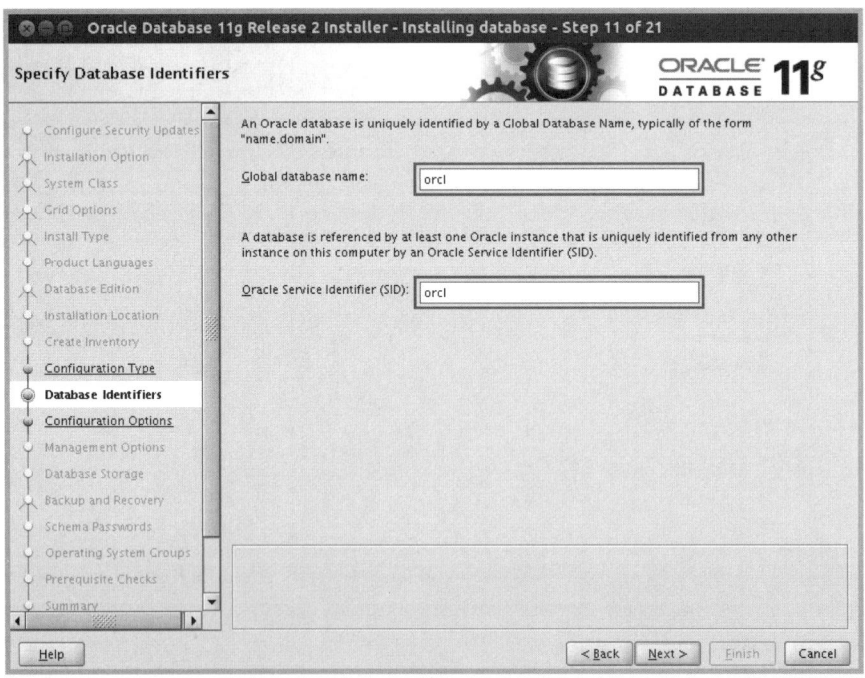

데이터베이스를 식별할 수 있는 데이터베이스의 이름을 설정하는 화면이다. 이름을 변경
하였다면 따로 메모하여 두어야 한다. 이름을 그대로 사용할 것이므로 [Next] 버튼을 클
릭한다.

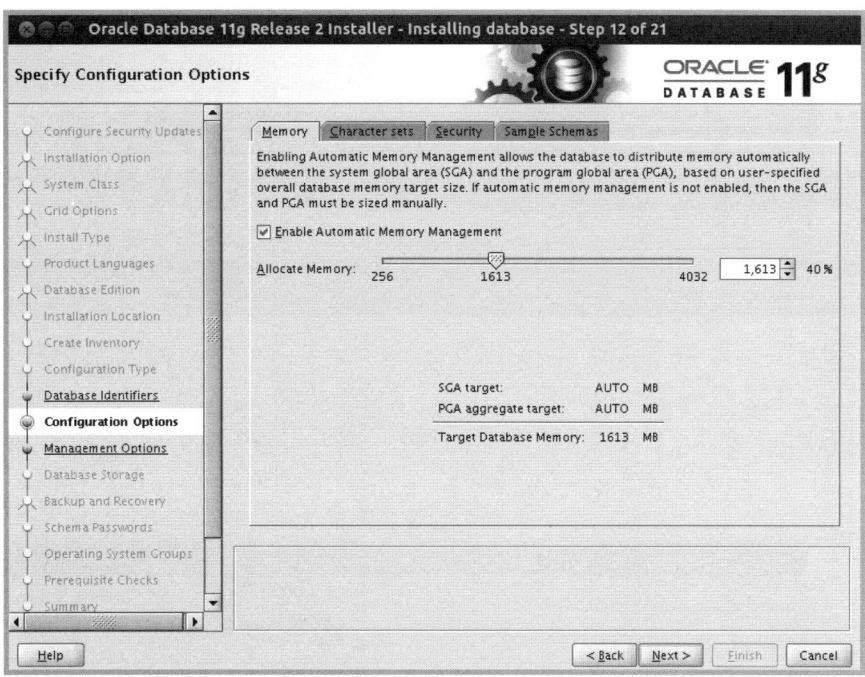

메모리 설정과 문자 세트, 보안, 샘플 스키마 설치를 선택하는 화면이다. 메모리와 보안은 기본으로 두어도 되지만 예제 스키마(Sample Schemas)와 문자 세트(Character sets)는 설정을 변경한다.

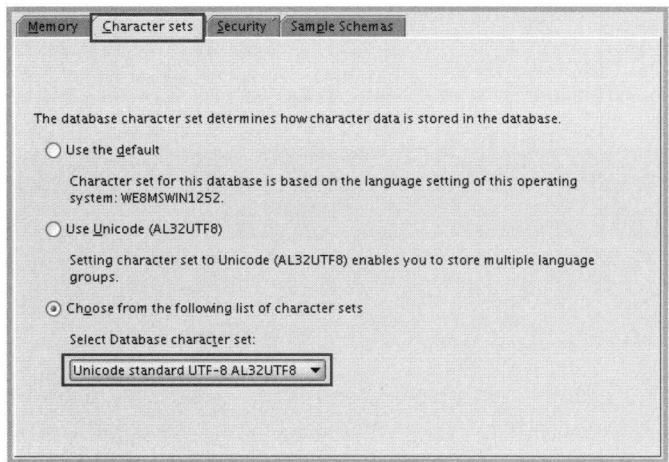

문자 세트는 이전에 사용하던 데이터베이스를 마이그래이션해야 한다면 "Korean K016MSWIN949"를 사용해야 하지만 신규로 시작한다면 "Unicode standard UTF-8 AL32UTF8"을 사용하는 것이 좋다.

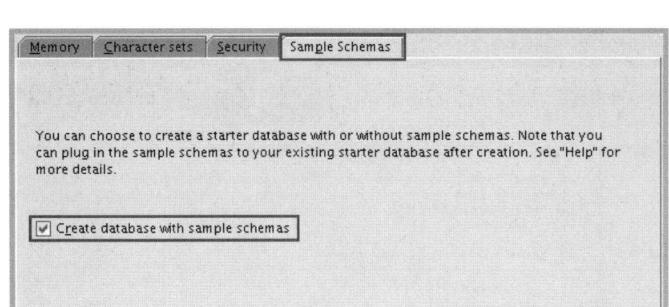

예제 스키마까지 생성하도록 설정하고 [Next] 버튼을 클릭하여 다음으로 진행한다. 샘플 스키마는 나중에 다시 설치 할 수도 있다. 샘플 스키마를 설치하면 샘플 스키마 데이터베이스를 사용하기 위한 오라클 데이터베이스 내부의 사용자 계정으로 PM, BI, HR, OE, IX, SH 등 6개의 계정이 설치된다.

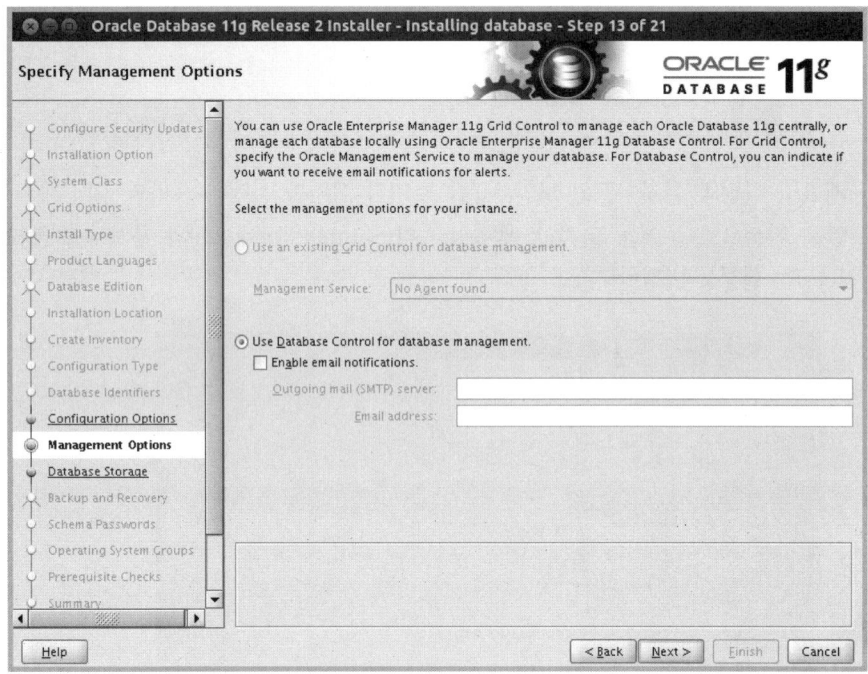

관리 옵션을 설정하는 화면이다. 데이터베이스를 관리하는 중에 문제가 발생하면 지정한 이메일로 내용을 전송하는 방법으로 운영하는 관리자에게는 유용하지만, 문제가 발생할 경우 데이터베이스를 즉시 확인해야 하기 때문에 개발 환경에서는 의미가 없다.

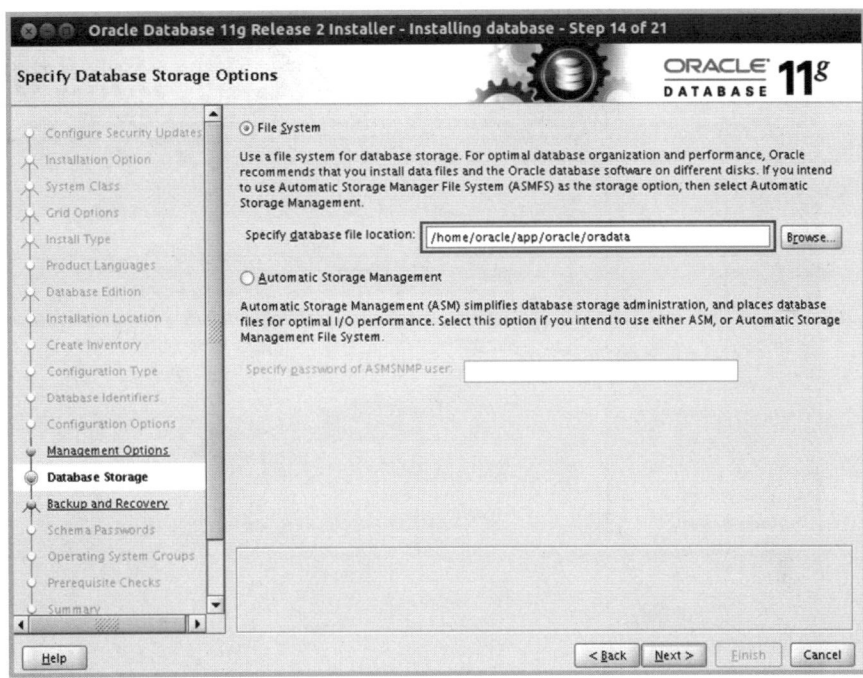

파일 시스템을 설정하는 화면이다. 자동으로 저장소를 관리(ASM)하는 서버가 구축되어 있다면 선택할 수 있는 내용이지만, ASM 서버 구축을 하지 않을 것이므로 'File System(파일 시스템)'을 선택한다.

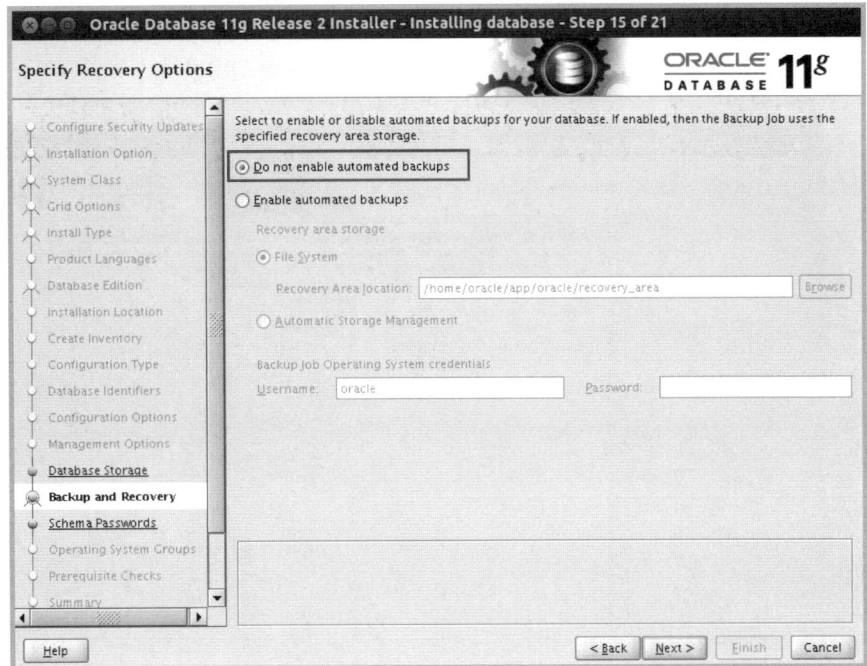

복구 옵션을 설정하는 화면이다. 자동 백업을 선택하지 않는 상태를 유지하면서 [Next] 버튼을 클릭하여 다음 과정으로 진행한다.

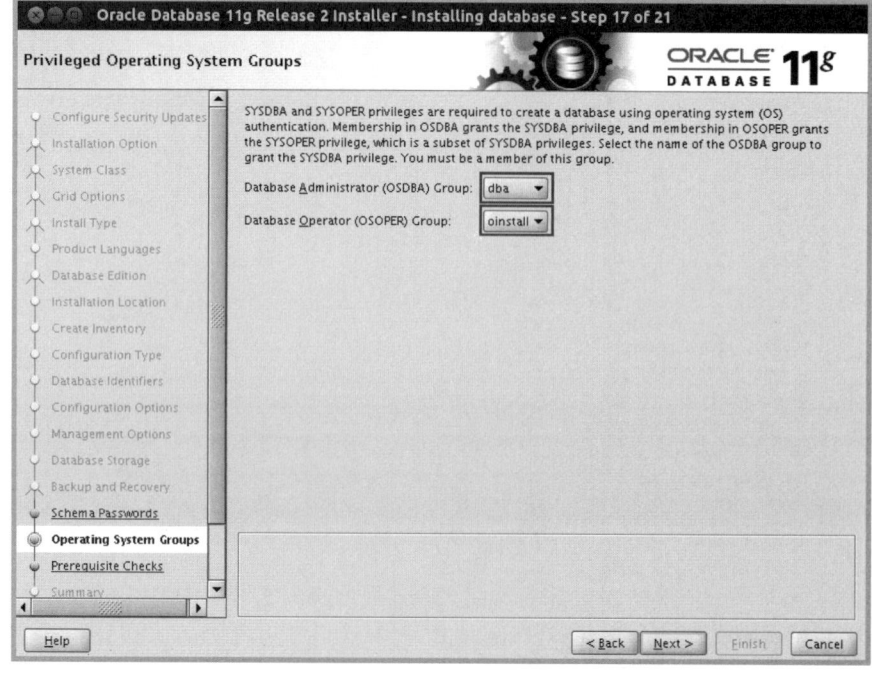

각 계정의 비밀번호를 설정한다. 비밀번호는 영문과 숫자로 조합하고, 영문자는 반드시 대소문자를 각각 포함해야 한다. 만약 대문자만 사용하거나 소문자만 사용한다면 경고 메시지를 보게 된다.

4개의 계정 모두 동일한 비밀번호를 사용하고자 한다면 아래쪽 "Use the same password for all accounts" 항목을 선택하고 비밀번호를 입력한다.

오라클 운영시스템 그룹에 사용되는 계정을 정의하는 화면이다. 별다른 수정사항이 없으
므로 [Next] 버튼을 클릭하여 다음 과정으로 진행한다.

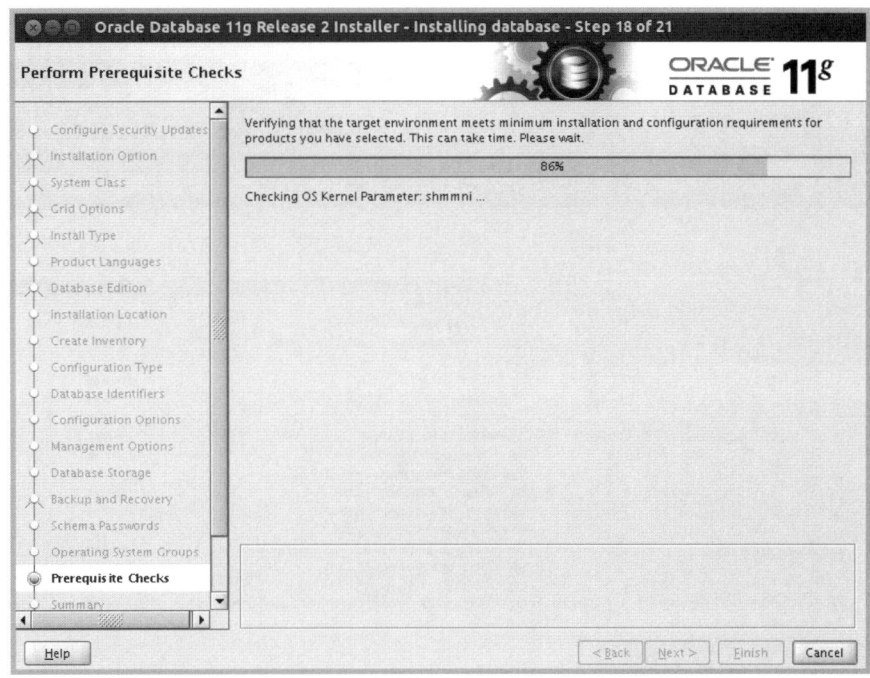

지금까지 설정한 내용을 검사하는 화면이다. 기다리면 된다. [Cancel] 버튼을 클릭하지
않고 기다리면 된다.

검사 결과에서 모든 상태가 실패라고 나온다. 이전 과정으로 되돌아가서 설정 과정을 재구성할 수도 있겠지만, 재구성해도 그 결과는 변함이 없다. 여기서는 우측 상단의 "Ignore All" 체크박스를 클릭하여 검사 결과를 모두 무시하도록 한다.

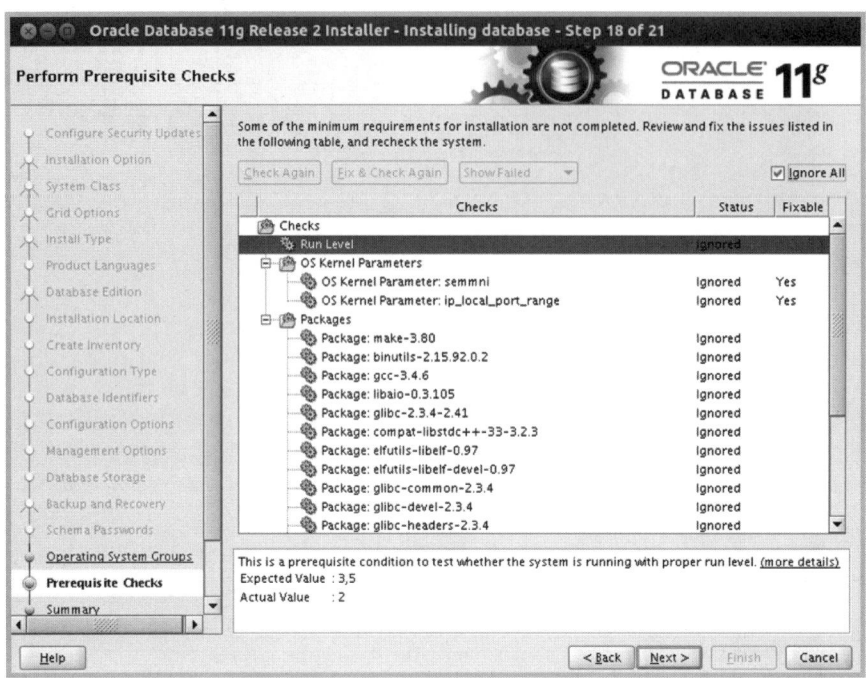

모든 항목이 무시되도록 처리하였으면 [Next] 버튼을 클릭하여 설치를 계속 진행한다.

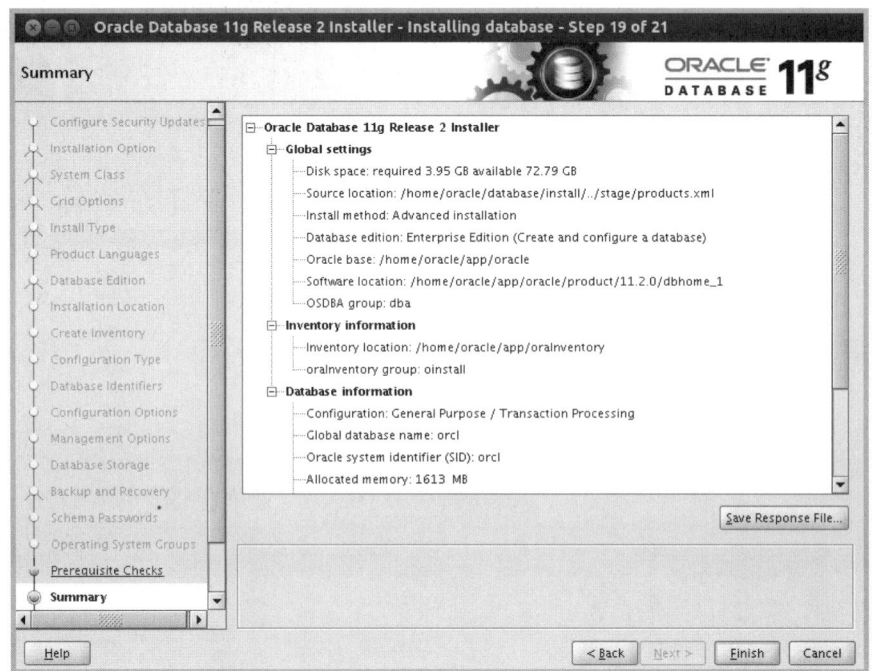

지금까지 설정한 내용을 정리한 화면이다. 지난 과정의 내용을 수정하고자 한다면, 뒤로
가기인 [Back] 버튼을 클릭하여 수정할 수 있다. 수정할 내용이 없다는 것이 확실하다면
[Finish] 버튼을 클릭하여 설치를 시작한다.

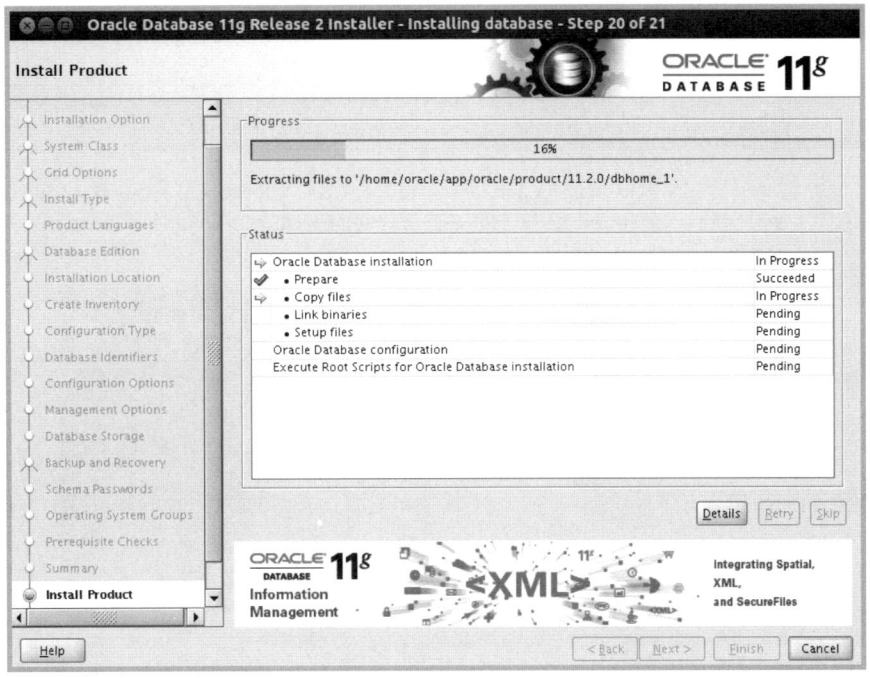

"Link binaries" 과정에서부터 다소 많은 오류 창이 나타난다. 이는 터미널 창에서 root
사용자 계정으로 로그인하여 다음 명령을 수행하고 [Retry] 버튼을 클릭하면 해소된다.

첫 번째 오류 창은 권한 설정 문제이다. "/home/oracle/" 디렉터리 아래에 있는 "app"
디렉터리 이하 모든 파일과 디렉터리에 대한 접근 권한을 "chmod -R 775 /home/
oracle/app/*"로 설정하면 해소된다.

```
# chmod -R 775 /home/oracle/app/*
```

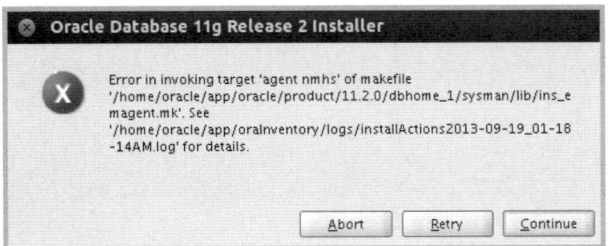

다음은 스크립트 오류이다. 이 스크립트는 오라클이 설치 과정 중에 만들어지는 파일이
므로 미리 수정할 수 없다. 이 오류가 나타날 때까지 기다렸다가 위 명령을 하나씩 수행
하여 스크립트를 수정하고 [Retry] 버튼을 클릭하면 더 이상 오류 없이 진행된다.

```
# export ORACLE_HOME=/home/oracle/app/oracle/product/11.2.0/dbhome_1
# sed -i 's/^\(\s*\$(MK_EMAGENT_NMECTL)\)\s*$/\1 -lnnz11/g' ${ORACLE_
HOME}/sysman/lib/ins_emagent.mk
# sed -i 's/^\(\$LD \$LD_RUNTIME\) \(\$LD_OPT\)/\1 -Wl,--no-as-needed \2/
g' ${ORACLE_HOME}/bin/genorasdksh
# sed -i 's/^\(\s*\)\(\$(OCRLIBS_DEFAULT)\)/\1 -Wl,--no-as-needed \2/g'
${ORACLE_HOME}/srvm/lib/ins_srvm.mk
# sed -i 's/^\(TNSLSNR_LINKLINE.*\$(TNSLSNR_OFILES)\)
\(\$(LINKTTLIBS)\)/\1 -Wl,--no-as-needed \2/g' ${ORACLE_HOME}/network/
lib/env_network.mk
# sed -i 's/^\(ORACLE_LINKLINE.*\$(ORACLE_LINKER)\) \(\$(PL_FLAGS)\)/\1
-Wl,--no-as-needed \2/g' ${ORACLE_HOME}/rdbms/lib/env_rdbms.mk
```

```
root@coffee-desktop: ~
root@coffee-desktop:~# export ORACLE_HOME=/home/oracle/app/oracle/product/11.2.0
/dbhome_1
root@coffee-desktop:~# sed -i 's/^\(\s*\$(MK_EMAGENT_NMECTL)\)\s*$/\1 -lnnz11/g'
 ${ORACLE_HOME}/sysman/lib/ins_emagent.mk
root@coffee-desktop:~# sed -i 's/^\(\$LD \$LD_RUNTIME\) \(\$LD_OPT\)/\1 -Wl,--no
-as-needed \2/g' ${ORACLE_HOME}/bin/genorasdksh
root@coffee-desktop:~# sed -i 's/^\(\s*\)\(\$(OCRLIBS_DEFAULT)\)/\1 -Wl,--no-as-
needed \2/g' ${ORACLE_HOME}/srvm/lib/ins_srvm.mk
root@coffee-desktop:~# sed -i 's/^\(TNSLSNR_LINKLINE.*\$(TNSLSNR_OFILES)\) \(\$(
LINKTTLIBS)\)/\1 -Wl,--no-as-needed \2/g' ${ORACLE_HOME}/network/lib/env_network
.mk
root@coffee-desktop:~# sed -i 's/^\(ORACLE_LINKLINE.*\$(ORACLE_LINKER)\) \(\$(PL
_FLAGS)\)/\1 -Wl,--no-as-needed \2/g' ${ORACLE_HOME}/rdbms/lib/env_rdbms.mk
root@coffee-desktop:~#
```

터미널 창에서 이 명령의 수행이 완료되면 오라클 설치 오류 화면에서 [Retry] 버튼을 클릭한다.

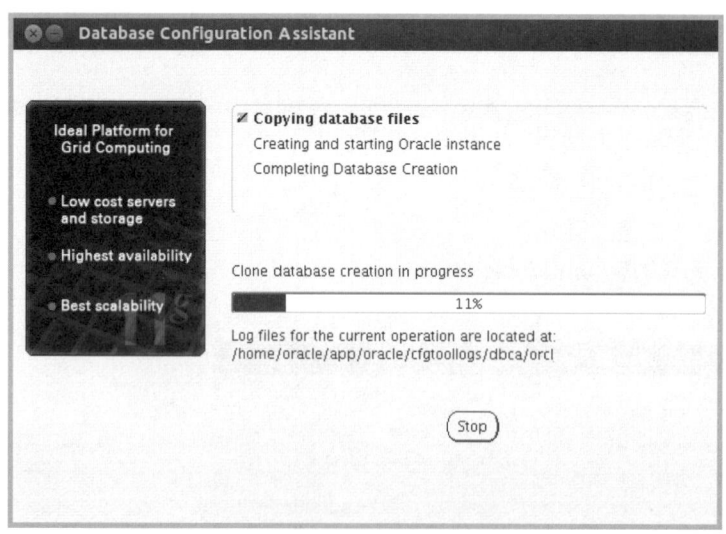

오라클 데이터베이스 환경 구성이 진행된다. 기다려야 한다.

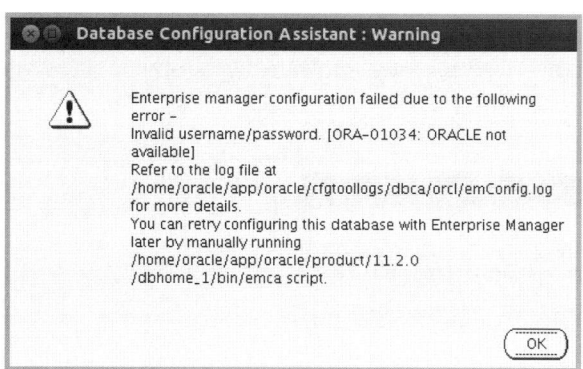

구성 관리에 실패하였다는 경고 메시지이다. 이는 설치 완료 후 사용자가 직접 실행할 수 있으므로 로그 파일을 참조하라는 경고이다.

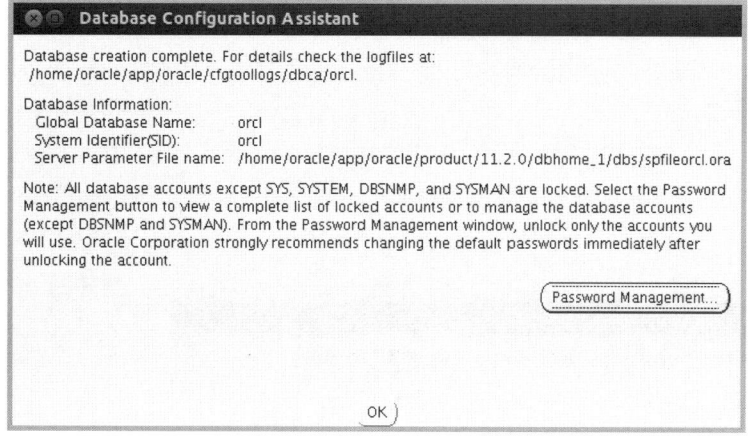

"orcl" 데이터베이스 인스턴스의 비밀번호 관리를 지원하는 화면이다. "SYS"와 "SYSTEM" 계정의 비밀번호가 설정되지 않아서 나오는 메시지이다.

[Password Management…] 버튼을 클릭하여 진행한다. 이를 수행하지 않으면 "em(Enterprise Manager)" 사용에 문제가 발생할 수 있으니 주의하도록 한다.

비밀번호 입력을 모두 마쳤으면 [OK] 버튼을 클릭하여 다음으로 진행한다. "Lock Account"의 체크 표시는 계정을 잠궈두었다는 의미이다. 해당 계정을 사용하고자 한다면 체크를 해제하고 비밀번호를 입력하여야 사용할 수 있다.

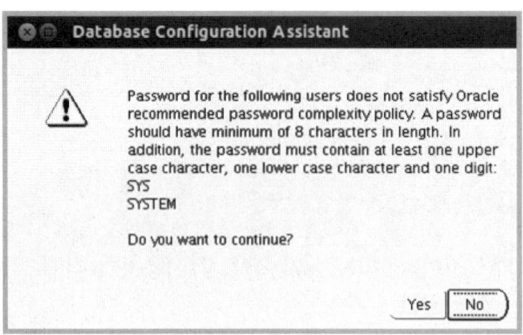

비밀번호를 보다 안전하게 설정하라는 경고이다. 그대로 진행하겠다면 [Yes] 버튼을 클릭하면 된다. 비밀번호는 영문 대문자, 소문자, 숫자를 모두 사용해야 이러한 경고가 나오지 않는다.

다시 비밀번호 관리를 선택하기 이전 화면으로 돌아오려면 [OK] 버튼을 클릭하여 계속 진행한다.

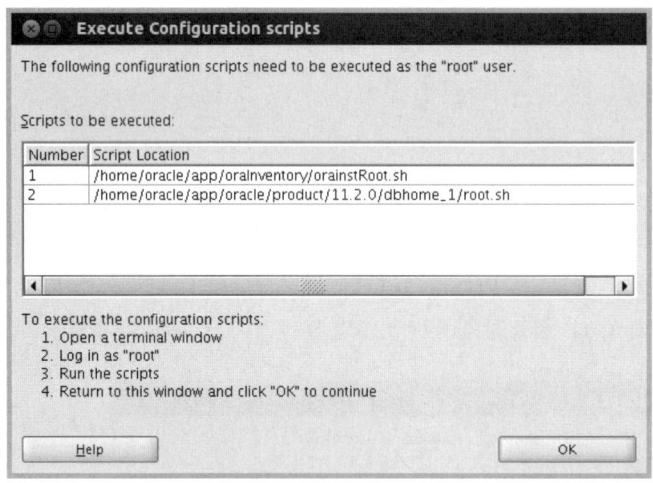

root 사용자 계정으로 로그인된 터미널 창에서 위 두 개의 스크립트를 실행한다.

```
# sh /home/oracle/app/oraInventory/orainstRoot.sh
# sh /home/oracle/app/oracle/product/11.2.0/dbhome_1/root.sh
```

```
⊗ ⊖ ⊡  root@coffee-desktop: ~
root@coffee-desktop:~# sh /home/oracle/app/oraInventory/orainstRoot.sh
Changing permissions of /home/oracle/app/oraInventory.
Adding read,write permissions for group.
Removing read,write,execute permissions for world.

Changing groupname of /home/oracle/app/oraInventory to oinstall.
The execution of the script is complete.
root@coffee-desktop:~# █
```

```
⊗ ⊖ ⊡  root@coffee-desktop: ~
root@coffee-desktop:~# sh /home/oracle/app/oracle/product/11.2.0/dbhome_1/root.s
h
Running Oracle 11g root.sh script...

The following environment variables are set as:
    ORACLE_OWNER= oracle
    ORACLE_HOME=  /home/oracle/app/oracle/product/11.2.0/dbhome_1

Enter the full pathname of the local bin directory: [/usr/local/bin]:
    Copying dbhome to /usr/local/bin ...
    Copying oraenv to /usr/local/bin ...
    Copying coraenv to /usr/local/bin ...


Creating /etc/oratab file...
Entries will be added to the /etc/oratab file as needed by
Database Configuration Assistant when a database is created
Finished running generic part of root.sh script.
Now product-specific root actions will be performed.
Finished product-specific root actions.
root@coffee-desktop:~# █
```

스크립트 실행을 완료하였으면 터미널 창을 닫고 오라클 설치 화면으로 돌아가서 [OK] 버튼을 클릭한다.

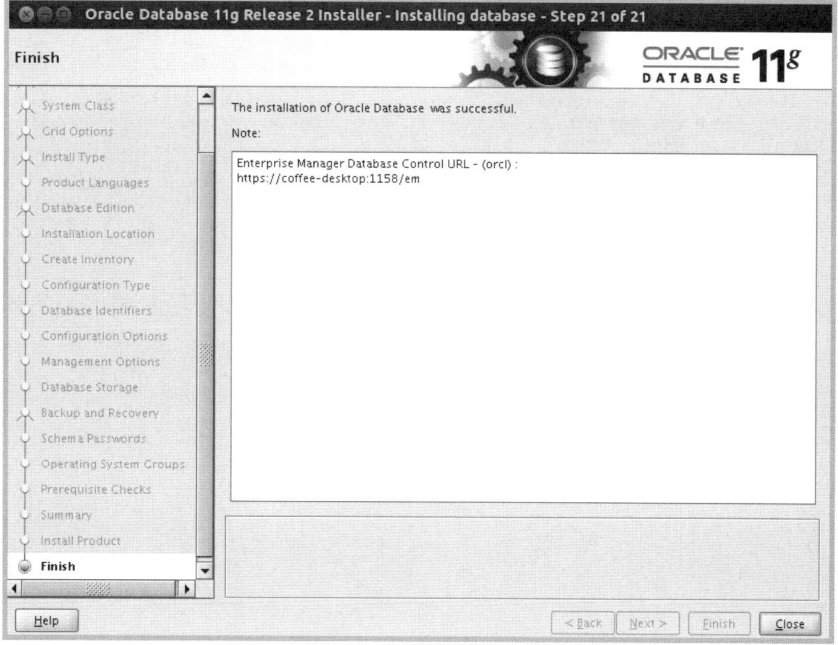

드디어 긴 여정이 완료되었다. 위와 같은 URL 가이드가 나오지 않는다면 재설치를 하

여야 한다.

오라클 계정의 터미널 창에는 설치 과정에서 발생한 로그 파일이 담겨있다는 메시지가 출력되었다. 로그 파일을 꼼꼼히 점검하는 것을 잊지 말자.

11.4 설치 완료 확인 및 데이터베이스 서버 자동 시작

정상적으로 설치되었는지 확인하기 위하여 "Firefox 웹 브라우저"를 실행하여 앞에 제시된 URL을 입력한다.

만약에 "Firefox"가 해당 URL을 차단한다는 경고가 나오면 계속하기를 선택하여 입력된 주소를 영구히 안전한 주소임을 저장시켜주면 된다.

오라클 "em(Enterprise Manager)"을 처음으로 실행할 때 Firefox 웹 브라우저가 보안을 위하여 차단한다. 여기서는 [위험 사항 확인]을 클릭한다.

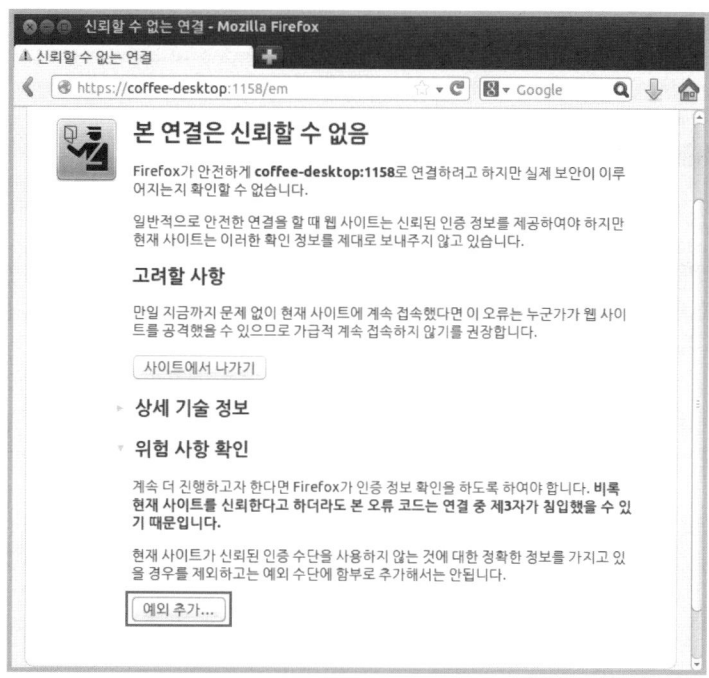

[예외 추가...] 버튼을 클릭한다.

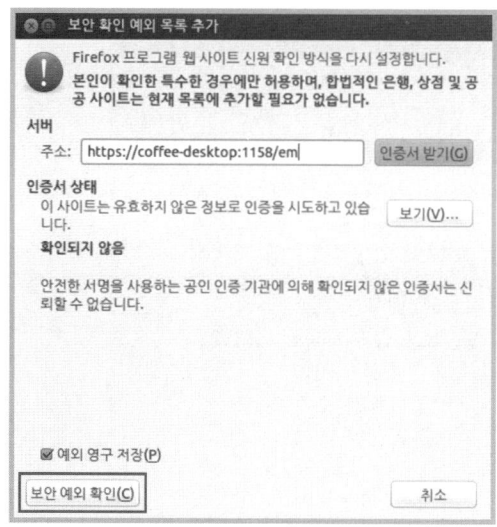

"보안 확인 예외 목록 추가" 창에서 [보안 예외 확인] 버튼을 클릭한다.

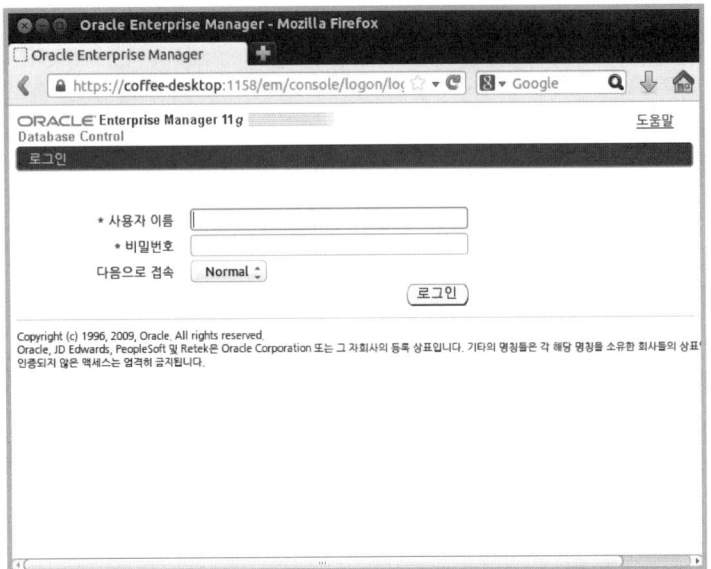

오라클 데이터베이스 로그인 페이지가 나오면 사용자 이름에 오라클 사용자 계정으로
"sys"를 입력하고 비밀번호를 입력한뒤 [로그인] 버튼을 클릭한다. 비밀번호는 설치 과정
에서 설정한 비밀번호를 입력하면 된다.

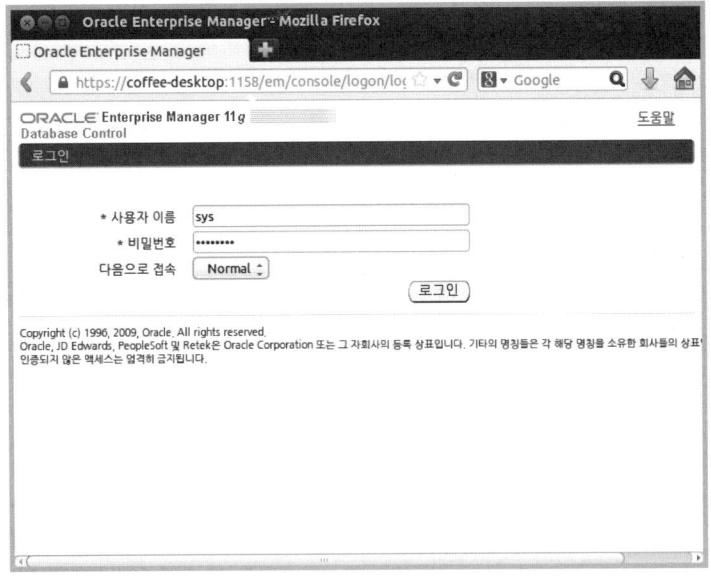

'다음으로 접속' 항목에는 "Normal" 또는 "SYSDBA" 두 가지가 있다. "Normal"을 선택한
다. "SYSDBA" 사용은 오라클 사용자 가이드를 참고하기 바란다.

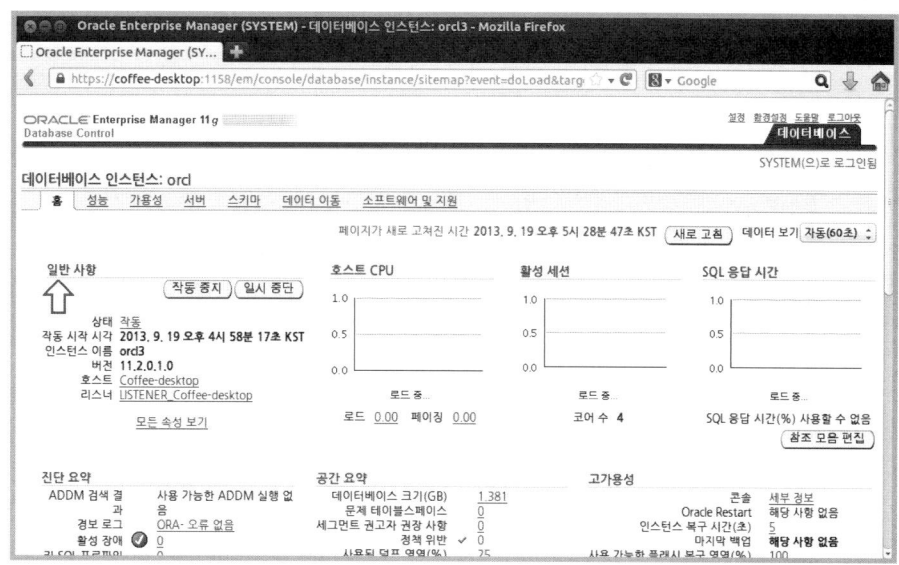

"em"에 성공적으로 접속되어 오라클 데이터베이스의 상태를 확인할 수 있다.

리스너 설정 및 외부 접속을 가능하도록 하기 위하여 "/etc/profile" 파일에 다음 내용을
추가한다.

```
# For oracle
export ORACLE_BASE=/home/oracle/app/oracle
export ORACLE_HOME=${ORACLE_BASE}/product/11.2.0/dbhome_1
export ORACLE_SID=orcl
export ORACLE_UNQNAME=orcl
export LD_LIBRARY_PATH=$LD_LIBRARY_PATH:$ORACLE_HOME/lib
export PATH=$PATH:$ORACLE_HOME/bin
```

```
root@coffee-desktop: ~
    if [ -r $i ]; then
      . $i
    fi
  done
  unset i
fi
#For oracle
export ORACLE_BASE=/home/oracle/app/oracle
export ORACLE_HOME=${ORACLE_BASE}/product/11.2.0/dbhome_1
export ORACLE_SID=orcl
export ORACLE_UNQNAME=orcl
export LD_LIBRARY_PATH=$LD_LIBRARY_PATH:$ORACLE_HOME/lib
export PATH=$PATH:$ORACLE_HOME/bin

"/etc/profile" line 38 of 38 --100%-- col 1
```

시스템을 재시작한다. 물론 계정들을 로그아웃만 하고 다시 로그인하여 사용해도 되지만
시스템의 정상 동작 여부도 살펴볼 겸 해서 재시작하는 것이다.

오라클 데이터베이스의 설정을 변경하였다면 oracle 사용자 계정으로 로그인한 다음 Ctrl

+[Alt]+[T]를 눌러 터미널 창을 띄우고 리스너 서비스를 중지하고 새로 시작해야 한다.

```
$ app/oracle/product/11.2.0/dbname_1/bin/lsnrctl stop
```

```
⊗ ⊖ ⊙  oracle@coffee-desktop: ~
oracle@coffee-desktop:~$ app/oracle/product/11.2.0/dbhome_1/bin/lsnrctl stop

LSNRCTL for Linux: Version 11.2.0.1.0 - Production on 17-OCT-2013 14:19:54

Copyright (c) 1991, 2009, Oracle.  All rights reserved.

Connecting to (DESCRIPTION=(ADDRESS=(PROTOCOL=IPC)(KEY=EXTPROC1521)))
The command completed successfully
oracle@coffee-desktop:~$ ▮
```

```
$ app/oracle/product/11.2.0/dbname_1/bin/lsnrctl start
```

```
⊗ ⊖ ⊙  oracle@coffee-desktop: ~
oracle@coffee-desktop:~$ app/oracle/product/11.2.0/dbhome_1/bin/lsnrctl start

LSNRCTL for Linux: Version 11.2.0.1.0 - Production on 17-OCT-2013 14:17:39

Copyright (c) 1991, 2009, Oracle.  All rights reserved.

Starting /home/oracle/app/oracle/product/11.2.0/dbhome_1/bin/tnslsnr: please wai
t...

TNSLSNR for Linux: Version 11.2.0.1.0 - Production
System parameter file is /home/oracle/app/oracle/product/11.2.0/dbhome_1/network
/admin/listener.ora
Log messages written to /home/oracle/app/oracle/diag/tnslsnr/coffee-desktop/list
ener/alert/log.xml
Listening on: (DESCRIPTION=(ADDRESS=(PROTOCOL=ipc)(KEY=EXTPROC1521)))
Listening on: (DESCRIPTION=(ADDRESS=(PROTOCOL=tcp)(HOST=coffee-desktop)(PORT=152
1)))

Connecting to (DESCRIPTION=(ADDRESS=(PROTOCOL=IPC)(KEY=EXTPROC1521)))
STATUS of the LISTENER
------------------------
Alias                     LISTENER
Version                   TNSLSNR for Linux: Version 11.2.0.1.0 - Production
Start Date                17-OCT-2013 14:17:41
Uptime                    0 days 0 hr. 0 min. 0 sec
Trace Level               off
Security                  ON: Local OS Authentication
SNMP                      OFF
Listener Parameter File   /home/oracle/app/oracle/product/11.2.0/dbhome_1/networ
k/admin/listener.ora
Listener Log File         /home/oracle/app/oracle/diag/tnslsnr/coffee-desktop/li
stener/alert/log.xml
Listening Endpoints Summary...
  (DESCRIPTION=(ADDRESS=(PROTOCOL=ipc)(KEY=EXTPROC1521)))
  (DESCRIPTION=(ADDRESS=(PROTOCOL=tcp)(HOST=coffee-desktop)(PORT=1521)))
The listener supports no services
The command completed successfully
oracle@coffee-desktop:~$ ▮
```

새로운 리스너 서비스를 시작했을 경우는 항상 외부 접속 여부를 검사한다.

```
$ tnsping orcl
```

```
oracle@coffee-desktop: ~
oracle@coffee-desktop:~$ tnsping orcl

TNS Ping Utility for Linux: Version 11.2.0.1.0 - Production on 17-OCT-2013 14:21
:12

Copyright (c) 1997, 2009, Oracle.  All rights reserved.

Used parameter files:
/home/oracle/app/oracle/product/11.2.0/dbhome_1/network/admin/sqlnet.ora


Used TNSNAMES adapter to resolve the alias
Attempting to contact (DESCRIPTION = (ADDRESS = (PROTOCOL = TCP)(HOST = coffee-d
esktop)(PORT = 1521)) (CONNECT_DATA = (SERVER = DEDICATED) (SERVICE_NAME = orcl)
))
OK (0 msec)
oracle@coffee-desktop:~$
```

"tnsping"이 동작하는 것을 확인하였으면 "sqlplus"를 확인한다.

root 사용자 권한으로 "/etc/oratab" 파일을 열어 다음과 같이 수정한다. 만약에 파일이 없다면 스크립트를 실행하지 않았다는 의미이므로 설치 과정에 있는 스크립트를 실행해 주어야 한다.

```
# vi /etc/oratab
orcl:/home/oracle/app/oracle/product/11.2.0/dbhome_1:N
```

마지막 행의 끝 부분에 "N"을 "Y"로 수정한뒤 저장한다.

```
root@coffee-desktop: ~
# "N", be brought up at system boot time.
#
# Multiple entries with the same $ORACLE_SID are not allowed.
#
#
orcl:/home/oracle/app/oracle/product/11.2.0/dbhome_1:Y
"/etc/oratab" [Modified] line 23 of 23 --100%-- col 54
```

root 사용자 권한으로 "/etc/init.d/oracle" 파일을 생성하여 다음과 같이 입력한다.

```
$ sudo /etc/init.d/oracle start
```

```
oracle@coffee-desktop: ~
oracle@coffee-desktop:~$ sudo /etc/init.d/oracle start
Oracle Start:
LSNRCTL for Linux: Version 11.2.0.1.0 - Production on 17-OCT-2013 14:40:52

Copyright (c) 1991, 2009, Oracle.  All rights reserved.

TNS-01106: Listener using listener name LISTENER has already been started
Processing Database instance "orcl": log file /home/oracle/app/oracle/product/11
.2.0/dbhome_1/startup.log
OK
oracle@coffee-desktop:~$
```

```
#!/bin/bash ORA_HOME="/home/oracle/app/oracle/product/11.2.0/dbhome_1"
ORA_OWNER="oracle"

if [ ! -f $ORA_HOME/bin/dbstart -o ! -d $ORA_HOME ]
then
     echo "Oracle Startup: failed"
     exit 1
fi

case "$1" in
     start)
          echo -n "Oracle Start: "
          su - $ORA_OWNER -c "$ORA_HOME/bin/lsnrctl start"
          su - $ORA_OWNER -c $ORA_HOME/bin/dbstart
          touch /var/lock/subsys/oracle
          echo "OK"
          ;;
     stop)
          echo -n "ORACLE Shutdown: "
          su - $ORA_OWNER -c "$ORA_HOME/bin/lsnrctl stop"
          su - $ORA_OWNER -c $ORA_HOME/bin/dbshut
          rm -f /var/lock/subsys/oracle
          echo "OK"
          ;;
     restart)
          $0 stop
          $0 start
          ;;
     *)
          echo "Usage: $0 start|stop|restart"
          exit 1
esac

exit 0
```

작성한 스크립트 파일의 사용 권한을 755로 조정한다.

```
# chmod 755 /etc/init.d/oracle
```

다음의 파일을 vi 편집기를 이용하여 수정한다.

```
$ORACLE_HOME/bin/dbstart
$ORACLE_HOME/bin/dbshut
```

"ORACLE_HOME_LISTNER=$1"으로 되어 있는 내용을 "ORACLE_HOME_LISTNER
=$ORACLE_HOME"으로 수정한다.

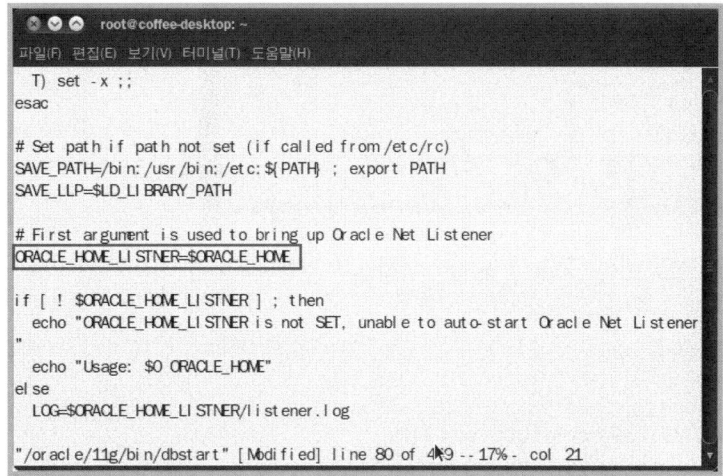

오라클 계정으로 돌아와서 데이터베이스를 시작한다.

```
$ sudo /etc/init.d/oracle start
```

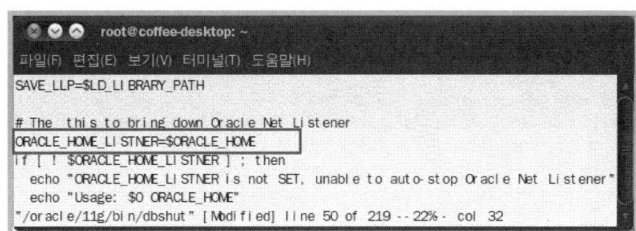

```
Connecting to (DESCRIPTION=(ADDRESS=(PROTOCOL=IPC)(KEY=EXTPROC1521)))
STATUS of the LISTENER
------------------------
Alias                     LISTENER
Version                   TNSLSNR for Linux: Version 11.1.0.6.0 - Production
Start Date                13-JUL-2010 16:19:20
Uptime                    0 days 0 hr. 0 min. 0 sec
Trace Level               off
Security                  ON: Local OS Authentication
SNMP                      OFF
Listener Parameter File   /oracle/11g/network/admin/listener.ora
Listener Log File         /oracle/diag/tnslsnr/coffee-desktop/listener/alert/log
.xml
Listening Endpoints Summary...
  (DESCRIPTION=(ADDRESS=(PROTOCOL=ipc)(KEY=EXTPROC1521)))
  (DESCRIPTION=(ADDRESS=(PROTOCOL=tcp)(HOST=coffee-desktop)(PORT=1521)))
The listener supports no services
The command completed successfully
암호:
Processing Database instance "orcl": log file /oracle/11g/startup.log
touch: `/var/lock/subsys/oracle'를 touch할 수 없음: Permission denied
OK
oracle@coffee-desktop:~$
```

만들어준 스크립트이므로 "start", "stop", "restart" 옵션을 사용할 수 있다.

"/var/lock/subsys/oracle" 오류는 다음과 같이 하여 오류 메시지를 제거할 수 있다.

```
# cp /dev/null /var/lock/subsys/oracle
# chown oracle /var/lock/subsys/oracle
# chgrp oinstall /var/lock/subsys/oracle
```

```
파일(F) 편집(E) 보기(V) 터미널(T) 도움말(H)
root@coffee-desktop:~# cp /dev/null  /var/lock/subsys/oracle
root@coffee-desktop:~# chown oracle /var/lock/subsys/oracle
root@coffee-desktop:~# chgrp oinstall  /var/lock/subsys/oracle
root@coffee-desktop:~#
```

"touch"는 파일의 타임스탬프를 처리하는 명령이다. 위의 오류는 해당 파일이 없는 경우이다. 위 명령을 수행하고 나면 오류 메시지 없이 오라클이 시작된다.

```
oracle@coffee-desktop:~$ sudo /etc/init.d/oracle start
Oracle Start:
LSNRCTL for Linux: Version 11.2.0.1.0 - Production on 17-OCT-2013 14:49:17

Copyright (c) 1991, 2009, Oracle.  All rights reserved.

TNS-01106: Listener using listener name LISTENER has already been started
Processing Database instance "orcl": log file /home/oracle/app/oracle/product/11
.2.0/dbhome_1/startup.log
OK
oracle@coffee-desktop:~$
```

이제부터 오라클 계정으로 로그인하여 "/etc/init.d/oracle start"를 실행하면 오라클 데이터베이스를 사용할 수 있다.

11.5 오라클 사용하기

```
$ $ORACLE_HOME/bin/dbstart ORACLE_HOME
```

```
oracle@coffee-desktop: ~
oracle@coffee-desktop:~$ $ORACLE_HOME/bin/dbstart ORACLE_HOME
Processing Database instance "orcl": log file /home/oracle/app/oracle/product/11
.2.0/dbhome_1/startup.log
oracle@coffee-desktop:~$
```

오라클 데이터베이스를 시작한다.

"lsnrctl" 명령으로 리스너 컨트롤을 시작하고 "sqlplus"를 실행한다. 리스너 컨트롤이 이미 실행 중이라면 생략하고 "sqlplus"를 바로 실행한다.

```
$ lsnrctl start
```

```
oracle@coffee-desktop: ~
oracle@coffee-desktop:~$ lsnrctl start

LSNRCTL for Linux: Version 11.2.0.1.0 - Production on 17-OCT-2013 14:56:39

Copyright (c) 1991, 2009, Oracle.  All rights reserved.

TNS-01106: Listener using listener name LISTENER has already been started
oracle@coffee-desktop:~$
```

```
$ sqlplus /nolog

... 중략 ...

SQL> connect system
Enter password: <system 계정의 비밀번호 입력>
Connected.
SQL> select * from tab;
```

```
oracle@coffee-desktop: ~
oracle@coffee-desktop:~$ sqlplus /nolog

SQL*Plus: Release 11.2.0.1.0 Production on Thu Oct 17 15:01:02 2013

Copyright (c) 1982, 2009, Oracle.  All rights reserved.

SQL> connect system
Enter password:
Connected.
SQL> select * from tab;
```

"SQL> " 프롬프트에서 "select * from tab;"을 입력하여 scott 계정의 테이블을 조회할 수 있다. "sqlplus"를 사용하여 쿼리 명령을 입력하면 데이터베이스 조작이 가능하다.

다음으로 시스템을 재시작한 후에 "Enterprise Manager"를 동작하면 다음과 같은 오류가 나온다.

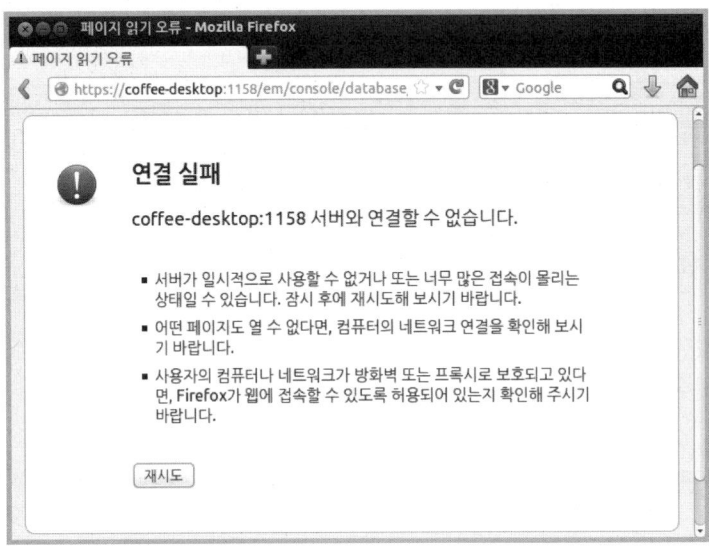

이 오류는 "emctl"이 시작되지 않아서 발생하는 문제이다.

항상 시스템을 재시작 하면 "emctl"을 시작하여야 브라우저로 데이터베이스를 관리할 수있다. 그러나 이는 시스템 속도를 떨어뜨리는 부담이 너무 크다. 가능하면 필요할 때만실행하고 일반적으로는 "sqlplus"를 사용하기 바란다.

```
$ emctl start dbconsole
```

```
oracle@coffee-desktop: ~
oracle@coffee-desktop:~$ emctl start dbconsole
/home/oracle/app/oracle/product/11.2.0/dbhome_1/bin/emctl: 23: ulimit: bad numbe
r
Oracle Enterprise Manager 11g Database Control Release 11.2.0.1.0
Copyright (c) 1996, 2009 Oracle Corporation.  All rights reserved.
https://coffee-desktop:1158/em/console/aboutApplication
Starting Oracle Enterprise Manager 11g Database Control ............ started.
------------------------------------------------------------------
Logs are generated in directory /home/oracle/app/oracle/product/11.2.0/dbhome_1/
coffee-desktop_orcl/sysman/log
oracle@coffee-desktop:~$
```

"ultimit: bad number" 메시지는 오라클이 dash를 지원하지 못하는 문제로 보인다. 이는 "/etc/passwd" 파일에 oracle 계정이 사용하는 기본 쉘이 "/bin/dash"로 되어 있어서발생하는 것으로 "/bin/bash"로 수정하면 간단하게 해결할 수 있다.

```
# /etc/passwd
oracle:x:1001:1002::/home/oracle:/bin/bash
```

한 가지 문제가 되는 것은 이 작업을 수행하고 나면 터미널 창에서 방향키가 동작을 하지 않고 프롬프트도 "$" 하나만 나타나게 된다. 이를 수정하는 간단한 방법은 다른 사용자 계정에서 ".profile"과 ".bashrc" 파일을 oracle 계정의 홈 디렉터리로 복사하고 다시 로그인한다.

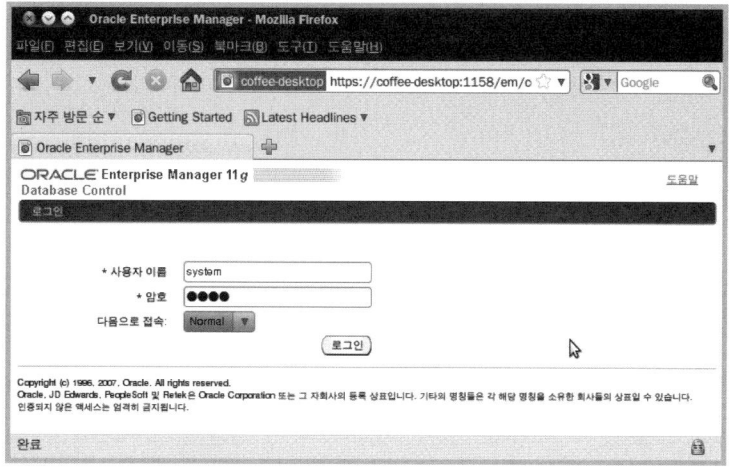

"emctl start dbconsole"은 실행 시간이 시간이 조금 걸린다. 쉘 프롬프트가 나온 이후에 Firefox를 실행하여 em 접속을 하면 다음과 같이 나온다.

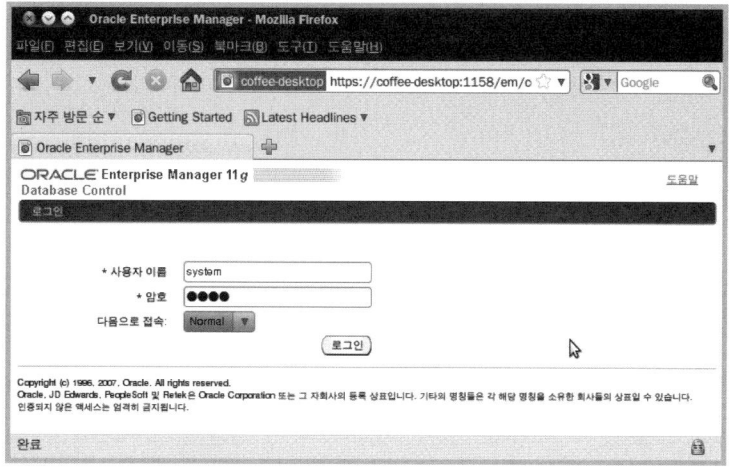

로그인하면 em을 정상적으로 사용할 수 있다.

리눅스 보안

12.1 프로세스 및 서비스

프로세스 제어는 프로세스에 대한 정보를 획득하는 방법과 해당 정보의 위치에 대하여 다루는 것이다. 개별 프로세스 정보는 /proc 디렉터리에 담겨 있다. /proc 디렉터리를 살펴보자.

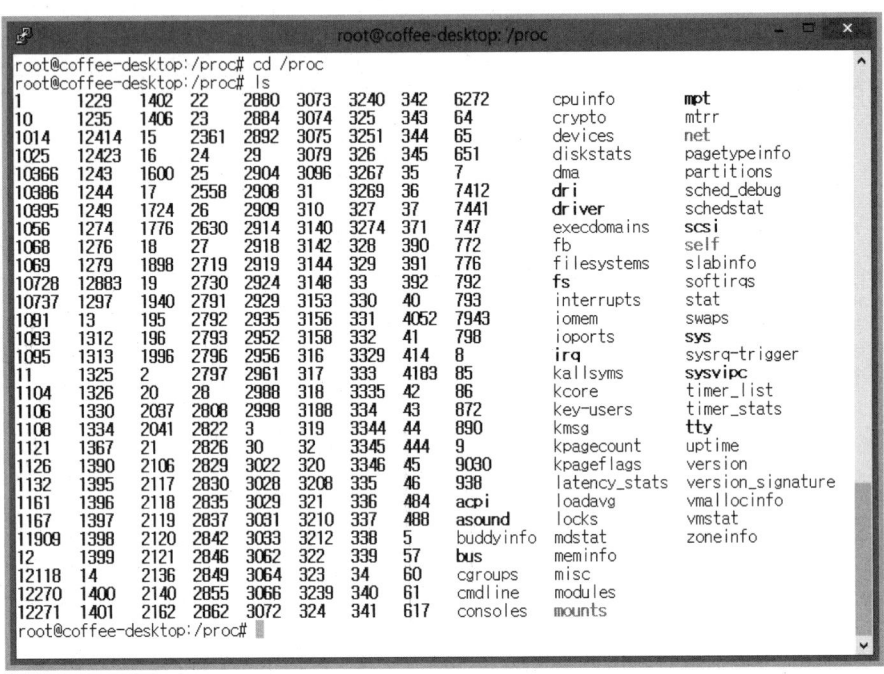

숫자로 표현된 것은 프로세스 번호에 해당하는 정보를 디렉터리로 보관하는 것이다. 리눅스에서는 이러한 텍스트 파일을 디렉터리에 담고 있는 형태를 데이터베이스라고 부르고 있다.

즉, 데이터베이스는 정보를 모아서 구분할 수 있게 하는 관점에서 보면 당연한 명명이다. acpi, asound, bus, driver, fs, irq, mpt, scsi, sys, sysvipc, tty 역시 정보를 가지고 있는 디렉터리이며 mount, net, self는 심볼릭 링크이다. 기타 파일들은 해당 정보를 가지고 있는 텍스트 파일로서 cat, more, vi 등으로 내용을 확인할 수 있다.

서비스는 시스템을 운용하는데 필요한 프로세스 및 사용자의 시스템 사용을 지원하는 프로세스로 나누어 볼 수 있다. 전자를 시스템 서비스라고 부르고 후자를 사용자 서비스라고 부른다. 시스템 서비스는 하드웨어 장치 또는 운영체제 스케줄러, 네트워크 지원 등이 있다.

사용자 서비스는 사용자가 시스템을 사용할 때 겪는 어려움을 해소할 수 있고 효율적으로 사용하도록 지원하는 서비스이다. 이러한 시스템에 있는 많은 서비스를 제어하는 방법을 살펴봄으로써 그 특징을 짐작할 수 있을 것이다. /etc/init.d 디렉터리는 데몬 서비스를 위한 스크립트들이 존재하고 있다.

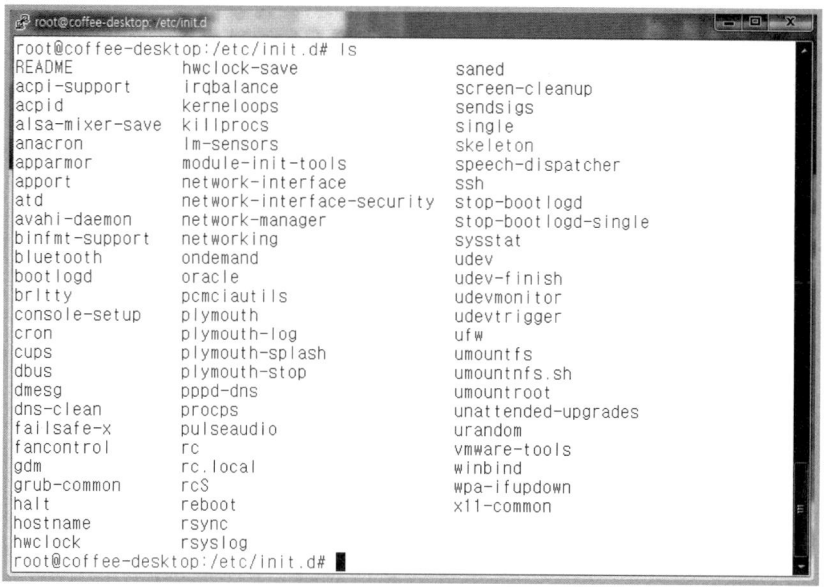

'README'와 'skeleton'을 제외하면 심볼릭 링크를 포함하여 모두 실행 가능한 스크립트 파일로 구성되어 있다.

12.2 보안 및 복구

12.2.1 setUID, setGID, Sticky bit

앞서 chmod(권한 설정) 명령어 사용법을 살펴보았다.

소유자와 그룹, 기타 모든 사용자를 대상으로 읽기, 쓰기, 실행하기 권한을 설정할 때 정책을 잘 설정하여 권한을 설정한다면 보안의 1차 단계를 수행하는 것이다.

즉, 소유자가 다른 사람의 접근을 제한할 수 있다는 점이 보안의 기본 개념이다. 권한 설정 방법에서 755, 644 등의 숫자로 지정하는 방법과 +rwx, -rwx 등의 문자로 지정하는 방법을 살펴보았는데 이것만으로 부족하다. 추가적인 설정 방법을 살펴보자. 숫자는 3자리가 아닌 4자리수를 사용하는 것이다.

파일의 접근 권한이 755라면 소유자만 읽기, 쓰기, 실행이 가능하고 그룹 및 기타 사용자는 읽기와 쓰기만 가능하다는 의미이다. 여기서 실행이라고 하는 단어의 의미를 좀 더 깊이 살펴보자.

실행은 파일의 2진수 코드가 메모리의 공간을 할당받아서 복사되어 적재되고 CPU에 의해 실행 영역으로 옮겨지는 것을 말한다.

이럴 경우 프로세스가 사용하도록 할당받은 메모리 공간의 권한은 누구 것이며, 프로세스에서 접근하는 자원에 대한 접근 권한은 어떻게 결정되는 것인지를 해결하기 위하여 프로세스를 실행하는 사용자에 대하여는 RUID(Real User IDentification)를 그룹은 RGID(Real Group IDentification)를 정의한다.

또한 프로세스 내부에서 어떤 자원에 접근할 때 소유자와 권한을 검사하는데 이때는 EUID(Effective UID)와 EGID(Effective GID)라고 한다. 즉, RUID=EUID, RGID=EGID가 되는 것이다. 동일한 실행 파일을 두 명의 사용자가 실행한다고 하면 다음과 같을 것이다. 실행 파일의 소유자는 root(즉, UID=0)에게 있고 권한이 755라면 다른 사용자(즉, UID=1000)가 실행하면 파일의 소유권은 0번 UID이지만 프로세스 소유권은 1000번 UID에게 있게 된다. 이때 프로그램을 실행한 1000번 UID를 RUID라고 한다.

또한 메모리에 적재되어 실행되면서 획득한 권한을 EUID라고 한다. 권한이 755 등으로 허가되어 있을 경우는 RUID와 EUID가 항상 같다. 이는 문제가 되지 않는다. 그러나 권한이 640인 파일의 경우는 문제가 다르다. 즉, 0번 UID만 읽기, 쓰기가 가능하고 그룹은 읽기, 기타 사용자는 접근할 수 없는 파일의 경우를 살펴보자.

사용자가 계정의 비밀번호를 수정할 경우 "/etc/shadow" 파일을 수정하게 되는데 다음에서 보듯이 권한 설정이 640이다.

이 파일을 접근할 수 있는 실행 파일의 소유자와 권한은 다음과 같다.

"/usr/bin/passwd" 실행 파일의 경우 755 모드이다. 실행하는 사용자의 UID가 1000번이라면 RUID가 1000번이 되고 EUID도 1000번이 되므로 root 권한으로 "/etc/shadow" 파일에 접근할 수 없는 문제가 발생한다. 여기서 필요한 것은 EUID를 0번으로 스위칭 할 수 있는 기능으로 이러한 EUID 권한 스위칭을 setUID라고 한다.

위의 "/usr/bin/passwd" 파일의 권한 표시에서 소유자 부분을 보면 "rws"라고 되어 있다. 이 rws의 s가 소유자 영역에 있으므로 setUID라고 하고 s가 그룹 영역에 있다면 setGID라고 한다.

setUID, setGID가 설정되어 있으면 해당 파일의 소유자 권한으로 EUID, EGID로 설정된다. 세 번째 권한 설정 부분인 기타 영역은 sticky bit이다. sticky bit는 뒤에서 살펴보기로 하고 우선 setUID, setGID를 보자. 다른 표기법으로 setUID는 SUID, setGID는 SGID로 표현하기도 한다.

실제로 변하는지 검증을 하여 보자. 터미널 창을 2개 열어서 확인하여도 되지만 지면상 하나로 처리하여 보겠다.

```
$ passwd &
$ ps -ao pid,ruid,euid,args
```

```
lgbong@coffee-desktop:~$ passwd &
[1] 11665
lgbong@coffee-desktop:~$ lgbong에 대한 암호 변경 중
(현재) UNIX 암호:

[1]+  정지됨                passwd
lgbong@coffee-desktop:~$ ps -ao pid,ruid,euid,rgid,egid,args
  PID  RUID  EUID  RGID  EGID COMMAND
11410     0     0     0     0 more
11665  1000     0  1000  1000 passwd
11668  1000  1000  1000  1000 ps -ao pid,ruid,euid,rgid,egid,args
lgbong@coffee-desktop:~$
```

암호 입력에서 엔터를 치면 "passwd" 명령의 실행이 백그라운드로 전환되어 정지된다. "passwd" 명령에 대한 실행 프로세스의 RUID는 1000번으로 "lgbong" 계정 사용자이고 EUID는 0번으로 "root" 계정인 것을 확인할 수 있으며 그룹은 변화가 없음을 확인할 수 있다. 해커들이 가장 좋아하 는 먹잇감이 바로 SUID와 SGID이다.

특히 SUID는 프로그램 실행만으로 root 권한을 획득할 수 있기 때문이다. SUID, GUID, sticky bit 설정은 "chmod" 명령으로 설정이 가능하다.

예를 들어 다음과 같은 프로그램을 작성하여 보자.

```
$ vi hacker.c
```

```
#include <stdio.h>

int main(int argc, char **argv)
{
system("vi /etc/shadow");
return 0;
}
```

```
#include <stdio.h>

int main(int argc, char **argv)
{
        system("vi /etc/shadow");
        return 0;
}
~
~
"hacker.c" [New File]
```

간단하게 "/etc/shadow" 파일을 편집하는 명령을 호출하는 프로그램이다.

```
$ gcc -o hacker hacker.c
```

```
lgbong@coffee-desktop:~$ gcc -o hacker hacker.c
lgbong@coffee-desktop:~$ █
```

편집된 파일을 컴파일 한다.

```
$ sudo chown root hacker
```

```
lgbong@coffee-desktop:~$ sudo chown root hacker
[sudo] password for lgbong:
lgbong@coffee-desktop:~$ █
```

소유자를 root로 변경하는 것은 root 계정의 권한이 필요하기 때문이다.

```
$ sudo chmod 4755 hacker
```

```
lgbong@coffee-desktop:~$ sudo chmod 4755 hacker
[sudo] password for lgbong:
lgbong@coffee-desktop:~$ _
```

권한 설정으로 "setUID"를 추가한다. 여기서 "setUID"에 부여하는 번호의 의미는 다음과 같다.

| 소유자 영역 : 4 | 그룹 영역 : 2 | Sticky bit 영역 : 1 | 해제 : 0 |

즉, 영역별로 2의 지수승 값으로 적용이 된다.

일반적인 "chmod" 명령은 일반 사용자 계정에서 사용이 가능하지만 "setUID", "setGID", "Sticky bit" 설정은 root 사용자의 권한이 있어야 적용된다.

```
$ ls -al hacker
```

```
lgbong@coffee-desktop: ~
lgbong@coffee-desktop:~$ ls -al hacker
-rwsr-xr-x 1 root lgbong 7142 2010-07-21 15:02 hacker
lgbong@coffee-desktop:~$
```

물론 이러한 설정을 하는 것은 root 계정에서 관리자가 키보드로 오퍼레이션을 수행하여야 한다. "hacker.c" 프로그램 파일은 조금만 수정하면 어설픈 시스템 관리자에 의하여 운영되는 시스템을 접수하는 실제 사례를 만들 수 있을 것이다.

```
$ ./hacker
```

```
lgbong@coffee-desktop: ~
root:$6$vvqIIexp$fHTp9D8E/LAWaZ3d/FQGePJo.m8sqEpUJZhvPnMIKqdCUyEq55bLX9qfY8yJN.
PimbjRm1GYAm.aN4zQIkFk00:14802:0:99999:7:::
daemon:*:14728:0:99999:7:::
bin:*:14728:0:99999:7:::
sys:*:14728:0:99999:7:::
sync:*:14728:0:99999:7:::
games:*:14728:0:99999:7:::
man:*:14728:0:99999:7:::
lp:*:14728:0:99999:7:::
"/etc/shadow" [readonly] 36 lines, 1289 characters
```

사용자 계정에서 "./hacker"를 실행하였을 때 root 계정을 취득하여 "Permission Denied" 메시지가 나오지 않는다. "readonly" 메시지는 ":wq!" 명령어를 "vi"에서 입력하면 저장하고 종료한다. 즉, 이 파일은 root 계정을 취득한 것이다.

```
$ vi /etc/shadow
```

```
lgbong@coffee-desktop: ~



~
~
"/etc/shadow" [Permission Denied]
```

사용자 계정에서 "vi /etc/shadow" 명령을 실행하였을 때는 root 권한이 없으므로 "Permission Denied" 메시지가 나오면서 내용을 보여주지 않는 것은 기본적으로 보안이 되어 있다는 의미이다.

setUID, setGID에 의해서 root 권한이 사용자에게 유출될 수 있음을 알았다. 여기서 생기는 의문은 "그렇다면 나는 똑똑하니까 setUID, setGID를 주는 오퍼레이션을 하지 않으면 되지 않는가?" 라는 질문을 할 수 있다.

새로 생기는 실행 파일에 대해서는 그 말이 맞다. 그러나 기존에 있는 "/usr/bin/passwd" 파일을 포함하여 이러한 실행 파일이 많이 있다면 그 부분은 어떻게 처리할 것인가의 문제가 남는다. 그러면 도대체 내 시스템에 setUID, setGID가 설정된 실행 프로그램은 어떤 것들이 있는지 살펴보자.

```
# find /bin -perm 4755
```

```
root@coffee-desktop: ~
root@coffee-desktop:~# find /bin -perm 4755
/bin/ping
/bin/fusermount
/bin/mount
/bin/umount
/bin/su
/bin/ping6
root@coffee-desktop:~#
```

많이 보던 명령어들의 EUID가 "root"로 설정되는 것이 현실이다.

이 명령을 사용하지 못하게 하는 것이 최선이겠지만, 관리자의 허락을 받고 실행할 수 있도록 처리하는 것이 시스템 보안에 유리하다.

여기서는 /bin 디렉터리에 있는 명령들만 조사했지만 /usr/bin, /sbin 등 많은 위치를 모두 검사해 보는 것이 좋다. 알고 당하는 것과 모르고 당하는 것의 결과는 하늘과 땅 차이만큼이나 크다.

"/tmp" 디렉터리는 임시 파일을 저장하는 디렉터리로 모든 사용자가 공용으로 사용한다.

```
$ ls -al / | grep tmp
```

```
lgbong@coffee-desktop: ~
lgbong@coffee-desktop:~$ ls -al / | grep tmp
drwxrwxrwt 13 root   root      4096 10월 18 09:45 tmp
lgbong@coffee-desktop:~$
```

자세히 보면 권한 설정에서 기타 영역의 설정 값이 "rwt"로 되어 있는 것이 보일 것이다. 바로 이 't' 값을 설정하는 것이 Sticky bit 설정이다. Sticky bit는 setUID, setGID와는 정반대의 특성을 가지고 있다.

Sticky bit는 해당 비트가 설정된 경우에 그 디렉터리에 있는 파일의 소유권을 완화시키는 역할을 한다. 즉, Sticky bit 설정이 되어 있는 디렉터리는 모든 사용자가 파일을 만들 수 있지만 쓰기 또는 삭제할 경우에는 소유권자(생성한 사용자)만 가능하도록 설정하는 것이다.

12.2.2 ulimit 사용자의 자원 제한

특정 사용자 계정이 자원을 독점하는 현상을 방지하는 정책을 세울 필요가 있다. 예를 들어 "CPU", "메모리", "디스크" 등을 과다하게 점유하여 다른 사용자의 원활한 시스템 사용을 방해하는 것이다.

필자가 처음 접한 중대형 컴퓨터의 운영체제가 "UNIX BSD 4.2"이었는데 그 당시 "Disk Quart"를 수행하는 명령(quota)을 수행하였다가 하룻밤을 꼬박 세워서 명령이 종료하기를 기다린 적이 있었다.

메인 메모리가 32Mbyte였고, 디스크 용량이 600Mbyte 되는 중형 컴퓨터로 32명의 사용자 접속을 위하여 터미널을 30대 설치하고 전산실까지 꾸미며 운영하였으니 가히 왕의 대접을 받은 컴퓨터였지만 사용자 자원 제한을 위해서는 고난도의 기술과 노력이 필요했던 시절이었다.

지금의 리눅스는 이러한 어려움을 해소하고, 관리자에게 "ulimit"라는 명령을 제공하고 있으니 관리자는 가히 특급열차를 운용한다고 볼 수 있을 것이다. 자원을 제한하는 방법은 두 가지가 있다. 하나는 소프트웨어적인 제한이고 두 번째는 하드웨어적인 제한이다.

```
$ ulimit -n
```

```
lgbong@coffee-desktop:~$ ulimit -n
1024
lgbong@coffee-desktop:~$
```

"ulimit −n" 명령은 사용자 계정에서 자신에게 할당된 파일의 개수를 확인한다.

```
NAME
    ulimit - get and set user limits

SYNOPSIS
    #include <ulimit.h>

    long ulimit(int cmd, long newlimit);

DESCRIPTION
    Warning: This routine is obsolete.  Use getrlimit(2), setrlimit(2), and
    sysconf(3) instead. For the shell command ulimit(), see bash(1).

    The ulimit() call will get or set some limit for the calling process.
    The cmd argument can have one of the following values.
```

"man"에서 보는 바와 같이 "ulimit" 명령의 출신은 함수이다. 함수를 사용하여 구현한 명령으로 몇 가지 팁을 소개한다.

```
$ ulimit -n 512
```

```
lgbong@coffee-desktop: ~
lgbong@coffee-desktop:~$ ulimit -n 512
lgbong@coffee-desktop:~$ ulimit -n 514
-bash: ulimit: open files: 제한을 수정할 수 없음: Operation not permitted
lgbong@coffee-desktop:~$
```

현재의 파일 개수를 1024(기본 값)에서 512개로 변경하는 명령이다. 하드웨어 및 소프트웨어 제한을 동시에 변경하는 명령으로 뒤의 숫자는 "hard limit"의 범위를 넘지 않도록 설정하여야 오류가 발생하지 않는다.

```
# ulimit [-[S | H]n 512]
```

```
lgbong@coffee-desktop: ~
lgbong@coffee-desktop:~$ ulimit -Sn 511
lgbong@coffee-desktop:~$ ulimit -Hn 512
lgbong@coffee-desktop:~$ ulimit -Sn; ulimit -Hn; ulimit -n
511
512
511
lgbong@coffee-desktop:~$
```

"ulimt −n"으로 파일 개수를 지정하면 "soft limit" 및 "hard limit" 모두 조정된다. "soft limit"는 "hard limit"를 초과하여 조정될 수 없다. 다른 의미로 해석하면 hard limit는 항상 soft limit보다 크거나 같아야 함을 알 수 있다.

```
# ulimit -[S | H]a
```

```
lgbong@coffee-desktop: ~
lgbong@coffee-desktop:~$ ulimit -a
core file size          (blocks, -c) 0
data seg size           (kbytes, -d) unlimited
scheduling priority             (-e) 20
file size               (blocks, -f) unlimited
pending signals                 (-i) 16382
max locked memory       (kbytes, -l) 64
max memory size         (kbytes, -m) unlimited
open files                      (-n) 511
pipe size            (512 bytes, -p) 8
POSIX message queues     (bytes, -q) 819200
real-time priority              (-r) 0
stack size              (kbytes, -s) 8192
cpu time               (seconds, -t) unlimited
max user processes              (-u) unlimited
virtual memory          (kbytes, -v) unlimited
file locks                      (-x) unlimited
lgbong@coffee-desktop:~$
```

조정할 수 있는 내용은 여기에 나열된 항목 모두가 조정이 가능하다. 위 화면에서 "(−?)" 형식의 내용에서 "?"에 대응하는 문자가 "ulimit"로 설정이 가능한 옵션이다.

12.2.3 CPU 점유 시간 제한

```
# ulimit -[S | H]t 숫자
```

```
lgbong@coffee-desktop:~$ ulimit -St 10
lgbong@coffee-desktop:~$
```

CPU 사용시간을 10초로 제한하였다. 간단한 프로그램을 작성하여 테스트하여 보자.

```
lgbong@coffee-desktop:~$ cat testcpu.c
#include <stdio.h>

int main()
{
        int i=0;

        printf("CPU time Start\n");
        for(;;) {
                i++;
        }
        printf("CPU time end\n");
}
lgbong@coffee-desktop:~$ gcc -o testcpu testcpu.c
lgbong@coffee-desktop:~$ ./testcpu
CPU time Start
CPU time limit exceeded
lgbong@coffee-desktop:~$
```

위 실험 결과에서 알 수 있듯이 "CPU time"이 "unlimited"이었다면 프로그램이 종료되지 않고 시스템은 이 프로세스에 의해 심각한 자원 제한을 받을 수 있을 것이다. CPU 시간을 제한함으로서 프로세스가 강제 종료되었다.

이러한 설정은 심사숙고가 필요하다. 너무 짧게 잡으면 큰 프로세스를 실행할 수 없고 너무 길게 잡으면 시스템 효율을 보장하지 못한다. 필자가 전산에 갓 입문하였을 때 선배 프로그래머가 이런 말을 한 적이 있다.

"○○은행의 모 프로그래머가 작성한 프로그램이 무한루프에 걸려서 대형 시스템의 자원을 독점하는 현상으로 은행 전산 시스템이 마비된 적이 있는데 무한루프에 한번 걸려서 권고사직을 당했으니까 무한 루프를 조심하기 바란다."는 말이었다. 지금 생각하면 "ulimit"와 같은 설정 기능만 있었어도 그러한 참담한 결과를 가져오지는 않았을 것이다.

12.2.4 프로세스 생성 개수 제한

ulimit -[S | H]u 숫자

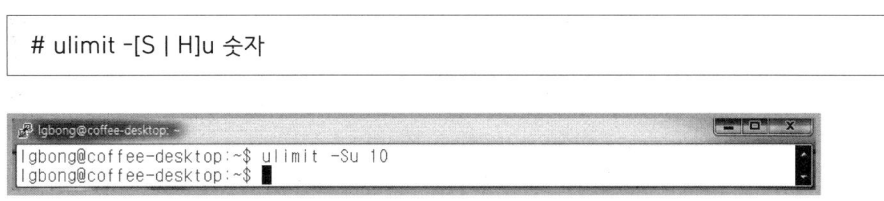

"fork( )" 함수를 사용하여 프로세스를 생성할 때 프로세스 개수를 10개 이상 만들 수 없도록 제한하는 것이다. "fork( )" 함수 호출 블록이 무한루프에 걸려도 시스템이 무력화되는 경우가 없도록 조치할 때 유용하다.

한 가지 의문이 생기는 것은 사용자 계정에서 입력하여야 하는 것인가에 대한 질문을 하는 독자가 있다면 "root" 권한을 너무 우습게 보는 것이라고 말하고 싶다. "root" 권한은 모든 사용자 계정으로 비밀번호 없이 로그인 할 수 있는 무소불위의 권한을 가지고 있음을 인식하기 바란다.

사용자 계정을 하나씩 찾아다니면서 적용하는 것은 초보자의 단순 무식의 발로이고 좀 더 고급스러운 방법을 생각해보자. "./bash_profile"에 적용하는 것은 한 단계 진보한 방법이다. "/etc/bash.bashrc" 파일에 기록하여 생성되는 모든 사용자에게 적용하는 것은 또 한 단계 진보한 방법이다.

"/etc/profile" 파일을 수정하여 모든 사용자에게 적용하는 것은 조금 더 진보한 방법이다. 그러나 이러한 방법 모두 강제성이 떨어진다. 사용자가 로그인하여 명령으로 값을 조정하면 문제가 생긴다. 일정 값 이상은 사용자가 수정할 수 없는 방법을 살펴보자. 다음에 소개할 "PAM"을 통한 사용자의 자원 제한이다.

12.2.5 PAM을 이용한 사용자의 자원 제한

"PAM"은 "Pluggable Authentication Modules for Linux"의 의미로 리눅스 보안 인증을 관리하는 모듈이다. 고급 기법은 이 책에서 다루기에는 분량이 너무 많으므로 몇 가지만 살펴보도록 하겠다. 좀 더 많은 공부를 원하는 독자는 리눅스 보안 관련 책을 참조하기 바란다.

우선 "/etc/pam.d/login" 파일을 열어 보자.

```
# vi /etc/pam.d/login
```

```
# The PAM configuration file for the Shadow `login' service
auth       optional   pam_faildelay.so delay=3000000
auth       required  pam_securetty.so
auth       requisite  pam_nologin.so
session [success=ok ignore=ignore module_unknown=ignore default=bad] pam_selinux
.so close
session        required    pam_env.so readenv=1
session        required    pam_env.so readenv=1 envfile=/etc/default/locale
@include common-auth
auth       optional   pam_group.so
session    required   pam_limits.so
session    optional   pam_lastlog.so
```

첫 줄을 제외한 주석을 모두 제거하여 본 내용이다. 커서가 위치한 행의 내용이 자원 제한을 위한 "pam_limits.so" 모듈이다. 그리고 실제 사용자의 제한 값을 설정하는 것은 "/etc/security/limits.conf" 파일이다.

```
# vi /etc/security/limits.conf
```

```
root@coffee-desktop: ~                                          - □ x
# /etc/security/limits.conf
#
#Each line describes a limit for a user in the form:
#
#<domain>        <type>  <item>  <value>
#
#Where:
#<domain> can be:
#        - an user name
#        - a group name, with @group syntax
#        - the wildcard *, for default entry
#        - the wildcard %, can be also used with %group syntax,
"/etc/security/limits.conf" 60 lines, 2247 characters
```

이 파일의 작성 규칙을 주석으로 설명하고 있는데 행 단위의 필드 구분으로 하고 있다. 필드는 공백으로 띄워주면 되는 4개로 "domain", "type", "item", "value"로 구성되어 있다. "/etc/security/limits.conf"에는 "ulimit" 명령의 내용보다 더 많은 항목을 설정할 수 있다. 이러한 PAM 모듈은 재시작이 필요 없고 다음 로그인하는 순간부터 적용이 된다.

예제를 만들어 적용하여 보도록 한다.

*	hard	nproc	4096
@lgbong	hard	nofile	2048
*	–	maxlogins	5

```
root@coffee-desktop: ~                                          - □ x
*       hard    nproc       4096
@lgbong hard    nofile      2048
*       -       maxlogins   5
~
"/etc/security/limits.conf" [Modified] line 62 of 64 --96%-- col 1
```

첫 번째 행은 모든 사용자에게 생성 가능한 프로세스의 개수(nproc)인 "hard limit"를 "4096"으로 제한하였다. 두 번째 행은 "lgbong"이라는 그룹에 속한 모든 사용자들은 최대 오픈 가능 파일의 개수가 "hard limit"로 "2048"로 제한하였다. 세 번째 행은 모든 사용자는 원격 접속을 "5"개 이상 가질 수 없도록 하고 있다. 사용자 로그인 제한은 "type" 필드에 "–"를 입력하여야 한다.

"item" 필드에 적용 가능한 항목으로 중요하다고 판단되는 일부를 살펴보면 "code", "data", "fsize", "rss", "stack", "cpu" 등의 항목을 적어 제한할 수 있다.

12.2.6 ACL을 이용한 접근 제어

"ACL(Access Control List)"은 "chmod" 명령의 "0644" 등의 지정 방법이 부족한 점을 고려하여 권한 설정의 자유로움을 제공하는 패키지이다. Ubuntu에서는 기본적으로 사용자 권한을 매우 강력하게 제한하고 있으므로 이 패키지의 오남용으로 인한 시스템 보안 체계의 붕괴를 우려하여 기본으로 탑재하고 있지 않은 것 같다.

즉, "apt-get install acl" 명령으로 설치를 하여야 한다. 어떤 점이 부족한지 예를 들어

보면 root 계정의 사용자가 소유한 파일의 권한 설정이 "0644"로 되어 있다면 소유자 (rw-), 그룹(r--), 기타(r--)를 의미한다.

그런데 이 파일을 특정 사용자만 "0777" 모드로 접근이 가능하게 하려고 한다면 "ACL" 없이는 어렵게 된다. "ACL"을 사용하기 위해서는 파일 시스템을 마운트 할 때 "ACL"을 활성화를 시켜야 한다. 다음의 2가지 방법 중 하나를 선택하여 사용할 수 있다.

> 1. "/etc/fstab"의 옵션 필드(4번째)에 "acl"을 지정한다.
> 2. "tune2fs"를 이용하여 슈퍼블록에 "default mount options"에 "acl"을 지정한다.

하나 더 확인할 사항은 하나의 파일 시스템으로 시스템을 구성할 경우 세부적인 제어가 어렵다는 점이다. 즉, 파일 시스템별로 파티션을 나누어 설치할 경우 매우 효과적이다.

```
# vi /etc/fstab
```

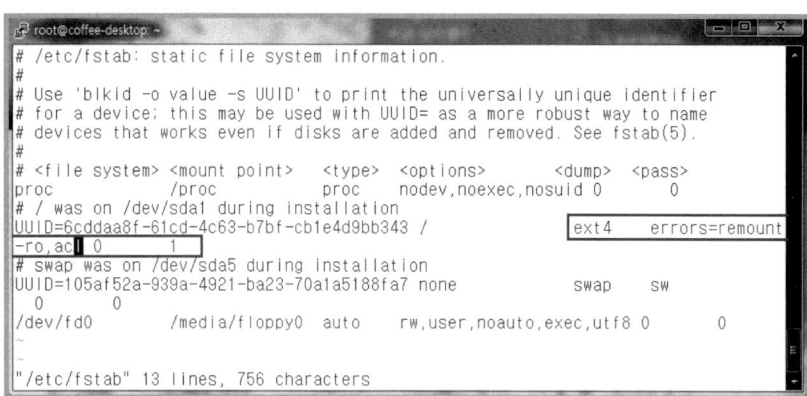

필자는 시스템 파티션을 하나로 설치하였기에 "/etc/fstab"이 위와 같이 구성되어 있다. 커서 위치의 라인에서 "option" 필드에 해당하는 부분의 "errors=remount-ro"를 "eorrors=remount-ro,acl"로 수정한다.

구분은 "."이 아니고 ","이다.

수정하였으면 시스템을 리부팅하거나 "mount -o remount /" 명령을 수행해야 한다. "acl"이 활성화되어 있는지 확인하는 방법은 "mount" 명령을 수행하면 알 수 있다.

```
# mount -o remount /
```

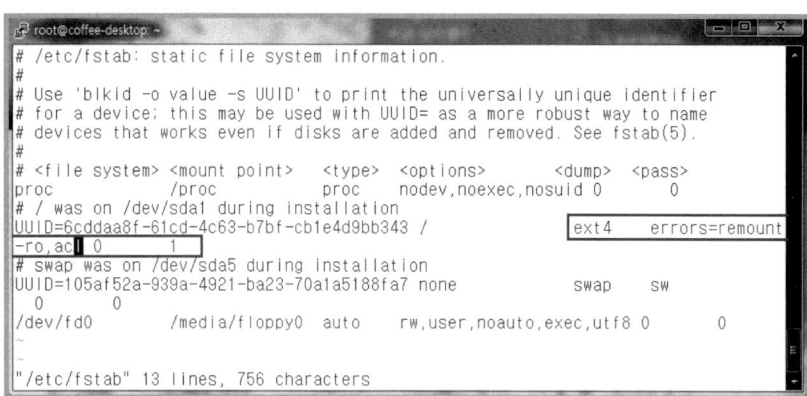

```
# mount
```

```
root@coffee-desktop: ~
root@coffee-desktop:~# mount
/dev/sda1 on / type ext4 (rw,errors=remount-ro,acl)
proc on /proc type proc (rw,noexec,nosuid,nodev)
```

"/" 파일 시스템에 "acl"이 활성화되었다. 이제 "ACL"을 사용할 수 있다. 만약 "ACL"을 이렇게 활성화하지 않고 "acl" 관련 명령을 사용하면 "Operation not permitted" 메시지가 나온다. "acl" 관련 명령어는 "getfacl", "setfacl", "chacl"이다. 명령어 이름을 보면 직관적으로 이해가 될 것이다.

"getfacl" 명령은 파일에서 "acl" 리스트를 읽어오는 것이고 "setfacl" 명령은 파일에 "acl"을 설정하는 명령이다. 또한 "chacl" 명령은 파일 혹은 "acl" 리스트를 수정하는 명령이다. 디렉터리에 적용하면 디렉터리 속에 포함된 모든 파일이 적용을 받는다.

확인을 위하여 사용자 계정으로 로그인한다.

```
$ chmod 700 .
$ touch hello.txt
$ ls -al hello.txt
```

```
lgbong@coffee-desktop: ~
lgbong@coffee-desktop:~$ chmod 700 .
lgbong@coffee-desktop:~$ touch hello.txt
lgbong@coffee-desktop:~$ ls -al hello.txt
-rw-r--r-- 1 lgbong lgbong 0 2010-07-23 16:03 hello.txt
lgbong@coffee-desktop:~$
```

"lgbong" 계정으로 홈 디렉터리에 파일을 하나 만든다.

접근 모드는 "0700"이므로 다른 계정의 사용자가 접근할 수 없다.

```
$ getfacl hello.txt
```

```
lgbong@coffee-desktop: ~
lgbong@coffee-desktop:~$ getfacl hello.txt
# file: hello.txt
# owner: lgbong
# group: lgbong
user::rw-
group::r--
other::r--

lgbong@coffee-desktop:~$
```

"getfacl" 명령을 실행하여 정보를 보면 "lgbong" 사용자만 읽고 쓰기가 가능함을 알 수 있다.

```
$ setfacl -m user:coffee:6 hello.txt
```

```
lgbong@coffee-desktop: ~
lgbong@coffee-desktop:~$ setfacl -m user:coffee:6 hello.txt
lgbong@coffee-desktop:~$
```

"-m" 옵션은 "acl" 정보를 수정하는 의미이고 "user"라는 옵션으로 사용자 계정을 지정한다. "coffee"라는 사용자 계정은 반드시 존재하여야 하고 "6"은 "rw-" 모드 값이다.

```
$ getfacl hello.txt
```

```
lgbong@coffee-desktop: ~
lgbong@coffee-desktop:~$ getfacl hello.txt
# file: hello.txt
# owner: lgbong
# group: lgbong
user::rw-
user:coffee:rw-
group::r--
mask::rw-
other::r--

lgbong@coffee-desktop:~$
```

"coffee" 사용자 계정은 "rw"가 가능함을 알 수 있다. "lgbong" 사용자의 홈 디렉터리 권한이 "0700"이었다. 이는 외부 계정으로 접근할 수 없다. "hello.txt"를 접근하기 위해서 "rw" 모드를 주면 되겠지만 이는 보안 위협 문제가 된다.

접근 가능하게 하는 방법은 "--x(즉 1)"을 홈 디렉터리(".""으로 표현함, 현재 디렉터리가 홈 디렉터리이다.)에 설정하면 보안 문제도 해결되고 접근도 허락 할 수 있다.

```
$ setfacl -m user:coffee:1 .
```

```
lgbong@coffee-desktop: ~
lgbong@coffee-desktop:~$ setfacl -m user:coffee:1 .
lgbong@coffee-desktop:~$
```

"coffee" 계정으로 로그인 한다.

```
coffee@coffee-desktop: /home/lgbong
coffee@coffee-desktop:~$ cd /home/lgbong
-bash: cd: /home/lgbong: Permission denied
```

"acl" 설정을 하기 전에는 접근이 거부된다.

```
coffee@coffee-desktop: /home/lgbong
coffee@coffee-desktop:~$ cd /home/lgbong
coffee@coffee-desktop:/home/lgbong$
```

"acl" 설정 후에 디렉터리 접근이 허용됨을 알 수 있다.

여전히 다른 파일은 접근이 허락되지 않는다. 그러나 "hello.txt" 파일에는 접근이 가능하다.

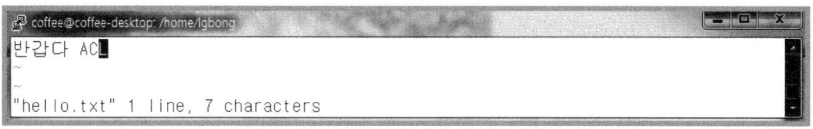

"vi"로 파일을 편집할 수 있다.

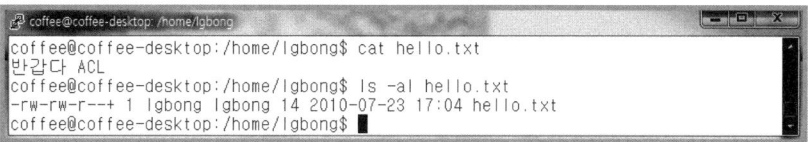

편집된 내용을 저장한다.

```
coffee@coffee-desktop:/home/lgbong$ cat hello.txt
반갑다 ACL
coffee@coffee-desktop:/home/lgbong$ ls -al hello.txt
-rw-rw-r--+ 1 lgbong lgbong 14 2010-07-23 17:04 hello.txt
coffee@coffee-desktop:/home/lgbong$ █
```

사용자 계정 "lgbong" 소유의 디렉터리를 보호하면서 특정 파일만 특정 사용자에게 접근을 허가할 수 있다. "ACL" 권한을 제거하려면 "−x" 옵션을 사용하면 된다.

```
$ setfacl -x user:coffee hello.txt
```

```
lgbong@coffee-desktop:~$ setfacl -x user:coffee hello.txt
lgbong@coffee-desktop:~$ █
```

"coffee" 사용자의 권한을 제거하고 "vi"로 "hello.txt" 파일을 열어 본다. "[Read only]" 메시지를 볼 수 있다.

```
반갑다 ACL█
~
~
W10: Warning: Changing a readonly file
```

"vi"에서 수정 명령을 입력하면 경고 메시지가 나온다. 이를 무시하고 강제로 저장하고 종료하기를 시도한다.

위 그림과 같이 ":wq!"를 사용하여도 수정할 수 없다. ":q!"를 사용하여 편집을 종료하여야 한다. ":q!"는 편집한 모든 내용을 취소하고 "vi"를 종료한다는 의미이다.

사용자를 추가하기 위해서는 "-n" 옵션을 추가로 주면 기존에 부여한 사용자는 유지되면서 여러 사용자를 추가로 지정할 수 있다.

```
$ setfacl -n -m user:oracle:1 .
$ getfacl .
```

```
lgbong@coffee-desktop:~$ setfacl -n -m user:oracle:1 .
lgbong@coffee-desktop:~$ getfacl .
# file: .
# owner: lgbong
# group: lgbong
user::rwx
user:oracle:--x
user:coffee:--x
group::---
mask::--x
other::---

lgbong@coffee-desktop:~$
```

기존에 "coffee" 사용자가 추가되어 있으므로 "oracle" 사용자와 "coffee" 사용자에게 접근을 허가한 내용을 보여주고 있다.

디렉터리인 경우 "ACL" 속성의 상속이 가능하다. "-d(지정)", "-k(해제)"를 사용하면 된다. "d"는 "default"의 의미이다.

"-" 문자를 파일명 대신 사용할 수 있다. "-" 문자는 "stdin"으로부터 파일명을 읽어 들인다. 예를 들어 "ls *.c *.h ~/lib/*.a"는 "ls" 명령의 수행 결과를 "stdout(모니터)"로 출력한다. 이 출력 결과를 파이프("|")를 통하여 "stdin(키보드)" 입력으로 사용할 수 있다.

```
$ ls *.c *.h ~/lib/*.a | setfacl -n -m user:lgbong:6
```

위와 같이 입력하면 "ls" 명령의 결과를 "setfacl" 명령의 파일명 입력 부분("-")에 대체한다.

12.2.7 eiciel GUI 툴을 이용한 접근 제어

"eiciel"은 "ACL"을 노틸러스 "GUI" 환경(그놈 데스크톱)에서 실행하도록 만든 패키지이다. "eiciel"을 사용하기 위해서는 "apt-get install eiciel"로 패키지 설치를 수행하여야 한다.

```
$ sudo apt-get install eiciel
```

```
lgbong@coffee-desktop:~$ sudo apt-get install eiciel
[sudo] password for lgbong:
패키지 목록을 읽는 중입니다... 완료
의존성 트리를 만드는 중입니다
상태 정보를 읽는 중입니다... 완료
다음 새 패키지를 설치할 것입니다:
  eiciel
0개 업그레이드, 1개 새로 설치, 0개 제거 및 12개 업그레이드 안 함.
436 k바이트 아카이브를 받아야 합니다.
이 작업 후 999 k바이트의 디스크 공간을 더 사용하게 됩니다.
받기:1 http://kr.archive.ubuntu.com/ubuntu/ raring/universe eiciel amd64 0.9.8.1
-3build1 [436 kB]
내려받기 436 k바이트, 소요시간 18초 (23.4 k바이트/초)
Selecting previously unselected package eiciel.
(데이터베이스 읽는중 ...현재 209501개의 파일과 디렉터리가 설치되어 있습니다.)
eiciel 패키지를 푸는 중입니다 (.../eiciel_0.9.8.1-3build1_amd64.deb에서) ...
bamfdaemon에 대한 트리거를 처리하는 중입니다 ...
Rebuilding /usr/share/applications/bamf-2.index...
desktop-file-utils에 대한 트리거를 처리하는 중입니다 ...
gnome-menus에 대한 트리거를 처리하는 중입니다 ...
man-db에 대한 트리거를 처리하는 중입니다 ...
eiciel (0.9.8.1-3build1) 설정하는 중입니다 ...
lgbong@coffee-desktop:~$
```

"eiciel" 패키지의 설치를 수행한다.

대쉬 홈에서 프로그램을 검색하여 "eiciel"를 입력하면 설치되어 있는 프로그램 목록이 나타난다.

처음 실행하면 [Open] 버튼과 [File name] 메뉴를 제외하고는 모두 회색으로 비활성화 되어 있다. [Open] 버튼을 클릭하여 디렉터리 또는 파일을 선택한다. 한글 이름으로 명 명된 디렉터리를 사용하여도 문제가 없다.

먼저 파일 오픈을 한다. 빈 디렉터리는 해당되지 않고 파일이나 비어 있지 않은 디렉터리 만 선택해야 한다. 선택하면 우측 화면과 같이 바로 파일 접근 제어를 설정할 수 있다.

마우스 클릭 몇 번이면 바로 사용법을 익힐 수 있는 직관적인 프로그램이다. 주의할 것은 디렉터리를 열었을 경우이다. 빈 디렉터리를 지정하면 경고가 발생한다. 이때는 [Default ACL] 버튼을 활성화 할 수 있어서 사용자의 고민을 덜어준다.

또한 다른 사용자나 그룹의 권한을 추가하기 위해서는 "Participants List"에서 "User" 또는 "Group"을 선택하고 아래 부분의 "Also show system participants"를 체크해 주어 야 설정이 가능하다. 청색 사용자 아이콘은 소유권을 가지고 있고 분홍색 사용자 아이콘 은 "ACL" 권한을 설정할 대상이다.

12.3 root 계정 비밀번호 복구

Ubuntu를 포함한 일반적인 리눅스는 "GRUB(그루브)"라는 부트로더 프로그램을 사용한 다. 부트로더란 컴퓨터에서 가장 먼저 시작되는 부분이다. 역할은 운영체제 선택 기능과 해당 운영체제를 메모리에 적재하는 역할이다.

"GRUB"은 리눅스가 어떻게 시작할지를 결정하는 부분이기 때문에, "GRUB" 설정을 고 치면 리눅스 관리자 권한을 얻을 수도 있다.

Ubuntu는 기본적으로 설치 과정에서 특별히 지정하지 않는다면 "GRUB" 비밀번호를 비 워두고 있다. 따라서 "GRUB"가 시작될 때 '부트옵션'을 수정하여 사용자 비밀번호를 초기화 할 수 있다.

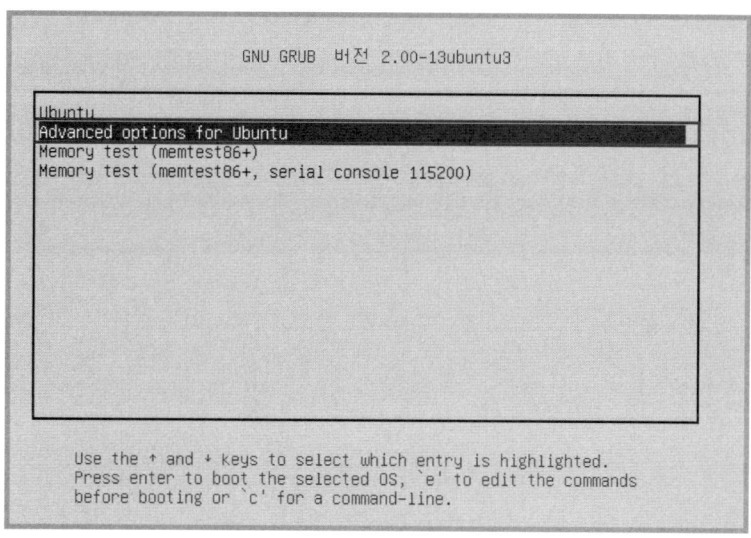

시스템 부팅 시에 리눅스 GRUB 화면이 나오면 부트가 가능한 시스템 목록이 나타난다.
여기서 두 번째 항목인 "Advanced options for Ubuntu"를 키보드 방향키로 선택한다.

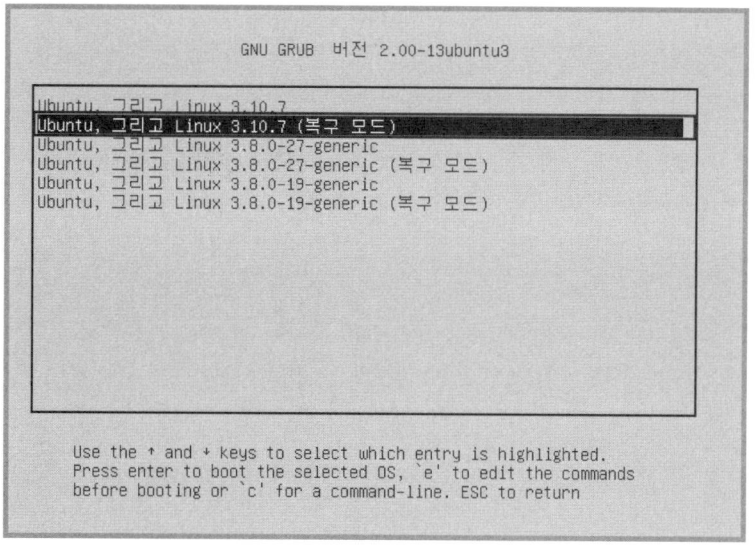

다음 서브 메뉴에서 "Ubuntu, 그리고 Linux 3.10.7 (복구 모드)"를 선택하고 "e" 키를
누른다. 다른 리눅스 커널 버전이라도 "복구 모드" 항목을 선택하면 된다.

```
                      GNU GRUB  버전 2.00-13ubuntu3

setparams 'Ubuntu, 그리고 Linux 3.10.7 (복구 모드)'

        recordfail
                load_video
                insmod gzio
                insmod part_msdos
                insmod ext2
                set root='hd0,msdos1'
                if [ x$feature_platform_search_hint = xy ]; then
                    search --no-floppy --fs-uuid --set=root --hint-bio\
s=hd0,msdos1 --hint-efi=hd0,msdos1 --hint-baremetal=ahci0,msdos1  21\
26e744-aeee-4935-80c4-eb7b8a3fe209
                else
                    search --no-floppy --fs-uuid --set=root 2126e744-a\
eee-4935-80c4-eb7b8a3fe209

    Emacs-like의 최소한의 편집을 지원합니다. TAB으로 자동완성 목록을
    표시합니다. Ctrl-x나 F10을 누르면 부팅되고, Ctrl-c나 F2를 누르면
    커맨드라인으로 들어가며 ESC를 누르면 편집한 사항이 취소되고 GRUB
    메뉴로 돌아갑니다.
```

방향키를 사용하여 아래로 계속 내려간다. 끝에서 3번째 줄이 커널 관련 명령이다.

```
                      GNU GRUB  버전 2.00-13ubuntu3

                set root='hd0,msdos1'
                if [ x$feature_platform_search_hint = xy ]; then
                    search --no-floppy --fs-uuid --set=root --hint-bio\
s=hd0,msdos1 --hint-efi=hd0,msdos1 --hint-baremetal=ahci0,msdos1  21\
26e744-aeee-4935-80c4-eb7b8a3fe209
                else
                    searrh --no-floppy --fs-uuid --set=root 2126e744-a\
eee-4935-80c4-eb7b8a3fe209
                fi
                echo         'Linux 3.10.7을 불러옵니다 ...'
                linux        /boot/vmlinuz-3.10.7 root=UUID=2126e744\
-aeee-4935-80c4-eb7b8a3fe209 ro recovery nomodeset
                echo         '가상 램디스크를 불러옵니다.'
                initrd       /boot/initrd.img-3.10.7

    Emacs-like의 최소한의 편집을 지원합니다. TAB으로 자동완성 목록을
    표시합니다. Ctrl-x나 F10을 누르면 부팅되고, Ctrl-c나 F2를 누르면
    커맨드라인으로 들어가며 ESC를 누르면 편집한 사항이 취소되고 GRUB
    메뉴로 돌아갑니다.
```

이 줄의 끝 부분에서 "ro recovery nomodeset"을 지우고 "rw init=/bin/bash"로 수정한다.

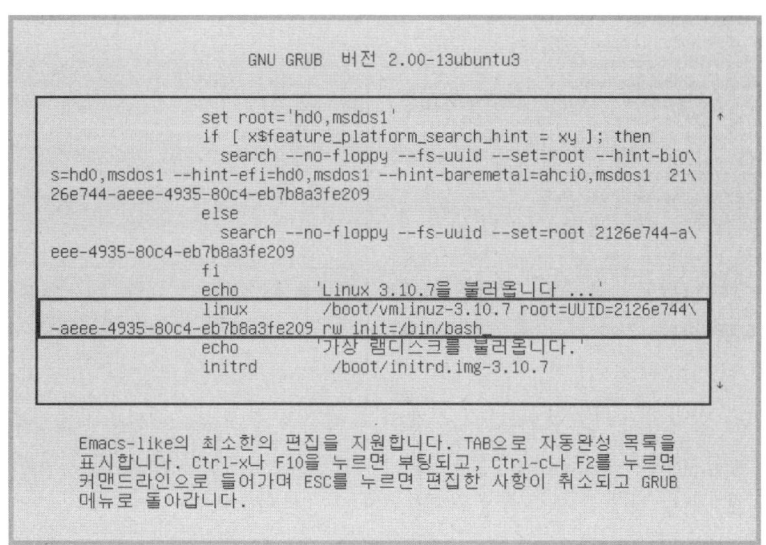

수정을 완료하였으면 (Ctrl)+(X)를 입력하여 부팅을 한다.

```
21
[    2.813398] ata3: SATA link up 3.0 Gbps (SStatus 123 SControl 300)
[    2.814052] ata3.00: ATA-6: VBOX HARDDISK, 1.0, max UDMA/133
[    2.814558] ata3.00: 209715200 sectors, multi 128: LBA48 NCQ (depth 31/32)
[    2.815180] ata3.00: configured for UDMA/133
[    2.815995] scsi 2:0:0:0: Direct-Access     ATA      VBOX HARDDISK    1.0  PQ
: 0 ANSI: 5
[    2.816991] sd 2:0:0:0: [sda] 209715200 512-byte logical blocks: (107 GB/100
GiB)
[    2.817791] sd 2:0:0:0: Attached scsi generic sg1 type 0
[    2.818017] sd 2:0:0:0: [sda] Write Protect is off
[    2.818075] sd 2:0:0:0: [sda] Write cache: enabled, read cache: enabled, does
n't support DPO or FUA
[    2.876177]  sda: sda1 sda2 < sda5 >
[    2.877813] sd 2:0:0:0: [sda] Attached SCSI disk
Begin: Running /scripts/local-premount ... done.
[    3.306836] EXT4-fs (sda1): recovery complete
[    3.308040] EXT4-fs (sda1): mounted filesystem with ordered data mode. Opts:
(null)
Begin: Running /scripts/local-bottom ... done.
done.
Begin: Running /scripts/init-bottom ... done.
bash: cannot set terminal process group (-1): Inappropriate ioctl for device
bash: no job control in this shell
root@(none):/# _
```

기다리면 관리자 권한으로 동작하는 터미널이 나타난다. root 권한을 확인할 수 있는 "root@(none):/#" 프롬프트가 제시된다. 여기에 "passwd 사용자이름" 또는 "passwd"라고 입력하면 비밀번호를 새로 만들 수 있다.

한 번 더 입력하는 것은 앞서 설명한 바와 같이 비밀번호의 안정성을 위함이다. 모두 입력하였으면 (Ctrl)+(D)를 입력하여 재부팅한다.

```
root@(none):/# passwd coffee
Enter new UNIX password:
Retype new UNIX password:
passwd: password updated successfully
root@(none):/# ls -al /etc/shadow
-rw-r----- 1 root shadow 1316 Aug 18 13:12 /etc/shadow
root@(none):/# date
Sun Aug 18 13:12:56 KST 2013
root@(none):/# passwd root
Enter new UNIX password:
Retype new UNIX password:
passwd: password updated successfully
root@(none):/# exit
[  175.821187] Kernel panic - not syncing: Attempted to kill init! exitcode=0x00
000000
[  175.821187]
-
```

"exit" 명령을 입력하면 시스템이 다시 시작하려 하지만 "Kernel panic"이 발생한다. 이는 "sync" 명령 없이 시스템을 재시작 한 결과이다. 그러나 시스템 비밀번호를 바꾸는데는 지장이 없으므로 강제로 시스템의 전원을 껐다가 켜주면 된다.

12.4 SELinux 사용하기

"SELinux"란 "Security Enhanced Linux"의 약자로 예전 리눅스의 보안 취약성의 원인이 초기 설치 단계에서 각종 서비스들의 오픈된 형태 때문임을 인식하고, 각종 서비스들의 보안 기능을 커널 모듈에서 이중으로 제어하는 방법을 고안한 것이다.

이 기능은 원래 미국 NASA에서 개발하여 사용하다가 나중에 민간으로 이양하여 오픈 커뮤니티에 릴리즈시켰다. 그러나 SELinux 적용에는 부작용도 따른다. 가장 큰 문제는 '과민 반응'으로 SELinux의 엄격한 기준 적용 때문에 시스템 사용이 불편한 것이다.

우분투 13.04부터는 SELinux에 해당하는 보안 강화 적용을 설치에서 제공하고 있다. 별도로 추가 적용하지 않고 처음 설치에서 보안 강화 우분투를 선택하면 된다. 그러나 이전 버전을 사용하는 독자를 위하여 이 부분을 그대로 남겨둔다. 다시 한번 이야기하면 우분투 13.04부터는 SELinux를 설치하려고 노력할 필요가 없지만 보안 강화 우분투를 선택하지 않고 설치를 진행한 사용자나 이를 지원하지 않는 Ubuntu를 사용하는 독자에게는 유용한 정보일 것이다.

이러한 기준을 '정책(policy)'이라고 하는데 페도라의 경우 처음에 정책을 너무 엄격하게 설정했다가 나중에 기본 값에서 제외한 적이 있다. 또한 SELinux의 적용을 받는 모든 소프트웨어에 맞추어 정책을 섬세하게 설정하여야 하는데 이것 또한 큰 진통이 필요한 작업이다.

게다가 사용 가능한 프로그램이 추가될 때마다 정책 설정에 심사숙고하여 설정해야 하는 문제가 발생한다. 그래서 이미 SELinux가 적용되어 있는 리눅스 배포판의 경우 설치 후에 SELinux를 비활성화를 시도하기도 한다. 아직은 안정화가 필요하고 전문적인 가이드 표준이 아쉬운 부분이기도 하다.

위와 같은 이유 때문에 우분투는 SELinux를 기본 값으로 포함하지 않도록 Ubuntu를 설치한 뒤에 "apt-get install selinux" 명령을 통하여 추가 설치하여 사용할 수 있도록 제공하고 있다.

```
# apt-get install selinux
# apt-get install selinux-basics
```

"selinux" 설치 과정에서 설치를 계속할 것인가를 묻는 프롬프트가 나오면 "Y"를 입력하여 설치를 진행하면 패키지 설정 화면이 나온다. 두 번째로 "selinux-basics"을 설치하면 자동으로 설치를 진행하고 시스템을 재시작하라고 한다.

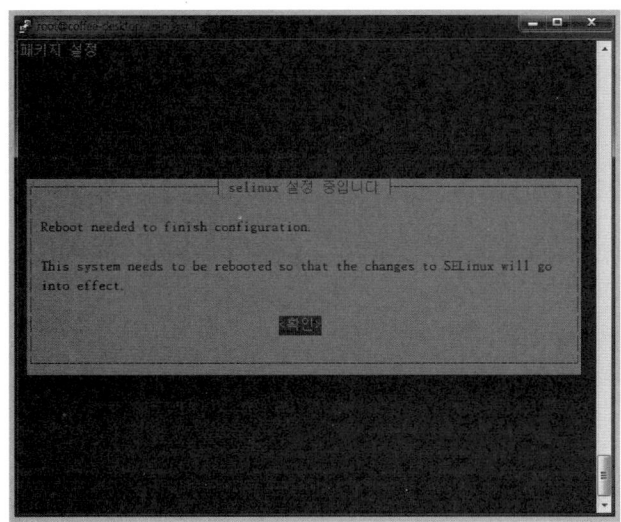

설치가 완료되면 시스템을 재시작하여야 한다.

```
root@coffee-desktop:/etc/sysctl.d# reboot

Broadcast message from root@coffee-desktop
        (/dev/pts/1) at 23:46 ...

The system is going down for reboot NOW!
root@coffee-desktop:/etc/sysctl.d# _
```

터미널 창에서 "apt-get"으로 설치하지 않고 런처(Launcher)에서 우분투 소프트웨어 센터 설치 메뉴를 사용하여도 된다.

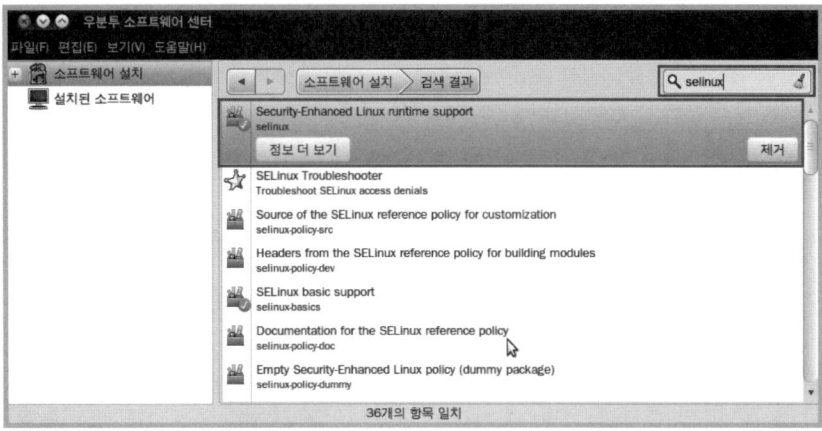

우선은 위에서 제시한 두 가지 정도만 설치한다.

원래 SELinux를 제대로 사용하기 위해서는 보안 레벨에 대한 깊은 이해와 수준 높은 프로그래밍 지식이 있어야만 한다. SELinux에서는 사용자가 직접적으로 보안 모듈을 생성할 수 있으며 정책도 만들 수 있으나, 여기서는 이미 만들어진 일반적인 보안 정책 기능을 사용하는 것에 초점을 맞추도록 한다.

따라서 다룰 내용은 SELinux의 기본 설정 파일, 설정 유틸리티, GUI 방식의 각종 에드온 프로그램들이다. 단, SELinux는 계속 개발 중인 패키지이므로 새로운 기능을 가진 Add-on 프로그램이 추가되어 과거 버전과 현재 버전의 SELinux 유틸리티는 다를 수 있다.

(1) SELinux 설정 및 확인

파일	설명
/etc/sysconfig/selinux	SELinux 기본 설정 파일
/usr/sbin/sestalus	현재 SELinux 상태 확인 명령
/usr/sbin/getentorce /usr/sbin/setenforce	SELinuxentorcing 레벨 확인 및 설정 명령
/usr/sbin/selinuxenabled	SELinuxon/off 확인 명령
/usr/bin/audit2why	SELinux 로그 분석(TUI)
etroubleshoot setroubleshoot_sever	SELinux 로그 감시(gUI) _setroubtessoot은 패키지명, 실행 파일은 sealert
/usr/sbin/getsebool /usr/sbin/setsebool	SELinux 상세 항목을 조회/변경 명령
/usr/sbin/semmanage	SELinux 관리 유틸리티
/usr/sbin/semodule	SELinuxmodule 유틸리티
system_config_selinux	SELinux 윈도우즈용 프론트 엔드

Ubuntu의 SELinux 설정 파일은 "/etc/sysonfig/selinux"이다. SELinux 관련 모든 기능은 보안 관련 기능이므로 관리자 계정인 root 사용자 계정으로 작업하여야 한다.

단, "setroubleshoot"만 콘솔에서 작업하는 모든 사용자 계정에 서비스 한다.

```
# vi/etc/selinux/config
```

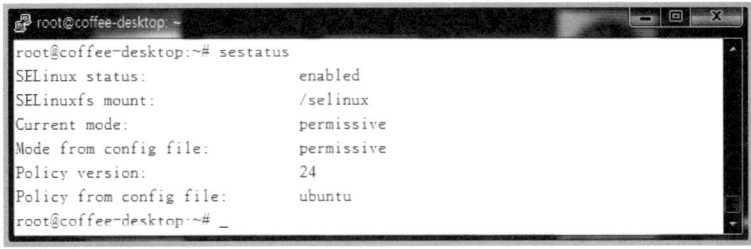

```
# This file controls the state of SELinux on the system.
# SELINUX= can take one of these three values:
# enforcing - SELinux security policy is enforced.
# permissive - SELinux prints warnings instead of enforcing.
# disabled - No SELinux policy is loaded.
SELINUX=permissive
# SELINUXTYPE= can take one of these two values:
# default - equivalent to the old strict and targeted policies
# mls     - Multi-Level Security (for military and educational use)
# src     - Custom policy built from source
SELINUXTYPE=ubuntu

# SETLOCALDEFS= Check local definition changes
SETLOCALDEFS=0
~
"/etc/selinux/config" 14 lines, 583 characters
```

설정 파일에서 "SELINUX=...."로 쓰여 있는 부분이 관심을 두어야 할 부분이다. 위의 그림에서는 "permissive"로 되어 있는데, "enforcing"으로 되어 있는 독자도 있을 것이다.

강제(enforcing)	SELinux 모듈이 시스템 보안 관련 기능을 감지하고 제한한다.(로그 기록을 남긴다)
허용(permissive)	SELinux 모듈이 시스템 보안 관련 기능을 감지하면 허용하고 로그 기록을 남긴다.
비활성(disabled)	SELinux를 사용하지 않는다. 보안에 취약하다.

위의 3가지 SELinux 모드는 Ubuntu에 설치되면서 기본적으로 "permissive" 모드로 동작하므로 모드를 바꾸지 말자. 만약에 "disabled"로 설정되어 있다면 "permissive" 모드로 변경한다. 대부분 "selinux"를 설치하고 리부팅을 하지 않았을 때 "disabled"로 나타난다. 그러면 현재 "SELinux" 상태를 확인하기 위해서 "sestatus"를 사용한다.

```
root@coffee-desktop:~# sestatus
SELinux status:                 enabled
SELinuxfs mount:                /selinux
Current mode:                   permissive
Mode from config file:          permissive
Policy version:                 24
Policy from config file:        ubuntu
root@coffee-desktop:~# _
```

"setstatus" 명령으로 확인해 보면 "Current mode"에 현재 상태가 나오고, "Mode from config file:."에 "/etc/sysconfig/selinux" 설정에 기록된 SELinux 상태가 나온다. 그러면 설정을 변경하고나서 다시 "setatus" 명령을 사용해 본다.

예를 들어 "setenforce 1"로 명령한다든지, "/etc/sysconfig/selinux" 설정 파일을 열어서 "SELINUX=enforcing"으로 바꿔 놓는다든지 하면 설정이 다르게 나온다. 당연하지 않겠는가?

```
root@coffee-desktop: ~
root@coffee-desktop:~# setenforce 1
root@coffee-desktop:~# sestatus
SELinux status:              enabled
SELinuxfs mount:             /selinux
Current mode:                enforcing
Mode from config file:       permissive
Policy version:              24
Policy from config file:     ubuntu
root@coffee-desktop:~# _
```

(2) SELinux 기능 항목 및 설정 유틸리티

SELinux는 기본 모듈을 가지고 있는 다른 서비스 데몬이나 프로그램 및 파일들을 제어할 수 있다. 따라서 SELinux로 인해 서비스가 제한되면 어떤 일이 발생하는지 확인해 보자. 실습을 위해 SELinux의 모드를 "permissive"로 변경한다. 이를 위해서 필요한 명령은 "setenforce 0"이 된다.

```
root@coffee-desktop: ~
root@coffee-desktop:~# setenforce 0
root@coffee-desktop:~# sestatus
SELinux status:              enabled
SELinuxfs mount:             /selinux
Current mode:                permissive
Mode from config file:       permissive
Policy version:              24
Policy from config file:     ubuntu
root@coffee-desktop:~# _
```

그리고 나서 외부에서 현재 Ubuntu 시스템의 ftp 서버로 접속하면 로그 파일("/var/log/message")에서 "selinux" 메시지를 볼 수 있다.

```
관리자: 명령 프롬프트 - ftp 192.168.23.157
Microsoft Windows [Version 6.1.7600]
Copyright (c) 2009 Microsoft Corporation. All rights reserved.

C:\Users\Administrator>ftp 192.168.23.157
192.168.23.157에 연결되었습니다.
220 coffee-desktop FTP server (Version wu-2.6.2(1) Wed Sep 30 08:44:57 UTC 2009)
 ready.
사용자(192.168.23.157:(none)): lgbong
331 Password required for lgbong.
암호:
230 User lgbong logged in.
ftp> ls
200 PORT command successful.
425 Can't build data connection: Connection timed out.
ftp> ls
200 PORT command successful.
425 Can't build data connection: Connection timed out.
ftp>
```

윈도우즈에서 리눅스로 ftp 연결을 한다.

윈도우즈로부터 ftp 접속되어 온 내용을 "/var/log/messages" 로그 기록으로 그 첫 행에 "wu-ftpd"에 "192.168.23.1"로부터 새로운 접속이 있었다고 보여주고 있다. 만일 "vsftpd" 서버를 사용한다면 "vsftd"라고 나올 것이다.

그리고 중간에 SELinux가 "ftp daemon"의 어떤 기능을 제한했는지에 대한 메시지가 있으면 해당 내용에 메시지 ID가 같이 나온다. 이는 "sealert -l '메시지 ID(message 로그에 기록되어 있음)'"로 완전한 메시지를 다시 확인 할 수 있다. 간혹 메시지 형식이 다르거나 명령을 수행할 수 없다는 메시지가 나오면 "setroubleshoot" 관련 패키지를 업데이트해야 한다.

```
# apt-get install setroubleshoot
```

"sealert" 명령으로 해당 메시지를 확인해 보면 SELinux가 어떤 기능을 제한했는지 자세하게 설명하고 있다. "Detailed Description"을 읽어보면 현재 SELinux가 "permissive" 모드로 동작하고 있어서 막혀야 할 작업이 허용되었다고 나온다. 만일 "enforecing" 모드로 동작했다면 그냥 막혔다고 나오게 된다. 관련 bool 값은 "getsebool −a" 명령으로 확인할 수 있다.

```
# getsebool -a
```

```
root@coffee-desktop: ~
파일(F)  편집(E)  보기(V)  터미널(T)  도움말(H)
root@coffee-desktop:~# getsebool -a
allow_execheap --> on
allow_execmem --> on
allow_execmod --> on
allow_execstack --> on
allow_mount_anyfile --> on
allow_polyinstantiation --> off
allow_ptrace --> off
allow_ssh_keysign --> off
allow_user_mysql_connect --> off
allow_user_postgresql_connect --> off
allow_write_xshm --> off
allow_ypbind --> off
cron_can_relabel --> off
fcron_crond --> off
global_ssp --> off
init_upstart --> on
mail_read_content --> off
nfs_export_all_ro --> off
nfs_export_all_rw --> off
secure_mode --> off
secure_mode_insmod --> off
secure_mode_policyload --> off
ssh_sysadm_login --> off
use_lpd_server --> off
use_nfs_home_dirs --> off
use_samba_home_dirs --> off
user_direct_mouse --> off
user_dmesg --> off
user_ping --> off
user_rw_noexattrfile --> off
user_tcp_server --> off
user_ttyfile_stat --> off
xdm_sysadm_login --> off
xserver_object_manager --> off
root@coffee-desktop:~#
```

"setsebool" 명령을 사용하여 "on"으로 변경하기 전에 관련 SELinux 설정 리스트를 확인한다. 원래 가장 최소의 권한만을 허용하는 것이 좋다.

```
# setsebool user_dmesg on
```

```
root@coffee-desktop: ~
root@coffee-desktop:~# setsebool user_dmesg on
root@coffee-desktop:~# _
```

"user_dmesg"를 "on"으로 설정한다.

```
# getsebool user_dmesg
```

```
root@coffee-desktop: ~
root@coffee-desktop:~# getsebool user_dmesg
user_dmesg --> on
root@coffee-desktop:~# _
```

"dmesg"가 "on"으로 설정되었다. "/var/log/message" 파일을 살펴보아야 한다. "on"으로 설정되었을 때와 "off"로 설정되었을 때 message 로그 기록이 수정된다.

```
# cat /var/log/messages
```

```
root@coffee-desktop: ~
" dev=sda1 ino=4194334 scontext=system_u:system_r:sshd_t:s0 tcontext=unconfined_
u:unconfined_r:unconfined_t:s0-s0:c0.c255 tclass=process
Jul 26 20:58:43 coffee-desktop restorecond: Reset file context /var/run/network/
ifstate: system_u:object_r:NetworkManager_tmp_t:s0->system_u:object_r:network_va
r_run_t:s0
Jul 26 20:58:43 coffee-desktop restorecond: Reset file context /home/lgbong/.Xau
thority-c: unconfined_u:object_r:user_home_t:s0->unconfined_u:object_r:xauth_hom
e_t:s0
Jul 26 20:58:43 coffee-desktop restorecond: Reset file context /home/lgbong/.Xau
thority-n: unconfined_u:object_r:user_home_t:s0->unconfined_u:object_r:xauth_hom
e_t:s0
Jul 26 20:58:51 coffee-desktop kernel: [ 139.122002] type=1405 audit(1280145531
.533:49): bool=user_dmesg val=1 old_val=0 auid=4294967295 ses=4294967295
Jul 26 20:58:51 coffee-desktop dbus: avc:  received policyload notice (seqno=2)
Jul 26 20:58:51 coffee-desktop dbus: avc:  received policyload notice (seqno=2)
Jul 26 20:58:51 coffee-desktop setsebool: The user_dmesg policy boolean was chan
ged to on by root
Jul 26 20:59:27 coffee-desktop dbus: avc:  received policyload notice (seqno=3)
Jul 26 20:59:27 coffee-desktop dbus: avc:  received policyload notice (seqno=3)
Jul 26 20:59:27 coffee-desktop setsebool: The user_dmesg policy boolean was chan
ged to on by root
root@coffee-desktop:~# _
```

정책 수립과 연계되어 보안 설정을 하기 위해서는 보안 전문가 과정의 교육을 받거나 별도의 교재로 공부를 하여야 한다. 이 책에서는 SELinux의 소개 정도의 입문이라고 할 수 있을 것이다.

SELinux는 시스템이 어떻게 권한을 배분해야 하는지, 즉 '정책'을 결정할 뿐이며, 사용자의 입력을 받는 기술은 아니다. 정확한 비교는 아니지만, 윈도우의 그룹 정책(gpedit. msc)과 유사하다고 생각하면 될 것이다.

12.5 방화벽 설치 및 사용하기

12.5.1 방화벽이란?

어원은 불길을 차단하기 위한 소방 방재에서 나왔으나 컴퓨터에 적용하면서 외부 컴퓨터의 사용자가 내부로의 진입을 차단하는 역할을 말한다. 반대의 개념으로 "워터월(water wall)"이라는 개념이 있는데 이는 단순히 "파이어월(fire wall)"이라는 단어의 반어법으로 명명된 듯하다.

워터월은 방수벽이라고 하여 내 컴퓨터의 자료가 사용자의 의도하지 않은 실수로 외부에 유출되는 것을 차단하기 위한 역할이다. 오늘날 인터넷에서 공통적으로 사용하는 방화벽에는 두 가지가 있다.

첫 번째는 "패킷 필터링 게이트웨이"라는 것으로 여러 곳에 연결된 컴퓨터의 커널이 일련의 규칙에 의거해 패킷을 전달할지 막을지를 결정하는 방법이다. 두 번째는 "프락시 서버"로 더 많이 알려져 있는데 커널 패킷 전달 기능을 막은 여러 곳에 연결된 기계에 의해 인증을 제공하고 패킷을 전달하는 데몬(telnetd, ftpd 등)에 의존하는 방법이다.

도메인으로 설정된 사이트는 두 종류의 방화벽을 결합하여 "배스천(bastion: 요새, 호스트라고 알려진)" 장비만 패킷 필터링 라우터를 통해 내부 네트워크로 패킷을 보내도록 허용한다. 프락시 서비스는 "배스천"에서 동작하며 일반적인 인증 방법보다 더 안전하다.

12.5.2 패킷 필터링 라우터

"라우터(router)"는 둘 이상의 네트워크에서 패킷을 전달하는 역할을 하는 장비이다. "패킷 필터링 라우터"는 커널 안에 별도의 코드를 갖고 있어서 각 패킷의 전달 여부를 결정하는 일련의 규칙과 비교한다.

대부분의 최근 IP 라우팅 소프트웨어는 그 안에 패킷 필터링 코드가 있어서 기본적으로 모든 패킷을 전달한다. 필터를 사용하기 위해서는 필터링 코드에 대한 규칙을 정의하여 패킷의 전달을 허용할지를 결정할 수 있게 한다.

패킷이 전달 여부를 결정하기 위해서 코드는 일련의 규칙 중 이 패킷 헤더의 내용과 일치하는 규칙을 찾아보고 규칙을 찾으면 규칙에 쓰인 행동을 수행한다. 규칙은 패킷을 버릴 수도 있고 전달할 수도 있고 보낸 사람에게 "ICMP" 메시지를 되돌려 보낼 수도 있다.

첫 번째로 만난 규칙을 우선순위로 하여 순서대로 적용하게 된다. 따라서 규칙의 목록은 "규칙 사슬(rule chain)"이라고 부르기도 한다. 패킷 검색의 기준은 사용하는 소프트웨어에 따라 유동적이지만 보통 패킷의 소스 IP 주소, 도착 IP 주소, 소스 포트 번호, 도착 포트 번호(포트를 지원하는 프로토콜에 대해), 패킷 형태(UDP, TCP, ICMP 등등)에 따라 달라지는 규칙을 지정할 수 있다.

12.5.3 프락시 서버(Proxy Server)

"프락시 서버"는 일반 시스템 데몬(telnetd, ftpd 등등)을 특별한 서버로 구성한 장비이다. 이런 서버를 "프락시 서버"라고 한다. 즉, 일반적으로 연결이 될 것들만 허용한다.

관리자는 방화벽 호스트에서 프락시(telnet 서버)를 실행할 수 있으며 외부 사용자는 내 컴퓨터의 telnet 서버에 접속하고 어떤 인증 기능을 통과하여 내부 네트워크의 접근을 허용 받을 수 있다. 반대로 "프락시 서버"는 내부 네트워크에서 오는 신호를 밖으로 보내주도록 하는데 사용할 수 있다.

"프락시 서버"는 일반적인 서버보다 더 안전하다고 볼 수 있다. 해킹을 시도하는 해커가 내 컴퓨터의 사용자가 사용한 암호를 취득하여 사용하려고 하면 암호의 사용 기간이 즉시 만료되어 시스템의 접근을 할 수 없게 하는 "원 타임" 암호 시스템과 같이 사용 가능한 여러 가지 폭넓은 인증 기능을 갖고 있다.

이들은 실제로 호스트 컴퓨터로의 접근을 외부 사용자에게 허용하지 않으므로 내 컴퓨터의 보안 시스템에 몰래 침입할 수 있는 "Back Door(뒷문)"를 설치하려는 해커들을 힘들게 한다. "프락시 서버"는 종종 더 이상의 접근을 제한하는 방법을 갖고 있으므로 일정 호스트만 서버에 접근이 가능하기도 하며 대상 컴퓨터에 접속할 수 있는 사용자를 제한하도록 설정할 수도 있다. 다시 말하면 사용할 수 있는 기능은 대략 관리자가 선택한 프락시 소프트웨어에 달려 있다.

```
# apt-get install gufw
```

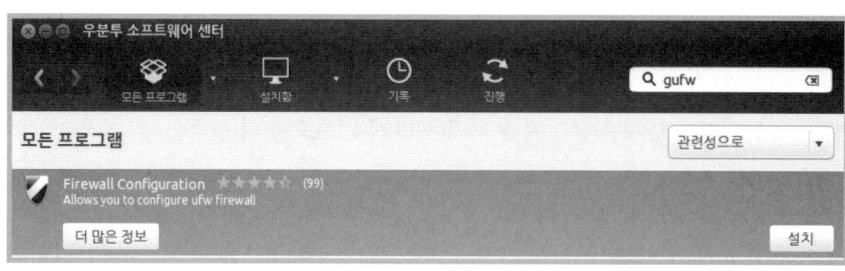

"gufw" 설치를 계속하기 위하여 "Y"를 입력한다.

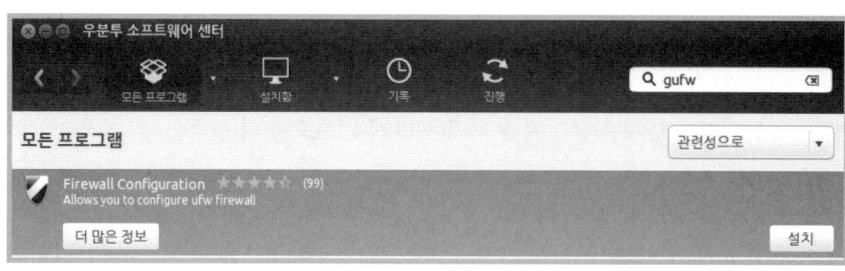

또는 대시 홈의 우분투 소프트웨어 센터에서 "gufw"를 검색하여 설치할 수도 있다.

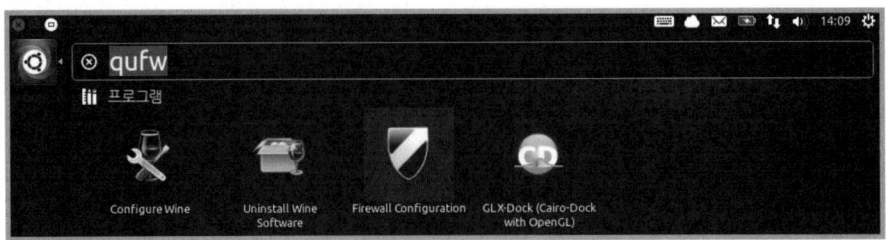

"gufw"를 설치한 후에 [런처]->[대시 홈]->[Firewall Configuration]을 실행한다.

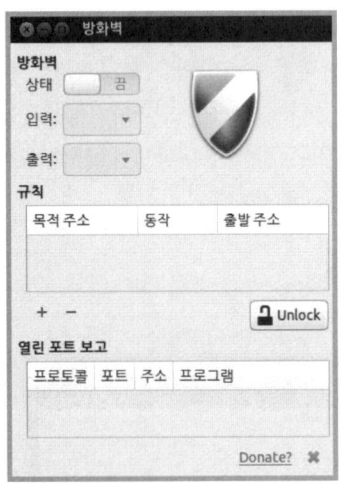

"상태" 항목을 "켬"으로 설정하면 "입력"과 "출력"이 활성화 된다. "입력"은 외부에서 내 컴퓨터로 접속하려는 것이고, "출력"은 내 컴퓨터에서 외부로 접속하려는 것을 말한다.

위의 이미지처럼 입력을 "Deny(차단)"로 해두면 외부에서 내 컴퓨터로 접속은 불가능 해지고, 출력을 "Allow(허가)"로 해 놓았기 때문에 내 컴퓨터에서 외부 서비스를 이용하는 것은 제한 없이 가능하게 된다.

이것은 기본 정책이다. 그 외에 추가 정책을 설정할 수도 있다. 일단 일반적인 웹 서핑에는 위의 설정도 무리가 없다. 외부에서의 접속은 불가능하기 때문에 외부에서의 해킹 시도는 모두 차단된다.

다만 이렇게 해 놓으면 외부에서의 접속을 허용해야 하는 "Torrent"와 같은 "P2P" 서비스 사용에는 문제가 생긴다. "eMule" 같은 경우는 사용이 가능하기는 하지만 "로우 ID(Low ID)"라고 해서 사용상에 불이익을 받게 되기도 한다.

이를 해결하는 것이 규칙을 추가할 수 있는 [추가(+)] 버튼이다. 일반적으로 P2P 프로그램은 특정 포트(Port)를 이용해서 접속한다. 따라서 해당 P2P 프로그램이 어떤 포트 번호를 사용하는지 알아낸 다음 그 포트 번호를 방화벽에서 접속 가능하도록 추가하여 설정해 주면 된다. 보안 위협 수준이 좀 더 약해지는 것은 관리자의 책임이다.

예를 들어 보자. "Torrent" 프로그램의 한 종류인 "트랜스미션"이 '57891' 포트를 사용한다면 다음과 같이 설정해 준다. 우선 방화벽 프로그램에서 [추가(+)] 버튼을 누른다. 그러면 다음과 같은 화면이 나온다.

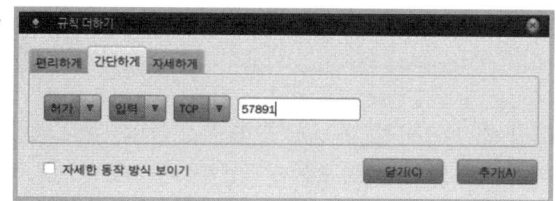

[간단하게] 탭을 클릭해서 허가, 입력, TCP를 선택하고 우측에 57891을 입력한다. 이 내용은 "TCP 57891 포트로 들어오는 입력을 허가한다."라는 뜻이 된다. 그런 다음 [추가] 버튼을 클릭한다. 또 다시 계속 추가할 다른 포트가 있으면 적어주고 [추가] 버튼을 클릭하여 계속 추가할 수 있다. 입력이 모두 완료되었으면 [닫기] 버튼을 클릭한다.

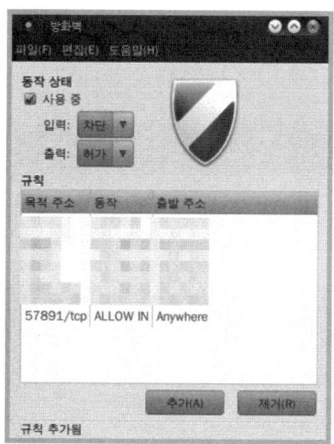

규칙이 추가되었다. 이제 외부에서 오는 입력(접속)은 모두 차단되지만 위에서 추가한 57891의 "tcp" 입력은 접속을 허용할 것이다.

12.5.4 부팅 시 방화벽 자동 적용

"ufw" 방화벽은 부팅 시에 기본적으로 적용되지 않는다. 부팅 시에 자동으로 시작하도록 하려면 "update-rc.d -f ufw defaults" 명령을 실행하면 된다.

```
# update-rc.d -f ufw defaults
```

```
●●●  root@coffee-desktop: ~
파일(F) 편집(E) 보기(V) 터미널(T) 도움말(H)
root@coffee-desktop:~# update-rc.d -f ufw defaults
update-rc.d: warning: /etc/init.d/ufw missing LSB information
update-rc.d: see <http://wiki.debian.org/LSBInitScripts>
 Adding system startup for /etc/init.d/ufw...
   /etc/rc0.d/K20ufw -> ../init.d/ufw
   /etc/rc1.d/K20ufw -> ../init.d/ufw
   /etc/rc6.d/K20ufw -> ../init.d/ufw
   /etc/rc2.d/S20ufw -> ../init.d/ufw
   /etc/rc3.d/S20ufw -> ../init.d/ufw
   /etc/rc4.d/S20ufw -> ../init.d/ufw
   /etc/rc5.d/S20ufw -> ../init.d/ufw
root@coffee-desktop:~#
```

"rc0.d"에서 "rc6.d"까지 "uwf"가 추가되었다 이제 리부팅을 하면 "ufw" 방화벽이 자동으로 수행된다. 시스템을 사용하기가 조금 더 불편해진다. 보안은 동전의 양면과 같다. 안전하게 사용하려고 할수록 사용은 불편해지고 까다로워진다.

12.2.5 데몬 관리

GUI까지는 아니지만 조금 편하게 데몬 관리를 하기 위한 터미널 프로그램인 "sysv-rc-conf" 라는 패키지를 설치해서 적용할 수도 있다.

```
# apt-get install sysv-rc-conf
```

```
●●●  root@coffee-desktop: ~
파일(F) 편집(E) 보기(V) 터미널(T) 도움말(H)
root@coffee-desktop:~# apt-get install sys-rc-conf
패키지 목록을 읽는 중입니다... 완료
의존성 트리를 만드는 중입니다
상태 정보를 읽는 중입니다... 완료
E: sys-rc-conf 패키지를 찾을 수 없습니다
root@coffee-desktop:~# apt-get install sysv-rc-conf
패키지 목록을 읽는 중입니다... 완료
의존성 트리를 만드는 중입니다
상태 정보를 읽는 중입니다... 완료
다음 새 패키지가 전에 자동으로 설치되었지만 더 이상 필요하지 않습니다:
  linux-headers-2.6.32-21 libdesktop-agnostic0 fortunes-min
  libdesktop-agnostic-cfg-gconf fortune-mod librecode0
  libdesktop-agnostic-vfs-gio linux-headers-2.6.32-21-generic
  libdesktop-agnostic-fdo-glib
이들을 지우기 위해서는 'apt-get autoremove'를 사용하십시오.
다음 패키지를 더 설치할 것입니다:
  libcurses-perl libcurses-ui-perl
다음 새 패키지를 설치할 것입니다:
  libcurses-perl libcurses-ui-perl sysv-rc-conf
0개 업그레이드, 3개 새로 설치, 0개 지우기 및 29개 업그레이드 안 함.
399k바이트 아카이브를 받아야 합니다.
이 작업 후 1,446k바이트의 디스크 공간을 더 사용하게 됩니다.
계속 하시겠습니까 [Y/n]? Y
```

패키지 설치 진행을 위해서 "Y"를 입력한다.

```
# sysv-rc-conf
```

"sysv-rc-conf" 실행은 root 권한이 필요하다.

part IX

우분투 포폰
(Ubuntu for Phone)

13 우분투 포폰(Ubuntu for Phone)

13 우분투 포폰(Ubuntu for Phone)   Ubuntu Linux

13.1 우분투 포폰이란?

우분투 포폰은 케노니컬에서 우분투 리눅스로 시작하여 모바일 생태계에 도전장을 내미는 야심찬 프로젝트이다. 우분투의 모바일 디바이스 점령 계획은 사실상 2010년 10월에 유니티를 발표하면서이다. 유니티는 초보자 PC용 리눅스 인터페이스로 잘 알려졌다. 리눅스 초보자도 쉽게 사용할 수 있는 인터페이스로 캐노니컬이 스마트폰, 태블릿 등에도 적용하려는 인터페이스가 바로 유니티다.

캐노니컬의 계획은 우분투에 익숙하지 않은 이용자 계층을 공략한다. 마크 셔틀워쓰 캐노니컬 설립자는 미국 포틀랜드에서 열린 오픈 소스 행사인 오스콘에서 "융합은 대세"라며 "향후 다양한 기기들이 가족으로 묶일 것"이라고 말했다.

우분투 커뮤니티 팀의 조노 베이컨은 "유니티는 기존의 컴퓨터 환경보다는 콘텐츠에 초점을 맞추는 사용자를 겨냥했다."고 설명했다.

스마트폰으로 대변되는 모바일 디바이스 시장의 시작은 애플의 iOS가 이끌었다. 대중화로 안드로이드가 맹주로 군림하고 있는 스마트 디바이스 시장에 후발 주자들이 군웅할거하듯이 포진하고 있다. 이러한 기존 시장에 우분투가 "우분투 포폰"을 발표한 것은 또 다른 후발 주자의 등장으로 치부하기에는 우분투가 준비한 기간과 갖는 힘이 너무 큰 듯하다.

스마트 디바이스의 운영체제 시장은 애플이 시작하였지만 현재는 Android가 대세이다. 즉, 시장을 이들이 양분하고 있다고 봐도 무방하다. 여기에 가장 강력한 대응 주자로 윈도우 8이 있고, 타이젠, 바다 등이 기회를 엿보고 있다.

이러한 시장에 우분투가 스마트 디바이스에서 다크호스로 떠오르는 것은 분명히 이유가 있을 것이다.

첫 번째 이유로는 안드로이드가 대중화에 견인차 역할을 하고 있다는 점이다. 안드로이드는 우분투와 같은 리눅스에 기반을 두고 있다는 기대감이다. 리눅스 기반인 안드로이드에 이미 만족을 하고 있는 대중이 같은 리눅스 기반의 우분투 포폰에 거는 기대는 안드로이드보다 못하지 않을 것이라는 점이다.

두 번째 이유는 우분투의 성장과 저력이다. 우분투는 리눅스 시장에서 누구도 예측하지 못했던 성장을 이루었다. 수세, 민트, 레드햇 등이 장악하고 있는 리눅스 시장에 뛰어들어 뛰어난 안정감과 화려한 디자인으로 성공한 바 있다.

세 번째는 데스크톱에서 하던 모든 작업을 랩톱(우리로 치면 노트북쯤 된다), 모바일(스마트폰), TV(스마트 TV)까지 실현하겠다고 밝힌 점이다.

그러나 아직 섣부른 예측은 금물이다. 윈도우 8 폰처럼 요란한 출발을 하였지만 용두사미가 될 가능성 또한 배제할 수 없다. 그렇다고 우분투 사용자로서 살펴보기 조차 하지 않는다면 안 될 것이다.

아직은 정식으로 배포하고 있지 않고 홍보 영상이 배포되었을 뿐이다. 정식 배포 시기는 2013년 말 또는 2014년 초가 될 것으로 예측되고 있다.

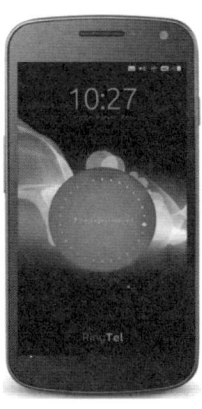

우분투 리눅스의 화려하면서도 세련된 디자인을 모바일에서도 그대로 즐길 수 있다. 데스크톱에 적용되어 있는 우분투 스타일의 메뉴 배열은 디바이스에 구애받지 않고 동일한 작업환경을 느낄 수 있다. "스와이프(Swife)"라는 터치와 제스처 입력 방식으로 설계된 우분투 포 폰(Ubuntu for phone)은 "밀어서 잠금 해제"와 같은 락스크린을 없애므로 인하여 편의성은 증가시키고 안정성을 강화하였다.

System requirements for smartphones	Entry level Ubuntu smartphone	High-end Ubuntu "superphone"
Processor architecture	1Ghz Cortex A9	Quad-core A9 or Intel Atom
Memory	512MB – 1GB	Min 1GB
Flash storage	4-8GB eMMC + SD	Min 32GB eMMC + SD
Multi-touch	✓	✓
Desktop convergence	✗	✓

우분투 포폰(모바일 우분투)은 두 가지 종류를 제시한다. 보급형으로 분류되는 사양과 고급 사양이다. 고급 사양은 CPU가 4개이고 메모리는 최소 1GB, 저장 장치에 해당하는 플래시 메모리는 최소 32GB 이상이다. 이 정도 사양이면 현재로서는 최고 사양일 것이다. 특이한 사항은 CPU 제조사를 제한하지 않은 점이다. Intel Atom을 비롯하여 ARM의 Cortex를 자유롭게 지원하고 있다.

13.2 우분투 포폰 설치

우분투 포폰이 지원되는 기기는 아직 많지 않은 듯하다. 케노니컬에서 발표한 디바이스는 다음과 같다.

장치	코드명	구글 펌웨어
갤럭시 넥서스	maguro	Takju or Yakju
넥서스4	Mako	occam
넥서스7	Grouper	Nakasi or nakasig
넥서스10	Manta	Mantaray

케노니컬 홈페이지의 공식 발표 자료에 따르면 넥서스7의 Grouper는 제대로 동작하지 않는다.

13.2.1 첫 번째 작업 – 데스크톱 설정

종속성 문제 해결을 위하여 우분투 터치 PPA를 /etc/apt/sources.list에 등록을 한다. Ctrl + Alt + T를 입력하면 터미널 창이 열린다.

```
lgbong@coffee-desktop:~$ sudo add-apt-repository ppa:phablet-team/tools
```

명령을 입력하고 비밀번호를 입력하면 PPA를 시스템에 추가한다고 나온다. 추가 정보를 더 하려면 엔터키를 누르고 취소하려면 Ctrl + C를 입력하라고 한다. 당연히 Enter를 누른다.

```
lgbong@coffee-desktop: ~
lgbong@coffee-desktop:~$
lgbong@coffee-desktop:~$ sudo add-apt-repository ppa:phablet-team/tools
[sudo] password for lgbong:
다음 PPA를 시스템에 추가합니다:

 더 많은 정보: https://launchpad.net/~phablet-team/+archive/tools
계속하려면 [엔터] 키를 누르시고 추가를 취소하려면 컨트롤+C 키를 눌러주십시오

gpg: keyring `/tmp/tmpzxon1p/secring.gpg' created
gpg: keyring `/tmp/tmpzxon1p/pubring.gpg' created
gpg: requesting key 5E51A24C from hkp server keyserver.ubuntu.com
gpg: /tmp/tmpzxon1p/trustdb.gpg: trustdb created
gpg: key 5E51A24C: public key "Launchpad PPA for Ubuntu Phablet Team" imported
gpg: Total number processed: 1
gpg:               imported: 1  (RSA: 1)
OK
lgbong@coffee-desktop:~$
```

저장소 추가가 완료되었다. 만약에 저장소를 추가할 수 없다는 메시지가 나온다면 다음 항목을 /etc/apt/sources.list에 직접 등록하여야 한다.

```
lgbong@coffee-desktop:~$ deb http://ppa.launchpad.net/phablet-team/tools/
ubuntu [dist-codename] main
lgbong@coffee-desktop:~$ deb-src http://ppa.launchpad.net/phablet-team/
tools/ubuntu [dist-codename] main
```

여기서 'dist-codename'은 사용하려는 디바이스의 코드명이다. 앞의 우분투 포폰의 설치가 가능한 디바이스 종류를 나타내는 표를 참조하기 바란다.

```
lgbong@coffee-desktop:~$ sudo apt-get update
lgbong@coffee-desktop:~$ sudo apt-get install phablet-tools android-tools-
adb android-tools-fastboot
```

```
😊😊 lgbong@coffee-desktop: ~
.gbong@coffee-desktop:~$ sudo apt-get install phablet-tools android-tools-adb an
droid-tools-fastboot
패키지 목록을 읽는 중입니다... 완료
의존성 트리를 만드는 중입니다
상태 정보를 읽는 중입니다... 완료
다음 패키지를 더 설치할 것입니다:
  bzr bzr-builddeb dctrl-tools debian-archive-keyring debian-keyring
  debootstrap devscripts distro-info distro-info-data dput
  libcommon-sense-perl libdistro-info-perl liberror-perl libexporter-lite-perl
  libio-stringy-perl libjson-perl libjson-xs-perl libparse-debcontrol-perl
  libtie-ixhash-perl libxdelta2 pbuilder pbzip2 pristine-tar python-bzrlib
  python-configobj python-debianbts python-distro-info python-dns
  python-fpconst python-gpgme python-keyring python-launchpadlib
  python-lazr.restfulclient python-lazr.uri python-lzma python-oauth
  python-paramiko python-reportbug python-simplejson python-soappy
  python-wadllib python3-magic quilt reportbug ubuntu-dev-tools wdiff xdelta
제안하는 패키지:
  bzr-doc bzr-gtk bzr-svn bzrtools python-bzrlib.tests debtags
  cvs-buildpackage devscripts-el gnuplot libauthen-sasl-perl
  libnet-smtp-ssl-perl libterm-size-perl libyaml-syck-perl mutt
  svn-buildpackage w3m equivs libcrypt-ssleay-perl libsoap-lite-perl shunit2
  mini-dinstall pbuilder-uml gdebi-core cowdancer python-bzrlib-dbg
  python-kerberos python-testresources procmail graphviz debconf-utils debsums
  dlocate python-urwid python-vte python-gtkspell emacs22-bin-common
  emacs23-bin-common claws-mail qemu-user-static
다음 새 패키지를 설치할 것입니다:
  android-tools-adb android-tools-fastboot bzr bzr-builddeb dctrl-tools
  debian-archive-keyring debian-keyring debootstrap devscripts distro-info
  distro-info-data dput libcommon-sense-perl libdistro-info-perl liberror-perl
  libexporter-lite-perl libio-stringy-perl libjson-perl libjson-xs-perl
  libparse-debcontrol-perl libtie-ixhash-perl libxdelta2 pbuilder pbzip2
  phablet-tools pristine-tar python-bzrlib python-configobj python-debianbts
  python-distro-info python-dns python-fpconst python-gpgme python-keyring
  python-launchpadlib python-lazr.restfulclient python-lazr.uri python-lzma
  python-oauth python-paramiko python-reportbug python-simplejson
  python-soappy python-wadllib python3-magic quilt reportbug ubuntu-dev-tools
  wdiff xdelta
0개 업그레이드, 50개 새로 설치, 0개 제거 및 12개 업그레이드 안 함.
19.6 M바이트 아카이브를 받아야 합니다.
이 작업 후 78.6 M바이트의 디스크 공간을 더 사용하게 됩니다.
계속 하시겠습니까 [Y/n]? ▌
```

소프트웨어 설치를 위한 repository를 추가하였기 때문에 반드시 'apt-get update'를 실행한 뒤에 'apt-get install...'을 실행하여야 한다. 설치 중간에 계속 여부를 물으면 [Y]를 입력하여 설치를 계속 진행한다.

13.2.2 두 번째 작업 – 디바이스 잠금 해제(루팅)

이미 잠금 해제(루팅)가 되어 있다면 세 번째 작업을 진행해도 된다. 하지만 잠금이 해제되어 있지 않다면 다음 명령을 수행한다. 이 작업은 디바이스의 모든 개인 정보를 초기화한다.

1. 전원 버튼 + 볼륨업 + 볼륨다운 키를 동시에 눌러 디바이스를 재시작한다.
2. 디바이스의 부트로더를 사용하여 부팅한다.
3. 디바이스를 USB 케이블로 연결한다.
4. 데스크톱에서 Ctrl + Alt + T 로 터미널을 열고, 다음 명령을 입력한다.

lgbong@coffee-desktop:~$ sudo fastboot oem unlock

5. 디바이스 화면에서 잠금 해제 조건에 동의한다.
6. 전원 버튼(화면에 나타나는 시작과 화살표)를 눌러 디바이스를 시작한다.
7. 공장 초기화 방법은 스마트 디바이스 매뉴얼을 참고한다.

13.2.3 세 번째 작업 – 디바이스 초기화

잠금이 해제된 디바이스를 부팅하여 데스크톱과 USB로 연결한다. 지금까지 진행한 작업에 이상이 없다면 정상적으로 부팅이 될 것이다. 만약에 디바이스가 활성화되지 않는다면 장치를 다시 연결하고 다음 명령을 수행한다.

```
lgbong@coffee-desktop:~$ sudo adb kill-server; sudo adb start-server
```

테스트가 끝나고 안드로이드로 다시 복원하기 위해서는 현재 안드로이드 버전을 확인해주는 것이 좋다. 확인하는 방법은 [Settings]->[About Phone]->[Build Number]이다. 이러한 방법이 번거롭다면 디바이스 서비스 센터에 가지고 가서 초기화를 의뢰하면 깔끔하게 해결된다.

USB 연결이 정상적으로 이루어졌다면 각 버전별로 다음 작업을 확인하고 설정한다.

- 아이스크림 샌드위치(버전 4.0) 설정으로 이동하여 USB 디버깅 [설정]->[시스템]->[개발자 옵션]->[USB 디버깅]을 활성화한다.
- 젤리 빈(버전 4.1 및 4.2)은 개발자 옵션의 [About]->[Phone | Tablet]->[tap]에서 빌드 번호가 7회임을 확인한다.
- 젤리 빈(4.2.2)에서는 [설정]->[About]->[tap]에서 빌드 번호가 7회로 개발자 옵션 메뉴 탭의 항목을 확인한다.
- 모든 안드로이드 버전에서 [Settings]->[Developer options]->[USB debugging]을 설정해야 한다.

13.2.4 네 번째 작업 – 배포 이미지를 디바이스에 보내기

반드시 데스크톱과 디바이스가 USB로 연결되어 있고 활성화되어 있어야 한다. 즉, 데스크톱이 디바이스를 인식해야 한다는 것이다. 이 작업은 디바이스의 모든 데이터가 지워지므로 신중히 결정하기를 권한다.

처음 설치할 경우는 다음 명령을 입력한다.

```
lgbong@coffee-desktop:~$ phablet-flash -b
```

[cdimage-touch | cdimage-legacy | ubuntu-system | community] 중에서 하나를 선택하여 옵션 '-b'에 추가할 수 있으며 생략도 가능하다. '-b' 옵션은 전체 부트스트랩을 수행하는 옵션이다.

디바이스가 넥서스7이고 3G 통신망을 사용한다면 다음 명령을 수행해야 한다.

```
lgbong@coffee-desktop:~$ phablet-flash cdimage-touch -d grouper -b
```

이 명령을 수행하면 시간이 많이 소요된다. 역시나 리눅스 작업은 시간을 즐기는 작업인 듯하다.

한 번이라도 설치한 경우, 즉 두 번째부터는 최신 버전을 가져오도록 다음 명령을 수행하는 것이 좋다.

```
lgbong@coffee-desktop:~$ phablet-flash cdimage-touch
```

이 작업은 최신 빌드를 배포 받아 온다. 저장되는 경로는 "Downloads/phablet-flash"에 저장된다.

디바이스에 검은색 화면이 나타난다면 배포에 실패했다는 의미이다. 이때는 첫 번째 작업부터 차근차근히 다시 수행하는 것이 공부하는데 도움이 되고 좋다.

성공하였다면 우분투 포 폰을 즐기는 시간을 가지면 된다. 특별히 다른 느낌은 없고 그냥 우분투를 사용하는 느낌을 받는다면 케노니컬의 유니티가 성공했다는 의미 일 것이다.

13.2.5 다섯 번째 작업 – 안드로이드로 복구하기

우분투 포 폰(Ubuntu for phone)이 아직은 배포판으로 모든 기능이 정상적으로 동작하지 않는다. 설마 이러한 배포판을 계속 유지하는 독자가 있다면 우분투 마니아로 인정해야 할 것 같다. 이제 우분투 포 폰을 설치하여 보았으므로 안드로이드로 복구하는 방법을 살펴본다. 원래 스마트 디바이스로 돌아가는 것이다.

1. 설치 과정에서 확인한 버전의 안드로이드 이미지를 다운로드한다.

```
https://developers.google.com/android/nexus/images
```

2. 디바이스가 데스크톱과 USB로 연결되어 있고 활성화되어 있는지 확인한다.
3. 다운로드한 파일을 압축 해제한 후 압축이 해제된 해당 폴더로 이동한다.
4. ADB의 부트로더를 사용하여 디바이스를 재시작한다.
5. 다음 명령을 입력하여 수행한다.

```
lgbong@coffee-desktop:~/...$ sudo adb reboot-bootloader
lgbong@coffee-desktop:~/...$ sudo ./flash-all.sh
```

관리자 권한으로 실행하는 것이 좋다. 명령이 수행되고 나면 디바이스가 재시작을 수행한다.

디바이스 잠금 상태를 설정(루팅 해제) 하려면 다음과 같은 절차를 수행하면 된다.

1. "전원 버튼" + "볼륨업 버튼" + "볼륨다운 버튼"을 시스템이 다시 시작할 때까지 누른다.
2. 디바이스가 재시작되면 부트로더를 선택하여 부팅을 한다.
3. 부팅된 디바이스를 USB 케이블을 이용하여 데스크톱과 연결한다.
4. 데스크톱에서 Ctrl + Alt + T 를 입력하여 터미널을 띄운다.
5. 터미널에서 다음 명령을 수행한다.

```
lgbong@coffee-desktop:~/...$ sudo fastboot oem lock
```

6. 디바이스를 다시 부팅한다.

안드로이드가 정상적으로 설치되고 루팅이 해제되었으니 백업되어 있는 개인 정보를 추가하여 이전 상태의 디바이스로 사용하는 일만 남았다.

Raring Ringtail / Saucy Salamander

우분투리눅스

인쇄 일자 : 2014년 7월 1일 1판 2쇄 인쇄
발행 일자 : 2014년 7월 4일 1판 2쇄 발행

펴낸곳 : 가메출판사(http://www.kame.co.kr)
발행인 : 성만경
지은이 : 이귀봉

주소 : 서울시 마포구 서교동 394-25 동양한강트레벨 504호
전화 : 031)923-8317
팩스 : 031)923-8327

ISBN : 978-89-8078-266-6
등록번호 : 제313-2009-264호

정가 : 22,000원
